Vom urbanen Sozialraum
zur kommunikativen Stadtgesellschaft

Arbeit, Bildung & Gesellschaft

Herausgegeben von György Széll,
Heinz Sünker, Anne Inga Hilsen
and Francesco Garibaldo

Band 3

PETER LANG
Frankfurt am Main · Berlin · Bern · Bruxelles · New York · Oxford · Wien

Daniela De Ridder

Vom urbanen Sozialraum zur telekommunikativen Stadtgesellschaft

PETER LANG
Europäischer Verlag der Wissenschaften

Bibliografische Information der Deutschen Nationalbibliothek
Die Deutsche Nationalbibliothek verzeichnet diese Publikation in der Deutschen Nationalbibliografie; detaillierte bibliografische Daten sind im Internet über <http://www.d-nb.de> abrufbar.

Zugl.: Osnabrück, Univ., Diss., 2006

D 700
ISSN 1861-647X
ISBN-10: 3-631-55749-3
ISBN-13: 978-3-631-55749-5

www.peterlang.de

Inhaltsverzeichnis

1 Einleitung

Namenstaufen für neue Gesellschaftsformen wie die hier vorgeschlagene „telekommunikative Stadtgesellschaft“ verfolgen das Ziel, der Gesellschaft unserer aktuellen Epoche einen Namen zu geben, der die jeweilige geschichtliche Neuheit und eine Differenzierung zu vorherigen Gesellschaftsformationen zum Ausdruck bringen soll. Auch wird damit der Versuch gestartet, Orientierung zu schaffen und soziale Prozesse als historische Kontinuität erkennbar werden zu lassen, die wir ja ständig, von der Gegenwart ausgehend, in ihren Etappen rekonstruieren müssen. Ob wir uns vom ideologischen Standpunkt als PostmodernistInnen oder als PosthistorikerInnen bezeichnen, ob wir uns selbst als Mitglieder einer Konsum-, Risiko-, Freizeit- oder Dienstleistungsgesellschaft sehen, technisch betrachtet, haben wir uns etwa von der Eisenzeit über das Maschinen- oder Industriezeitalter in das Computerzeitalter oder gar ins postbiologische Zeitalter bewegt. Eine Kombination technologischer und ökonomischer Faktoren bildet somit den Hauptmotor dieser Veränderungen und geht mit einer zunehmenden Abstrahierung, Virtualisierung und Kommodifizierung des Räumlichen einher.

Mit dem Aufkommen des abstrakten virtuellen Raumes, hier als telekommunikativer Raum bezeichnet, scheinen sich Städte in „global villages“ aufzulösen: Durch die Mobilität und die telekommunikativen Informationsprozesse gewinnt man den Eindruck, die physische Präsenz und Erfahrung unserer Körper wäre sekundär. Dabei wird allerdings die Relevanz des Räumlichen verkannt. Städtischer Raum wird immer noch instrumentalisiert, segregiert, erobert und kolonialisiert.

In der vorliegenden Dissertation soll ein charakteristischer Begriff, der die Situation unserer Zeit zusammengefasst, erhellt und expliziert werden, so dass er der Verständigung dienen kann. Hier nun liegt aber die Schwierigkeit: Diese Komprimierung muss zwangsläufig reduzieren und ausklammern; zudem besteht die Gefahr der Eindimensionalität, die zwar Popularität für die hinter diesem Begriff liegenden Beschreibungen verspricht, aber reicht es aus, sich mit bloßen Labeln zufrieden zu geben, wenngleich sie Originalität und Aufmerksamkeitsattraktion offerieren?

Gerade weil aber Theorieproduktion mehr Aufmerksamkeit verdient, macht diese „Etikettierung“ gesellschaftlicher Formen just hier Sinn: Unser Zeitalter gilt als das der dritten industriellen Revolution, der Globalisierung, der Mega-Urbanisierung, des Hyperkapitalismus, der Neo-Liberalisierung, der Virtualisierung und der Individualisierung. Es ist zugleich das Zeitalter der Post-, Hyper- oder Zweiten Moderne. Dabei wird der Zustand unserer Zeit häufig mit der Entwicklung moderner Informationstechnologien, insbesondere der Telekommunikation, in Beziehung gebracht. In der Tat erfahren heute fast alle Sphären unseres Lebens - ob öffentlich, politisch, wirtschaftlich oder kulturell - grundlegende Veränderungen. So sind auch unsere Lebensräume (Landschaften, Städte, Plätze, Orte und auch der menschliche Körper) dramatischen Wandlungsprozessen unterworfen.

Mit dem Labeling einer telekommunikativen Stadtgesellschaft gerät der Terminus zugleich zum Outing der eigenen gesellschaftswissenschaftlichen Position: Wie der französische Kultursoziologe Pierre Bourdieu darlegt,[1] ist der soziologische Beruf nicht der von freischwebenden Intellektuellen; vielmehr sind die Forscherinnen tief in die symbolischen Kämpfe der Gesellschaft, die sie untersuchen wollen, verstrickt und auch das wissenschaftliche Feld selbst ist kein „weltentrückter Ort zweckfreier Erkenntnis".[2] Beschreibt man diesen Suchprozess als „Stätte permanenter Konkurrenz um Wahrheit",[3] dann müssen dabei machttheoretische Reflexionen miteinfließen.

Diese Überlegungen sollen hier mit ihrer langen Tradition nicht nur unter der von Max Weber geprägten Definition eines Aufoktroyierens eigenen Willens auch gegen Widerstände interpretiert werden, mein Interesse gilt sowohl den Formen symbolischer Gewalt als auch den durch die AkteurInnen eingenommenen Orten und der Lokalisierung des Individuums im Raum, insofern sie Machtstrukturen widerspiegeln: Wenn sich aus konkreten städtischen Räumen soziale Konstruktionen als *Sozialtopografien* erkennen lassen, agieren die sozialen AkteurInnen nicht nur in einem durch differenzierte Kapitalformen geschichteten virtuellen Sozialraum, der durch gesellschaftliche Distinktion bestimmt, auch soziale Strukturen hervorbringt, sondern ebenso in einem realen physischen bzw. architektonischen Raum.

Begriffe wie „Rive Gauche" als Kennzeichnung für das intellektuelle Pariser Stadtviertel, aber auch „Arbeiterquartier" oder „Villenvorort" sind Paradebeispiele dafür, dass räumliche Milieus ganz offensichtlich auch mit sozialen korrespondieren können.

Ich gehe davon aus, dass individuelle Positionierungen im geografischen Raum damit zu Indikatoren für die Positionierung im sozialen Raum werden, da sowohl der real-physische wie auch der soziale Raum Ausdruck von Hierarchie, Distinktion und Distanzierung sind.

In der Analyse sind vor allem gesellschaftliche Wandlungsprozesse zu berücksichtigen, die nicht zwingend soziale Segmentierung aufheben, sondern auch eine Modernisierung alter Machtverhältnisse implizieren können.

In der vorliegenden Arbeit werde ich dies insbesondere anhand der soziohistorischen Prozesse im Geschlechterverhältnis darlegen: Während die Thematisierung sozialer Segregation als Ausdruck einer sich wandelnden schichtspezifisch strukturierten Dienstleistungsgesellschaft hin zu einer „Informationsgesell-

---

1 Bourdieu 1992

2 Eickelpasch 2002, S. 57.

3 Bourdieu 1992, S. 11; vgl. Bourdieu 2002

schaft" vermehrt Aufmerksamkeit genießt, ist dieser Zusammenhang von (verräumlichten) Geschlechterfragen immer noch ein ausbaufähiger Forschungsbereich.
Allerdings bleibt anzumerken, dass die Nicht-Berücksichtigung des Raumes in der bundesdeutschen Debatte aus einer lange betriebenen Abgrenzung sozialwissenschaftlicher Arbeiten gegenüber territorial-räumlich argumentierenden Expansionspolitiken entstammt, wie sie etwa im Nationalsozialismus betrieben wurde.[4] Dass dieser Vernachlässigung des „Raumes" auch geschlechtsspezifische Fragestellungen zum Opfer fielen, kann daher nicht überraschen. Gleichwohl spielt nach wie vor die Kategorie „Geschlecht" in raumsoziologischen Betrachtungen nur eine untergeordnete Rolle.
Diesem Desiderat möchte ich nun in der vorliegenden Arbeit begegnen: Untersucht werden soll in diesem Zusammenhang, wie sich *Raum* und *Raumaneignung* zueinander verhalten und ob sie geschlechtsspezifische Varianten aufweisen, da – so meine Annahme - Raumnutzung und sich dabei überlagernde Konkurrenzen über politisch-gesellschaftliche Kontrollmechanismen geregelt werden, die spezifischen Machtinteressen folgen, ohne dass dabei die jeweilige Definitionsmacht erkennbar sein muss, sondern diese eher als symbolische Macht aufscheint. Ich folge dabei insbesondere den machttheoretischen Analysen Pierre Bourdieus und Henri Lefèbvres: Bourdieu markiert gesellschaftliche Differenzierungen nicht mehr nur als Antagonismus zwischen Kapital und Arbeit. Über diesen Widerspruch hinaus weist er in seinen theoretischen Ausführungen empirisch nach, dass Strukturen der Distinktion in der Alltagswirklichkeit erkennbar sind. Auf der Folie seines *Habituskonzeptes* werde ich daher untersuchen, inwieweit *ökonomisches, kulturelles und soziales Kapital* als relevante Ressourcen dienen.
Es soll dabei jedoch nicht nur nach den Differenzierungen gefragt werden, sondern auch nach deren Folgen: Wenn wir nun der Annahme nachgehen, kulturelle Differenzen seien Produkt eines frühkindlichen Sozialisations- und Internalisierungsprozesses, so muss, wie dies die Sozialisationsforschung nahe legt, auch auf zentrale Differenzierungskategorien rekurriert werden; dazu zählen (Herkunfts-)Milieu, Alter, Beruf und nicht zuletzt die Geschlechtszugehörigkeit.
Mit Henri Lefèbvre frage ich ferner nach den Prozessen der Verstädterung und ihren Machtstrukturen. Der Begriff der „Stadtgesellschaft" erscheint mir in diesem Kontext schon deshalb als angemessene Beschreibung der derzeitigen Entwicklungstendenz, weil im Begriff „Stadt" Gesellschaft, soziale Beziehungen, Dichte, Handel, Produktion, Kommunikation, Technik, Geschichte und die Materialisierung all dieser Begriffe enthalten sind und so auf die elementaren Merkmale des städtischen Lebens, etwa die Verschiedenheiten von Lebensweisen und Lebensstilen, kulturellen Modellen und Werten oder die Differenzierung

---

4 Löw 2001a, S. 11

der Verstädterungstypen, Bezug genommen werden kann. Die „Produktion des Raumes" verstehe ich mit Lefèbvre dahingehend, den Raum (und nicht nur die Zeit) als Medium sozialer Veränderungen zu denken.
Beleuchtet werden sollen insbesondere verschiedene Dimensionen eines soziologischen Raumbegriffes; gemeint ist hier nicht nur, wie etwa bei den Klassikern der Soziologie, der städtische Raum, sondern auch die Wohnung (als Behausung) und der Körperraum. Diese Facetten erlauben jeweils eine mikro-, meso- und makrosoziologische Perspektive auf den Gegenstand „Raum". Zudem lässt sich in diesem Kontext das Zusammenspiel von öffentlichem und privatem Raum in den Alltagsvollzügen untersuchen, da die private Wohnung (insbesondere im weiblichen Lebenszusammenhang) stets zwei Aspekte bedient: zum einen die Funktion von Geborgenheit und Schutz, des „Beheimatetwerdens", zum anderen den expressiven Ausdruck eigener Lebensrealitäten und -identitäten. Untersucht wird dabei auch die Rückverweisung von Erwerbsarbeit in den häuslichen Rahmen, die ein Indiz für die Auflösung des privaten Raumes sein könnte.
Dabei soll betrachtet werden, wie und mit welchen Gestaltungsformen sich diese Aneignungsprozesse vollzogen oder verändert haben: Abstrakte Begriffe gedeihen in städtischen Kontexten zu „Fleisch und Stein".[5] Bewegung im Raum etwa manifestiert sich nicht nur als Verkehrsraum, der öffentliche Raum ist zugleich Präsentationsfläche konkreter sozialer Bewegungen und Kämpfe wie beispielsweise der Frauenbewegung; Raum dient dabei der *Veröffentlichung* politischer Interessen und bietet ein Forum für deren Kommunikation. Räumliche Beziehungen spielen offensichtlich, so meine Annahme, eine zentrale Rolle für die Reaktion der Menschen aufeinander.
Stimmt zudem die Annahme, dass der öffentliche Raum männlich dominiert war bzw. ist, bleibt zu eruieren, wie die Grenzen der Sphären für Frauen definiert und kontrolliert wurden:
Haben sich Frauen den öffentlichen Raum anders angeeignet als Männer? Wie wurden oder werden sie dabei von Männern wahrgenommen und (de)klassiert? Wie verhält sich diese Entwicklung unter den Bedingungen zunehmender Computerisierung und Technisierung von Lebenswelten?
Analysen zu einer telekommunikativen Stadtgesellschaft, die den zunehmenden Bedeutungsverlust von Ort und Raum proklamieren, sind m. E. jedoch durch technizistische Perspektiven geprägt. Stattdessen ist die telekommunikative Stadtgesellschaft auf dem Hintergrund einer durch Machtstrukturen und Kapitalinteressen dominierten Segmentierung des städtischen Raumes zu analysieren, die auch die Geschlechterperspektive berücksichtigt.
Folgen wir darüber hinaus den Befunden, wonach in der bürgerlichen Geschlechterideologie des 19. Jahrhunderts *Öffentlichkeit und Privatsphäre* den

---

5 Sennett 2004

Geschlechtern unterschiedlich zugeordnet wurden, so ist zu prüfen, welchen Einfluss diese Konstruktion bis zum aktuellen Zeitpunkt erhalten bzw. welcher Wandel sich vollzogen und ob dies Konsequenzen für die zunehmend computerisierten Arbeitsprozesse hat.
Ich möchte dies in der vorliegenden Untersuchung exemplarisch an der Entwicklung von Telekommunikation und Telearbeit illustrieren, die als Arbeitsform von zahlreichen Unternehmen, Betrieben und öffentlichen Verwaltungen als Überwindung der Vereinbarkeitsproblematik zwischen Familie und Beruf propagiert werden, so dass durch das scheinbar nahtlose Überschreiten der Dualität von Öffentlichkeit und Privatheit auch die Hoffnung einer Überwindung von Geschlechterrollendisparitäten geschürt wird: Bietet Telearbeit mehr Autonomie, Gestaltungsfreiheit und Ortssouveränität, die im eigenen oder im Interesse der Familie genutzt werden können? Oder aber droht den MitarbeiterInnen räumlich getrennt von den zentralen Firmenvorgängen die soziale Isolation und der Ausschluss von Karrierechancen?
Der Trend zur Telearbeit verspricht nicht nur betriebliche Fortschritte, sondern auch gesamtgesellschaftliche Effekte: So lautet die Verheißung, dass Verkehrsspitzen ab- und neue Jobs im Service-, Computer- und Telekommunikationsbereich aufgebaut werden, was auch der Frauenerwerbstätigkeit durch die Schaffung neuer Arbeitsplätze zu gute kommen könnte.
Dies setzt allerdings eine weibliche Teilhabe an diesen Entwicklungsprozessen innerhalb der telekommunikativen Stadtgesellschaft voraus. Daher stellt sich hier die Frage, welche Vor- und Nachteile bzw. welche Chancen und Risiken die Telearbeit birgt und wie sich Partizipationschancen geschlechtsspezifisch (unterschiedlich) auswirken.

1.1 Untersuchungsdesign

Der vorliegenden Studie liegen drei inhaltliche Arbeitsschritte zugrunde:
Zunächst wird in **Kapitel II** auf dem Hintergrund des *Habituskonzeptes* von Pierre Bourdieu der Frage nachgegangen, in welcher Weise die *Pluralisierung von Lebensstilen* als Formen expressiver Alltagspraxis und als Ausformung freigewählter Orientierungen verstanden und interpretiert werden können. In Verbindung mit dem Habitus-Konzept und den Befunden zu sozialer Ungleichheit wird nach der Relevanz kulturell-normativer Entwicklungen gefragt, diese theoretisch eingebettet und auf ihre Relevanz für die Analyse von Geschlechterdisparitäten geprüft. Mit seiner Kapitaltheorie entwirft Pierre Bourdieu ein differenzierendes Konzept zur Analyse von Machtsstrukturen, in denen Kapital und Habitus strukturierend wirken. Sozialer Raum erhält damit eine ökonomische, kulturelle und soziale Dimension. Sein Habituskonzept bietet dabei auch implizite Erklärungsmuster für interaktiv hergestellte Geschlechterrollen und ist somit anschlussfähig für die „Doing-Gender"-Debatte.

Kapitel III befasst sich mit spezifischen Raumkonzepten im sozialwissenschaftlichen Diskurs und skizziert dabei in einer begrifflichen Annäherung Raumnutzungs- und Raumaneignungs-prozesse. Ausgehend von Bourdieus Habitus-Konzept und Henri Lefèbvres Ansatz der Produktion des Raumes werde ich darlegen, dass soziale AkteurInnen nicht nur in einem durch *differenzierte Kapitalformen geschichteten virtuellen Sozialraum* interagieren, der - durch gesellschaftliche Distinktion bestimmt - auch soziale Strukturen hervorbringt, sondern ebenso in einem realen physischen bzw. architektonischen Raum, der sozialräumliche Merkmale widerspiegelt. Aus konkreten städtischen Räumen lassen sich daher soziale Konstruktionen als Sozialtopografien erkennen: Die soziale Segmentierung der Stadt ist dabei sichtbarer Ausdruck von Machtprozessen und –strukturen, denn anhand städtischer Strukturen lassen sich Differenzierungen nach ökonomischem, sozialem und kulturellem Kapital aufzeigen.
Als besondere Form der Raumaneignung werden zunächst Prozesse der Personalisierung und Beheimatung skizziert. Berücksichtigt werden dabei insbesondere eher theoriegeleitete Analysen über Erscheinungsformen, Folgen und Thematisierungen von Raumaneignungsprozessen. Die so gelieferten Befunde werden in Bezug zu „gelebten Räumen" gesetzt: Unter Hinweis auf geschlechtsdifferenzierende Sozialisationsformen wird der Fragestellung nachgegangen, inwiefern Körperlichkeit und territoriales Verhalten Einfluss auf geschlechtsspezifische Raumaneignungsprozesse nehmen.
Ferner wird die Frage der Entwicklung des städtischen Raumes als *Ort der Segregation* durch Arbeitsteilung und Geschlechterrollen beleuchtet und die Kontrolle über Räume vor dem Hintergrund von Machtverteilungsstrukturen analysiert. Von zentraler Bedeutung ist neben dem städtischen Raum und dem Wohnraum ebenfalls die *Dualität von Privatheit und Öffentlichkeit,* da sich hier geschlechtsspezifische Zuschreibungen konkretisieren lassen.
Untersucht wird zudem die historische Verankerung dieser Separierung. Insbesondere Raumaneignungsprozesse sind, so meine Annahme, nach wie vor *geschlechtsspezifisch* geprägt. Eine geschlechtsspezifische Sozialisation trägt ferner dazu bei, diese Verhältnisse zu perpetuieren. Als Resultat eines historischen Prozesses, in dem Frauen von der Öffentlichkeit weitgehend ausgeschlossen waren, ist der (städtische und virtuelle) Raum männlich konnotiert und bis heute geblieben.

Einen zentralen Stellenwert erhält in **Kapitel IV** die Fragestellung der veränderten Sichtweisen auf „Raum" vor dem Hintergrund der telekommunikativen Stadtgesellschaft. So wird danach gefragt, welche Rolle der Telekommunikation im Prozess der Raumaneignung zukommt und wie sich dieser in Globalisierungsprozessen verändert: Virtuelle und globale Netze verändern die gesellschaftlichen Strukturen in erheblichem Maße. Diese Veränderungsprozes-

se sind jedoch Ergebnis einer langen gesellschaftlichen Entwicklung, die von der Verstädterung der Gesellschaft keineswegs zu trennen sind.
Dies gilt insbesondere für globalisierte Arbeitsprozesse: Wenn Virtualisierung und Globalisierung von Unternehmen und Organisationen zunehmen, entwickeln sich zugleich telekommunikative Arbeitsprozesse als neue Formen selbständiger und ungesicherter Arbeit.
Von besonderer Bedeutung ist dabei der Zusammenhang von Stadt und Kommunikation: Konstituiert Kommunikation städtische Räume und welche Rolle spielen dabei Prozesse der räumlichen und zeitlichen Verdichtung? Dient dabei der (virtuelle) Raum auch der Veröffentlichung ökonomischer und politischer Interessen oder bietet er gar ein Forum für Kommunikation und Partizipation? Müsste die soziale Frage in einer telekommunikativen Stadtgesellschaft als „Kommunikationsgerechtigkeit" neu gestellt werden?
Machtanalytisch werden ferner sozial- und stadträumliche Verhältnisse betrachtet und diese auf ihre Wirkungen für Geschlechterverhältnisse hinterfragt. Die Befunde zu den Geschlechterverhältnissen in einer telekommunikativen Stadtgesellschaft werden abschließend vor dem Hintergrund neuerer Arbeitsmarktentwicklung analysiert. So lassen sich auch die bekannten Machtmechanismen und –muster vermuten: Verspricht Telearbeit zunächst die Chance der Vereinbarkeit von Beruf und Familie, droht sie durch die Rückverlagerung von Erwerbsarbeit in den privaten Bereich zugleich geschlechtsspezifische Rollenmuster zu verfestigen.
Kann mit der Durchsetzung von flexiblen Erwerbsarbeitsformen und –modellen eine Veränderung der innerfamilialen Arbeitsteilung erreicht werden? Inwieweit kann Telearbeit grundsätzlich zu einer verbesserten Vereinbarkeitssituation beitragen? Stellt diese Form der Erwerbsarbeit eine Emanzipationschance für erwerbstätige Mütter dar und bietet sie eine Basis für neue Verteilungsmuster der Haus- und Familienarbeit oder zementiert sie eher tradierte Rollenmodelle und perpetuiert sie diese? Gibt es geschlechtstypische Motive für die Verlagerung der Erwerbsarbeit in den privaten Bereich?

Ziel der vorliegenden Arbeit ist es, im Kontext (stadt-)räumlicher, machttheoretischer und gendersensitiver Analysen den Diskurs über soziale Ungleichheit fortzusetzen.
Durch die Verschränkung machttheoretischer Perspektiven sowie ausgewählter Theorieansätze und Befunde der Frauen- und Geschlechterforschung sollen inhaltliche Anregungen für die Auseinandersetzung mit soziologischen Fragestellungen geliefert werden.
Der eingenommene Fokus beschränkt sich aus Gründen der Praktikabilität dabei allerdings auf eine deutsch-französische Perspektive, bei der aber punktuell auch auf außereuropäische Beispiele verwiesen wird. Rekurriert wird dabei insbesondere auf die Auseinadersetzung mit der französischen Soziologie, die bis dato in

der Bundesrepublik lediglich vereinzelt rezipiert oder gar missverstanden wird. So gilt für die Rezeption des Werkes Pierre Bourdieus, dass der zeitweise große Enthusiasmus hierzulande eher einer gewissen Skepsis aufgrund seines Engagements auf Seiten der GlobalisierungskritikerInnen und seines Kampfes gegen den politischen Neo-Liberalismus gewichen war. Zudem wurde ihm vorgeworfen, häufig französische Missstände und Probleme in den Fokus seiner Betrachtung zu rücken, daraus jedoch nicht nur für die suburbanen Ghettos der französischen Vorstädte und Ballungsgebiete Konsequenzen abzuleiten, sondern mit seinen Argumenten Bezüge zu den Aufgaben einer linksdemokratischen Politik in hochentwickelten Industriestaaten herstellen zu wollen und ein Plädoyer für die politische Verantwortung der Intellektuellen gegenüber sozial Ausgegrenzten und Unterprivilegierten zu halten.[6]
Zudem kann nicht behauptet werden, dass Bourdieus Ansätze durch die Frauen- und Geschlechterforschung in besonderer Weise zur Kenntnis genommen worden wären und dort, wo sie aufgegriffen wurden, ist ihr nachhaltiger Einfluss auf die Debatten kaum nachweisbar geblieben.[7]
Noch deutlich geringer als Rezeption des Werkes Bourdieus fällt die des französischen Soziologen Henri Lefèbvre aus, den es wiederzuentdecken gilt.
Neben den Bourdieu und Lefèbvre beziehe ich zudem auf Diskussionsansätze von Marc Augé, Denis Duclos, Jean-Claude Kaufmann, Ignacio Ramonet, Dominique Schnapper sowie Alain Touraine mit ein.
Das folgende Schema soll Fragestellung, Untersuchungsgegenstand und -annahmen verdeutlichen.

---

6 Janning 2005, S. 229
7 Krais 2002, S. 318

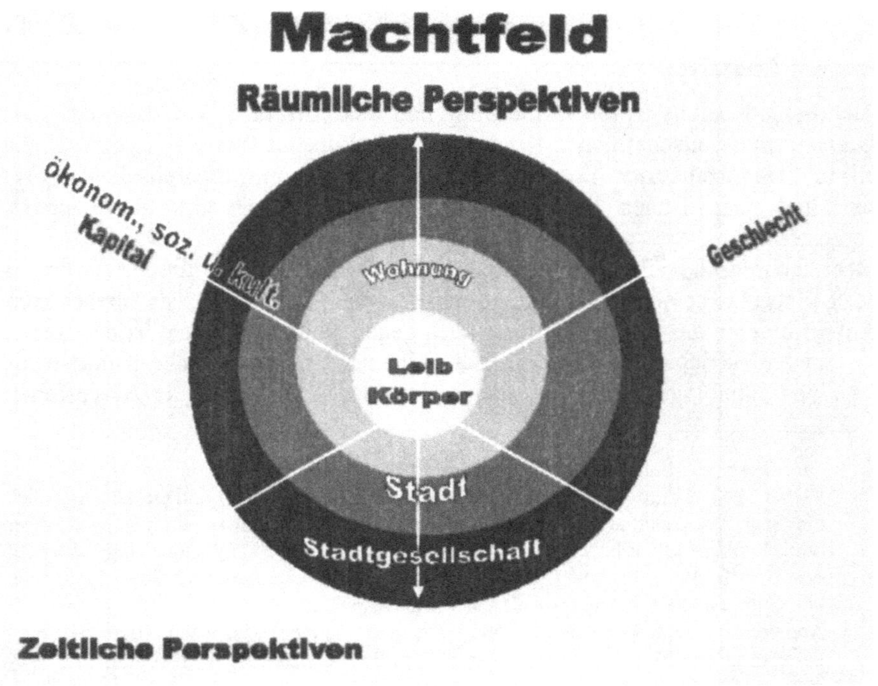
Machtfeld
Räumliche Perspektiven
ökonom., soz. u. kult.
Kapital
Geschlecht
Wohnung
Leib
Körper
Stadt
Stadtgesellschaft
Zeitliche Perspektiven

2 Von der Klassengesellschaft zum Sozialen Raum

Ziel dieses Kapitels ist die Aufdeckung und Rekonstruktion von *Machtkonstellationen* im gesellschaftlichen Kontext unter Rekurs auf Pierre Bourdieus Kapital- und Habitustheorien. Dabei wird eine Verzahnung mit theoretischen Analysen und empirischen Befunden der Frauen-und Geschlechterforschung hergestellt:

Machttheoretische Überlegungen stehen in einer langen Tradition.[8] Während Max Weber[9] in seiner berühmt gewordenen Definition „Macht" als Chance zum Aufoktroyieren des eigenen Willens auch gegen Widerstände und Widerstreben in sozialen Beziehungen charakterisiert, platziert der französische Kultursoziologe und Ethnologe Pierre Bourdieu[10] in seiner Analyse soziale AkteurInnen

---

8 zum Überblick: Imbusch 1998; Rolshausen 1997

9 Weber 1968, S. 336. Allerdings verwendet Weber in „Wirtschaft und Gesellschaft auch die Begriffe „Geldmacht" und „ökonomische Macht", womit er die Verfügung über wirtschaftliche Güter bezeichnet (Weber 1980, S. 531 und 541f.). Zugleich greift er auf den Begriff der „Verfügungsgewalt" zurück, um die eigentumsrechtliche Aneignung von Gütern und Leistungen soziologisch zu beschreiben.
Andererseits zieht er den Begriff der „Herrschaft" dem der Macht vor: Herrschaft meine, ebenso wie Macht, „Übermächtigung", vollziehe sich aber in institutionellen Formen und werde von den Übermächtigten rechtmäßig anerkannt. So sei Herrschaft diejenige Macht, die faktisch Gefügigkeit und Gehorsam finde. (Weber 1984, S. 28f.)

10 Pierre Bourdieu (1930-2002) ist wissenschaftlich erstmals in den fünfziger Jahren mit Arbeiten zu einer sich nach dem Einfluss des Kolonialismus wandelnden algerischen Gesellschaft in Erscheinung getreten, nachdem er 1954 das Studium an der Faculté des Lettres und der École Normale Supérieure in Paris abgeschlossen hat.
Seine Aufmerksamkeit galt dabei insbesondere den symbolischen Machtverhältnissen bei den Kabylen. Ethnologisch angelegt sind auch seine Forschungsarbeiten zu den Verwandtschafts- und Heiratsstrukturen seiner pyrenäischen Herkunftsregion Béarn. In den sechziger Jahren widmete er sich dem französischen Bildungssystem und dessen Wirkung bei der Perpetuierung gesellschaftlicher Klassenverhältnisse; darüber hinaus entstanden Forschungsarbeiten zur Kunst und ihrer Rezeption wie auch zur Reflexion der Wissenschaftssoziologie. Kultursoziologische und klassentheoretische Fragen standen in den siebziger Jahren im Fokus seiner wissenschaftlichen Veröffentlichungen. Schriften zur Forderung nach unabdingbaren Selbstreflexionen der SoziologInnen und der kritischen Rolle der Intellektuellen (z. B. „Homo academicus" 1984) begleiteten seine Berufung (1982) und Tätigkeit an der prestigereichen Forschungsinstitution „Collège de France". Seit Beginn der neunziger Jahre befasste sich Bourdieu intensiv mit Fragen sozialer Ungleichheit. So entstehen 1993 „La misère du monde" („Das Elend der Welt") und 1998 „Raisons d'agir" („Gegenfeuer. Wortmeldungen im Dienste des Widerstands gegen die neoliberale Invasion 1998).
Über sein wissenschaftliches Engagement hinaus hat sich Pierre Bourdieu an zahlreichen politischen Aktionen und Politikberatungen (u.a. für den Präsidenten Mitterand) beteiligt, die für ihn eine enge Verzahnung zu seiner soziologischen Auffassung zur ge-

sowohl in einem virtuellen Machtfeld, dem *sozialen Raum*, als auch in einem realen physischen bzw. architektonischen Raum. Es geht es hier vor allem um eine Form der *positionellen Macht* im Kontext eines Sozialgefüges. Anhand der Lebensstilanalysen lassen sich dabei zugleich auch Formen der *sporadischen* Macht als Einflussnahme im Alltagsgeschehen als auch *normierende* Machtstrukturen ausmachen.[11]

Bourdieu begreift die soziale Welt – nur selten spricht er vom Begriff „Gesellschaft" – als mehrdimensionalen sozialen Raum, in dem bestimmte Unterscheidungs- und Verteilungsprinzipien erkennbar werden. Sein Analysebegriff ist eher ein *relationaler als ein substanzieller*: So wählt er weniger einen Ansatz, der das Wesen der Gesellschaft durch Funktionsbestimmungen aufdecken will, sondern artikuliert mit seiner Vorstellung des Raumes bereits das Prinzip einer relationalen Auffassung der sozialen Welt.[12]

Sein Begriff des sozialen Raumes zielt primär auf die Statuspositionen der Einzelnen - auch in Relation zueinander; Stellenwechsel und Ortsveränderungen sind in diesem durch soziale Ungleichheit geprägten Raum nur durch „Arbeit, Anstrengungen und vor allem Zeit"[13] zu realisieren.

Von besonderer Relevanz ist dabei die Analyse von Lebensstilen, weil zunehmende Differenzierungsprozesse im sozialwissenschaftlichen Diskurs mit dem Ansatz ihrer Pluralisierung versehen werden.[14] Dabei werden Haushalts- und Familienformen, Arbeitsstile, Freizeitaktivitäten, Esskultur und Bekleidungsstile, Wohnungs-, Haushaltsausstattung und Konsumorientierungen eingeklammert.

Im Folgenden soll dies anhand seines *Habitus-Konzeptes* und den damit verbundenen Lebensstilanalysen expliziert werden.

2.1 Sozialer Raum, Habitus und Lebensstile

In der bundesdeutschen Rezeption sind Bourdieus Analysen erst seit Mitte der 80er Jahre aufgenommen worden; dies gilt insbesondere für sein Hauptwerk,

---

sellschaftlichen Aufgabe der Intellektuellen repräsentieren. (Zusammenfassend bei Neckel 2002)

11 Popitz 1992
Macht ist für Bourdieu ein relationaler Begriff, der an die soziale Praxis gebunden ist, dabei setzt er sich jedoch auch kritisch von *Foucaults* Machtbegriff ab, den er auf der Diskursebene als inadäquat und reduktionistisch bezeichnet (1993, S. 35). Während Foucault Macht als Produkt einer geschlossenen Disziplinargesellschaft entwirft, charakterisiert Bourdieu Macht als Resultat symbolischer Auseinandersetzungen in einem mehrdimensionalen Kräftefeld.

12 Bourdieu 1998a, S. 48

13 Bourdieu 1985, S. 13

14 Der Lebensstilbegriff verweist auf Arbeiten von Max Weber und knüpft an seinen Begriff der „Lebensführung" an.

„Die feinen Unterschiede".[15] Dabei werden Elemente aufgegriffen, die zunächst vordergründig als nebensächlich erscheinen, beispielsweise die Art des Essens oder des Sich-Kleidens, und machen just durch ihre Detailgenauigkeit Klassen- bzw. Schichtenunterschiede deutlich. Das Frankreich der sechziger und siebziger Jahre, auf das Bourdieu seinen Blick bei diesen Analysen lenkte, ist durch eine Sozialstruktur geprägt, in der die sozialen Positionen aufgrund des Besitzes von ökonomischem Kapital, von kulturellen Fähigkeiten oder Kenntnissen zugeteilt werden und die durch eine hohe Ungleichheit gekennzeichnet ist.
Er zeigt dabei, wie der „*Geschmack*", den er terminologisch von Kant übernommen hat, als Gewinn symbolischen Profits eingesetzt wird, inwiefern die Gesellschaft über Geschmacksurteile funktioniert und soziale klassifikatorische Differenzierungen anhand geschmacklicher Zustimmung oder Ablehnung realisiert werden.
Für Bourdieu ist Soziologie mehr als die Rekonstruktion objektiver Beziehungsgeflechte; sie hat ebenso die subjektiven Erfahrungen und Orientierungen der AkteurInnen in ihrem jeweiligen „Feld" zu integrieren. Mit seiner Theorie des *sozialen Feldes* skizziert er Prozesse der gesellschaftlichen Arbeitsteilung. Zum einen nimmt er dabei die sozialen AkteurInnen innerhalb der jeweiligen sozialen Felder in den Blick, zum anderen verdeutlicht er die Funktionsweisen dieser Kräftefelder und zeigt dabei auf, dass diese *nicht ausschließlich nach der Logik des ökonomischen Kapitals* funktionieren.
Im Zentrum seiner Soziologie stehen dabei soziale Ungleichheit sowie Macht und Herrschaft, die mittels *symbolischer Gewalt* etabliert werden. Gewaltförmig in diesem Sinn sind für ihn jene Formen und Modi, die qua Kultur, Sichtweisen über die Welt, Selbstverständlichkeiten des Denkens und jene Institutionen und AkteurInnen der Kultur vermittelt werden, die als ihre gesellschaftlichen Wächter und Interpreten fungieren.[16]
Die männliche Herrschaft stellt für Bourdieu *die* „paradigmatische Form der symbolischen Herrschaft"[17] dar, obgleich im Kern aller Formen der sozialen Ungleichheit der unterschiedliche Zugang zu Gütern, Dienstleistungen und Macht steht. Geschlechterdisparitäten sieht er als Ergebnis von auf der Klassengesellschaft beruhenden sozialen Ungleichheitsverhältnissen.

2.1.1 Das Habitus-Konzept bei Pierre Bourdieu

Eine der zentralen Analysekategorien bei Bourdieu ist die Manifestierung eines spezifischen *Habitus*: In der Soziologie Bourdieus sind die Individuen stets *Habitus-TrägerInnen*; in seinem Habitus findet all jenes Ausdruck, was das Individuum zu einem gesellschaftlichen Wesen macht. Gemeint ist dabei ebenso die

---

15 Bourdieu 1984; Erstveröffentlichung im Original 1979
16 Krais/Gebauer 2002, S. 9f
17 Bourdieu/ Wacquant 1996, S. 208

Zugehörigkeit zu einer bestimmten Gruppe oder Klasse wie auch die Prägung, die das Individuum durch diese Zugehörigkeit erfährt.
Habitus meint in der Alltagssprache Aussehen, Erscheinungsbild und Auftreten von Menschen; der Begriff verweist zudem auf Besonderheiten eines persönlichen Verhaltensstils, der eben nicht individuell, sondern sozial geprägt ist. Habitus bezeichnet somit die Gesamtheit der relativ festliegenden Einstellungen und Gewohnheiten einer Person, aber auch das Repertoire kultureller Praktiken von Personen, sozialen Gruppen, Ständen, Klassen oder Kulturen.
Dabei dient der Habitus-Begriff Bourdieu als „Dialektik von objektiven und einverleibten Strukturen";[18] zentraler Leitfaden ist im Rahmen dieses Konzeptes der Begriff der *Dispositionen* als Anlage bestimmter Verhaltensweisen, als Dispositionssystem sozialer AkteurInnen: „Habitus" stellt demnach ein *subjektives* aber *eben nicht individuelles System* internalisierter Schemata und Strukturen von Wahrnehmung, Denken und Handeln dar, die sich bei den Mitgliedern einer Gruppe bzw. einer Klasse wiederfinden; AkteurInnen sind damit in ihrem alltagspraktischen Handeln prädeterminiert. Diese *Prädeterminierungen* fließen als bestimmende Faktoren in ihre gegenwärtigen und zukünftigen Handlungen mit ein.[19]
Auch ist der Habitus sowohl Bindeelement zwischen Geschichte und gesellschaftlicher Integration wie auch Markierung von konkretem Verhalten, Denken, kurz: von sozialem Handeln.
„Indem das habituelle Dispositionssystem Wahrnehmungs-, Denk- und Handlungsschemata bereithält, welche zur Orientierung innerhalb der sozialen Welt und zur Hervorbringung angemessener Praktiken dienen, stellt es die Grundlage dessen dar, was Bourdieu als den sozialen Sinn (‚le sens pratique') bezeichnet. (...) Dieser praktische Sinn dient den Akteuren als Orientierungssinn, der ihnen hilft, sich innerhalb der sozialen Welt im allgemeinen und spezifischer Praxisfelder im besonderen zurechtzufinden. Zugleich fungiert er als Sinn für die Ausführungen von Praktiken, die ‚sinnvoll', d. h. mit Alltagsverstand ausgestattet sind."[20]
Geprägt wird der Habitus in einer sehr frühen Sozialisationsphase, so dass er quasi zur „zweiten Natur" des Individuums geriert.[21] Zwischen den Einzelnen und ihren Lebensstilen steckt laut Bourdieu eine innere Verbindungslinie, dieser Zusammenhang ist aber kein mechanischer:
„Als Vermittlungsglied zwischen der Position oder Stellung innerhalb des sozialen Raumes und spezifischen Praktiken, Vorlieben usw. fungiert das, was ich Habitus nenne, d. h. eine allgemeine Grundhaltung, eine Disposition gegenüber

18 Bourdieu 1979, S. 164ff
19 Bourdieu 1979, S. 187ff.
20 Schwingel 1999, S. 57 f.
21 Schmeiser 1986, S. 176

der Welt, die zu systematischen Stellungnahmen führt - die dabei aber, weil sie ein Niederschlag des bisherigen Lebenslaufs ist, relativ unabhängig von der im fraglichen Zeitpunkt eingenommenen Position sein kann. Es gibt mit anderen Worten tatsächlich (...) einen Zusammenhang zwischen höchst disparaten Dingen: wie einer spricht, tanzt, lacht, liest, was er liest, was er mag, welche Bekannte und Freunde er hat (...).“[22]

Demnach gäbe es keinen Automatismus zwischen der Klassenzugehörigkeit eines Individuums und seiner Wahrnehmung oder seinem sozialen Handeln. Den Habitus versteht Bourdieu jedoch als Ausfluss von *Klassenlagen* im Sinne eines *Klassenhabitus*, den er auch als kollektives *Klassen-Unterbewusstsein* bezeichnet.[23]

Indikatoren für eine solche Klassenlage sind nach Bourdieu vor allem Beruf, Berufsrolle und das kulturelle Kapital; in späteren Publikationen verweist er auch auf die Indikatoren Geschlecht, soziale Stellung, soziale Herkunft und ethnische Zugehörigkeit.[24]

Dennoch hält Bourdieu den Terminus der Klasse für missverständlich bzw. begrifflich eng und spricht daher eher vom Begriff des *sozialen Raumes*: Die Wahrnehmungskategorien eines Individuums ergeben sich überwiegend aus der „Inkorporierung der objektiven Strukturen des sozialen Raumes. (...) Der Sinn für die eigene soziale Stellung als Gespür dafür, was man ‚sich erlauben' darf und was nicht, schließt ein das stillschweigende Akzeptieren der Stellung, einen Sinn für Grenzen (‚das ist nichts für uns'), oder, in anderen Worten, einen Sinn für Distanz, für Nähe und Ferne, die es zu signalisieren, selber wie von Seiten der anderen einzuhalten und zu respektieren gilt (...).“[25]

Für Bourdieu ist die moderne Gesellschaft nach wie vor eine Klassengesellschaft. Seine zentrale Kritik am marxistischen Klassenbegriff formuliert er dahingehend, dass Karl Marx von der theoretischen Existenz der Klassen umstandslos auf die Existenz von Klassen in der Realität geschlossen habe. Dabei bezieht er sich darauf, dass „Klassen“, wie andere Strukturen oder Institutionen nur dann in der Wirklichkeit existieren, wenn sie durch Alltagspraxis und -handeln der Individuen am Leben erhalten werden.[26]

Den marxistischen Klassenbegriff löst Bourdieu eher mit dem einer Gruppe ab; er spricht hier von *wahrscheinlichen Klassen*.[27] Statt des Begriffes der herrschenden Klasse spricht er von sozialem Raum als einem Raum von Unterschie-

---

22 Bourdieu 1989, S. 25

23 Bourdieu 1985, S. 17; Eder 1989, S. 29

24 Bourdieu 1993, S. 81

25 Bourdieu 1985, S. 17 f.

26 Bourdieu 1998a, S. 25

27 Bourdieu 1985, S.12

den sowie von einem *Macht-Feld*,[28] zu dem er neben den Industriellen auch PolitikerInnen und Intellektuelle zählt.

Zentrales Kriterium für *soziale Differenzierung* ist zunächst die Verfügung über *ökonomisches und kulturelles Kapital*; soziale Unterschiede manifestieren sich durch die Ausstattung mit Kapital: als Gesamtmenge, in der Art des Kapitals und in der Kombination der Kapitalarten. Das Verfügen über und die Akkumulation von Kapital steht dabei in direktem Abhängigkeitsverhältnis zur Position im sozialen Raum und zum entsprechenden Habitus. Weniger *das materielle Kapital* im Sinne ökonomischen Wohlstandes rückt dabei in das Zentrum der Betrachtungen als vielmehr eher indirekt wirkende Kapitalformen.[29]

Im marxistischen Sinne bedeutet Kapital vor allem das *Eigentum an Produktionsmitteln* als Betriebsmittel, Finanzkraft und Bodenbesitz. Diese Form des *ökonomischen Kapitals* wird hier um *kulturelle und soziale Kapitalformen* erweitert: Für Bourdieu ergibt sich die soziale Ungleichheit insbesondere aus dem Umfang und der Zusammensetzung von Kapitalformen, die er in

- *ökonomisches Kapital* beispielsweise bedingt durch sozio-kulturelle Herkunft, berufliche Position, Einkommen oder Vermögen,
- *kulturelles Kapital* etwa qua sozio-kultureller Herkunft, Bildung, kulturellen Kenntnissen, Geschmack, Gütern oder Fertigkeiten
- und *symbolisches bzw. soziales Kapital*[30] als Ausdruck sozialer Beziehungsgeflechte

differenziert.[31]

Ökonomisches Kapital alleine sichert noch keine Macht- oder Herrschaftspositionen; diese können erst durch das Zusammenspiel der drei genannten Kapitalformen hergestellt werden. Auch die relative Stellung der Individuen zueinander ist für ihre Verortung im sozialen Raum von zentraler Bedeutung: „Sozialer Raum" wird damit nicht nur zum Raum von Unterschieden, sondern auch von *Beziehungen*. Diese Beziehungen zwischen den Gruppen spielen insbesondere dort eine wesentliche Rolle, wo die Distanzen zwischen den Positionen im sozialen Raum Unterschiede der Lebensführung prägen, so etwa als geschmackli-

---

28 Bourdieu 1989, S. 30

29 Vester 2002, S. 69

30 Steffen Albrecht bemängelt zu recht, dass Rolle und Funktion des sozialen Kapitals – im Gegensatz zu den beiden anderen Kapitalformen – eine eher vernachlässigte Kapitalsorte darstellen (Albrecht 2002, S. 199ff). Zwar wird in jüngerer Zeit vereinzelt auf die Vernachlässigung der Dimension des sozialen Kapitals hingewiesen (u. a. Dangschat 1998), bei der Analyse von Netzwerkstrukturen, die sich exemplarisch mit der Kapitaltheorie Bourdieus und hier insbesondere unter dem Aspekt des sozialen Kapitals untersuchen ließe, war dies aber bislang noch nicht der Fall. Gerade die *Telearbeit*, von der, wie ich in Kap. IV zeigen werde, vielfach befürchtet wird, dass sie sozial isoliere, bietet sich hierzu als Untersuchungsgegenstand an.

31 Bourdieu 1994

che Unterschiede, als divergierende Sichtweisen der sozialen Welt und als unterschiedliche Formen sozialer Praxis. Von besonderer Relevanz sind in diesem Kontext nicht nur der aktuelle soziale Ort von Personen oder Gruppen, sondern vor allem auch ihre Vergangenheit und ihre zukünftigen Perspektiven, was Bourdieu mit dem Begriff „trajectoire" kennzeichnet. Einbezogen wird in die Analyse daher das prozesshafte „Gewordensein" der AkteurInnen, „auf welchem Weg und durch welche Mühen die Menschen zu ihren Kapitalien gekommen sind, welche Mitgift, welche Strategien und welche Feldbedingungen überhaupt erst den Erwerb dieser Statusgrundlagen - oder auch das Scheitern dieser Akkumulation – ermöglicht haben."[32]

Kulturelles Kapital ist hier eng verbunden mit schulischer Bildung und Ausbildung: Je höher der Bildungsstand, je größer das kulturelle Kapital. Dabei ist kulturelles Kapital keine individuelle Größe, sondern durch Familientradition vererb- und vermehrbar. Dies zeigt sich auch in der Selbstverständlichkeit im Umgang mit Bildungsinstitutionen und kulturellen Einrichtungen: Hier manifestiert sich der Habitus im Umgang mit kulturellem Kapital, der besonders deutlich wird, da er der Abgrenzung nach außen und der Selbstvergewisserung nach innen dient (Schließungsmechanismen). Ausbildungssituationen und familiale Traditionen reproduzieren und perpetuieren ihn.

Zudem spielt auch das ökonomische Kapital eine tradierende Rolle:

„Zwar nimmt die Bedeutung des ökonomischen Kapitals ab - da die Ausbildungswege immer länger und differenzierter werden -, dennoch bildet das ökonomische Kapital das notwendige Fundament. Eine Familie, die einmal reich gewesen ist, wird irgendwann auch weniger kulturelles Kapital anhäufen können, wenn ihr das ökonomische Kapital ausgeht."[33]

Bei den Formen kulturellen Kapitals differenziert Bourdieu zwischen

- *Inkorporation* als zeitaufwendiger und nicht bewusster Internalisierung von kulturellem Kapital, die von jedem Individuum stetig neu vollzogen werden muss und an niemanden delegiert werden kann,
- *Objektivation*, deren Ausprägung häufig an ökonomisches Kapital gebunden ist, etwa als Vorführen eines gewissen Wohlstandes in Form von Statussymbolen und der
- *Institutionalisierung* insbesondere durch schulische Abschlüsse als Ausdruck kultureller Kompetenz.

Als dritte Kapitalform führt Bourdieu das *soziale Kapital* an, mit dem er die sozialen Beziehungen und Netzwerke bezeichnet, über die jemand verfügt. Diese Form des Kapitals funktioniert rein symbolisch und immateriell als ‚symbolisches Kapital', so der ursprüngliche Begriff bei Bourdieu, zur Reproduktion bestehender Beziehungen, die allerdings ‚erarbeitet' und aufrecht erhalten werden

---

32 Vester 2002, S. 69

33 Treibel 1997, S. 209

müssen, etwa über Beziehungsnetze bzw. durch individuelle und kollektive „Investitionsstrategien, die bewusst oder unbewusst auf die Schaffung und Erhaltung von Sozialbeziehungen gerichtet sind, die früher oder später einen unmittelbaren Nutzen versprechen“.[34]

Zwischen den Ausprägungen der verschiedenen Kapitalformen und den Macht- und Herrschaftspositionen gibt es einen engen Zusammenhang, da alle Kapitalformen gegenseitig konvertierbar sind. Allerdings kann dies nur den höheren Klassen gelingen, da nur sie überhaupt über konvertierbares Kapital verfügen. Hingegen wird ökonomisches und kulturelles Kapital insbesondere von den höheren Klassen zur Abgrenzung „nach unten“ genutzt und zwar anhand von *Distinktionsmerkmalen*, die Bourdieu in seiner anspruchsvollen Studie zur kulturellen Praxis in Frankreich, seinem Hauptwerk „Die feinen Unterschiede. Kritik der gesellschaftlichen Urteilskraft“[35] ausführlich darlegt.

„Im Zentrum des sozialen Raums stehen nach Bourdieu (...) die Träger der ‚legitimen Kultur‘, deren distinktive Lebensstile und Geschmackspräferenzen auf der obersten Rangstufe der sozialen Geltungshierarchie angesiedelt sind. Ihnen gelingt es in scheinbar unnachahmlicher habitueller Selbstsicherheit, die Merkmale ihrer Lebensform zur kulturellen Leitwährung zu erklären und ihre Klassifikationsraster fein/grob, raffiniert/primitiv, distinguiert/vulgär, vornehm/ordinär etc. als legitime, weil gesellschaftsweit anerkannte Unterscheidungen durchzusetzen. Die Lebensstile anderer sozialer Gruppen erscheinen vor dem Hintergrund dieser Bewertungsmaßstäbe in abgestufter Form als ästhetisch und moralisch minderwertig, so dass ihnen nicht im gleichen Maße soziale Bestätigung, Wertschätzung und Anerkennung gewährt wird.“[36]

In seinen Geschmacks-Analysen kommt Bourdieu zu drei Distinktionsausprägungen, die eng verknüpft sind mit einer entsprechenden Zugehörigkeit zu einem spezifischen sozialen Raum:

- der *legitime* Geschmack: Zu diesem zählt Bourdieu die kulturelle Praxis des Bildungsbürgertums und der „Haute Bourgeoisie“, die für ihn die herrschende Klasse darstellen. Hier unterscheidet er Intellektuelle und Bourgeois, deren Konsum am aufwendigsten und prestigereichsten ist; bis hinein in Körperhaltung und Sprachgewohnheiten ließen sich Distinktionsmerkmale nachzeichnen. Die Sicherheit im Umgang mit kulturellen Gütern und ästhetisierende Fähigkeiten und Kommentierungen sind dabei Produkte familiärer Sozialisation. Angehörige der unteren Klassen hingegen werden zu einer Art Kontrastgruppe, von der es sich abzugrenzen und zu distanzieren gilt.

---

34 Bourdieu 1983, S. 192

35 1984, franz. Original 1979

36 Kraemer 2002, S. 134f.

- der *mittlere* Geschmack: Hier ordnet Bourdieu insbesondere mittlere Angestellte und LehrerInnen ein. Ähnlich wie bei der „populären" Geschmacksrichtung würden so etwa bei Kunstrichtungen vor allem naturalistische und realistische Darstellungen bevorzugt. Weitgehend orientiert sich diese Geschmacksklasse an der Haute Bourgeoisie, die geradezu kopiert wird.
- der *populäre* Geschmack: Zu dieser Geschmacksgruppe zählt Bourdieu vor allem ArbeiterInnen und BäuerInnen. Die Geschmacksausformungen tragen hier auch folkloristische Züge.

Die Unterschiede dieser drei verschiedenen Geschmackstypen veranschaulicht Bourdieu anhand unterschiedlicher kultureller Alltagspraxen, beispielsweise zum Musikgeschmack bzw. zu Hörgewohnheiten, zum Kunstgeschmack, zu Theater-, Kino- und Konzertbesuchen oder zu Bekleidungsstilen, Ess- oder Trinkgewohnheiten, denn:

„Lässt sich der gesamte Lebensstil einer Klasse bereits aus deren Mobiliar und Kleidungsstil ablesen, dann nicht allein deshalb, weil in diesen Merkmalen sich die ihre Auswahl beherrschenden ökonomischen und kulturellen Zwänge objektivieren; vielmehr auch, weil die *gesellschaftlichen Verhältnisse, die in diesen vertrauten Dingen gegenständlich Gestalt gewinnen* - in deren Luxus wie Ärmlichkeit, deren ‚Ausgesuchtheit' wie ‚Gewöhnlichkeit', ‚Schön-heit' wie ‚Hässlichkeit' - sich vermittels zutiefst unbewusster körperlicher Empfindungen und Erfahrungen aufzwingen."[37]

Unterschiede im Sinne von *Distinktionsmerkmalen* sind nicht natürlich, sondern sozial konstruiert und angeeignet: Lebensstile und -gewohnheiten sind nicht zufällig; vielmehr besteht zwischen Alltagspraktiken und Klassenlage ein enger Zusammenhang qua Zugehörigkeit zu einem sozialen Raum, einer sozialen Herkunft, einem sozial konstruierten und erworbenen Habitus. Die unterschiedlichen Praktiken, Besitztümer und Meinungsäußerungen erhalten ihren sozialen Sinn dadurch, dass sie soziale Unterschiede und die Zugehörigkeit zu den jeweiligen Gruppen oder Klassen offenbaren.[38] Damit ist „Geschmack" keineswegs etwas Individuelles oder gar ein persönliches Verdienst, sondern stets Ausdruck gesellschaftlicher Positionen.[39]

Das von Bourdieu neu entwickelte Klassifikationsschema richtet sich an „Geschmacks"-Ausprägungen aus, seine „Klassentheorie" bezieht sich ganz bewusst nicht ausschließlich auf Formen ökonomischen Kapitals, sondern stellt insbesondere den kulturellen Habitus in das Zentrum seiner Analysen.

---

37 kursiv im Original, Bourdieu 1984, S. 137

38 Krais/Gebauer 2002, S. 37.

39 Treibel 1997, S. 212

Alltagspraxen und Kulturbedürfnisse sind bei Bourdieu auch in ihren vielgestaltigen Details weder autonom noch spontan, sondern im Rahmen des *Sozialisationsprozesses* angeeignet; dazu gehören auch Einrichtungsstile und Mobiliar: „Jedes Interieur drückt in seiner Sprache den gegenwärtigen und selbst vergangenen Stand der in ihm Wohnenden aus; spiegelt die verhaltene Sicherheit des geerbten Reichtums ebenso wider wie die protzende Arroganz der Neureichen, das unauffällige Elend der Armen wie das vergoldete der ‚armen Verwandten', die behaupten, über ihre Mittel zu leben."[40]

Problematisch erscheinen ihm dabei insbesondere zwei empirisch gut analysierbare Gruppen: zum einen das Kleinbürgertum, das aus dem absteigenden, eher konservativen Bürgertum, dem exekutiven Kleinbürgertum und dem neuen Kleinbürgertum hervorgegangen ist, zum anderen den Emporkömmlingen, die in Stil- und Geschmacksfragen nie gänzlich eingegliedert werden, da sie die Rituale des ‚guten Geschmacks' nie ganz beherrschen werden.

Der proletarische Lebensstil dient dabei dem „Bürger" und insbesondere dem „Kleinbürger" als Negativfolie, als Lebensstil, von dem es sich abzugrenzen gilt. Klassenspezifische Geschmäcker sind nicht einfach nur „Geschmackssache", sondern inkorporieren unterschiedliche Sichtweisen und Beziehungen zur Welt und zu sich selbst.

2.1.2 Kapital, Milieu und Lebensstile

Folgen wir Bourdieus Analysen, so sind soziale Lagen, soziale Erfahrungen und Prägungen sowie individuelle Orientierungsmuster maßgeblich für Lebensstile, die sichtbare Verhaltens-weisen und expressive Alltagsgestaltung veranschaulichen. Lebensstile umfassen dabei mehr als nur normative Bewertungsschemata, - ob jemand über „Stil" verfügt oder aber eben nicht, sondern stellen auch soziale Konzepte dar. Damit sind sie vor allem Distinktionsmerkmale unterschiedlicher sozialer und kultureller Milieus.

Gemeint sind Distinktionen im Sinne sozialstruktureller Zuordnungen und weniger Settings wie etwa Jugendstile, Wohlstands- und Mittelschichtsphänomene. Das Konzept der „sozialen Milieus" und der Lebensstilgruppierungen geht von der Annahme aus, dass „subjektive" Lebensweisen durch gemeinsame „objektive" Lebensbedingungen angeregt, beeinflusst und begrenzt werden, dennoch aber nicht in Gänze durch diese geprägt sind: Über die Milieus wird die Kommunikation der einzelnen Menschen räumlich und sozial verdichtet. Nach der gängigen Ungleichheitstheorie haben bürgerliches und proletarisches Milieu die Integrationsfähigkeit der modernen Großstadt gewährleistet; diese Makromilieus können jedoch durch die Individualisierungsprozesse nicht mehr in gleicher Weise integrativ wirken, so dass eine Ausdifferenzierung der Milieus stattfindet

---

40 Bourdieu 1984, S. 138.

und sich neue soziale Konfigurationen ergeben. Dabei stehen sich ModernisierungsgewinnerInnen und –verliererInnen gegenüber.[41]
Allerdings ist der Milieubegriff keineswegs neu: Bereits in der französischen Aufklärung fand er Verwendung, um ein Konglomerat von äußeren Bedingungen zu charakterisieren, die auf die menschlichen Lebenslagen Einfluss nehmen. Die Klassiker der Soziologie, so zum Beispiel Emile Durkheim, fassten mit dem Milieubegriff die soziale Umgebung des Menschen: Geprägt werde das „innere soziale Milieu" einer Gesellschaft durch Elemente der Bevölkerung und durch materielle Aspekte der Gesellschaft.[42]
Neuere soziologische Milieubegriffe beziehen zudem neben dem sozialen Umfeld auch die damit im Zusammenhang stehenden Werthaltungen des Menschen mit ein. „Soziale Milieus" können daher als Gruppen Gleichgesinnter mit ähnlichen Wert- und Lebensgestaltungsprinzipien oder Mentalitäten verstanden werden. Lebensstile erscheinen dabei als relativ *dauerhafte soziale Konstrukte* oder als eigenständige Ebenen sozialer Integration:[43]
„Bei zunehmenden Wahlmöglichkeiten verdichten sich Stilisierungsmerkmale und Zeichen in Lebensstilen, die der sozialen Zuordnung und Abgrenzung von anderen, die der Identitätssicherung dienen. Lebensstile sind zu verstehen als symbolische, sichtbare Darstellungen von sozialer Lage, sozialen Erfahrungen und individuellen Orientierungen."[44]
Lebensstilkonzepte haben, angeregt durch die Rezeption zu Bourdieus „Die feinen Unterschiede", insbesondere in der Sozialstrukturanalyse zunehmend an Bedeutung gewonnen. Alltagsweltliche Zuordnungen und Abgrenzungen werden vor allem im Zusammenhang mit klas-sischen Ungleichheitsdimensionen überprüft. Dabei wird die derzeitige Debatte durch drei zunächst unvereinbar scheinenden Positionen bestimmt:

- *Pluralisierung von Lebensstilen* als Triebkraft zunehmender Individualisierung, Zunahme der Optionen unterschiedlicher Lebensgestaltung als Resultat einer Steigerung des Lebensstandards und der Auflösung der traditionellen Bindungen,[45]
- *Lebensstilpräferenzen* als Ausfluss von Klassen- und Schichtzugehörigkeit[46] und
- *Innovationen von Lebensstilen*, die zunehmend die soziale Distinktion als kulturelle Distinktion substituieren.[47]

---

41 Matthiesen 1998
42 Hradil 1999, S. 420
43 Michailow 1994
44 Spellerberg 1996a, S. 11
45 Hitzler 1994
46 Vester 1994
47 Michailow 1994

Kohärente Muster der Verarbeitung von Problemlagen und die Aneignung gesellschaftlicher Lebensumstände begründen Lebensstile als sozial geteiltes Regulationsprinzip der Alltagsorganisation.[48] Im Unterschied zu Klassen, Schichten und sozialen Milieus umfassen Lebensstile jedoch nicht die gesamte Lebenslage, sondern gewinnen ihre Relevanz aufgrund der Selektion von Themen und Kristallisationskernen.[49] Lebensstile betonen eher die subjektiven bzw. kulturellen Aspekte sozialer Ungleichheit und stellen den Versuch dar, „über gesellschaftliche Teilbereiche und subsystemspezifische Anforderungen hinweg personale Identitäten zu stützen, soziale und soziokulturelle Gemeinsamkeiten fortzuschreiben oder neu zu konstruieren und dadurch Statussicherheit zu erzeugen."[50]

In der Sozialstrukturanalyse und in der Soziologie sozialer Ungleichheit stehen die Begriffe Milieu und Lebensstil in enger Nachbarschaft zueinander. Im Rahmen entsprechender Analysen wird das Zusammenwirken von objektiven gesellschaftlichen Strukturen und individuellen Dispositionen in alltagsweltlichen Lebenszusammenhängen untersucht. Mit *Klassen- und Schichtungskonzepten* wie in klassischen Analysemodellen, so lässt sich in gängigen Sozialstrukturanalysen lesen, seien Verhaltensunterschiede nicht mehr ausreichend zu erklären. Vielmehr müsse in *Milieu- und Lebensstilkonzepten* eine Vermittlungsform zwischen sozialer Lage und individuellem Handeln gesehen werden, da sie mehr „Lebensnähe" implizierten und nicht nur ökonomische Aspekte betonten, sondern auch auf homologe Verhaltensweisen und Werte verweisen.[51] Materielle, moralische und politische Bewältigungsstrategien sozialstruktureller Wandlungsprozesse hängen somit maßgeblich von den jeweils in den sozialen Milieus und den darin praktizierten Gesellungsformen und Beziehungsnetzen zwischen den Menschen ab. Lebensstile äußern sich dabei in der spezifischen Art und Weise der Nutzung von Ressourcen, des Konsums und der kulturellen Präferenzen und werden in der wahrnehmbaren Gestalt ihrer Lebensäußerungen, Ausdrucks- und Deutungsmuster als charakteristisch und sozial abgrenzbar wahrgenommen.

Als Zuordnungsprinzip sozialer Zugehörigkeit regeln Lebensstile die Begrenzung nach außen als distinktive Abgrenzung von anderen Gruppen (Schließung) wie die Integration nach innen als Identität einer Gruppe, ihres Selbstverständnisses und ihres Charakters (Kohäsion).

SozialstrukturanalytikerInnen argumentieren folglich, bei unbestrittenen erweiterten Handlungsmöglichkeiten, gegen die Individualisierungsthese (Beck), da

---

48 Michailow sieht im Lebensstil-Konzept eine unabhängige Variable neben gängigen Kategorien wie Klasse, Stand, Clan und Milieu und das Konzept damit als stabilisierenden Faktor für Differenz, Distanz im sozialen Austausch und Grenzerhaltung.

49 Michailow 1994, S. 35

50 Berger 1996, S. 61

51 Hradil 1987, Lüdtke 1990, Müller 1992

Individualisierung aufgrund von empirischen Befunden nicht als gänzliche Destrukturierung, Entschichtung oder Selbstreflexivität verstanden werden kann; nach wie vor existierten schichtenspezifische Lebensverläufe mit unterschiedlichen Lebenschancen.[52]
Auch kann von einer ausgeprägten institutionellen Prägung ausgegangen werden, bei der *familiale Lebensformen* überwiegen.[53] In diesem Kontext sind Lebensstile als *gruppenspezifische Ausformungen von Alltagspraxis*, -gestaltung und -organisation zu verstehen, in denen Abgrenzungen wie auch Zuordnungen „von kollektiv geteilten Lebensweisen"[54] zum Ausdruck kommen. Durch habitualisierte Stilformen (des sich Kleidens, des Wohnens oder der Freizeitgestaltung) finden gruppenspezifische Zuordnungen wie auch *Schließungsmechanismen* statt, die anhand von symbolischen Zuordnungen, expressiven Verhaltensmustern und Orientierungen wahrnehmbar werden und durch wechselseitige Distinktionen als „Lebensstilsemantiken"[55] zu Ein- und Zuordnungen führen.[56]
Da Lebensstile auch unabhängig von sozialen Lagen in Handlungsmustern, kulturellen Praxen und symbolischen Zuordnungen variieren können, kann nicht nur die Ressourcenerzielung, sondern auch deren Verwendung empirisch erfasst werden. Dabei sollen neben soziodemografischen Merkmalen wie beispielsweise dem Erwerbsverhalten auch Strukturierungsmerkmale wie Schichtzugehörigkeit, Beruf, Bildungsstand und Einkommen sowie subjektive Gestaltungsleistungen und Lebenspläne berücksichtigt werden: Damit für Sozialstrukturanalysen notwendige Befunde ermittelt werden können, werden konkretes Verhalten, Handlungsorientierungen und Lebenswelten aufeinander bezogen und in einen Zusammenhang von sozialer Schichtung und Lebensstilen gestellt.
Auch werden Lebensstile als autonome, kohärente und tendenziell „supraindividuelle" Einstellungen und Verhaltensmuster sowie als abstrakte ästhetische Semantiken und Zeichensysteme, etwa bei *Gerhard Schulze* und seinem Konzept der *Erlebnisgesellschaft*,[57] als unabhängig von ökonomischen Begrenzungen für individuelles Verhalten und Handeln aufgefasst, so dass Lebensstile als Gemeinsamkeit stiftende Strukturierungselemente interpretiert werden können.[58]

---

52 Mayer 1990
53 Bertram 1994, Burkart 1994
54 Spellerberg 1996a, S. 57
55 in denen soziale Ungleichheiten erkennbar werden.
56 Michailow 1994, S.108
57 Nach Schulze (1992) bedeutet „Erlebnisgesellschaft", dass die aktuelle Gesellschaft mehr denn je von einem alltagsästhetischen Imperativ geleitet wird („Erlebe Dein Leben!), der kollektive Handlungsmuster sowie soziale Milieus beeinflusst und prägt. Vgl. auch Schulze 1994.
58 Berger 1994, S. 138

Zudem werden soziale Milieus in der Lebensstilanalyse für die Gemeinsamkeit innerhalb der verschiedenen Stiltypen als konstituierend betrachtet, während Erlebnismärkte, lokale ‚Szenen' und kulturpolitische Strategien als Erzeugung und Kontinuität stilistischer Similaritäten und Differenzen verantwortlich gemacht werden.[59]

„Verhaltensrelevant werden aufgrund dieser Veränderungsprozesse *lebensweltliche Zusammenhänge* der Verwandtschaft, der Freundschaften, Nachbarschaften, Vereine, Gemeinden und weitreichende Beziehungsnetze wie Parteien, Betriebsbelegschaften und Professionen - die sogenannten *sozialen Milieus*. Wie ‚man' zu leben, zu denken, zu beurteilen und wahrzunehmen hat, also welche *Deutungs-* und *Handlungsmuster* vergesellschaftet bzw. vermittelt werden, all dies bildet sich in den sozialen Milieus heraus. Man gehört ihnen nicht per se an, sondern man gesellt sich zu ihnen kraft selbstgewollter Inszenierung. Die *Lebensstile* beschreiben derartige Deutungs-, Inszenierungs- und Handlungsmuster."[60]

Zuschreibungsmerkmale wie Beruf, Bildung, Geschlecht und Alter, wie sie in der konventionellen Ungleichheitsforschung üblich sind, treten zunächst in den Hintergrund; kulturelle Differenzierungen in Lebensführungen und Lebensstilisierungen werden dennoch als an ökonomisch-objektive Kriterien gebunden analysiert: Lebensstile stellen im Sinne Bourdieus und seines eher strukturalistischen Ansatzes also Variablen und Phänomene der Schicht- und Klassenstruktur dar, „deren fortlaufende Reproduktion nun allerdings um die kulturelle Sphäre der Klassifikationsdiskurse und Distinktionskämpfe erweitert wäre, in der vor allem ‚legitimes Wissen' und ‚legitime Praktiken' des (Kultur-)Konsums gewichtige Ressourcen sind."[61]

Soziale Klassifikationsschemata, so zeigt die hiesige Rezeption des Habitus-Konzeptes, sind immer auch bezogen auf die jeweiligen historischen-gesellschaftlichen Rahmenbedingungen, die sie hervorbringen. Soziale Unterscheidungsmerkmale erlangen ja nicht nur dadurch ihre allgemeine Verbindlichkeit, dass Individuen und Subpopulationen ihnen mit Beliebigkeit zugeordnet werden, sondern vielmehr darüber ihre Geltung, dass mit den eingesetzten Klassifikationsschemata *soziale Differenzierungen* hergestellt werden, die als sozial relevant aufscheinen und als solche auch ausgewiesen werden können. Darüber hinaus erlangt die Klassifizierungspraxis ihre Wirksamkeit und Orientierungsmächtigkeit über die Anbindung an gesellschaftliche *Macht-, Herrschafts- und Legitimationsprozesse*.[62]

---

59 Einen detaillierten Überblick zum Stand der Lebensstilforschung bietet *Hartmann* (1999). Lebensstile als distinktive Praxis im Kontext von Globalisierung und Stadträumen beschreibt Noller (1999, S. 187ff.)

60 Wöhler 1997, S. 198

61 Berger 1994, S. 142

62 Michailow 1994, S. 29ff

Dies soll im kommenden Abschnitt am Beispiel der Geschlechterverhältnisse expliziert werden.

2.2 Soziokulturelle Alltagspraxis und Geschlecht

Auch wenn die Kategorien Schichtung und Klasse in der sozialwissenschaftlichen Analyse mittlerweile als gängige Grundlage empirischer Forschungen zur Sozialstrukturanalyse dienen, muss gefragt werden, inwieweit die Ungleichheit zwischen Geschlechtern in diese Eingang gefunden hat, denn in den meisten Theorien zu Machtverhältnissen bleiben Geschlechterverhältnisse ausgeblendet.
Im folgenden Kapitel möchte ich daher untersuchen, inwieweit sich Bourdieus Habituskonzept im Kontext der Geschlechterverhältnisse nutzbar machen lässt.
Bereits 1949 hat Simone de Beauvoir in ihrem Werk „Das andere Geschlecht" die Geschichte und Fakten der Geringschätzung von Frauen durch Männer aber auch die vielfachen Ein- und Beschränkungen beschrieben, die sich Frauen aufgrund einer patriarchalen Gesellschaftsstruktur selbst auferlegen.[63]
„Jedenfalls ist sie (die Frau, A. d. V.) nichts anderes, als was der Mann befindet; so spricht man auch von ihr als vom ‚anderen Geschlecht', worin sich ausdrückt, dass sie dem Mann in erster Linie als Sexualwesen erscheint: da sie es für ihn ist, ist sie es ein für allemal. Sie wird bestimmt und unterschieden mit Bezug auf den Mann, dieser aber nicht mit Bezug auf sie; sie ist das Unwesentliche angesichts des Wesentlichen. Er ist das Subjekt, er ist das Absolute: sie ist das Andere."[64]
Nach Beauvoir ist die Teilung der Geschlechter grundsätzlich etwas biologisch Gegebenes, aber diese natürlichen Voraussetzungen genügen nicht zur Erklärung von Hierarchie und Ungleichheit. Der biologische Unterschied allein verursacht noch nicht die untergeordnete Stellung der Frau. Entscheidend ist, dass im Gegensatz zum Tier beim Menschen neben die biologischen Voraussetzungen eine historische und eine soziale Wirklichkeit tritt.
Mit dieser formuliert Beauvoir einen zweiten Bestimmungsfaktor von Geschlecht neben der Biologie. Die Unterschiede zwischen den Geschlechtern und besonders die Unterdrückung und Diskriminierung von Frauen werden als Ergebnis von Geschichte und Sozialisation be-griffen, diese sind somit grundsätzlich veränderbar.[65] Damit hat Beauvoir, insbesondere mit den daraus abgeleiteten Forderungen nach Gleichberechtigung und Partizipation, faktisch die

---

63 Beauvoir 2002

64 Beauvoir 2002, S. 11

65 In der bundesdeutschen Debatte finden sich, wenn auch erst deutlich später vergleichbare Ansätze etwa bei Beck-Gernsheim/Ostner 1978, Kittler 1980, v. Werlhof 1983, v. Werlhof/Mies/Benhold-Thomsen 1983, Beer 1983, Krüger 1984, Metz-Göckel/ Müller 1986.

theoretische Grundlage für die neue Frauenbewegung in der Folge der 68er-Bewegung und der Frauen- und Geschlechterforschung gelegt.[66]

Auch Pierre Bourdieu erweitert den Radius der Geschlechterkonstruktionen und sieht diese als gesamtgesellschaftliche Konstituante;[67] er betont daher umso mehr die Notwendigkeit der Fortführung der feministischen Diskurse:

„Wenn es stimmt, dass die Aufrechterhaltung dieser Herrschaftsbeziehung nicht eigentlich (jedenfalls nicht hauptsächlich) an einem der sichtbarsten Orte der Herrschaftsausübung gewährleistet wird, nämlich innerhalb der häuslichen Einheit, auf die sich ein bestimmter feministischer Diskurs konzentriert hat; wenn vielmehr gerade in Einrichtungen wie Schule und Staat die Mechanismen produziert werden - an jenen Orten also, in denen ohnehin die Herrschaftsprinzipien erzeugt und aufgezwungen werden, die bis hinein in den privatesten Winkel wirksam sind - dann öffnet sich dem Feminismus ein enormes Aktionsfeld, das ihm gleichzeitig einen eigenständigen, gesicherten Platz im politischen Kampf gegen alle Herrschaftsformen zuweist."[68]

Mit dieser Verortung von gesschlechtsspezifischen Machtstrukturen widerspricht Bourdieu dem in der aktuellen Frauenforschung thematisierten „Verlust des Subjekts Frau als politische Akteurin"[69] und betont stattdessen die symboli-

---

66 In den meisten Theorien zu Machtverhältnissen bleiben Geschlechterverhältnisse ausgeblendet. Deshalb sei hier ausdrücklich auf das Werk Simone de Beauvoirs „Das andere Geschlecht" hingewiesen, in dem die Autorin Geschichte und Fakten der Geringschätzung von Frauen durch Männer beschreibt. Zugleich kritisiert sie aber auch die vielfachen Ein- und Beschränkungen, die sich Frauen aufgrund einer patriarchalen Gesellschaftsstruktur selbst auferlegen (Beauvoir 2002). Damit hat Simone de Beauvoir,- dies gilt insbesondere mit den daraus resultierenden Forderungen nach Gleichberechtigung und Partizipation, einen starken Einfluss auf die neue Frauenbewegung gehabt. (Lauterbach 2001, S. 21)

67 Ganz offensichtlich ist Bourdieus Verhältnis zu Geschlechterfragen auch durch familiale Erfahrung geprägt. In seinem „soziologischen Selbstversuch" schildert er, wie seine Mutter, die aus einer gehobenen bäuerlichen Familie stammte, sich gegen diese durchsetzen musste, um den sozial schlechter gestellten Vater Bourdieus heiraten zu können, ein Umstand, so gibt Bourdieu unumwunden zu, der auch seine Sozialisation nachhaltig geprägt habe. (Bourdieu 2002, S. 98ff.)

68 Bourdieu 1998b, S. 16

69 So fragen etwa Regina Becker-Schmidt und Gudrun–Axeli Knapp zu recht danach, ob in der (De-) Konstruktionsdebatte die Unterscheidung zwischen Frauen und Männern tatsächlich keine Rolle mehr spiele und „Geschlecht" als Kategorie für die Strukturierung von Gruppenzugehörigkeiten und Identitätszwängen, in der Distribution von Arbeit und Eigentum, für die Struktur von Anerkennungs- und Austauschverhältnissen oder die Verteilung bestimmter Formen von Gewalt, der Organisation von Sexualität und Generativität irrelevant geworden sei. Unter epistemologischen Gesichtspunkten ließen sich derartige Behauptungen keineswegs aufrecht erhalten.
Ferner unterstelle die sozialhistorisch angelegte These einer „halbierten Vermarktung des menschlichen Arbeitsvermögens" (Ulrich Beck) fälschlicherweise, dass Frauen aus-

schen Auseinandersetzungen und Kämpfe als zentrale Momente sozialer Praxis. Im Zentrum dieser symbolischen Auseinandersetzungen steht dabei der politische Kampf, in dem die beherrschten Gruppen, - hier die Frauen, - die legitime Sicht der Welt zu verändern versuchen sollten.[70]
Zugleich betont er, dass die Auseinandersetzungen um Macht in den Geschlechterverhältnissen nicht ausschließlich auf die Privatsphäre und damit auf die private Arbeitsteilung reduziert werden dürfe, sondern verweist auch auf geschlechtshierarchische Machtstrukturen öffentlicher Institutionen.
Für Bourdieu gilt die bipolare Trennung qua Geschlecht stets als exemplarisch für Macht-, Herrschaftsstrukturen und soziale Ungleichheit. Die Geschlechterbeziehungen betrachtet er als Musterbeispiel, anhand derer Herrschaftslogiken aufgezeigt werden können, da sie unter Herrschenden und Beherrschten gleichermaßen als symbolisches Prinzip, Emblem oder Stigma bekannt seien und anerkannt werden, etwa unter Berufung auf Sprache oder Redeweisen, Lebensstile oder generalisierte Unterscheidungsmerkmale:
„Schon immer habe ich zudem die Vorherrschaft des Mannes und die Art, wie sie ausgeübt beziehungsweise hingenommen wird, als Paradebeispiel dieser paradoxen Unterwerfung angesehen - der Unterwerfung unter eine sanfte, nicht spürbare, selbst für die Opfer nicht sichtbare Gewalt, die ich symbolische Gewalt nenne, da sie sich hauptsächlich auf rein symbolischem Wege vollzieht, mittels Kommunikation und Kenntnis, oder besser: mittels Verkennung, Anerkennung und letztlich mittels des Gefühls."[71]
Im Folgenden werde ich Bourdieus Analyse männlicher Dominanz skizzieren und kritisch würdigen sowie diese am Beispiel des Wissenschaftsbereiches beleuchten.

---

schließlich im Bereich der privaten Reproduktion tätig gewesen sind. Die „doppelte" Vergesellschaftung von Frauen wird dabei ebenso ignoriert wie deren Bedeutung für die Herausbildung und Entwicklung kapitalistischer Gesellschaften. Zudem wird die Funktion der geschlechtsspezifischen Segmentierung des Arbeitsmarktes ausgeblendet. (Becker-Schmidt / Knapp 2001, S. 143ff. sowie Knapp 2002)
Andererseits verweist Lothar Böhnisch darauf, dass durch die Segmentierung des Arbeitsmarktes eine beständige Verfügbarkeit von Männern erwartet werde. Ein verändertes Männerrollenmodell werde eher belächelt als toleriert. Die „Verliererthematik", die der Jugendsozialarbeit in der Jungensozialisation zunehmend zu schaffen mache, überschatte die gesellschaftlichen Ambitionen eines anderen Mannseins und damit auch der Geschlechterforschung. (Böhnisch 2000, S. 121f.)
Zudem kann, wie Beate Krais feststellt, nicht behauptet werden, dass Bourdieus Ansätze durch die Frauen- und Geschlechterforschung in besonderer Weise rezipiert worden wären und dort, wo sie analysiert wurden, ist ihr Einfluss kaum nachweisbar geblieben. (Krais 2002, S. 318)

70 Rademacher 2002, S. 145

71 Bourdieu 1998b, S. 16

2.2.1 Zur Relevanz des Habitus-Konzeptes für Geschlechterdisparitäten

In fast allen uns bekannten Gesellschaften gehört die Arbeitsteilung zwischen Frauen und Männern zu einem der grundlegenden Strukturierungsprinzipien. Zwar mag die Zuschreibung dessen, was als weiblich oder männlich gilt, je nach Gesellschaftstypus unterschiedlich sein, gleichwohl gehört die Klassifikation von Objekten, Handlungsweisen, Personen und persönlichen Merkmalen auch in der modernen Gesellschaft nach wie vor zu den angenommenen Selbstverständlichkeiten sozialer Praxis.

Diesen Zusammenhang hat Bourdieu bereits in seinen Analysen zur Kabylei verdeutlicht und in seinen späteren Schriften, insbesondere in „Domination masculine" wieder aufgegriffen. Seiner Definition von Lebensstilen hat er einerseits Klassenpositionen und andererseits Handlungspraktiken und –muster zugeordnet, die qua *Sozialisation* erworben wurden. In seiner Analyse der *„Männlichen Herrschaft"* verfolgt er das Ziel, ein Begründungsmuster für die erstaunliche Beharrlichkeit und Kontinuität männlicher Dominanzstrukturen zu kristallisieren: Geschlechtsunterschiede sind in seiner Betrachtung nicht natürlich, sondern kulturell erzeugt. Die symbolische Gewalt im Geschlechterverhältnis materialisiert sich dabei in der Habitualisierung und Somatisierung der Geschlechterkonstruktionen; Denk-, Wahrnehmungs- und Handlungsmuster sind Ausdruck eines sozialisatorischen Prozesses, der mit einer sozialen Benennungs- und Einprägungspraxis einhergeht.[72] Zentrale Bedeutung haben dabei der „Geschmack" und die daraus resultierenden Distinktionen. *Geschmack* und *Distinktion* wiederum entwickeln sich auf der Basis des Habitus als System von Wahrnehmungs-, Denk- und Verhaltensschemata, bei denen laut Bourdieu die frühkindliche Sozialisation prägend ist. Da auch Sozialisation als geschlechtsspezifisch angenommen werden kann, ist *Geschlecht* eine zu berücksichtigende Dimension des Habitus.

Bourdieu verweist darauf, wie sehr die *Struktur des Raumes*, insbesondere die Aufteilung des Hauses oder der Gegensatz von Haus und freiem Feld, ja sogar der gesamte soziale Raum männlichen Herrschaftsmustern untergeordnet wird. Seiner Analyse des kabylischen Gesellschaftssystem zufolge spiegeln sich diese zwischen den Geschlechtern institutionalisierten Herrschafts- und Ausbeutungsverhältnisse auch in den Praktiken zwischen den Geschlechtern wider.

„Von der offiziellen Einteilung auf der Seite des Drinnen, des Feuchten, des Gekrümmten, des Kontinuierlichen gestellt, sind den Frauen alle häuslichen, d. h. privaten und verborgen bleibenden, ja unsichtbaren und schimpflichen Arbeiten zugewiesen, wie die Aufzucht der Kinder und der Tiere, und ein guter Teil der Arbeiten außer Haus (...), die monotonsten, die mühseligsten und die niedrigs-

72 Rademacher 2002, S. 128f

ten. Die Männer, die auf der Seite des Draußen, des Offiziellen, des Öffentlichen, des Aufrechten (...), des Hohn, des Diskontinuierlichen stehen, beanspruchen alle kurz dauernden, gefährlichen und spektakulären Tätigkeiten für sich."[73]

Männliche und weibliche Geschlechterrollen werden hier als *antagonistische Identitäten* konstruiert und in einem geschlechtsspezifischen Habitus performiert.[74]

Geschlechtliche Identität wird dabei zum „Ergebnis einer Arbeit der Differenzierung, Unterscheidung und Distinktion, einer Arbeit, die aus Vereinfachungen, Ausschließungen, der Unterdrückung von Uneindeutigkeiten entlang eines antagonistischen Schemas von männlich und weiblich"[75] besteht.

2.2.1.1 Arbeitsteilung

Für Bourdieu gilt es, im Kontext männlicher Vorherrschaft aufzuzeigen, in welcher Weise Männer und Frauen Geschlechterverhältnisse als Herrschaftsverhältnisse in ihrer sozialen Praxis, in ihrem Denken und Handeln reproduzieren, modifizieren und weiterentwickeln:[76] Männliche Herrschaft funktioniert als alltägliche Struktur und Aktivität und die vergeschlechtlichte Sicht der Welt lagert sich dabei in unseren Habitus ein. Dieser ist zutiefst geprägt durch eine soziale Praxis der Klassifikation, die Weiblichkeit und Männlichkeit als Polarisierung konstruiert und sich im alltäglichen Handeln tradiert. Von Beginn seines Lebens an entwickelt somit jeder Mensch einen geschlechtsspezifischen Habitus und damit eine Geschlechtsidentität als männlich *oder* weiblich, die die Arbeitsteilung nach Geschlecht inkorporiert. Geschlechterverhältnisse gehören zu den frühest entwickelten Schemata sozialer Differenzierung, in die Kinder in ihrer sozialen Interaktion eingebunden werden.[77]

In Anlehnung an Bourdieu spricht etwa der französische Soziologe Jean-Claude Kaufmann[78] bei der Arbeitsteilung im Geschlechterverhältnis von „negativem

---

73 Bourdieu 1997a, S. 161

74 Von werkgeschichtlicher Bedeutung ist in diesem Zusammenhang, dass Bourdieu den Entwurf seiner Habitustheorie zunächst während seiner ethnologischen Feldforschung in der Kabylei entwickelte. Bei der Kabylei handelt es sich um ein dicht besiedeltes Gebirgsland im Norden Algeriens; die Kabylen, denen Bourdieus Studien galten, gehören zur Gruppe der Berber und lebten zum Untersuchungszeitraum überwiegend von Ackerbau, Oliven- und Obstanbau.

75 Krais 1993, S. 218

76 Dies ist eines der primären Ziele der Geschlechterforschung.

77 Krais/Gebauer 2002, S. 48ff.

78 Wie Pierre Bourdieu betont auch Jean-Claude Kaufmann die Inkorporierung für die Ordnung des Sozialen; er grenzt sich jedoch dahingehend kritisch von Bourdieu ab, als er ihm vorhält, die Macht der Vergangenheit zu stark zu betonen: Sein Begriff der „Habitudes", der Gewohnheiten, will er weniger deterministisch verstanden wissen und

Kapital"[79], wenn er die Mechanismen der tradierten Reproduktionsarbeit beschreibt: Kapital wird dann zu einem Negativposten, wenn unterschiedliche Anspruchsniveaus bei den jeweiligen PartnerInnen in Bezug auf die Verrichtung häuslicher Tätigkeit existieren, zumal wenn eine/r der PartnerInnen (oder in der Regel Partnerinnen) über größere Kompetenzen verfügt und diese/r sich dann gezwungen sieht, mehr als der/die andere zu leisten, während der passivere Partner dazu tendiert, diese Arbeitsleistung nicht anzuerkennen. Dieses Negativkapital reproduziert sich ebenso unbewusst wie die Grundlagen der Ungleichheitsordnung im Geschlechterverhältnis selbst.

„Es ist nicht verwunderlich, dass unter den gegebenen Geschlechterverhältnissen die Frau diejenige ist, die in Haushaltsdingen Besitzerin von Negativkapital ist."[80]

Zwar geraten die Dinge in Bewegung und über eine zunehmende Technisierung des Haushaltes, etwa durch die Einführung von Waschmaschine und Wäschetrockner, werde den Männern zumindest ansatzweise der Zugang zum Bereich der Wäsche eröffnet,[81] dennoch ändere sich insgesamt wenig an der Aufgabenzuteilung.

„Bei jungen Paaren sind die Männer zu eifrigen Benutzern von Waschsalons geworden; in den bereits etablierten Generationen sind sie die überzeugten Protagonisten des Wäschetrockners. Dank der Waschmaschine beteiligen auch sie sich am ‚Waschen'. Aber die Entwicklung ist hier weniger ausgeprägt. Zwar sind sie bereit, Wäsche und Waschmittel in die Maschine zu tun und auf einen Knopf zu drücken, aber nicht dazu, die Wäsche zu sortieren und ein Programm zu wählen. Sie dringen zwar mittels der Maschine und auf ihre Weise in den Bereich der Wäsche vor, aber diese Weise lässt den Mechanismus der Falle unverändert, da sie einen zu engen Kontakt und eine zu hohe Wertschätzung vermeidet. Mag die Waschmaschine auch für den Mann nicht mehr viele Geheimnisse haben, die Wäsche hat noch welche; in ihren verstecktesten Falten verbirgt sich die Frau."[82]

---

misst dabei zugleich den Bedingungen der aktuellen Handlungssituation mehr Bedeutung zu. (Meuser 2004, S. 292f.). Dabei vernachlässigt er allerdings, dass was im Zentrum von Bourdieus Betrachtungen steht: die Frage nach den sich in den sozialisierten Körper eingeschriebenen sozialen Strukturen der sozialen Ungleichheit.

Gleichwohl ist Kaufmann einer der meist rezipierten Soziologen in Frankreich, dessen Arbeiten ganz maßgeblich auf empirischen Studien beruhen (zumeist anhand der Grounded Theory entwickelt); seine Themen sind vielfältig und reichen von frühen stadtsoziologischen Untersuchungen über familien- und paarsoziologische Themen hin zu Problematisierungen der Geschlechterverhältnisse.

79 Kaufmann 2005, S. 190ff.

80 Meuser 2004, S. 284

81 Kaufmann 2005, S. 267f.

82 Kaufmann 2005, S. 268

Dass die private Arbeitsteilung weitestgehend unverändert bliebe, liege nicht nur daran, dass die Frauen mehr Hausarbeit als ihre Partner leisteten, sondern dass sie die Praktiken, die sie selber kritisierten dennoch aufrecht erhielten und damit die selbst errichtete Falle zuschnappe.
„Frauen tappen in die eigene Falle, weil sie zwischen widersprüchlichen Antriebskräften hin und her gerissen sind: Zwischen dem, was sie zum Handeln treibt, getragen von der faktischen Diskrepanz der Verhaltensmuster, und dem sozialen Druck, welcher sie dazu drängt, nach Gleichheit zu streben."[83]
Die familiale Geschlechterordnung wird damit heute, so Kaufmann, nicht mehr über die traditionellen Geschlechterrollen reproduziert, sondern über die nach wie vor bestehenden sozialen Mechanismen einer traditionellen geschlechtsspezifischen Arbeitsteilung.
Die Realisierung egalitärer Werte und Einstellungen bei Paarbeziehungen scheitere zudem an der Macht der inkorporierten Gewohnheiten: In einem fundamentalen Sinne sind soziale Ordnungen Körperordnungen, die auf weitaus mehr als auf einem bloßen Austausch von Gesten basierten,[84] sondern Produkte eines höchst komplexen Austausch- und Aushandlungsprozesses seien.
Kaufmann konstatiert eine Diskrepanz zwischen einem immer mehr an Bedeutung gewinnenden öffentlichen Diskurs um Gleichheit und der Alltagspraxis der Ungleichheit; darin erkennt er auch eine Ungleichzeitigkeit der Entwicklung der Geschlechterverhältnisse in den Sphären von Beruf und Familie: Die gestiegende weibliche Erwerbsquote hat die familialen Verhältnisse weitgehend unverändert gelassen; in den häuslichen Verhältnissen machen sich Blockaden gegenüber Veränderungsprozessen scheinbar weitaus hartnäckiger aus als in der Arbeitswelt. Damit erweist sich die Familienarbeit als weitaus stärker geschlechtstypisiert als dies von Kaufmann für die Berufsarbeit angenommen wird.[85]
Diese Offenlegung von Machtmechanismen ist bereits seit langem eine der primären Ziele in der Frauenforschung: Diese grundlegende Struktur gesellschaftlicher Organisations- und Verteilungsmuster ist Gegenstand der Kategorie Geschlecht, die im sozialwissenschaftlichen Diskurs auch als Geschlechterverhältnisse diskutiert wird. Geschlecht gilt hier als Produkt der Trennung von Erwerbs- und Familienarbeit und als Resultat der Abkoppelung der privaten von der öffentlichen Sphäre. Beide Geschlechter wurden folglich in spezifischer Weise diesen Sphären zugeordnet: Der Mann galt und gilt als Familienernährer, der in aller Regel einer Erwerbstätigkeit außer Haus nachgeht, während die Frau

---

83 Kaufmann 2005, S. 268
84 Meuser 2004, S. 274f.
85 Meuser 2004, S. 282f.

auf den Privatbereich mit ihren Zuständigkeiten für Familien-, Haus- und Reproduktionsarbeit verwiesen wird.[86]
Wie Claudia von Braunmühl betont, wird mit der theoretischen Entfaltung der Kategorie Geschlecht die biologische Differenz der Geschlechter und die mit ihnen verbundene Symbolanordnung in ein umfassendes System sozialer Inklusion, Exklusion und damit in eine sozial wirksame hierarchisierende Differenzierung verwandelt. Die in den Geschlechtercodes tradierte und perpetuierte Reproduktion der ungleichen Lebens- und Verteilungschancen zwischen Frauen und Männern tritt deutlich hervor: die Kategorie „Geschlecht" erweist sich so als soziales Konstrukt mit hierarchisierender Platzanweiserfunktion.[87]
Die spezifische Arbeitsteilung als geschlechtshierarchische Zuweisung hat sich bekanntlich im Laufe des Industrialisierungsprozesses entwickelt. Im Zuge der Entstehung von bürgerlich-industrialisierten Gesellschaften bildete sie sich im Rahmen der Auslagerung der Produktion aus der Einheit des „ganzen Hauses"[88] heraus.
„The entity of work and life in the family of the whole house was split up into spheres of economy, state, public and privacy in modern times."[89]
Spezifiziert man die Grundtypen des Ganzen Hauses nach der Art der Produktion und nach dem Verhältnis von Produktion für den Eigengebrauch bzw. den Markt, dann lassen sich drei Varianten aufzeigen:

- Im feudal-ländlichen Typus des frühen Mittelalters dominiert die landwirtschaftliche Produktion für den eigenen Gebrauch.
- Der ständisch-städtische Typus ist in der Zeit vom 13. bis zum 19. Jahrhundert vorwiegend durch eine relative Gleichwertigkeit von Tausch- und unmittelbarerer Gebrauchswirtschaft gekennzeichnet, während Arbeit und Handel die Art der Produktion bestimmen.
- Den dritten Typus stellt die Entwicklung von einer verlagsförmig organisierten Heimarbeit des Mittelalters zur hausindustriellen Ökonomie des „Ganzen Hauses" dar, die sich in der Phase der „Protoindustrie" des 18. und 19. Jahrhunderts überwiegend in ländlichen Bereichen ausgebreitet hat. Dabei dominierte die Lohnarbeit im Verhältnis zur Arbeit für den Eigengebrauch sowohl zeitlich wie räumlich.[90] Dies hatte zur Folge, dass die gegen Lohn erbrachte Arbeitsleistung immer stärker vom Wohnen getrennt und vermehrt in den Manufakturen organisiert wurde. So entstanden erstmalig Arbeiterdörfer, in denen die von beruflich organisierter Arbeit getrennten Wohnformen sichtbar werden. Die Selbstversorgungsökonomie des Ganzen Hauses hingegen reduziert sich zur „*Hausarbeit*".

---

86 Bock/Duden 1977, Metz-Göckel 1994, S. 47
87 v. Braunmühl 1999, S. 11
88 Brunner 1978
89 Ehlert 2001, S. 335
90 Terlinden 1988, S. 143

„Ein grundlegendes Merkmal des Industriekapitalismus ist seine geschlechtliche Arbeitsteilung und die Entstehung der Hausarbeit (...). In der vorindustriellen Gesellschaft gab es mit Zeit und Arbeit verbundene Herrschaftsformen (...) ebenso wie unterschiedlichste und komplementäre Formen der Arbeitsteilung zwischen den Geschlechtern. Nur eine Form der Arbeitsteilung gab es nicht – die zwischen bezahlter außerhäuslicher Lohnarbeit des Mannes und unbezahlter Hausarbeit der Frau.“[91]

Neben der demografischen Entwicklung zeigen sich auch im Wandel der *familialen Binnenstrukturen*, also anhand von Haushaltsstrukturen und Familienformen, größere Veränderungen.

Während in den 60er und 70er Jahren die Partnerschaftsehe zum Leitbild erhoben wurde, war damit jedoch noch keineswegs eine veränderte Arbeitsteilung innerhalb der Verteilung familialer Aufgaben oder eine Beteiligung des Mannes an Haushalts- und Kinderversorgung intendiert.

„Partnerschaft sollte sich lediglich in ‚gleichberechtigten' Binnenbeziehungen äußern, die sich bei unveränderter Rollenverteilung - die Frau im Haus, der Mann im Beruf - ergeben sollten. Der Funktionswandel der Familie wurde als ‚Intimisierung' beschrieben: Endlich befreit von der staatlichen Bevormundung sollten sich die Familienmitglieder auf ihre inneren Kräfte besinnen. Die Frau sollte (...) einen Binnenraum schaffen, der als Gegenpol zur immer anonymer werdenden Industriegesellschaft die Regeneration der berufstätigen Männer ermöglichen und einen emotionalen Schutzraum für die Kinder bieten sollte.“[92]

Erst ab den 70er Jahren hat die traditionelle Rolle des „pater familias“ als Familienoberhaupt mit Autoritätscharakter, der für die Außenrepräsentation der Familie verantwortlich ist, stark an Bedeutung verloren. Gründe für diesen Bedeutungsverlust liegen vor allem in einer Zunahme weiblicher Erwerbstätigkeit, die nicht mehr nur als Zuverdienst gewertet werden kann. Bedingt durch die Bildungsexpansion und einen daraus resultierenden Zugewinn an kulturellem Kapital kam es auch bei Frauen zu einem immer höheren Qualifikationsniveau, das ihnen andere berufliche Positionen ermöglichte und sie vielfach in die wirtschaftliche Unabhängigkeit von einem potentiellen Ehemann führte.

Auch die StudentInnenbewegung und die Frauenbewegung der späten 60er und 70er Jahre des vergangenen Jahrhunderts haben diese Entwicklungstendenzen forciert, so dass die Verteilung geschlechtsspezifischer Rollennormierungen aufgeweicht wurde und sich auch bis dahin normativ wenig akzeptierte Lebensformen durchsetzen konnten: Die sozialen Proteste bedeuteten einen historischen Einschnitt, die die Aufkündigung des sozialen Kompromisses beschleunigte.

---

91 Biesecker / v. Winterfeld 2000

92 Brück et al. 1997, S. 136

Der wesentliche zeitgeschichtliche Unterschied zwischen den 50er und 60er Jahren und heute zeigt sich vor allem darin, dass weibliche Lebensplanungen häufiger durch eine *ununterbrochene Erwerbstätigkeit* gekennzeichnet sind, während sich aufgrund der gesunkenen Geburtenraten auch unterbrochene Lebensverläufe von Frauen reduzieren.[93]
Damit verliert auch das sog. *„Drei-Phasen-Modell“*[94] im weiblichen Lebensverlauf an Bedeutung; stattdessen kann von einem *„Viel-Phasen-Modell“*[95] ausgegangen werden. Phasen der Sorgearbeit – ob für Kinder oder die eigenen älter werdenden Eltern – führen im weiblichen Lebenslauf im „frauenfeindlichen Wohlfahrtsstaat“[96] zu Abhängigkeiten, während eine finanzielle Unabhängigkeit nur durch eine möglichst kontinuierliche Erwerbsbeteiligung erreicht werden kann. Danach wechseln Phasen der Erwerbstätigkeit mit Phasen des Hausfrauendaseins[97] oder verlaufen parallel zueinander.
Die Erwerbstätigkeit von Müttern gewinnt zunehmend an Normalität; allerdings steht deren Akzeptanz in engem Zusammenhang mit dem Alter der Kinder.[98]
Als Barriere für die mütterliche Berufstätigkeit hat sich allerdings das Fehlen von Kinderbetreuungsplätzen und -einrichtungen erwiesen,[99] dem selbst ein verändertes Kindergartengesetz nicht beikommen konnte: Anspruch besteht lediglich auf einen Halbtagsplatz, so dass eine Vollzeitbeschäftigung als kaum realisierbar erscheint. Damit verbunden sind nicht nur finanzielle Einbußen; Teilzeitbeschäftigungen machen auch eine andere berufliche Karriereplanung notwendig, zumal wenn in der Folge dieser Beschäftigungsform erhebliche Nachteile bei der Alterssicherung zu erwarten sind.[100]
Allen emanzipativen Bestrebungen zum Trotz bestehen bei der innerfamilialen Arbeitsteilung stets mehr oder minder strikt nach Geschlecht verteilte Arbeitsaufgaben. Es kann angenommen werden, dass zu dieser Geschlechterpolari-

---

93 Schiersmann 1995

94 Myrdal 1971

95 Berger / Sopp 1992

96 Geissler 2002, S. 183ff.

97 Gottfried / O‘ Reilly 2002, S. 35

98 Sommerkorn 1988: Befragungen, die bereits Ende der 80er Jahre durchgeführt wurden, ergaben folgende Befunde: Um so jünger die Kinder, um so mehr gilt die Mutter als unabdingbare Bezugsperson, wohingegen sich eine Mehrheit dafür ausspricht, dass Mütter mit Kindern, die älter als drei Jahre alt sind, einer Berufstätigkeit nachgehen sollten. Mit zunehmendem Alter des Kindes wächst also die Akzeptanz, dass beide Eltern voll erwerbstätig sind. Die Nichterwerbstätigkeit der Mütter wird hingegen fast einstimmig abgelehnt.
Dabei ist allerdings zu bemerken, dass Kindererziehung und Familienarbeit nicht ausreichend als Arbeit gewürdigt wurden. Dies spiegelt sich auch in dem Begriffspaar „poduktive" versus „reproduktive" Arbeit wider.

99 Veil 2002, S. 67ff.

100 Gottfried/O‘ Reilly 2002, S. 34

sierung nach wie vor dem Mann eher die Rolle des außer Haus erwerbstätigen Familienernährers, der Frau eher die Rolle der „Seele des Hauses" mit ihrer Zuständigkeit für die private Haushaltsführung und Kindererziehung zugewiesen wird. Hinzu kommt, dass dies von Altersgruppen und Schichtenspezifika unabhängige Denkmuster sind.[101] Die Mehrheit der jungen Mütter in der Bundesrepublik Deutschland trägt die Verantwortung für Haushalt und Familie auch weiterhin allein. Hier zeigt sich die ambivalente Position junger Frauen zwischen Familie und engeren Karriereerwägungen, so dass auch die Meinung, in Notsituationen auf traditionelle Familienmodelle zurückgreifen zu können, stets virulent ist.[102]

Hausarbeit ist demnach weiterhin fast ausschließlich Frauensache: Aufgrund neuerer empirischer Untersuchungen konnte festgestellt werden, dass Männer lediglich mit 10 Stunden pro Woche an der Hausarbeit partizipieren, während nichterwerbstätige Frauen knapp 50 Stunden wöchentlich und erwerbstätige Frauen rund 30 Stunden in die Hausarbeit investieren. Teilzeitbeschäftigte Frauen können zudem kaum mit der Unterstützung ihrer Partner rechnen.[103]

Zudem gilt es, private Arbeitsteilungsmuster und ihre geschlechtsspezifische Aufteilung zu verändern. Die Untersuchung zur Vereinbarkeit von Beruf und Familie bei Führungskräften von *Petra Notz* etwa fördert zu Tage, dass sich die Vereinbarkeit zwischen Beruf und Familie für Frauen und Männer sehr unterschiedlich darstellt: Während Frauen die Hauptverantwortung für die Familienarbeit übernehmen und für die Doppelbelastung von Erwerbs- und Reproduktionsarbeit pragmatische Lösungen finden müssen, was häufig nicht ohne ein Zurückstecken in der Karriereplanung zu bewerkstelligen ist, haben insbesondere männliche Führungskräfte ein eher abstrakteres Vereinbarkeitsproblem:

„Sie sind unzufrieden mit der Zeitaufteilung und den Verlusten, die sie in der außerberuflichen Sphäre empfinden. Es geht kaum um schmerzhafte Einschnitte

---

101 Zusammenfassend Künzler 1995a; Vaskovics u.a. 1994, Peuckert 1999

102 Wie Kaufmann zeigt, darf dieses Modell geschlechtsspezifischer Arbeitsteilung im Privatbereich auch für Frankreich angenommen werden.

103 Meier 2002; Koppetsch/Burkhart 1999; Notz 2001; vgl. auch Franco/Winqvist 2002 und Jonsson 2002 sowie Notz 1991, Hemmerich 1991; Blanke / Ehling / Schwarz 1996, S. 73f.
Die Würzburger Familienstudie des Soziologen *Jan Künzler* zeigt darüber hinaus, dass sich egalitärere Modelle familialer Arbeitsteilung nicht durch einen bloßen generativen Wechsel und ein gehobeneres Bildungsniveau einstellen. So befragte er 66 Studierende mit Kleinkindern nach Verteilungsmustern familialer Arbeitsaufgaben. Studentinnen mit Kindern, so eines der Ergebnisse der Würzburger Untersuchung, können wesentlich weniger Zeit für ihr Studium investieren als Studenten mit Kindern; im Durchschnitt sind dies etwa 12 Stunden. Partnerschaftliche Formen von Arbeitsteilung ließen sich nur bei einer Minderheit des Untersuchungssamples feststellen: In 2/5 der befragten Familien erledigten die Familienväter maximal ein Drittel der Haus- und Familienarbeit. (Künzler 1995 b)

im Berufsleben oder um ernsthafte Organisationsprobleme bei der Bewältigung der familiären Aufgaben."[104]

Verstärkt wird dies durch die folgenden *Effekte*:

- Die Partnerinnen üben eher *wenig Druck* bezüglich der gemeinsamen Bewältigung der Haus- und Familienarbeit aus, so dass das Gros dieser Tätigkeiten auch weiterhin in der Verantwortung der Frauen bleibt. Lediglich die „streitbaren Partnerinnen" stellen klare Forderungen, doch auch hier ist der Druck nicht all zu groß. Schließlich geht es nicht nur um kalkulierte Interessen, sondern auch um Gefühle wie Liebe und Harmonie.[105]
- Da in allen Branchen der Zeit– und Termindruck erheblich gestiegen ist, haben sich auch die *Arbeitszeiten kontinuierlich verlängert*, was wiederum zu erheblichen Belastungen und Reibungen in der Partnerschaft geführt hat.
- Zudem folgt der Erhöhung der Ansprüche bezogen auf kindliche Sozialisation und Erziehungsleistungen auch die Erhöhung der *Standards in der Hausarbeit*. Die Hoffnung, der Zeitaufwand von durchschnittlich 50 Wochenstunden Hausarbeit könne durch *Technisierung der Haushaltsführung*, beispielsweise durch den Einsatz von Wasch- oder Spülmaschine reduziert werden, erwies sich dadurch als trügerisch.[106]
- Veränderungen in der innerfamilialen Arbeitsteilung ergeben sich (für Führungskräfte) eher aus der *Unzufriedenheit mit ihrer „Work- Life-Balance"* und den eigenen Ansprüchen gegenüber Partnerschaft, Familienleben und Freizeitgestaltung. Zeitknappheit macht ein wesentliches Moment bei ihrer latenten Unzufriedenheit aus; die als zu umfangreich erlebte berufliche Arbeitszeit schlägt sich auch auf die Verweigerung der Übernahme privater Arbeitsaufgaben nieder.

---

104 Notz 2001, S. 90

105 Notz 2001, ebenda

106 Meyer/Schulze 1993, S. 181: „So geht z. B. das Waschen erheblich schneller von der Hand, und dennoch ist die Arbeitsersparnis durch den Einsatz von Waschmaschinen gering, da heute um so häufiger gewaschen wird und obendrein die Ausstattung der Haushalte mit Wäsche und Kleidung erheblich zugenommen hat. Zu den Arbeiten, die in den letzten Jahrzehnten aufwendiger geworden sind, gehören auch das Aufräumen und Saubermachen der Wohnung, die Zubereitung von Mahlzeiten oder die sogenannte 'Konsumarbeit', also jene Tätigkeiten, die notwendig sind, um innerhalb des vielfältigen Warenangebotes das beste Preis-Leistungsverhältnis zu erzielen."
Gestiegener Aufwand und kompliziertere Lebensführung können auf die Erhöhung des Wohlstandes und ein verändertes Konsumniveau zurückgeführt werden. Allerdings hat die Technisierung des Haushaltes nicht dazu beigetragen, dass die Arbeitsaufgaben innerhalb des Geschlechterverhältnisses gleichberechtigter verteilt werden.

- Die väterliche Partizipation an der Kinderbetreuung trifft erschwerend auf *berufliche Rollenzwänge*, bei der eine Verminderung der väterlichen Arbeitszeit selten möglich erscheint.
- Eine der Ursachen des sehr zurückhaltenden Engagements der Väter bei den familialen Aufgaben liegt zudem in der *männlichen Sozialisation*, bei der häufig die positiv besetzte Erfahrung mit väterlicher Verantwortung und Präsenz im familialen Bereich fehlt: Positive Erfahrung im Bereich Babysitting, Arbeit im Jugendzentrum, Betreuung jüngerer Geschwister hat durchaus einen unterstützenden Effekt auf das spätere väterliche Selbstverständnis und kann sich in einem ausgeprägteren Engagement niederschlagen.[107]
- Ferner treten beim väterlichen Engagement auch die *Machtdisposition zwischen den Eltern* zu Tage: Machtunterschiede zwischen Männern und Frauen beruhen nicht nur auf der finanziell häufig unausgeglichenen Situation der PartnerInnen,[108] sondern auch auf dem Glauben an die dominierende Rolle des Mannes als sozialer Norm, die intergenerativ vermittelt wird.[109]

Man muss also davon ausgehen, dass ein ausgewogenes Verhältnis von Beruf und Familie kaum realisiert werden kann, die Vereinbarkeit beider Lebensbereiche funktioniert hingegen dann, wenn die Frauen bereit sind, in hohem Maße Anpassungsleistungen zu erbringen.[110]
Mit *Helge Pross* kann also weiterhin von einer „Internationale der Ehemänner“ [111] ausgegangen werden, die dazu führt, dass Familienväter bei der Zuständigkeit für Arbeitsaufgaben in Haushalt und Familie nach hedonistischen Prinzipien verfahren: Je unangenehmer die Tätigkeit, desto eher gehört sie zum Aufgabenspektrum der Frauen. Mögen auch männliche *Einstellungen* bzgl. gleichberechtigterer Beziehungen in den vergangen 30 Jahren großzügiger geworden sein,[112] deren Beteiligung an Haushaltstätigkeiten hat jedoch nur wenig zugenommen. Lediglich ein normativer Wandel lässt sich konstatieren: Dem Wunsch der Frauen, Muster der traditionellen familialen Arbeitsteilung aufzubrechen, folgt zwar eine „verbale Aufgeschlossenheit“ auf Seiten der Männer, jedoch auch eine konsistente Apathie in der Praxis statt wünschenswerter Verhaltensmodifikationen. Möglicherweise liegt hier einer der Erklärungsansätze für die „Krise“ der traditionellen Kleinfamilie: Wenn sich konservative geschlechtshierarchische Muster der Arbeitsteilung zu nichterfüllten emotiven Erwartungen addieren, liegt es fast

---

107 Fthenakis 1999, S. 96 ff.
108 Männer verfügen i. d. R. über das höhere Einkommen.
109 Fthenakis 1999, ebenda
110 Notz 2001, S. 91
111 Pross 1978
112 Wie dies schon 1986 die Studie „Der Mann“ von Sigrid Metz-Göckel und Ursula Müller 1986 belegte.

nahe, dass Frauen zunächst eine stärkere männliche Beteiligung bei der privaten Arbeit einfordern und bei Misserfolg die als ehe-mals partnerschaftlich angenommenen Verbindungen auflösen und sich scheiden lassen: Überwiegend Frauen reichen die Scheidung ein.

„Auch wenn man zwischen unterschiedlichen sozialen Milieus differenzieren muss, so zeichnet sich doch ein Trend zu gesteigerten affektiven Ansprüchen an eine bestimmte Qualität von Partnerschaft ab. Gerade weil die Beziehung zum Partner oder zur Partnerin so wichtig ist, muss sie die emotionalen Ansprüche erfüllen. Unerfüllte Bedürfnisse führen deshalb schneller dazu, die Beziehung insgesamt zu hinterfragen."[113]

Die Konsequenz, so zeigten die Historikerinnen Gisela Bock und Barbara Duden bereits 1977 in ihrem Aufsatz „Arbeit als Liebe – Liebe als Arbeit: Zur Entstehung der Hausarbeit im Kapitalismus" auf, ist, dass in der Entlohnung der (männlichen) Arbeitskraft auch die kostenfreie Reproduktionsarbeit der Frauen verborgen liegt. Daraus folgt, dass alles, was nicht entlohnt wird, nicht als Arbeit erscheint und Frauen nicht nur als „Herz der Familie" wirken sollen, sondern auch als das des *Kapitalismus*[114] – degradiert zum „Heimchen", „zu einer ökonomisch abhängigen, und wie nie zuvor, unproduktiven Hausfrau", die als schönes Eigentum und „treue Stütze des Mannes" wirkt und „die für ihre Liebesarbeit auf den Schutz des Heimes angewiesen war".[115]

Werte wie Fürsorglichkeit und soziale Kompetenzen (Sorgen, Kooperieren, Verständigen) werden in die Privatsphäre verwiesen, so zum Grundzug weiblicher Arbeitsaufgaben erklärt und damit zugleich entwertet (Negativkapital).

2.2.1.2 Weibliches Arbeitsvermögen

Emanzipative Bestrebungen von Frauen werden als schleichende Revolution, als Subrevolution betrachtet, die nicht nur die Privatheit verändern, sondern von dort aus in die Spitzen männlicher Hierarchien, Machtstrukturen und Selbstverständlichkeiten eingreifen. Geschlechtsspezifische Arbeitsteilung kann in der Tat auf der Matrix einer industrie-kapitalistischen Moderne nicht bloß auf Haus- und Familienarbeit gestützt werden, zumal schon sozialhistorisch deutlich belegt ist, wie notwendig die mitgestaltende Lohnarbeit von Frauen, insbesondere in proletarischen Familien, gewesen ist.[116] Zahlreiche Frauen müssen zudem aus ökonomischer Notwendigkeit einer Erwerbstätigkeit, die in der Regel außerhalb des Hauses stattfindet, nachgehen. Richtig ist, dass Frauen nicht nur die Erwerbstätigkeit, sondern auch die Hausarbeit bewältigen müssen, die gesellschaftlich eher auf nur geringe Wertschätzung trifft:

---

113 Notz 2001, S. 20f.

114 Bock /Duden 1977

115 Illich 1982, S. 83

116 Dackweiler 1995, S. 75, Friese 1990

„... a man's home is still his castle. (...) Subsumed in the expressions is a complex set of deeply felt social relations in which men own and 'rule' domestic space, while women are confined to and maintain it."[117]
Die Zuweisung der Frauen aus der Erwerbsarbeit in die Familienarbeit und deren Affirmation ignoriert weibliche Lohnarbeit und zementiert Ausschluss- und Zuweisungsstrategien, während das Verschweigen weiblicher Erwerbsarbeit stets ein rhetorisches Versatzstück der Geschlechterideologie für die gesellschaftlich organisierte Geschlechterdifferenz und -trennung darstellt.[118]
Komplettiert werden sollte diese Perspektive der Machtasymmetrien deshalb durch Optionen auf potentielle Veränderungen der Geschlechterverhältnisse: Im Zuge des Entwicklungsprozesses hin zu einer bürgerlichen Gesellschaftsformation entwickelten sich Arbeitsteilungsprozesse nach der Trennungslinie qua Geschlecht, so dass sich auch spezifische Geschlechterrollenstereotype herausbilden konnten, die in der feministisch orientierten Diskussion der achtziger Jahre auch mit dem Begriff des *„weiblichen Arbeitsvermögens"*[119] bezeichnet wurden:
„Das Tun bestimmt das Sein. Auf diese einfache Formel lässt sich der Grundgedanke, der hinter dem Konzept eines weiblichen Arbeitsvermögens steht, bringen. Während ihres Lebens, während sie heranwachsen und älter werden, zuhause im eigenen Haushalt, in Ehe und Familie, oder in der Öffentlichkeit von Markt, Staat und Politik werden von Frauen bestimmte Tätigkeiten erwartet, die Männer nicht oder in sehr anderem Zuschnitt erbringen. Dies prägt die Art und Weise, wie Frauen arbeiten und erklärt die Ungleichheit ihrer Erwerbschancen. Tätigkeiten und Fähigkeiten sind differenzierter geworden. Damit wird das ‚weibliche Arbeitsvermögen', wo es empirisch zu finden war, zu einer knappen Ressource."[120]
Das Konzept des „weiblichen Arbeitsvermögens" bezog sich in seinem Erklärungsansatz zur Erwerbsbeteiligung von Frauen auf die Frage des unterschiedlichen Verhaltens in ähnlichen beruflichen Situationen. Lebensgeschichtliche Erfahrungen von Frauen erzeugen, so die These der Autorinnen Elisabeth Beck-Gernsheim und Ilona Ostner, spezifische Besonderheiten in Bezug auf die geschlechtsspezifische Arbeitskraft; durch geschlechtsspezifische Sozialisation würden neben individuellen Besonderheiten auch geschlechtsspezifische Strukturen geprägt. Als maßgeblich für die Sozialisationsunterschiede wiederum wird die geschlechtsspezifische Arbeitsteilung, und hier insbesondere durch die Zuweisung der Reproduktionstätigkeit an die Frau, betrachtet:[121] Hausarbeit werde

---

117 Drucker/Tentokali/Gumpert 1997, S. 45.

118 ebenda

119 Beck-Gernsheim 1981; Ostner 1983

120 Ostner 1992, S. 110

121 Zudem galt die Analyse dem Hinweis auf unterschiedliche Arbeitsformen im weiblichen Lebenszusammenhang zum einen der Erwerbstätigkeit, zum anderen der Hausarbeit. In den jeweiligen Ausprägungen dieser Arbeitsbereiche vermuteten die Autorinnen

vor allem durch die alltägliche Sorge für die unmittelbar leiblichen und seelischen Bedürfnisse der eigenen Person, der Kinder oder naher Erwachsener geprägt. Diese findet vor allem als „Beziehungsarbeit“ statt, bei der vielfältige Aufgaben mit unterschiedlicher Struktur und Logik „zeitvertiefend"[122] sind: Hausarbeit wird durch die Gleichzeitigkeit ihrer Tätigkeiten geprägt, während die Erwerbsarbeit auf Einzelaufgaben spezialisiert, entmischt, hierarchisiert und funktional spezifisch geordnet sei.
Mittlerweile wird allerdings am Erklärungsgehalt des Ansatzes zum „weiblichen Arbeitsvermögen“ scharfe Kritik geübt, so dass ihn die Autorinnen selber in seiner Rezeption als „wenig oder ganz und gar nicht hilfreichen Versuch der Erklärung der Benachteiligung von Frauen am Arbeitsmarkt“[123] bezeichnen.[124] Gleichwohl bleibt nach wie vor richtig, dass nur diejenigen Aufgaben in der doppelten Vergesellschaftung als wichtig betrachtet werden, die sich beruflich verwerten lassen. Allerdings antizipieren junge Frauen schon während der Berufsfindungsphase immer auch die Frage der Vereinbarkeit:
„Familie ist heute aus vielen Gründen nicht mehr der abgegrenzte, öffentlichkeitsferne Raum des Privatlebens, sondern sie ist zu einem Raum sozialen Handelns geworden, der in vielfältigen Beziehungen zur Sphäre der Erwerbsarbeit und zur politischen Sphäre im Sinne der Wahrnehmung beruflicher Optionen und der Ausübung von Bürgerrechten steht. In diesem Kontext steht der enge Bezug der jüngeren Frauengeneration zum Erwerbsleben – auch in Phasen der Nicht-Erwerbstätigkeit. Die jungen Frauen mit doppelter Lebensplanung nehmen sich auch in der Familienphase als eine *Frau mit einem Beruf* wahr, nicht als Hausfrau!“[125]
Die Debatte zu Haus- und Familienarbeit als verdecktes Tätigkeitsfeld von Frauen ist im wissenschaftlichen Diskurs der vergangenen Jahre vermehrt ins Blickfeld gerückt worden, so dass sie in aktuellen empirischen Forschungen zur Situation, Konstitution und zum Wandel familialer Zusammenhänge vermehrt Berücksichtigung finden.[126]

---

stets besondere, idealtypische Verhaltensmuster, die im geforderten Arbeitsvermögen, in variantenreichen Fähigkeiten, Verhaltensweisen, Situationsdeutungen und Werthaltungen ihren Ausdruck fänden.

122 Ostner 1992, S. 109f.

123 Ostner 1992, S. 109

124 Diese Kritik bezieht sich insbesondere auf die Zuschreibung von Verhaltensmodi qua Geschlecht und auf die „Differenzen im Verhaltens- und Fähigkeitsrepertoire“. (Kleber 1993, S. 99)
Inwieweit diese in konkreten Erwerbsbiografien von Frauen Bedeutung erlangen, hängt vor allem damit zusammen, wie diese Fähigkeiten und Kompetenzen gewinnbringend auf dem Arbeitsmarkt eingesetzt werden können, bzw. ob diese nachgefragt werden.

125 Geissler 2002, S. 200

126 Nicht nur in der Auseinandersetzung um die Kategorien Klasse und Geschlecht wurden geschlechtsspezifische Differenzierungen deutlich, vielmehr galt es anfänglich in der

„Wir können diese Arbeit heute als konstitutiven Bestandteil der modernen Ökonomie begreifen, wenn er auch ausgeklammert bleibt aus der marktförmig organisierten ökonomischen Sphäre, ebenso wie die ‚natürliche' Arbeitsteilung zwischen Mann und Frau und das Abdrängen der Hausarbeit in die - höchst moderne - Sphäre des ‚Privaten' und ‚Persönlichen' als wesentliche Voraussetzung für das Funktionieren unserer Gesellschaft in ihrer gegenwärtigen Verfasstheit angesehen werden kann."[127]
Auch professionstheoretische Erklärungsansätze verweisen auf berufliche Machtmodelle und problematisieren die Kategorie „Geschlecht":
„Profession ist die Kategorie, die bestimmte Arbeit nicht nur bei einer bestimmten Gruppe von Menschen monopolisiert, sondern dieser Gruppe sowie dieser Arbeit einen ehrenhaften Status verleiht. Ausgeschlossen werden können alle die Menschen und Arbeiten, denen in bestimmter Weise definierte Eigenschaften fehlen. Profession ist also im Außenverhältnis ein segregierender, nach innen ein identifizierender Begriff. Die Genese professioneller Eigenschaften ist Folge von Machtverhältnissen, ihre Gültigkeit reproduziert und legitimiert Machtprivilegien."[128]
Gleichwohl sind die Antworten auf Begründungszusammenhänge eines Geschlechterverhältnisses als Macht- und Herrschaftsverhältnis nur unbefriedigend geklärt. Gleiches gilt für die Mechanismen und Reproduktionsfiguren dieser spezifischen Herrschaftsstrukturen:
„(...) die Arbeitsteilung zwischen Mann und Frau objektiviert sich in einem fundamentalen Sinn, da sie sich verkörperlicht, in den Körpern der Subjekte Gestalt annimmt. Die Unterscheidung in männlich und weiblich schlägt sich im Körper nieder, prägt den Körper, die Körperwahrnehmung, die Ausdrucksmöglichkeiten und die Gewohnheiten des Körpers, bestimmt das Verhältnis des Subjekts zu seinem oder ihrem Körper, bestimmt daher auch Identität vom Körper her, und zwar von vornherein als männlich *oder* weiblich."[129]
Gestiegene Lebensstandards und individualisierte Lebensformen können nicht darüber hinweg täuschen, dass der Alltag von Frauen durch soziale Ungleichhei-

---

Frauenforschung, gerade die Sichtbarmachung von weiblichen Arbeitsleistungen sowohl im "reproduzierenden" wie auch im produzierenden Arbeitsprozess zu betreiben, um die Stellung der Frau und die Strukturen von Familie zu hinterfragen. So untersuchte beispielsweise die sozio-historische Forschung Gesellschaftsordnungen auf der Folie von Geschlechterverhältnissen und erhob den Bedeutungswandel der Familie von der Antike über das Hochmittelalter, in feudalen und bürgerlichen Gesellschaftsstrukturen bis in unsere Tage hinein zum Forschungsgegenstand. Die vorliegenden Ergebnisse zeugten von der Brüchigkeit „feststehenden Wissens" über die angeblich „natürliche" Arbeitsteilungen zwischen Mann und Frau.

127 Krais 1993, S. 209

128 Rabe-Kleberg 1993, S. 87

129 kursiv im Original, Krais 1993, S. 215

ten geprägt ist, was sich beispielsweise in immer noch zumeist männlich besetzten Leitungs- und Führungspositionen widerspiegelt aber auch im Vorführen männlich distinktiver Lebensstilattribute; trotz aller Gleichstellungsbestrebungen und -programme zeigt sich eine zählebige geschlechtshierarchische Struktur auch in der privaten Arbeitsteilung und hier insbesondere in der Zuweisung der Haus- und Familienarbeit an das weibliche Geschlecht.[130]
Solche geschlechtsspezifischen Arbeitsteilungen und Segmentierungen von Arbeitsmärkten machen in ihrer symbolisch angelegten Repräsentation und etablierten, als ‚natürlich' bezeichneten Ordnung deutlich, wie langanhaltend und zementierend diese geschlechtshierarchischen Muster wirken.
Allerdings hängt ein egalitärer Wandel offensichtlich auch mit der gewählten Lebensform zusammen: PartnerInnen in nichtehelichen Lebensgemeinschaften sind eher um eine gleichberechtigte Verteilung von Hausarbeitstätigkeiten bemüht als Partner in Ehen. Zudem besteht hier eine stärkere Tendenz zur Gleichverteilung der Hausarbeit als in Ehen.[131] Je höher die Qualifikation der Mütter und Väter[132] und je niedriger das Alter der Väter ist, um so eher findet sich in der Familie eine egalitäre Verteilung der Hausarbeit.[133] Das Leben mit Kindern hingegen forciert eine eher traditionelle Rollenverteilung: Alter der Kinder und Dauer der Ehe bewirken scheinbar eine Restauration traditioneller Ehemuster.[134]
Zudem zeigt sich auch bei den als „Lebensstil-PionierInnen" geltenden Zwei-Karriere-Fami-lien, in der beide PartnerInnen einer Berufstätigkeit nachgehen, die innerfamiliale Arbeits-teilung als nicht unproblematisch. Sie ist zwar ausgeglichener als in traditionellen Partner-schaften, doch liegt auch hier die Zuständigkeit für Haushaltsarbeiten mehrheitlich bei den Frauen. Sind Kinder vorhanden, so bemühen sich die Mütter verstärkt um eine Rationalisierung der Hausarbeiten. Die Hauptverantwortung für Haushalt und Familie korrespondiert dabei mit den *innerfamilialen Entscheidungsstrukturen*:[135]

---

130 Frerichs/Steinrücke 1993, S.191

131 Keddi/Seidenspinner 1991; Künzler 1995b

132 Künzler 1995b

133 Oberndorfer 1993, S. 163

134 Eine von *Gisela Notz* durchgeführte Untersuchung in der Gründungsphase von Kleinfamilien zeigte, dass Frauen auch bei deutlich positiver Identifikation mit der eigenen Berufstätigkeit in ihrer beruflichen Planung zurückstecken mussten, selbst dann, wenn sie innerhalb der Paarbeziehung die besser Qualifizierten und die mit besseren Karrierechancen Ausgestatteten waren. Die im Erziehungsurlaub befindlichen Mütter machten trotz anderer Planung die Erfahrung, wie schnell ein partnerschaftlicheres Modell familiärer Arbeitsteilung revidiert werden kann: „Selbst dort, wo sich vor der Geburt des Kindes ein verändertes Rollenverhalten durchgesetzt hatte, trugen die Frauen nach der Geburt wieder die Hauptlast der Haushaltsführung. Bei den mit dem Kind verbundenen Arbeiten suchten sich die Männer die heraus, die ihnen am meisten Spaß bereiteten." (Notz 1996, S. 29f.)

135 Keddi/Seidenspinner 1991

„Je konservativer die häusliche Arbeitsteilung ist, desto eher obliegt der Frau die Entscheidung über alltäglich anfallende Aufgaben und damit die *Hauptverantwortung für das alltägliche ‚Funktionieren'* des familialen Zusammenlebens. Ehefrauen fühlen sich häufiger für die alltäglichen Entscheidungen zuständig, besetzen also eher den traditionellen Arbeitsbereich, als unverheiratete Frauen in Paarbeziehungen. Auf der Ebene der gravierenderen Entscheidungen bestimmen die Partner meist gemeinsam."[136]
Auch zunehmend mehr Männer kündigen traditionelle Rollenerwartungen auf, lehnen so beispielsweise die Rolle des Haupternährers ab - zumal bei steigender Arbeitslosigkeit - und beanspruchen für sich eine adäquat qualifizierte Partnerin. Dies zeigen auch die Untersuchungen zu den „dual-career-couples":[137] Eine hohe Beteiligung der Männer an der Reproduktionsarbeit resultiert schon daraus, dass die beruflichen Anforderungen beider PartnerInnen mit den alltäglichen familialen Pflichten in Einklang gebracht werden müssen.
In der Studie kristallisierte sich heraus, dass es nur „gleichberechtigten Paaren" gelingt, Doppelkarriere und Familie zu vereinbaren. Ihr Erfolgsrezept: Beide PartnerInnen kooperieren und nehmen gleichzeitig externe Unterstützung im Haushalt und bei der Kinderbetreuung in Anspruch. Kinder sind bei diesen Paaren kein Karrierehemmnis; 50 % der befragten Paare haben Kinder.
Zwangsläufig ergeben sich daraus zwar keine neuen Egalitätsstrukturen, die Voraussetzungen für eine veränderte Arbeitsteilung gestalten sich jedoch schon deshalb als günstiger, da die Ablehnung der Beteiligung der Männer an der Haus- und Familienarbeit dadurch erschwert wird, dass beide PartnerInnen in die Erwerbsarbeit einbezogen sind. Es ist somit auch der Legitimationsdruck auf Seiten der Männer, der die Basis für die pragmatisch orientierten Neu-Arrangements bildet. Diese Veränderungen können durchaus auch dann erfolgen, wenn sie von den Männern gar nicht intendiert waren.[138]
Zugleich wird in den Paarbeziehungen ein verändertes generatives Verhaltensmuster deutlich: Junge Männer müssen sich im Zuge ihrer Partnerschaft mit Frauen auseinander setzen, die sich zunehmend vom ausschließlichen „Dasein für Andere" verabschiedet haben und das Recht auf ein „eigenes Leben" (Beck-Gernsheim) einfordern.[139]
Dies gilt auch für die Frage der Vereinbarkeit von Familie und Beruf. Daher überrascht die aktuelle Debatte um den demografischen Wandel nicht:

---

136 Kursiv im Original, Peuckert 1996, S. 210

137 Schulte 2002

138 Hildegard Maria Nickel weist darauf hin, dass sich in der DDR als Folge der starken Integration von Frauen ins Erwerbsleben ostdeutsche Männer an der Reproduktionsarbeit beteiligen mussten - trotz der geschlechtsdifferenzierenden Zuschreibung von Hausarbeit. (Nickel 2000, S. 136)

139 Meuser 2000, S. 68f.

„In Zahlen liest sich die Bevölkerungsimplosion so: Rostock minus 18 Prozent, Magdeburg minus 16 Prozent, Cottbus minus 12 Prozent, Greifswald minus 17 Prozent. Momentan ist diese Entwicklung noch zu einem Drittel auf die ungünstige Altersstruktur zurückzuführen und zu zwei Dritteln auf Abwanderung. In wenigen Jahren schon wird es umgekehrt sein, weil sich vor allem die jungen, qualifizierten Ostdeutschen verabschieden, die Alten aber bleiben. Dann wird man sich erst recht an den Anblick von Geisterstädten gewöhnen, belebt allenfalls durch Wochenenddomizile wohlhabender Berliner oder das eine oder andere Pflegeheim. In den Kleinstädten dürfte es mehr Geschäfte für Prothesen als für Kinderspielzeug geben. Gut möglich, dass dann die Ampelphasen etwas länger dauern und die Mittelstreifen etwas breiter sind, wie heute schon in einigen Seniorensiedlungen in Florida. Es wird viel Streit darüber geben, wie viel von der Infrastruktur an Krankenhäusern, Straßen, Busverbindungen oder Schulen noch beizubehalten ist."[140]

Ganz anders entwickelt sich dahingegen die französische Situation: Mit 1,9 Kindern pro Frau gegenüber 1,4 im europäischen Durchschnitt – weist Frankreich seit 2002 im EU-Vergleich die höchste Geburtenrate auf – gefolgt von Irland und Dänemark.[141]

Hinter der Nachwuchsförderung verbirgt sich jedoch nicht zwingend ein frauenpolitisches, sondern vielmehr ein ökonomisches Kalkül: Seit langem versteht Frankreich die Familienförderung nicht als bloßen Sozialtransfer, sondern als Gesellschafts- und Beschäftigungspolitik; die Kinderbetreuung in öffentlichen Institutionen war Teil einer politischen Konzeption der Erziehung von Kindern, ihrer frühen Sozialisation und Vorbereitung auf gesellschaftliche Teilhabe.Mechthild Veil spricht in diesem Zusammenhang von einem „republikanischen Betreuungsmodell mit natalistischem Impetuis":[142] Explizite Steuerungsinstrumente, die auf Geschlechteregalität zielten, fehlten gänzlich; trotz einer gering ausgebauten Gleichstellungspolitik könne die Kinderbetreuungskultur Frankreichs jedoch als günstig für berufsorientierte Frauen bezeichnet werden.

Tatsächlich zeichnet sich dies auch positiv durch eine kontinuierliche Arbeitsmartktintzegration von Frauen im alter von 25 – 49 Jahren aus, denn die überwiegende Mehrheit der Frauen bleibt unbahängig davon, ob Kinder vorhanden sind, berufstätig.[143]

Die „Allocation parentale d'éducation" (APE) wurde als Erziehungsgeld 1985 eingeführt und richtete sich zunächst an Familien mit drei und mehr Kindern,wobei nur wenige Frauen davon Gebrauch machten. Erst mit der Gesetzesänderung im Juli 1994 und der Ausdehnung des Erziehungsgeldes auf Familien

---

140 Niejahr 2003

141 Mönninger 2003

142 Veil 2003, S. 6f.

143 Blum 2003, S. 10

mit zwei Kindern wuchs die Inanspruchnahme. Berechtigt sind seither diejenigen Eltern, die eine Erwerbstätigkeit von zwei Jahren in den letzten fünf Jahren vor der Geburt des Kindes nachweisen können. Eine Einkommensgrenze ist nicht vorgesehen. Die monatliche Beihilfe beläuft sich bei vollständiger Erwerbsunterbrechung auf 485 Euro.[144]
Die Einführung der so genannten größeren Wahlfreiheit der Eltern in Bezug auf die Betreuung ihrer Kinder trägt seit kurzem zu einer Stratifizierung der Inanspruchnahme dieser Dienstleistungen bei.[145] Mit einem 2003 beschlossenen Programm, das die unteren und mittleren Einkommensbezieher bevorzugte, sollte die Gebärfreudigkeit angeregt werden.

„Von Januar 2004 an erhalten Familien, deren Monatseinkommen 4120 Euro nicht übersteigt, eine einmalige Geburtsprämie von 800 Euro pro Kind sowie monatlich 160 Euro Kindergeld während der ersten drei Lebensjahre.“[146]

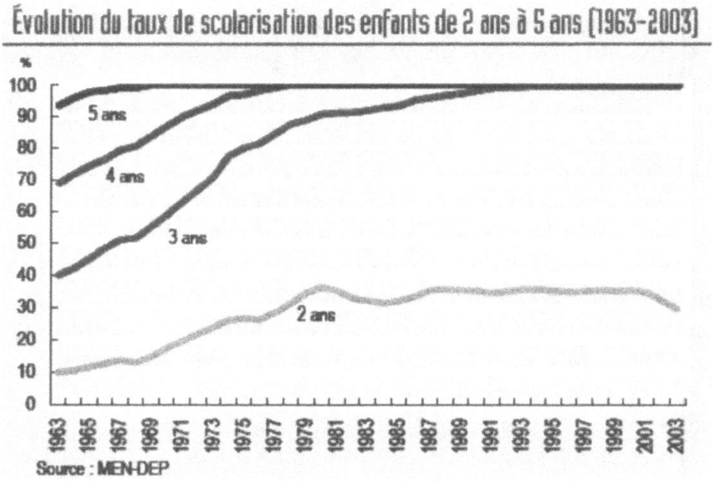

Abbildung 1: Betreuungsquote der 2- 5 Jährigen in Frankreich[147]

Wichtiger jedoch noch als diese Direktzahlungen ist der geplante personelle und finanzielle Ausbau der Kinderbetreuung: Keine Familie soll dafür zukünftig, so will es die Regierung, mehr als zehn Prozent ihres Monatseinkommens aufbrin-

144 Reuter 2003, S. 39ff.
145 Fagnani/Letablier 2002, S. 199
146 Mönninger 2003
147 Quelle: Bildungsserver des Französischen Bildungsministeriums. Internetpublikation unter: http://www.education.gouv.fr/stateval/regards/qdg_cce2.htm?openR=Chiffres-cl%26eacute%3Bs%20de%20l%27%26Eacute%3Bducation%20nationale&rub=qqdg

gen. Was den Betreuungsbedarf der Krippenkinder angeht, so setzte die konservative Regierung unter Premierminister Raffarin weniger auf den Ausbau öffentlicher Einrichtungen – anders als in der Ära Mitterand[148] - als vielmehr auf die Entwicklung häuslicher Betreuungsangebote mit Tagesmüttern und Kinderfrauen.

Zudem kommen 99 % aller Kinder ab 3 Jahren in den Ganztags-Vorschulen, *den écoles maternelles*, unter.[149] Diese haben wie ihr Lehrpersonal einen sehr guten Ruf, weil dieser Sektor nicht der Sozialpolitik, sondern dem Bildungsminister untersteht. Ihr Besuch ist freiwillig und kostenlos. Im EU-Kontext biette Frankreich damit derzeit die breiteste Angebotspalette an Kinderbetreuung: öffentliche und nicht-öffentliche Kinderkrippen, steuerlich subventionierte Tagesmütter, flächendeckende Vorschulen für Kinder ab 2 Jahren, hortähnlche Kindereinrichtungen („Halte-garderies") und ein ganztägiges Schulsystem für Schulkinder.

Der Deckungsgrad der Kindergärten beträgt fast 100%; dies dürfte auch daran liegen, dass die Kindeertageseinrichtungen als Bestandteil des Schulsystems kostenlos frequentiert werden können.[150]

Zudem erleichtern die 35-Stunden-Woche und erhebliche Steuervergünstigungen für Eltern das Gebärverhalten:

„Schon bisher erhalten die arbeitgebenden Eltern Zuschüsse für Gehalt und Sozialversicherung der Kinderfrauen sowie Steuerermäßigungen. Nur die Hälfte aller französischen Haushalte zahlt überhaupt noch Lohn- und Einkommensteuer. Vom dritten Kind an stellt der französische Fiskus die Eltern mit Durchschnittseinkommen sogar völlig steuerfrei. Auch die Unternehmen werden motiviert. Ihnen winken Steuererleichterungen von bis zu 60 Prozent für Ausgaben, die bei unternehmensinterner Kinderbetreuung anfallen.(...) Da erscheint Frankreichs Geburtenrekord, der mit einem Anteil von drei Prozent Familientransfer am Sozialprodukt erkauft wird, als gute Investition."[151]

Die Nationale Familienkasse (CNAF) übernimmt die Sozialversicherungsbeiträge und zahlt, falls eine anerkannte Tagesmutter eingestellt wird, zudem einen Lohnzuschuss.[152] Fianziert wird die CNAF zu einem Drittel aus Steuergeldern und zu zwei Dritteln aus Arbeitgeberbeiträgen, (als Aufschlag zum Bruttolohn rund 5,4% der ArbeitnehmerInnengehälter).[153]

Allerdings erklären staatliche Zuschüsse allein noch nicht die ausgeprägtere Gebärfreudigkeit, denn dann wäre Deutschland mit seinem rein rechnerisch gleich

---

148 Veil 2003, S. 6: „Es waren Sozialisten und linke Kräfte, die den uabau der Kinderkrippen (crèches) als eine praktische Maßnahme zur Umsetzung des republikanischen Gleichheitsdiskurses förderten."

149 Gaschke 2005

150 Veil 2003, S. 7

151 Mönninger 2003

152 Blum 2003, S. 13

153 Gaschke 2005

hohen Anteil zur Kinderförderung am Sozialprodukt nicht mit 1,3 Kindern pro Frau zu einem der geburtenschwächsten Länder der Erde abgesunken. Vielmehr bleibt die privilegierte Stellung von berufstätigen Müttern eine dauerhafte Errungenschaft der französischen Gesellschaftspolitik: Mehr als 70% aller Französinnen mit zwei Kindern unter sechs Jahren arbeiten. So behauptet die französische Soziologin Jeanne Fagnani, Direktorin am nationalen Forschungszentrum CNRS:

„Frankreichs Rechte ist in der Familienpolitik weit entfernt von den Konservativen anderer Länder. Kinder gehören bei uns nicht der Privatsphäre, sondern dem öffentlichen Leben an. Familienpolitik ist eine politische Gemeinschaftsaufgabe. (...)Wenn die Organisation des Alltagslebens mit Kindern zu schwierig ist und sich nur um den Preis des Daheimbleibens realisieren lässt, verzichten die Frauen auf Kinder, um im Beruf zu bleiben."[154]

Wie in Frankreich mangelt es daher in der Bundesrepublik nicht am Geld, sondern an einer mangelnden politischen Kultur, so dass berufstätige Mütter immer noch als ‚Rabenmütter' gelten und Betreuungseinrichtungen fehlen. Susanne Gaschke macht jedoch in der bundesdeutschen Entwicklung noch einen „male bias" aus:

„Ohne neuen Geschlechtervertrag kann mithin gar nichts besser werden. Weiblicher Gebärstreik ist aber ohnehin höchstens die halbe Wahrheit: Sieht man genau hin, dann ist die Kinderlosigkeit in dieser Gesellschaft eher ein Trend, der von der Avantgarde der Gebildeten insgesamt ausgeht – mit besonders schlechten Ergebnissen für die Männer. 52 Prozent der Akademikerinnen zwischen 30 und 35 Jahren sind (noch) kinderlos, aber 59 Prozent der männlichen Hochschulabsolventen; bei den 35- bis 40-Jährigen sind es 34 Prozent der Frauen und 41 Prozent der Männer. Bei den Hauptschulabsolventen liegt die Quote der dauerhaft Kinderlosen weit darunter (...), auch hier sind es aber die Männer, die häufiger ohne Nachwuchs bleiben. (...) Die Zurückhaltung der Männer bleibt das eigentlich Spannende: Ist die Familiengründung für sie weniger attraktiv, wenn sie nicht die unbestrittene Rolle des Ernährers und Haushaltsvorstands einnehmen? Bundesfamilienministerin Renate Schmidt vermutet, dass es letztlich häufiger die Männer als die Frauen seien, die bei einer Entscheidung für oder gegen ein Kind den Ausschlag gäben. Viele junge Männer könnten nicht zwischen Spaß und Freude unterscheiden, sagt Schmidt – jedenfalls dann nicht, wenn die Freude Mühe koste."[155]

Zudem sind Kinder auch gesellschaftliche Prestigeobjekte, die gerade für Personen in Leitungspositionen einen Glaubwürdigkeits- und Soliditätsgewinn darstellen.

---

154 Fagnani zitiert nach Mönninger 2003

155 Gaschke 2004; vgl auch Gaschke 2003

Ferner hat sich in Frankreich eine gänzlich andere Familien-, Sozial- und Migrationspolitik vollzogen:
„Während Deutschland seit den sechziger Jahren die Arbeitsimmigranten lockte, gingen die Regierungen unter Georges Pompidou und später Giscard d'Estaing daran, die Frauen als industrielles Reserveheer zu mobilisieren. Neben der höchsten Frauenerwerbstätigkeit in Europa erreichten sie damit, dass Frankreichs Bevölkerung von 1950 bis 2000 um 18 Millionen gestiegen ist – eine mehr als doppelt so starke Wachstumsquote wie in Deutschland oder Großbritannien."[156]
Trotz aller politischen und finanziellen Unterstützung macht dies das Leben für Frauen und ihre Rollenmodelle in Frankreich nicht eben leichter: An sie wird die Erwartung herangetragen zugleich mit Kindern auch im Beruf erfolgreich zu sein; als völlig selbstverständlich gilt auch ihr gutes Aussehen und - wie wir bei Jean-Claude Kaufmann gesehen haben – die traditionelle familiale Arbeitsteilung.

2.2.1.3 Symbolische Gewalt und Exklusion

In der Analyse von Arbeitsverhältnissen und Organisationsmustern werden zwar die (sozialen) Dienstleistungsberufe als typische Frauenberufe charakterisiert, Strukturen und Anforderungen dieser Berufsfelder korrespondieren jedoch nicht nur nicht mit Mustern weiblicher Sozialisationsformen, die Frauen in Form „doppelter Vergesellschaftung" (Regina Becker-Schmidt) eine berufliche Reproduktionsbezogenheit nahe legt, sondern manifestieren ebenso deutlich eine geschlechtsspezifische Segmentierung des Arbeitsmarktes.[157] Dessen geschlechtsspezifische Strukturierung lässt horizontale, hierarchische Effekte erkennen, die sich in spezifischen Berufsfeldern als Segregationslinie zwischen den Geschlechtern manifestiert.[158]
Zur Spaltung des Arbeitsmarktes bedarf es also eines weiteren Erklärungsansatzes. So skizzierte Veronika Bennholdt-Thomsen bereits 1983 den Zusammenhang von Frauenarbeit und Gewalt sowie Durchsetzungsmechanismen und Zwangsverhältnisse, unter denen eine geschlechtshierarchische Segmentierung durchgesetzt werden konnte. Aus ihrer Sicht sind die Akteure klar erkennbar:
„Es ist die Interessensallianz zwischen Arbeitgebern, staatlicher Administration und (Ehe-) Männern, die die Frau in die ungeschützten Arbeitsverhältnisse treibt. Sie haben die Macht, den Frauen diese Arbeit zu oktroyieren; und zwar über die Mechanismen der strukturellen sowie der direkten Gewalt".[159]

---

156 Mönninger 2003
157 Gottschall 2000, S. 171 ff.
158 Rabe-Kleberg 1993, S. 179
159 Bennholdt-Thomsen 1983, S. 217

Anders als jene Ansätze, die mit dem „weiblichen Arbeitsvermögen“[160] argumentieren, sieht Bennholdt-Thomsen Ursachen für eine geringere Präsenz von Frauen als Erwerbstätige nicht in der „Stofflichkeit der Tätigkeiten“, sondern eher darin begründet, dass die „Ware“ der weiblichen Arbeitskraft nicht nur als solche feil geboten werden müsse und dass immer zugleich auch die ganze Person inklusive Körperlichkeit und Sexualität miteingefordert werde.[161]
Solches erinnert an die Argumentation Pierre Bourdieus, dessen Perspektive auf Geschlechterverhältnisse stets von symbolischer Gewalt begleitet wird. Unter symbolischer Gewalt versteht er eine gewaltförmige face-to-face-Interaktion, die Herrschaft unmittelbar zwischen Personen konstituiert und reproduziert. Diese Form der Gewalt wird jedoch häufig bagatellisiert:
„Banale alltägliche Akte der face-to-face-Interaktion verlieren unter diesem Blickwinkel ihre Harmlosigkeit, können wie ein Puzzle zusammengesetzt werden zu jenem ständigen Strom von Akten symbolischer Gewalt, die Frauen immer wieder in die herrschende Arbeitsteilung zwischen den Geschlechtern zurückstoßen, ohne dass die Gewalt als solche greifbar wird.“[162]
Die Geschlechtscharaktere sind für Bourdieu gänzlich Teil der „Ökonomie der symbolischen Güter“ und sind Produkt der Divisions- und Unterordnungsprinzipien, die sich trotz industrieller Revolution, Bildungsexpansion oder zunehmender weiblicher Erwerbsbeteiligung unverändert erhalten haben. Diese historische Kontinuität begründet sich aus der symbolischen Ordnung, mit der die Geschlechterordnung überhöht und verfestigt wurde.
Zudem werde, so Bourdieu, *die symbolische Gewalt der Geschlechterverhältnisse fortlaufend verschleiert*; eine heimliche Komplizenschaft zwischen den männlichen Herrschern und den weiblichen Beherrschten bilde einen zentralen Stützpfeiler für diese Form der Ungleichheit. Gerade dies sei das primär kennzeichnende Merkmal: Die faktische Wirkung symbolischer Macht sieht er in der Verklärung der Legitimation gesellschaftlicher Verhältnisse und Rahmenbedingungen: Diese Verschleierung vollzieht sich anhand von Mechanismen synchroner Anerkennung und einer gleichzeitigen Verkennung objektiver Machtbeziehungen. Durch den „Schleier der symbolischen Verhältnisse“,[163] mit dem die objektiven Machtverhältnisse eskamotiert werden, was eine stillschweigende Akzeptanz und die Verhinderung jeder Form kritischer Distanz zur Folge hat, werden auch Willkür und physische Gewalt verkannt.[164]
Eine zentrale Rolle spielen für Bourdieu dabei die Korrespondenzen zwischen kognitiven und objektiven Strukturen sowie den subjektiven Klassifikationsschemata der AkteurInnen: Sie bilden eine verlässliche Stütze jeder Herrschafts-

---

160 Breitenbach 2002, Beck-Gernsheim 1981 und 1976 sowie Ostner 1978
161 Bennholdt-Thomsen 1983, S. 208ff.
162 Krais 2002, S. 325
163 Bourdieu 1999, S. 248
164 Krais 2004, S. 187f.

form, da die Beherrschten die Macht der Herrschenden durch ihren akzeptierenden Konformismus untermauern.
Damit grenzt Bourdieu erneut seinen Machtbegriff von dem Max Webers ab, dem er vorhält, dass diese Form der Macht eben nicht auf freien Akten bewusster Zustimmung oder gar einem rationalen Vertrag beruhe, sondern auf Verhältnissen einer „doxischen Unterwerfung“[165], die alle Fasern des Unbewussten an die bestehende Ordnung bindet.
„Jede Form sozialer und politischer Herrschaft (Klassenherrschaft ebenso wie Herrschaftsverhältnisse zwischen Nationen oder männlicher Herrschaft) beruht für Bourdieu – dies scheint mir die Pointe seiner Herrschaftssoziologie – auf einer vorbewussten ‚Beziehung hingenommener Komplizenschaft‘ (...) zwischen Herrschern und Beherrschten, die bewirkt, dass zentrale Aspekte der sozialen Ordnung kritischer Reflexion und verändernder Praxis nicht zugänglich sind. Jede Herrschaft ist als symbolische Gewalt in die praktischen Schemata des Habitus, in die Automatismen des Gehirns, in die Haltung und die Falten des Körpers eingegraben.“[166]
Nach Bourdieu gilt symbolische Gewalt in Form von Herrschaftsausübung als unmittelbarer Rekurs auf Handlungspraktiken; während in der kabylischen Gesellschaft jedoch Herrschaftsprinzipien auf der Basis unmittelbarer Interaktion zwischen Personen vermittelt und reproduziert werden, dies möchte ich betonen, funktionieren Macht- und Herrschaftsmechanismen in modernisierten Gesellschaften auch durch abstraktere *Institutionen*,[167] demnach also auch unabhängig von individueller Gewaltausübung. Dies bedeutet jedoch nicht, dass Formen physischer und symbolischer Gewalt als interpersonelle Gewaltausübung verschwindet, im Gegenteil: Gerade im Geschlechterverhältnis kommt der physischen Gewalt für die Herstellung von Machtstrukturen eine erhebliche Bedeutung zu, was auch im Diskurs um sexualisierte Gewalt gegen Frauen und Mädchen seinen Niederschlag gefunden hat. Gewalt, so zeigen zahlreiche empirische Befunde deutlich, findet vorwiegend im Privaten, im Rahmen des sozialen Nahbereichs, in verwandtschaftlichen, ehelichen und freundschaftlichen Beziehungen statt.[168]
Auch die Formen symbolischer Gewalt, die zunächst subtil, die Gewalt verkennend erscheinen, stellen sich in diesem Kontext als fließend her:
„Die Frau, die Männer-Räume betritt - in manchen Gegenden die Straße nach Einbruch der Dunkelheit, Gaststätten, Arbeitsräume von Männern, aber auch soziale Räume, in denen Männer bisher unter sich waren -, kann sich keines-

---

165 Bourdieu 1998c, S.119
166 Eickelpasch 2002, S. 51
167 Auch Ehe und Familie stellen in diesem Sinne Institutionen dar; gemeint sind also nicht nur Organisationen.
168 Hartwig 1990, Heiliger/Engelfried 1995, Kavemann 1996

wegs darauf verlassen, nur mit subtilen Spielarten von Gewalt zu tun zu haben."[169]
Fremdheit und die Exklusion[170] der Nicht-Dazugehörenden gelten für Frauen an „Männer-Orten", an denen sie als „Fremdkörper", als „Exkludierte" wahrgenommen werden. Die Integration in den „Männerclub" bedarf einer stetig durch subtile Gewaltformen begleiteten langfri-stigen „Agglomerationsleistung" in einem Geschlechtermilieu, das fremder nicht sein könnte.
In Anlehnung an die französische Soziologin Dominique Schnapper[171] verbinde ich mit dem Begriff der Exklusion eine radikale Form des Ausschlusses, der als Prozess der Ausgrenzung dient und bei dem insbesondere zwei Merkmale zusammentreffen: zum einen die Marginalisierungsprozesse (bzw. der Ausschluss vom Arbeitsmarkt) sowie zum anderen die gesellschaftliche Isolation, die sich als soziale Ausgrenzung[172] manifestiert.
(...) on a assisté, au cours des deux dernières décennies, d' une part, à la fin d' une organisation économique qui garantit le plein emploi, et d' autre part, à la désinstitutionalisation des relations familiales et, en conséquence, à l'affaiblissement des solidarités entre les membres de la famille."[173]
Schnapper versteht „Exklusion" als Prozess und lenkt damit den Blick nicht nur auf die Betroffenen, sondern darüber hinaus auch auf die AkteurInnen und Institutionen der Ausschließungsmechanismen. Entscheidend für ihren *Demokratiebegriff* ist bei Schnapper daher, dass dieser auf dem Prinzip der Inklusion der Mitglieder in einer (politischen) Gemeinschaft beruht und damit auch die *Citoyenneté* umfasst, die Ausdruck einer integrierten Gesellschaft ist, in die verschiedene ethnische, religiöse, kulturelle, sprachliche, historische und soziale Einzelinteressen einfließen.[174]
Unter Exklusion lässt sich auch das Verbot fassen, bestimmte Räume zu betreten oder anderenfalls daraus verdrängt zu werden – notfalls mit Gewalt, durch Diskriminierung oder durch soziale Isolation. Das Problematische am Exklusionsbegriff ergibt sich aus der Kumulation von Ausschlüssen aus mehreren sozialen Feldern (Bourdieu), insbesondere aber den Arbeitsprozessen, dem Rechtswesen, der (kulturellen) Partizipation. „Exklusion" beschreibt demnach eine Prekarisie-

---

169 Krais 1993, S. 234
170 Vgl. a. Wehrheim 2002
171 Dominique Schnapper ist seit 1980 Forschungsdirektorin an der Ecole des Hautes Etudes en Sciences Sociales in Paris. Sie war zudem Schülerin Pierre Bourdieus und ist die Tochter des bekannten französischen Soziologen Raymond Aron. Ihre Forschungsschwerpunkte gelten der Migrationsforschung, der islamischen und jüdischen Identität sowie der Arbeitslosenproblematik. (Wetzel 2004, S. 397f.).
172 z. B. als Folge des Zerfalls familialer Bindungen oder des Verlustes des Wohnraums
173 Schnapper 1996, S. 28
174 Schnapper 2003, vgl. auch Wetzel 2004

rungsstrategie als neue Herrschaftsform, durch die die soziale Marginalisierung vorangetrieben wird.
Wie richtig Schnapper mit ihrem Begriff liegt, zeigen m. E. die „Jugendkrawalle" der Pariser Vororte im Oktober und November 2005.[175]

2.2.1.4 Mittäterschaft

Anhand der Analysen zum Habitus als Komplex von Denk- und Sichtweisen, von Wahrnehmungs- und Interpretationsmustern, Bewertungs-, Ver- und Beurteilungsschemata, die sich in konkretem Alltagshandeln und in Körper- und Sprechakten strukturieren, können gerade subtilere Formen der Reproduktion von spezifischen Macht- und Herrschaftsverhältnissen veranschaulicht werden. Dabei muss allerdings auch danach gefragt werden, inwieweit Frauen selber in diese Machtstrukturen verwoben sind und als *Mit-Täterinnen*, etwa im Sinne von Christina Thürmer-Rohrs Ansatz als „mit den Tätern mittuend"[176] selbst Beteiligte an Macht- und Herrschaftsmechanismen sind.[177]
Symbolische Gewalt jedoch wird vorwiegend durch subtilere Formen von Herrschafts- und Machtausübung überlagert und funktioniert vermutlich auch deshalb so gründlich, weil sie in ihren Ausprägungen häufig eine verdeckte Form darstellt:
„Symbolische Gewalt ist eine Gewalt, die in der face-to-face-Interaktion zum Tragen kommt, Herrschaft also in der unmittelbaren Interaktion zwischen Personen konstituiert und reproduziert. Vor allem aber handelt es sich dabei um eine Gewalt, die nicht als solche erkannt wird; sie ist ein subtiler, unsichtbarer, wie mit dem Weichzeichner geschönter Modus der Herrschaftsausübung, eine verdeckte Form der Gewalt: Sie ist nichts anderes als eine Realisierung einer Sicht der Welt oder einer sozialen Ordnung, die zugleich im Habitus der Herrschenden wie der Beherrschten verankert ist. Sie setzt also voraus, dass subjektive Strukturen - der Habitus - und objektive Verhältnisse im Einklang miteinander sind, dass inkorporiert ist, ‚was sich gehört.'"[178]
Insofern impliziert symbolische Gewalt ein gewisses ‚Einverständnis' bei den Beherrschten, das sich allerdings nur dann ergibt, wenn beide AkteurInnen in ihrem Habitus jene symbolische Ordnung internalisiert haben, die korrespondierende Handlungsakte zulässt, so auch Formen von Nötigung, Einschüchterung oder als Sprachverhalten mit hierarchischem Muster zwischen den Geschlechtern: Noch vor der Interaktion, in der sie sich manifestiert, greifen internalisierte

---

175 Vgl. Kap. III.1.2, S. 88f.
176 beispielsweise durch das Nicht-Aufkündigen von Grenzen, Regeln oder Solidaritäten
177 Thürmer-Rohr 1989; Thürmer-Rohr 1987
178 Krais/Gebauer 2002, S. 52

Verhaltensmuster, die weibliche Inferiorität und männliche Dominanz reproduzieren und verfestigen.[179]
Ich möchte dies anhand des Beispiels des wissenschaftlichen Feldes illustrieren und präzisieren, da auch das Feld der Wissenschaft kein geschlechtsneutrales Aktionsfeld ist, aus dem Frauen sich selbst exkludieren, was allerdings häufig unterstellt wird.
Hochschulen erwecken heute zwar zunächst nicht mehr das Bild einer reinen Männerinstitution: In den Vorlesungen und Seminaren tummeln sich Studierende beiderlei Geschlechts; auch in den meisten Gremien und Kommissionen sind Frauen präsent, obgleich sich durchaus noch ausschließlich mit Männern besetzte Foren finden lassen. Während unter den Studierenden fast die Hälfte Frauen sind, nimmt ihr Anteil unter den Lehrenden jedoch um so stärker ab, je höher die Beschäftigungshierarchie ist.[180]
Da das Feld der Wissenschaft nach dem Prinzip gleicher Ehre, dem „*Isotimierprinzip*", funktioniert, erweisen sich Frauen hier offenbar als nicht satisfaktionsfähig. Die Konstruktion einer ‚Glorifizierung' des eigenen Ichs als Voraussetzung der Konstruktion einer männlichen wissenschaftlichen Persönlichkeit bildet die Basis für ein selbstreferenzielles homosozial-männliches Rekrutierungsmuster bei wissenschaftlichen Spitzenpositionen. Auch wenn Frauen über das gleiche valide kulturelle Kapital verfügen, werden sie aufgrund des Fehlens ihres symbolischen Kapitals der Ehre von diesem Wettbewerb ausgeschlossen.[181]
Je höher die Hierarchiestufe, um so seltener sind Frauen bspw. in Professuren zu finden: Meine Erfahrung als hochschulische Frauen- und Gleichstellungsbeauftragte in Berufungsverfahren zeigt, dass sie nur wenig an ‚Zitierkartellen' partizipieren, bei der Besetzung wichtiger Positionen gerne ‚übersehen' oder bei der Auflistung wichtiger Fachpublikationen übergangen werden. ‚Männlichkeit' hingegen bildet augenscheinlich ein zentrales Auswahlkriterium.
Ganz offensichtlich suchen männliche Kollegen häufig nach einem ‚jüngeren Selbst'. Ein zwingendes Merkmal ist daher insbesondere das männliche Geschlecht, so dass Frauen diesen männlichen Auswahlkriterien per se nicht genügen können.
Dies verstärkt den Eindruck, dass der weibliche wissenschaftliche Nachwuchs, unabhängig von kulturellem Kapital, mit dem Wunsch nach Förderung legitimationspflichtig erscheint. Es sind keineswegs nur formale Gründe, die über eine wissenschaftliche Karriere entscheiden. Vielmehr haben Frauen vor allem dann bessere Chancen, bis zur Habilitation gefördert zu werden, „wenn sie auf einen akademischen Lehrer treffen, der im Sinne des klassischen Wissenschaftsverständnisses stärker auf fachliche Inhalte hin orientiert ist als auf die Mehrung

179 Krais 2000 und Engler/Friebertshäuser 1992
180 Bund-Länder-Kommission (BLK) 2002
181 Rademacher 2002, S. 152f.

seines Einflusses. In dieser Konstellation stehen Qualifikation und Motivation der Mitarbeiterinnen und Mitarbeiter im Vordergrund, während ihr Geschlecht prinzipiell ohne Bedeutung ist."[182]

Wissenschaft ist demnach ein „Machtspiel" mit zwei Seiten: Zum einen gilt es, Forschungsergebnisse zu erzielen und neue Erkenntnisse zu gewinnen, andererseits müssen debattierend die Argumente der „MitspielerInnen" ausgestochen, eigene Überlegungen ausgespielt, Punkte gesammelt und Ziele wahrgenommen werden, um als GewinnerIn aus diesem Wettkampf hervorzutreten. Konkurrenzkämpfe sind an der Tagesordnung.[183] Da Frauen für diesen Wettkampf weniger geeignet erscheinen, sind ihre Karrierewege in der Regel weitaus diffiziler und langwieriger als die ihrer männlichen Mitkonkurrenten.

Beate Krais macht zudem einen engen Zusammenhang zwischen hoher Qualifikation und Absenz von Frauen als Professorinnen auch in jenen Fächern aus, die einen hohen Studentinnenanteil aufweisen; der Beruf der HochschullehrerInnen gehöre dabei zu den höchstqualifizierten und am meisten mit Prestige dotierten Berufen.[184]

Für Wissenschaftlerinnen an Hochschulen ergeben sich aus der Verknüpfung von Geschlechts- und Berufsrolle Unvereinbarkeiten, da eine expressive Geschlechterrolle mit einem Beruf verbunden wird, der eine stark instrumentelle Ausrichtung verlangt. Im Umkehrschluss bedeutet dies, dass Organisationen, in denen Wissenschaft betrieben wird, nicht geschlechtsneutral sind, auf der geschlechtsspezifischen Arbeitsteilung aufbauen und für ihr Funktionieren männlichen Lebensmuster unterstellt werden.[185] Dies gilt insbesondere für die Unvereinbarkeit von Familienpflichten mit den Anforderungen des Wissenschaftsbetriebes.[186]

Dies legt nahe, dass sich Herrschaft vor allem dadurch manifestiert, dass die Beherrschten die ‚herrschenden' Werte, Regeln und Normen verinnerlicht haben,

---

182 Geneen 2000, S. 91

183 Krais 2000b, S. 43

184 Krais 2000b, S. 10f.

185 Trotz formaler Gleichstellung existieren faktisch nach wie vor Barrieren, die Frauen die Zugänge in höhere Positionen versperren, ob in Wirtschaft, Wissenschaft, Politik oder Verwaltung und dies trotz eines erweiterten Berufsspektrums bzw. einer breiteren Studienfachwahl von Frauen. Exemplarisch kann hier der Anteil der Spitzenpositionen in der bundesdeutschen Wirtschaft mit 5,9 % und der der Professorinnen in der Bundesrepublik genannt werden, der trotz wehrhafter und streitbarer Frauenpolitiken an den Hochschulen und trotz dreißig Jahren Frauenbewegung immer noch bei rund 10 % liegt.

185 Krais 2000, S. 20
Belegt wird das Prinzip der geschlechtsspezifischen Arbeitsteilung im Wissenschaftsbereich auch durch die Untersuchung von Michael Bochow und Hans Joas, die nachweisen, dass Familienväter deutlich häufiger publizieren als kinderlose Wissenschaftler, während sich in ihrer Studie bei Frauen hier kein Zusammenhang zeigt. (Bochow/Joas 1987, S. 146ff.)

so dass diese ihre Sicht auf die Welt und deren Deutung prägen. Dass diese Wahrnehmung allerdings von ‚herrschenden' Codes normiert ist, wird dabei häufig ausgeblendet und kaum reflektiert.
Dies gilt auch für zahlreiche Wissenschaftlerinnen, die übereinstimmend erklären, dass sie selbst von geschlechtsspezifischer Diskriminierung nicht betroffen seien, zugleich aber von einer Fülle von subtilen Behinderungen, Blockierungen, Barrieren und Ausschlusserfahrungen berichten.
Ein zentrales Moment symbolischer Gewalt liegt somit darin, dass die Frauen als Unterdrückte nicht anders können, als mit der Inkorporation der geltenden Ordnung sich selbst als minderwertige Subjekte zu identifizieren. Die Sicht der Männer auf Frauen entspricht damit auch der der Herrschenden auf Beherrschte, „ihre Setzung des Männlichen als des Universellen, des Weiblichen als des Besonderen, Partikularen, Abweichenden, und die von dieser Sichtweise her entwickelten Dichotomien und Klassifikationsschemata bestimmen auch das Denken und die Wahrnehmung der Frauen".[187]
Diese Schwierigkeiten von Wissenschaftlerinnen haben sehr viel damit zu tun, wie die AkteurInnen die Thematik „Frauenförderung und Chancengleichheit" sehen, ob sie diese als reine „Frauenangelegenheit" betrachten oder ob es ihnen gelingt, „Männer, Frauen und Gleichstellung" als zusammengehörig zu analysieren. „Frauenförderung" wird bisher von zahlreichen EntscheidungsträgerInnen ausschließlich als Frauenthematik wahrgenommen. Die Einbeziehung von Männern in Aufgaben der Gleichstellung[188] wird zumeist als befremdlich empfunden, ist m. E. aber unerlässlich. Selbst ExpertInnen haben jedoch keine uneingeschränkte, sondern eher eine einseitige Sicht auf die Frauenbeteiligung an Hochschulen: Die Ursachen für die geringe Zahl von Professorinnen werden in erster Linie den Frauen selbst angelastet,[189] was Bourdieus These der nicht wahrgenommenen und reflektierten Komplizenschaft zu bestätigen scheint: Häufig findet sich eine Vorstellung von „Frauenförderung", nach der diese lästiger Ballast für das Funktionieren des Betriebes „Hochschule" ist.
Für eine Verbesserung der Situation von Frauen im wissenschaftlichen Bereich sind daher aus meiner Sicht vor allem drei Punkte hervorzuheben: So ist es notwendig,

- die Transparenz von Berufungsverfahren zu erhöhen,

---

187 Krais 1993, S. 234

188 In Frankreich meint der Begriff der Chancengleichheit nicht zwingend die Gleichstellung zwischen Frau und Mann. Mit Azouz Begag wurde erstmals ein Minister für Chancengleichheit („ministre délégué à la Promotion de l'Egalité des chances") ernannt, der einen Migrationshintergrund als „Beur" hat: Als Kind algerischer Einwanderer wuchs er in einer Lyoner Banlieue auf, schaffte dann als Wirtschaftswissenschaftler, Soziologe und Buchautor den sozialen Aufstieg.

189 Lehnert / Faulstich-Wieland / Engler / Pfeiffer / Illg 1997

- Frauenförderung und Chancengleichheit beider Geschlechter in die aktuellen Reformen einzubetten und – nicht zuletzt –
- Männer in diese Weiterentwicklung einzubeziehen.[190]

Die gängigen Bilder und Mythen über Wissenschaft müssen entlarvt und „große" Persönlichkeiten der Wissenschaft entzaubert werden. Qualität, Originalität und Kreativität, eine leidenschaftliche Hingabe an ein entsprechendes Wissensgebiet, harte Arbeit und Erfolgsstreben, Macht-, Abhängigkeitsverhältnisse und Protektion, Konkurrenz und Solidarität, Integration und Ausschluss, Glück, Willkür und Zufall sind zweifelsfrei stichhaltige Motive, die Karrierewege durchziehen. Doch dies allein kreiert noch nicht oder zumindest nicht zwangsläufig eine „große" wissenschaftliche Persönlichkeit. Diese wird erst in „sozialen Spielen in Prozessen gegenseitiger Anerkennung und Zuschreibung"[191] hervorgebracht und in ihrer Größe verhandelt.

2.2.2 Gender-Habitus: Habitus als Re-Produktion von Geschlecht

Die Beziehungen zwischen *symbolischen Formen* und *sozialen Strukturen*, insbesondere die Relevanz von symbolischen Ordnungsprinzipien für die Reproduktion von Machtverhältnissen, stehen im Zentrum von Bourdieus Analysen. Gerade diese können hier auch für den Kontext von ‚gender studies' nutzbar gemacht werden, im Zusammenhang etwa mit symbolischen Ordnungen, Denkschemata, Deutungsmustern und Vorstellungen zur Rolle der Geschlechter:

„Nimmt man Bourdieus Vorgehensweise auf, so lässt sich das Geschlechterverhältnis begreifen als eine soziale Konstruktion und ein gesellschaftliches Verhältnis, bei dem es ganz wesentlich um die symbolische Ordnung der Welt geht."[192]

Im Kontext mikrosoziologischer Sichtweisen spricht die Frauen- und Geschlechterforschung primär von *sozialen Konstruktionen* der Geschlechterdifferenzierungen (gender), die weit über das biologische Geschlecht (sex) hinausgehen, Frauen und Männerrollen gesellschaftlich konstruieren und überformen - eine Diskussion, die ursprünglich aus der US-amerikanischen Geschlechterforschung, insbesondere der Forschung zu Transsexualität, stammt.[193]

„Sex" wird dabei durch Anatomie, Morphologie, Physiologie und Hormone determiniert, während „gender" den erworbenen Status bezeichnet: sozial und kulturell geprägte Geschlechtscharaktere, die durch Sozialisationsprozesse angeeignet werden.

---

190 Vgl. a. Blome et al. 2005

191 Engler 2001, S. 448; vgl. auch Engler 2002

192 Krais 1993, S. 211

193 Garfinkel 1973/1967 und Kessler/McKenna 1978, zusammenfassend bei Lehnert 1999, S. 35ff.

Durch die Geschlechtszuweisungen anhand primärer oder sekundärer Geschlechtsmerkmale ist die *Zuschreibung* qua Geschlecht ein lebenslänglich andauernder Prozess, der sich in Geschlechterrollen und -identitäten widerspiegelt. Frauen und Männer werden zumeist nach dichotomen Geschlechterkategorien zugeordnet, wobei „Mann“ als Primärkonstruktion gilt und „Frau“ als Negativ- bzw. Gegenpol.[194]

Wie dargelegt, ist jede soziale Praxis immer auch durch Klassifikationsschemata strukturiert, die Wahrnehmungen und Deutungsmuster beeinflusst, d.h. wie die Welt gesehen und interpretiert wird, was zur Betrachtung herangezogen wird und welche selektiven Wahrnehmungsmuster dem zugrunde liegen, ist immer auch Ausdruck von Klassifizierungspraxis. Damit wird die Sicht auf die Welt auch zur Einteilung der Welt.[195] Dabei scheint stets das dichotome Prinzip zu gelten, dass das, was als männlich kategorisiert wird, nicht zugleich auch weiblich sein kann oder darf. So werden im Geschlechterverhältnis auch Rollen und Normen dessen tradiert, was als erlaubt, verpönt oder gar verboten gilt: Das „Geschlecht“ wird immer als eine „unentwegte Wiederholung vorherrschender Normen hergestellt“.[196]

Darüber hinaus umfasst der herrschende Geschlechterdiskurs nicht nur ein vielfältiges Spek-trum von als „männlich“ oder „weiblich“ bezeichneten Denk- und Gefühlsweisen, Geschlechterrollen und -stereotypen, sondern auch ein umfangreiches Repertoire verschiedener Körperpraxen und -gefühlen bis hin zu spezifischen Körperformen.

Ein „weiblicher“ oder „männlicher“ Körper wird damit zum Ergebnis eines kontinuierlich disziplinierenden und formenden Trainings und Stylings im Rahmen eines langwierigen Einübens von als weiblich oder männlich geltenden Gesten wie beispielsweise beim Lächeln oder einem spezifischen „körperlichen Habitus“, die als körperliche Modellierungen und Stilisierungen akzentuiert werden.[197] Bourdieu spricht hier von der „Somatisierung gesellschaftlicher Herrschaftsverhältnisse“.[198]

Eine ausschlaggebende Bedeutung scheint, mehr noch als das *biologische Geschlecht*, - Carol Hagemann-White verweist darauf, dass die Unterschiede innerhalb eines Geschlechts größer als zwischen den Geschlechtern sein können, - dem weiblichen oder männlichen *Sozialcharakter*, zuzukommen: Weiblichkeit und Männlichkeit scheinen als *kulturelle Setzungen* auf.[199]

---

194 Kessler/McKenna 1978, S. 150

195 Bourdieu 1987, S. 369 ff.

196 Butler 1994, S. 120
Geschlecht und Geschlechtsidentität betrachtet Butler als Effekte von Machtverhältnissen, Normen und Zwängen. Dadurch werde Identität zu einer politischen Kategorie.

197 Maihofer 1994, S. 181

198 Bourdieu 1997a, S. 173

199 Hagemann-White 1984 und Hagemann-White/Rerrich 1988

Konstruktionsprinzipien jenseits der bipolaren Geschlechterdichotomie versprechen hingegen nur wenig erfolgreich zu sein, zu unverzichtbar erscheinen offenbar sowohl kognitive als auch emotive Festlegungen nach der Trennlinie Geschlecht, jedoch nicht als vertikale, sondern als horizontale: Die Geschlechtsverteilung „männlich" und „weiblich" konstituiert sich stets als hierarchisch, androzentristisch und asymmetrisch. Patriarchale Strukturen sind in der Soziologie der Geschlechterverhältnisse nicht lediglich Vorläufer, sondern genuiner Bestandteil der Moderne, selbst im Rahmen der weltweit zu beobachtenden Modernisierungs- und Individualisierungsprozesse.[200]

„Frau', ‚Mann', ‚weiblich', ‚männlich' werden als Symbole in der sozialen Interaktion erworben und sind darin zugleich Voraussetzung der Teilnahme an Kommunikationen. (...) Personen werden nicht zunächst dem einen oder anderen Geschlecht zugewiesen, sondern ihr Handeln und Verhalten wird eingeschätzt und bewertet auf der Grundlage einer Zuordnung zu einer Geschlechterkategorie, wobei, wie bei anderen Prozessen der Herstellung sozialer Ordnung auch, tagtäglich Ausnahmen, Ungereimtheiten und Brüche bewältigt werden müssen."[201]

Die Aufmerksamkeit der Geschlechterforschung gilt daher zunehmend der *interaktiven Herstellung* von Geschlecht, der Geschlechterdifferenz, den Arrangements zwischen den Geschlechtern[202] sowie den Ordnungsmustern von Dominanz und Subordination. Der Rekurs auf die Habitustheorie ist dabei sehr hilfreich, um die Hemmnisse, die eine Praxis aufweist, die auf eine Veränderung der Geschlechterordnung zielt, zu skizzieren.[203] So stellen Candace West und Don Zimmerman die These auf, dass das Geschlecht sich in der Interaktion konstituiert und formulieren die eher rhetorische Frage: „Can we ever avoid doing gender?"[204]

Worin aber besteht die soziale Herstellung von Geschlecht? Wenn eine Gesellschaft in Frauen und Männer unterschieden wird und die Platzierung in einer Sex-Kategorie relevant und zwingend ist, dann lässt sich ein „doing gender" nicht vermeiden, da Geschlecht im sozialen Handeln hergestellt wird und in diesem Handeln die soziale Produktion von Regeln und Strukturen durch die Individuen einer Gesellschaft integriert ist und fortgeführt wird.

Soziale Realität wird somit prozesshaft durch komplexe interaktive Praktiken generiert.

Entscheidend sind dabei drei Faktoren:

---

200 Darüber hinaus werden Geschlechterbeziehungen immer auch als personale Beziehungen interaktiv hergestellt und bestimmt. (Werlhof 1991)

201 Gildemeister 1992, S. 230f

202 vgl. dazu auch Goffman 2001, S. 105ff.

203 Meuser 2000, S. 58

204 West/Zimmerman, 1991, S.32; vgl. dazu auch Fenstermaker 2002 sowie Fethterolf Loutfi 2001

- die Geburtsklassifikation eines körperlichen Geschlechts,
- die soziale Zuordnung in sozial akzeptierter Darstellung und
- die intersubjektive Herstellung von Geschlecht in Interaktionsprozessen.

Geschlecht ist also keine Eigenschaft mehr, sondern eine kontinuierliche soziale Praxis interagierender Individuen, die institutionelle Arrangements und alltägliche wie wissenschaftliche Denkmuster impliziert.[205]

Wie tiefgreifend sich diese Klassifikationsschemata in der kulturellen Alltagspraxis eingeschrieben haben, ist Gegenstand der „Sex and gender"-Debatte in der feministischen Theoriediskussion. *Performativität*, so der Begriff, den Judith Butler in die Gender-Debatte eingebracht hat, bedeutet in diesem Kontext die Herstellung geschlechtlicher Identitäten in sich ständig repetierenden und perpetuierenden Akten auf der Grundlage vorherrschender Geschlechternormen. Dabei verabschiedet sich Judith Butler mit ihren „Gender trouble" von herkömmlichen Identitätskonzepten, die sex und gender als biologische und kulturelle Geschlechtszugehörigkeit aufsplittern. Butler fragt etwa, inwieweit der Körper erst durch die Markierung der Geschlechtsidentität entsteht, die sie als ein sich ständig verschiebendes und kontextuelles Phänomen versteht: Geschlechtsidentität unterstreiche eher den Prozess, ein Geschlecht zu werden („to become gender"), indem die jeweilige Geschlechtszugehörigkeit in performativen Akten inszeniert und wiederholt würden (als „doing gender").[206]

Sie lehnt die Perspektive eines passiven Körpers ab; der Körper sei eben nicht als Instrument zu betrachten, mittels dessen ein aneignender und interpretierender Wille für sich selbst eine kulturelle Bedeutung festlege. Vielmehr sei die Sichtweise einer in den Körper eingeschriebenen kulturellen Bedeutung reduktionistisch:

„In beiden Fällen wird der Körper als bloßes Instrument oder Medium dargestellt, das nur äußerlich mit einem Komplex kultureller Bedeutungen verbunden ist. Doch der Leib ist selbst eine Konstruktion."[207]

Untermauert werden kann dies durch die Untersuchungen der Sozialpsychologinnen Dagmar Stahlberg und Sabine Sczesny. Sie weisen nach, dass bestimmte (typisch maskuline) physische Merkmale der sozialen Umgebung im Sinne von Hinweisreizen Führung signalisieren. Diese Annahme basiert auf Untersuchun-

---

205 Kühn 2002

206 Bublitz 2002, S. 265ff.
Im deutschsprachigen Raum ist der Ansatz von Butler intensiv diskutiert und kritisch gewürdigt worden. *Andrea Maihofer und Barabara Duden* etwa betonen die Geschlechterbinarität als Produkt historisch-kultureller Prozesse und damit die Notwendigkeit der Wahrnehmung separater Geschlechter in einem kulturellen und historischen Kontext, da erst mit der Möglichkeit einer geschlechtsdifferenzierten Zuordnung in eine soziale Interaktion eingetreten werden könne, wobei die Geschlechterrollen-Ambiguität zu reduzieren sei. (Maihofer 1994, S. 182ff sowie Duden 1993, S. 29ff)

207 Butler 1991, S. 26

gen in der Stereotypenforschung, die physische Charakteristika von Personen als eine dominante Stereotypkomponente identifiziert haben. So wurde der Einfluss eines eher femininen bzw. maskulinen äußeren Erscheinungsbildes auf die Zuschreibung von Führungsqualitäten und die Zubilligung einer Führungsposition untersucht. Dabei wurden den Studierenden, die als Versuchspersonen gewonnen wurden, in Form von vorgetesteten schriftlichen Beschreibungen oder Fotos Personen vorgestellt, die hinsichtlich des Geschlechts und der Geschlechtsstereotypie ihrer äußeren Erscheinung (typisch maskulin vs. typisch feminin) variierten. Mit den beschriebenen oder fotografierten Personen sollten dann verschiedene Führungsmerkmale assoziiert werden. Im Ergebnis zeigte sich ein konsistenter Einfluss des äußeren Erscheinungsbildes: Unabhängig von ihrem Geschlecht wurden Stimuluspersonen mit typisch maskulinem Erscheinungsbild in stärkerem Ausmaß einzelne Führungsqualitäten oder Führungspositionen zugeschrieben als solchen mit typisch femininem Erscheinungsbild. Ersteren wurden Eigenschaften wie Durchsetzungsfähigkeit, Autorität, Zielstrebigkeit und Belastbarkeit zugeschrieben, während eher „weibliche" Merkmale mit Kollegialität und Teamfähigkeit assoziiert wurden.[208]

Allen Dekonstruktionsversuchen und Interpretationsmustern im Sinne der Performativität von Geschlecht (Butler) zum Trotz scheint der Rekurs auf den Körper und dessen Zuordnung qua Geschlecht[209] jedoch weitreichende Klassifikationsbedeutungen zu erhalten und damit Macht- und Herrschaftsmuster zu transportieren und zu reproduzieren.

„Das Insistieren auf der Dominanz diskursiver Prozesse, das Betonen der schöpferischen Wirkweise moderner Macht, das den meisten post-strukturalistischen Analysen zu eigen ist, führt zur Verharmlosung von alltäglicher Gewalt, der (nicht nur, aber in besonderem Maße) Frauen ausgesetzt sind."[210]

Einer der schwerwiegendsten Einwände gegen poststrukturalistische Konzepte und ihre dekonstruktivistischen Ansätze gilt daher der Ausblendung physischer Gewalt gegen Frauen als eine Form der Mikrophysik der Macht.

2.3 Diskussion: Aneignung von sozialen Räumen

In seinen kultursoziologischen Studien präsentiert Pierre Bourdieu ein zweidimensionales Klassifikationsschema, das als Analyse den sozialen Raum der französischen Gesellschaft der 70er Jahre wieder geben soll. In einer ersten Dimension verteilen sich die AkteurInnen dabei nach dem Gesamtvolumen des Kapitals, über das sie verfügen, in einer zweiten Dimension wird die Struktur ihres Kapitals abgebildet.

---

208 Sczesny / Stahlberg 2002 sowie Kühnen/Szesny 2003

209 Bublitz 2002, S. 258f.

210 Ott 1998, S. 19

Eine wesentliche Rolle spielen dabei die unterschiedlichen Kapitalformen, bei denen die Zusammenhänge von Kultur und Ökonomie deutlich werden: Neue Formen, wie die des kulturellen oder sozialen Kapitals, überlagern die Varianten ökonomischen Kapitals, auch als Ausdruck subtilerer Formen von Machtstrukturen: Macht und Dominanz sind nicht mehr nur an die Ökonomie geknüpft, sondern auch an unterschiedliche Positionen im sozialen Raum, die stark voneinander abgegrenzt werden und die Formen neuer sozialer Ungleichheit aktivieren und reproduzieren.
Mit dem Habitus-Begriff konturiert Pierre Bourdieu damit einen Zusammenhang zwischen den Erfahrungen und Prägungen, die in der individuellen Handlungsfähigkeit ihren Ausdruck finden, und den aktiven Anwendungsorientierungen und Interpretationsleistungen der AkteurInnen. Der Habitus-Begriff Bourdieus impliziert die Vermittlung zwischen den individuellen Erfahrungen und Prägungen sowie der daraus resultierenden Handlungsfähigkeit einerseits und den aktiven Anwendungsorientierungen und Interpretationsleistungen der AkteurInnen andererseits: Der Habitus ist somit Ergebnis dieser Zusammenführung als Produkt vorausgegangener Lebenserfahrungen und –bedingungen, zugleich aber auch Erzeugung angemessener Wahrnehmungs- und Praxisformen in ihren jeweiligen sozialen Situationen.
Dank des Habitus wird es den AkteurInnen möglich, systematische Wahrnehmungs- und Bewertungsschemata zu entwickeln und das eigene Handeln in Anlehnung oder in Abgrenzung zu anderen AkteurInnen auszubilden, was bspw. an Konsum-, Kleidungs- oder Verhaltensstilen erkennbar wird, die damit als klassentypische Geschmacksformen und Lebensstilauffassungen die soziale Position ihrer AkteurInnen widerspiegeln. Dies gilt sowohl für soziale Situationen, die nicht ausreichend durch entsprechende Kontextbestimmungen definiert sind, etwa im Freundeskreis oder im beruflichen Alltag als auch in jenen Situationen, die durch Anonymität und Zufälligkeit scheinbar Optionen und Verhaltensspielräume eröffnen. Der Habitus ermöglicht so, die sozialen Bedeutungsgehalte von sozialen Situationen zu interpretieren und sie entsprechend der Bedeutungs- und Ordnungsschematat zuzuordnen:
„Für Bourdieu sind Akte der Interpretation und Bedeutungszuweisung hauptsächlich mit dem Aussprechen und Kategorisieren von sozialen Ungleichheiten verbunden. Der Habitus eines Akteurs reproduziert den Sinn für soziale Differenzierungsprinzipien (...) zur Steuerung und Bewertung von Praktiken; dieser Sinn für die sozialen Teilungsprinzipien wird in den primären Sozialisationskontexten erworben und in den sekundären Handlungsfeldern der Sozialisation verfeinert.“[211]

---

211 Janning 2002, S. 100f.

Zwar ist auch für Bourdieu Sozialisation ein stetiger Prozess, man bleibe jedoch auch stets „Kind seiner Klasse“; erweiternd möchte ich hinzufügen: auch Produkt seines Geschlechts.
„Der Habitus ist ein Umschlagplatz, er absorbiert strukturelle Schemata sozialer Tatsachen und wandelt sie in Praxis um. Zugleich werden mit der Aufnahme sozialer Konditionierungen Dispositionen eingeschliffen, die ebenfalls in der Praxis wirksam werden. (...) Der Habitus als strukturiertes Produkt (opus operandum), durch eine strukturierte Struktur (modus operandi) hervorgebracht, existiert in jedem Subjekt als leibhaft gewordenes Klassifikationssystem.“[212]
Der Habitus fasst zugleich den *opus operatum* und den *modus operandi:* In ihm spiegeln sich das Ergebnis individueller und kollektiver Lebensbedingungen und Erfahrungen und zugleich dient er als Erzeugungsformel für die den sozialen Situationen angemessenen Wahrnehmungs- und Praxisformen. Bourdieu betrachtet dabei Geschmack nicht als Ausdruck individuellen Stils, sondern als soziales Konstrukt und Resultat von Sozialisations- und Internalisierungsprozessen: Geschmack wird je nach Klassenzugehörigkeit entwickelt und wirkt sich auf alle Alltagspraxen aus. Kulturelle Praxen wiederum sind Ausdruck einer ständischen Gesellschaftsordnung, bei der nicht Schichten-, sondern Klassenspezifika, insbesondere aus der Sicht von ‘oben’, besonders hervortreten. Im Habitus-Konzept folgen kulturelle Alltagspraxen interessegebundenen Tätigkeiten und sozialen Strukturen; dabei ist der Habitus als ein Dispositionssystem zu verstehen, dass sich als vermittelndes Erklärungsmodell zwischen Struktur und Praxis anbietet.
Bezüglich der Relevanz des Habitus-Konzeptes für das Geschlechterverhältnis ist zu konstatieren, dass Wahrnehmungs-, Denk- und Beurteilungsschemata sich auch in einem geschlechtsspezifischen Habitus ausdrücken, da dieser an Situationen, Handlungen und Gegen-ständen sowie an Bedeutungsgehalten und Handlungskontexten abgelesen werden kann.
Habitus als System von Dispositionen bedeutet im Kontext gesellschaftlicher Strukturen, dass Geschlechterdifferenzen ähnlich wie Unterschiede zwischen Klassen, Schichtungen und sozialen Milieus in den Habitus inkorporiert werden. Beide Strukturierungen, sowohl Klasse als auch Geschlecht, prägen im Rahmen des Geschlechterverhältnisses *Gemeinsamkeiten* zwischen Frauen oder Männern unabhängig von der Klassenlage, führen aber ebenso zu *Divergenzen*, die aus unterschiedlichen sozialen Positionen resultieren.
Als Resultat von Sozialisationsprozessen beinhaltet der Habitus gesellschaftliche Strukturen und Muster, die auf der Ebene kultureller Praxis in Form von Handlungs-, Denk-, Wahrnehmungs- und Verhaltensweisen zum Ausdruck kommen, stetig erweitert, variiert oder modifiziert werden und je nach Ge-

---

212 Ecarius 1996, S. 129

schlechtszugehörigkeit im Sinne eines „geschlechtsspezifisch geprägten Habitus"[213] divergierend wahrgenommen, bewertet und interpretiert werden.
Habitualisierte Denkmuster bezogen auf das Geschlecht durchziehen weitgehend kulturelle Alltagspraxen in Form von dichotomen Klassifikationsschemata, Bewertungen und Ordnungsmustern nach der Trennlinie Geschlecht: Die Ungleichheit zwischen Frauen und Männern ist eine der zentralen Achsen strukturierter sozialer Ungleichheit in der modernen Gesellschaft[214], und sie ist es bis heute geblieben.
Allerdings kann davon ausgegangen werden, dass bürgerliche Familienmodelle des 19. Jahrhunderts insbesondere von Frauen reflektiert und verändert wurden. Schon zu Beginn der industriellen Gesellschaft ist die Wirtschaftsgemeinschaft des „ganzen Hauses" der modernen Gattenfamilie mit Kindern gewichen.[215] Trotz der postulierten Gleichstellung der Geschlechter hat sich jedoch bei der familialen Arbeitsteilung nur wenig verändert. Nach wie vor übernehmen überwiegend Frauen Haus- und Versorgungsleistungen im privaten Bereich, während Familienväter sich eher in der Rolle des außer Haus Erwerbstätigen betrachten und bei der Übernahme haushaltlicher Tätigkeiten mehr nach hedonistischen Prinzipien verfahren, ganz gleich, ob ihre (Ehe)Frauen voll, teilzeitig beschäftigt oder nicht berufstätig sind. Aktuelle Familien-, Arbeitsmarkt- und Sozialpolitiken stützen dieses Modell geschlechtshierarchischer familialer Arbeitsteilung.[216]
Bourdieu hat für diesen Kontext auf dem Hintergrund seiner Analysen zur kabylischen Gesellschaft mit seinem Habituskonzept einen analytischen Zugang zur sozialen Welt geliefert, der *nicht* von der Bipolarität Individuum – Gesellschaft ausgeht, sondern vielmehr das soziale Subjekt per se als vergesellschaftetes konstruiert; damit lässt sich auch das „doing gender" als Handeln des Individuums in dessen sozial vorstrukturierter Praxis verstehen: als stetige Rekonstruktion der Machtverhältnisse zwischen den Geschlechtern, deren Ungleichheit sich in einer von Märkten, Erwerbsarbeit und vom Primat der Ökonomie geprägten Welt immer noch über die Arbeitswelt vermittelt.
Wie ich anhand der Entwicklung der familialen Lebenslagen gezeigt habe, geht von der Arbeitswelt aber immer auch eine Dynamik der Emanzipation, der Herstellung von Gleichberechtigung zwischen Frauen und Männern aus: Die ökonomische Selbständigkeit der Frau als Ergebnis der weiblichen Erwerbstätigkeit und das Heraustreten aus der häuslichen Sphäre sowie die damit verbundene Gewinnung an Selbstbewusstsein bringen die tradierten Verhältnisse zwischen den Geschlechtern in Bewegung.

213 Schlüter/Kuhn 1986, S. 14
214 Krais/Maruani 2001, S. 18
215 Frevert 1989
216 Gottschall 2000, S. 162ff.

Die erstaunliche Persistenz der hierarchischen Geschlechterrollen als Form der symbolischen Gewalt resultiert also aus ihrer Verkennung und der Anerkennung ihrer legitimen Macht, was zur Absicherung dieser Machtmechanismen nur durch eine Mittäterschaft der Akteurinnen möglich wurde. Soll diese Geschlechterordnung abgebaut werden, bedarf es der Entschleierung und Entzauberung der symbolischen Ordnung der Geschlechter. Soweit ist Bourdieu zu folgen.
Allerdings, so betont etwa György Széll, müssen wir uns fragen, ob wir tatsächlich bereits die Ablösung von der Industriegesellschaft vollzogen und in der Informationsgesellschaft angekommen sind und ob dieser gesellschaftliche Wandel zu einer Auflösung der Klassengesellschaft geführt hat: Informationen, so Szélls bitteres Fazit, kann man nicht essen und während die Mehrheit der Menschheit unter Hunger und Armut leidet, kämpft eine wohlhabende Minderheit mit Zivilisationskrankheiten und deren Folgen. Unter diesen Bedingungen von einem Ende der Klassengesellschaft zu sprechen, muss ignorant oder zynisch erscheinen.[217]
Bourdieus Sichtweise kann allerdings dort keine uneingeschränkte Zustimmung finden, wo er Männlichkeit und Weiblichkeit in seiner Analyse als Gegensatzpaar konstruiert und das Geschlechterverhältnis als Orientierung der Frauen am Männlichen umschreibt, was sich nicht nur in Handlungsmustern zeige, sondern auch im weiblichen Kommunikationsverhalten, bei dem männliche Virilität und Heldentum mitstrukturiert werden.[218] Durch dieses hierarchisch strukturierte, dichotome Geschlechterverhältnis sind Annäherungen und Arrangements der Geschlechter nur noch schwer denkbar:
„Frauen haben nach Bourdieu keine eigene Kultur, das Weibliche geht als orientierendes Komplement in das Männliche ein und löst sich darin auf. Das bedeutet, dass Frauen nicht in der Lage sind, weibliche Enklaven zu bilden, sie können 'keine eigene Kultur (...) entwickeln'".[219]
Allerdings handelt sich Bourdieu mit seiner paradigmatischen Annahme, dass die Legitimierung und Persistenz bestehender Macht- und Herrschaftsverhältnisse nicht durch eine bewusste Zustimmung hergestellt wird, sondern auf einer präreflexiven Sozialisationsebene mit automatisierten Denk-, Reaktions- und Handlungsschemata beruht, der eine „Komplizenschaft" zwischen Herrschenden und Beherrschten zugrunde liege, eine Reihe von Folgeproblemen ein, die ihn in Erklärungsnöte bringen. Wie ist eine verändernde politische Praxis vorstellbar, wenn die sozialen AkteurInnen in ein System zirkulärer Kausalitäten eingebunden sind, durch das sich objektive soziale Lagen und mentale Strukturen wechselseitig stabilisieren?

---

217 Széll et al 2002, S. 1664 sowie Széll / Cella 2001

218 Rammert-Faber 1987; zur kritischen Analyse vgl. auch Frerichs/Steinrücke 1993 sowie Krais 1993, Ecarius 1996 und Dölling/Krais 1997

219 Ecarius 1996, S. 138

„Wie sollen die Beherrschten aus dem Wiederholungszwang ihres Klassenhabitus ausbrechen und eine eigenständige Handlungsperspektive entwickeln, wenn sie durch eine Haltung vorbewusster ‚Mittäterschaft' (...) an die etablierten Herrschaftsverhältnisse gekettet sind?"[220]
Eine symbolische Revolution, deren Ziel im Umsturz fundamentaler Prinzipien männlicher Sichtweisen liegt, setzt kollektive Organisation und Aktion in Form von symbolischen Kämpfen voraus, um die Interdependenz zwischen inkorporiertem Geschlechtshabitus und objektiven Strukturen zu dekonstruieren. Die Veränderung mentaler Strukturen auf Seiten der Männer und die Aufkündigung der Komplizenschaft mit den Unterdrückern auf Seiten der Frauen ist nun aber für Bourdieu die primäre Bedingung einer kollektiven Bewegung.[221]
Diese wechselseitigen Voraussetzungen werden somit zu einem Circulus vitiosus, in dem sich Bourdieu schon aufgrund problematischer Vorannahmen verfängt, so überzeugend sein Anliegen bezüglich der Veränderungsprozesse auch immer sein mag.
Zum einen unterstellt Bourdieu, dass Frauen durch den Geschlechtshabitus Machtspiele in Politik, Ökonomie und Wissenschaft meiden.[222] Geprägt durch seine Analysen zur Kabylei betrachtet er Frauen in diesem geschlechtsdualistischen Gesellschaftssystem vor allem als Tauschobjekte. Damit verfügen Frauen nicht nur nicht über *keine* eigene Kultur, sondern gewinnen auch keinen Subjektstatus.[223]
In Bourdieus Optik wird die kabylische Gesellschaft prototypisch als eine nur nach Geschlecht differenzierte und hierarchisierte Gesellschaft betrachtet. Auf dieser Folie vollzieht er eine „orientalistische Reduktion", [224] die er als Projektionsfläche für moderne westliche Konflikte nutzt. Die so beschriebene Gesellschaftsformation der Kabylei wird zu einem überhistorischen Archetypus männlicher Herrschaft und Dominanz.[225]

---

220 Eickelpasch 2002, S. 52

221 Bourdieu 1997a, S. 215; zur Kritik an Bourdieus Konzept männlicher Dominanz vgl. auch Krönert-Orthmann/Lenz 2002

222 Bourdieu/Wacquant 1996, S. 210

223 Bourdieu 1997a

224 Kröhnert-Orthmann/ Lenz 2002, S. 167

225 Dies bringt ihm zudem den Vorwurf ein, in seiner Rekonstruktion gesellschaftliche Modernisierungs- und Traditionalisierungsprozesse in einer kolonialen und postkolonialen Auseinandersetzung um die Rekonstruktionen einer eigenen, spezifischen Kultur der Kabylengesellschaft zu ignorieren. Deutlich wird jedoch, dass die symbolische Gewalt und Herrschaft die Höherwertigkeit bestimmter Gruppen, in der Regel männliche, „weiße", autochthone Eliten manifestiert, während in der gleichen Dominanzkultur zugleich die Abwertung anderer Gruppen vollzogen wird, überwiegend Frauen in allen Schichten, „Schwarze" oder MigrantInnen (Kröhnert-Orthmann/ Lenz 2002, S. 167f.)

Allerdings erweisen sich seine Analysen zu symbolischer Gewalt, Herrschaft und sozialem Kapital als interessanter Ausgangspunkt für interaktiv hergestellte Machtverhältnisse: Insbesondere der geschlechtsspezifische Habitus und die weibliche Mittäterschaft tragen ja laut Bourdieu dazu bei, dass die Komplizenschaft mit dem herrschenden (männlichen) System zu einem permanenten Selbstausschluss von Frauen führt. Für eine „symbolische Revolution" bedürfe es daher einer „Wandlung der Produktionsbedingungen der habituellen Dispositionen."[226]

Daher ist positiv hervorzuheben, dass Bourdieu in seinen empirischen Studien zur kabylischen Gesellschaft zwei Strukturelemente als grundlegend betrachtet, zum einen die antagonistisch strukturierte geschlechtsspezifische Arbeitsteilung, zum anderen die Berücksichtigung ökonomischer Grundlagen als elementares Strukturierungsprinzip.

Die Geschlechteridentität ist stets Ausdruck eines Prozesses der Differenzierung, der Unterscheidung und der Distinktion sowie der Vereinfachung, der Unterdrückung und der Ausschließung von Uneindeutigkeiten, die als antagonistische Schemata von männlich und weiblich konstruiert werden. Darüber hinaus prägt sich der geschlechtsspezifische Habitus auch auf die Formung und Gestaltung des Körpers aus, prägt Körperwahrnehmung und Ausdrucksmöglichkeiten:

„Mit diesem körperlichen Bezugspunkt ist die Arbeitsteilung zwischen den Geschlechtern nicht nur so tief und fest im Habitus verankert wie nur möglich, sie macht auch wie keine andere gesellschaftliche Struktur vergessen, dass sie gesellschaftliche, und das heißt von den Menschen selbst produzierte und beständig reproduzierte Struktur ist: Sie gibt sich als ‚natürliche' Ordnung der Welt."[227]

Die Frauenbewegung, deren Erfolge unverkennbar sind, selbst wenn sie heute nur noch als rudimentärer Bestandteil von Institutionen zu wirken scheint, hat diese verschleierten Strukturen stetig aufzudecken versucht. Wie Bourdieu selbst betont, sind die Bemühungen der Frauenbewegung nicht ohne Konsequenzen geblieben. Ferner macht Bourdieu deutlich, dass von einer bloßen kollektiven Sozio-Analyse und einer verallgemeinerten Bewusstwerdung keine dauerhafte Umkehrung mentaler Dispositionen oder eine wirkliche Umgestaltung von sozialen Strukturen erwartet werden kann.

„Man müsste hier in ihrer ganzen Detailliertheit die Analyse der symbolischen Herrschaftseffekte, die die unerbittlichen Mechanismen der Ökonomie der kulturellen Güter ausüben, wieder aufnehmen, um sichtbar zu machen, dass die Frauen, die zumeist ihre (mehr oder minder scheinbare) Emanzipation nur von

---

Zur Kritik polarer Denkansätze im interkulturellen Vergleich vgl. auch Lauterbach 2001, S. 32ff.

226 Rademacher 2002, S. 131

227 Krais/Gebauer 2002, S. 53

einer mehr oder weniger aktiven Beteiligung an dem Wirken dieser Mechanismen erwarten können, nicht umhin können zu entdecken, dass sie ihre wirkliche Befreiung zweifellos nur von einem Umsturz der grundlegenden Strukturen des Produktions- und Zirkulationsfeldes der symbolischen Güter zu erwarten haben."[228]

Er bezieht dies insbesondere darauf, dass die Frauen in der Produktion und Reproduktion symbolischen Kapitals weiterhin eine benachteiligte Stellung einnehmen, aus der sich ihre Statusinferiorität bedingt.[229]

„Der Revolution der Geschlechterverhältnisse muss eine symbolische Revolution vorausgehen."[230]

Dabei wird deutlich, dass mit den vielfach in den Sozialwissenschaften gepflegten Denkschemata zwischen *Haupt- und Nebenwidersprüchen*, sprich der Frage nach der durchschlagenderen Wirkung von Klassen- oder Geschlechtszugehörigkeit als jeweils primärem oder sekundären sozialen Differenzierungsprinzip, keine tragfähigen Erklärungsmodi konzipiert werden können. In jüngeren sozialwissenschaftlichen Publikationen manifestiere sich allerdings eine neue Tendenz: Zwar erfährt die Kategorie Geschlecht zunehmend mehr Aufmerksamkeit innerhalb des Ungleichheitsdiskurses, dieser Blick auf die Geschlechtszugehörigkeit dürfe aber den auf die soziale Kategorie „Klasse" nicht verdecken:

„Der von der neueren Ungleichheitsforschung vollzogene ‚Abschied von Klasse und Stand'[231] ging zwar einher mit der Anerkennung von geschlechtsbezogener Ungleichheit als sozialstrukturrelevanter Größe; aber der Preis dafür, dass ‚Geschlecht' als (horizontal) strukturierende Kategorie aufgenommen wurde, war das Fallenlassen von ‚Klasse' als vertikal strukturierende Kategorie (...). Und in der Frauen- und Geschlechterforschung, die sich in letzter Zeit verstärkt mit Themen sozialer Ungleichheit befasst hat, steht nach wie vor die Geschlechterungleichheit als omnirelevantes Phänomen im Zentrum der Aufmerksamkeit, während die klassen- und schichtspezifischen Disparitäten innerhalb der Genusgruppe immer noch eher randständig behandelt werden."[232]

Dieser Debatte entzieht sich Pierre Bourdieu, indem er sich auf seine Rolle als Forscher zurückzieht und hierbei konstatiert, dass immer ein „gesellschaftlich und geschlechtlich" konstruierter Habitus zu beobachten sei:

„Man kann wissenschaftlich nicht auseinanderhalten, was der Klasse und was dem gender zukommt."[233]

---

228 Bourdieu 1997a, S. 212
229 ebenda, S. 216f.
230 Rademacher 2002, S. 130
231 Beck 1983
232 Frerichs 2000, S. 37
233 Bourdieu 1997b, S. 225

Vielmehr müsste diese abstrakte Fragestellung in ihrer Verschränkung beantwortet werden, nämlich durch die Konkretisierung von Benachteiligung und Bevorzugung aufgrund von Klassen- und Geschlechtszugehörigkeit.[234]
Die dominante Position von Männern unterliegt jedoch, wie häufig ausgeblendet wird, seit Ende des 20. Jahrhunderts einem zunehmenden Legitimationsdruck. Dies gilt sowohl für private als auch für öffentliche Handlungsfelder und es betrifft auch die Arrangements zwischen Geschlechtern, wie ich im Laufe meiner Untersuchung darlegen möchte.
Allerdings wäre es verfrüht, bereits jetzt von einem Ende *„hegemonialer Männlichkeit"*[235] zu sprechen; gleichwohl gilt es zu prüfen, ob, wie Bourdieu behauptet, eine androzentristische Sichtweise der Welt stets als Gemeinsinn stiftend angenommen werden kann.[236]
Hatte ich eingangs die These aufgestellt, dass Bourdieu mit seiner Kapitaltheorie ein differenzierendes Konzept zur Analyse von Machtsstrukturen entwirft, in der Kapital und Habitus strukturierend wirken, dass durch sein Habituskonzept implizite Erklärungsmuster für interaktiv hergestellte Geschlechterrollen angeboten werden und dieses somit anschlussfähig für die „Doing-Gender"-Debatte sei, so betrachte ich diese Annahme nunmehr als verifiziert, wenngleich im Diskurs um Machtstrukturen insbesondere in Bezug auf die weibliche Mittäterschaft Vorsicht walten muss.
Andererseits erlaubt die Differenzierung der Kapitalformen eine genauere Analyse der Machtstrukturen von Geschlechterverhältnissen, insbesondere dort, wo sich eine unterschiedliche Ressourcenverteilung manifestiert. Gemeint ist dabei nicht nur das ökonomische Kapital, sondern vielmehr die Zugangschancen in Bezug auf Bildung oder gehobene Positionen (als kulturelles Kapital) sowie in Bezug auf soziale Netzwerke (im Sinne von sozialem Kapital), die qua Geschlecht nach wie vor unterschiedlich verteilt sind und sich in unterschiedlichen Rollenverteilungsmustern manifestieren, zumal wenn diese einerseits perpetuiert und tradiert, anderseits auch eskamotiert werden.
Hier wäre es freilich wünschenswert, dass, wie es das Prinzip des Gender Mainstreamings vorsieht, auf allen Entscheidungsebenen und durch alle han-

---

234 Frerichs/Steinrücke 1993, S. 194ff.

235 Connell zitiert nach Böhnisch 2000, S. 120: Connell spricht von einer Legitimationskrise des Patriarchats und der Herausbildung hegemonialer, untergeordneter und marginalisierter Männlichkeiten entlang der Kategorien Klasse, Hautfarbe und sexueller Orientierung. Über Frauen schreibt er allerdings wenig, kommt jedoch zu zwei interessanten Erkenntnissen, die das Geschlechterverhältnis betreffen: Zum einen ist unter den männlichen Globalisierungsverlierern eine Zunahme von Gewalt gegen Frauen zu beobachten, zum anderen erweist sich die geschlechtshierarchische Arbeitsteilung als Feminisierung der unbezahlten Versorgungsarbeit und als nachhaltige Hausarbeitsabneigung und -abstinenz der Männer. (Kron 2003)

236 Meuser 2000, S. 48

delnden AkteurInnen jeweils die Konsequenzen ihrer Entscheidungen in Bezug auf die Folgen für das Geschlechterverhältnis reflektiert würden. In der Tat bringt aber die bloße Reflexion über die Verhältnisse noch keine Strukturveränderung mit sich.
Ich plädiere daher für einen Blickwechsel in der Untersuchung der Exklusion der Frauen: „weg von den Frauen, hin zu einer Analyse von Strukturen und Funktionsmechanismen",[237] die die Geschlechterverhältnisse nicht als indivuelles Problem begreift, sondern Machtsstrukturen in den Blick nimmt.

237 Krais 2000, S. 23

3 Vom sozialen zum urbanen Raum

Als soziale AkteurInnen platziert Pierre Bourdieu menschliche Wesen nicht nur in einem virtuellen sozialen Raum, der durch Distinktion bestimmt, soziale Strukturen erkennbar werden lässt, sondern ebenso in einem realen physischen bzw. architektonischen Raum. Dabei sind anhand der Stellung innerhalb des physischen Raumes Machtpositionen lokalisierbar, die mit symbolischer, nicht wahrgenommener Gewalt durchgesetzt werden.

Individuen und Gesellschaftsformationen leben von der Nutzung ihrer *Raumressourcen*. So wird bspw. jede ökonomische Standortentscheidung mit der Bestrebung eines optimalen Nutzungsertrages verknüpft. Dies gilt nicht nur für unternehmerische Standortentscheidungen, sondern auch für solche, die den Wohnraum betreffen. Allerdings sind dabei die entsprechenden Entscheidungsprozesse nicht lediglich einem voluntaristischem Konzept unterstellt; vielmehr stehen sie in einem engen Abhängigkeitsverhältnis sowohl von Macht- und Herrschaftsprinzipien räumlicher Verteilung und Verortung sowie deren Regulationsmechanismen, sym-bolischen Ordnungen und Doxa[238] bei der Raumaneignung. Die Platzierung im sozialen Raum spiegelt die individuelle Fähigkeit, auch den physisch-architektonischen Raum zu dominieren und bildet somit die Verteilung von ökonomischem, kulturellem und sozialem Kapital ab.

In Anlehnung an Henri Lefèvbre möchte ich nun eine Perspektive des urbanen Raumes entwickeln, die sich an seinem Konzept der „Verstädterung" orientiert: Als Verstädterung bezeichnet Lefèvbre den Entstehungsprozess einer gänzlich verstädterten nachindustriellen Gesellschaft, bei der sich die alten Stadtformen auflösen und in der der Unterschied zwischen Stadt und Land aufgehoben wird. Seine Vorstellung des urbanen Raumes lässt sich jedoch nicht nur auf die materielle Gestalt der Stadt reduzieren: Es ist vielmehr die Gesamtheit der Erscheinungen einer städtischen Dominanz. Damit erlaubt seine Perspektive eine Analyse der stadträumlichen Machtsstrukturen europäischer Städte.

Im Focus der Betrachtungen steht daher insbesondere die Frage des *städtischen Raumes*: Die Gestalt der Städte ist in ihrer baulichen und räumlichen Substanz immer auch Ausdruck gesellschaftlicher Strukturen, der öffentliche Raum ist Ort von sozial, ökonomisch und kulturell geleiteten Interaktionen.

Das folgende Kapitel wirft daher die Frage der Bedeutung der räumlichen Kategorie auf und stellt sie in einen Zusammenhang mit deren ökonomischen, kulturellen und sozialen bzw. sozialpolitischen Implikationen. Dabei wird auf die Hintergründe von Raumressourcen, Standortfragen und räumlicher Segregati-

---

238 Wahrnehmen und Denken wird über kollektiv verbindliche Klassifikationsschemata integriert, die als selbstverständlich empfundene Regeln des Zusammenlebens aufgenommen werden. Diese scheinbar „natürlichen" Einrichtungen bezeichnet Bourdieu als „doxa. Bei der Anwendung der doxa außerhalb der eigenen Lebenswelt kann es zu fehlerhaften Repräsentationen, den „allodoxia", kommen.

on[239] im Kontext von Machtprinzipien verwiesen, die als neue territoriale und symbolische Aneignung von Raum aufscheinen. Wie ich zeigen werde, spielt dabei auch der Gender-Habitus als inkorporierte Form ökonomischen, sozialen und kulturellen Kapitals eine zentrale Rolle.
Dabei gilt es zunächst zu klären, mit welchem soziologischen Raumbegriff operiert wird.
Ferner wird dieser anhand des Diskurses um Körper und Leiblichkeit zu einer mikrosoziologischen Ebene, auf der mesosoziologischen Ebene zum Wohnraum sowie zu den Begriffen Heimat und Beheimatung in Bezug gesetzt. Eine makrosoziologische Perspektive veranschaulicht die Diskussion um städtische bzw. urbane Räume.

3.1 Raumbegriffe: Eine soziologische Annäherung

In einer *herrschaftskritischen Lesart* liegt eine der zentralen Aufgaben von räumlicher Planung in der Herstellung von Verwertbarkeit, von überschaubarer Ordnung für den bürokratischen Zugriff auf Räume und damit für die Menschen, die darin leben.
Soll die Überschaubarkeit von räumlichen und sozialen Verhältnissen „top down" organisiert werden, so kann dies nur gelingen, wenn die vorhandenen, zum Teil sehr kleinräumigen und sich vielfältig überlagernden Strukturen und Nutzungen vor Ort entzerrt werden. Löst man diese jedoch aus ihrer Verschränkung und Überlagerung, widerspricht dies der eigentlichen Qualität.
Die schon sehr alte Antwort der räumlichen Planung auf dieses Organisationsproblem ist die Funktionstrennung. Das Planungsprinzip der Funktionstrennung, das in der Charta von Athen betont wird, korrespondiert mit dem städtischen Leitbild einer automobilen Gesellschaft und forciert damit die Trennung des Zusammenspiels urbaner Räume. Der Raum der FußgängerInnen ist bspw. ein anderer als der der AutomobilistInnen, Zufahrtswege zu Wohnhäusern unterscheiden sich von „Transitstrecken". Der öffentliche Raum wird dabei funktionalisiert und parzelliert. So gibt es unterschiedliche „Sektoren" für das Wohnen, den Arbeits- und Freizeitbereich, das Erholungsgebiet; kleinteilige Nutzungsmischungen werden zugunsten dieser Funktionstrennung aufgegeben.[240]

---

239 Segregation lässt sich als ein Mehrebenenphänomen begreifen, das Raum nicht mehr eindimensional versteht, sondern als Kaleidoskop einer Vielzahl zeitgleich stattfindender Ereignisse, die sich an verschiedenen (geografischen) Orten ereignen und zudem von verschiedenen Mitgliedern sozialer Gruppen unterschiedlich wahrgenommen und interpretiert werden können. Daher stehen der Mikroraum, die Handlungszusammenhänge und die Everyday-life-Segregation im Fokus der Aufmerksamkeit. (Schnell 2002)

240 Frampton 2002, Padovan 2002 sowie Sieverts 1997

Entsprechend werden Wohngebiete nur dem Wohnen dienend und Gewerbegebiete nur als Arbeitsstätten betrachtet; Innenstädte kommen lediglich als Versorgungsparks, hier vor allem vermehrt zur Inanspruchnahme von Dienstleistungen, in Betracht. Räumliche Leitbilder entsprechen also (eher unbewusst) den traditionellen Mustern der geschlechtsspezifischen Arbeitsteilung; geschlechtsspezifische Bedürfnisse werden dabei jedoch häufig gleichgesetzt mit spezifischen Bedürfnissen von Kindern, älteren oder behinderten Menschen. Dagegen spiegeln sich männliche Lebensentwürfe in den Entwürfen und Grundrissen baulich-räumlicher Strukturen wider: ein Platz für die Produktion, ein anderer für die eigene Reproduktion, während Grundrisse und Raumstrukturen i. d. R. die Ansprüche von Frauen in ihren individuellen Lebensbedingungen und –entwürfen negieren. Wie wir gesehen haben, sind es immer noch überwiegend Frauen, die im Rahmen geschlechtsspezifischer Arbeitsteilungsprozesse die Haus- und Familienarbeit übernehmen, auch wenn sie einer eigenen Erwerbstätigkeit nachgehen. Reproduktionsarbeit von Frauen bedeutet demnach, sich vermehrt im öffentlichen Raum zu bewegen: Nach wie vor sind es Frauen, denen im Vergleich zu Männern[241] eine höhere Mobilität abverlangt wird.
Räumliche Wahrnehmung ist damit stets *auch* subjektive Interpretation auf der Grundlage eigener Wahrnehmung räumlicher Verhältnisse und Bedingungen, die sich in den einzelnen Disziplinen und Fachwissenschaften unterschiedlich darstellen. Neben Fragen der ästhetischen Gestaltung, der Ausgestaltung von Wohnräumen sowie von Infrastrukturplanung und Nutzung werden Aspekte körperlicher oder symbolischer Raumaneignung, sozialer Interaktion, von Bildungseineinrichtungen, Demographie, Topographie, Raum-Zeit-Relationen, Standort- und Ressourcenfragen und nicht zuletzt Prinzipien und Strukturen von Normen, Werten, territorialer Macht und Herrschaft auf dem Hintergrund ihrer räumlichen Bedeutung diskutiert.[242]
Aufgrund dieses Facettenreichtums räumlicher Differenzierungen werde ich mich im Rahmen dieser Arbeit auf solche Konzepte stützen, die vor allem auf Fragestellungen zu Differenzierungen in Macht- bzw. Geschlechterverhältnissen Bezug nehmen und diese in stadt- und wohnsoziologische Diskurse einbetten: Im Facettenreichtum dieser räumlichen Konnotationen wird subjektives Raumerleben erkennbar. Milieus als "Umwelt" sind damit aus handlungstheoretischen Perspektive immer *zugleich* räumlich und sozial, da diese stets aus räumlichen Elementen mit sozialer Bedeutung und sozialen Elementen besteht, die sich auch räumlich strukturieren.[243] „Raum“ ist also als soziales Produkt aufzufassen, das aufgrund seiner Materialität alltägliches soziales Leben generiert, strukturiert und konturiert, wobei dieses keineswegs unabhängig von den sozialen Ver-

241 mit eher klassischer Normalbiografie; vgl. Bosch 2002
242 Breckner/Sturm 1997, S. 215f.
243 Bahrdt 1974a, S. 16f. sowie Bahrdt 1998

hältnissen verstanden werden kann: Räumliche und soziale Praktiken sind nicht separierbar.
Für den belgischen Soziologen *Jean Remy* sind Raum und soziales Handeln untrennbar miteinander verquickt: Statt als „respektables Passivum" interpretiert er „Raum" als eine Kategorie dynamischer Elemente und sozialer Prozesse. Raum materialisiert kommunikative Dynamiken sowie Austauschprozesse, konstituiert soziale Netzwerke und bildet zugleich eine Folie für die Eigenrepräsentation. Dabei lassen sich drei Dimensionen ausmachen:

- Raum als physische Konstituante,
- Raum als kultureller Code und
- Raum als Determinante für das Feld der individuellen Möglichkeiten und Repräsentation:

„L'espace n'est pas simplement considéré comme un système d'objets dont on analyserait la disposition réciproque: il matérialise la communication et la représentation des échanges. Mis en liaison avec l'organisation des échanges sociaux, il intervient sous deux angles: l'espace concret en tant que support physique et l'espace comme catégorie de base structurante les codes culturels servant de support aux représentations. (...) Le rapport à l'espace est aussi analysé par la distinction de deux types d'effet: l'espace peut avoir un effet sur la formation des réseaux d'interaction - dans ce cas, nous parlerons d'effet de pouvoir ou d'effet structurel; l'espace a également un effet sur la représentation de soi, de son projet, de son rapport aux autres - dans ce cas, nous parlerons d'effet de conscience ou d'effet structural."[244]
Soziale Interaktion und gesellschaftliche Aktivitäten werden durch Raumnutzungen bestimmt und sind damit Grundlage aller sozialen und ökonomischen Prozesse im Raum. Zugleich verweisen Raumnutzungen auf verschiedene soziale AkteurInnen und differenzierte Formen der Interaktion:
„Spaces have different meaning for different groups, and each space may, over the course of a day, a week or longer, be occupied by a series of different social groups whose practices imbue the same spaces with different meanings at different times. The street and the park, for example, in the day and in the evening, or the holiday resort in and out of season, are different spaces in practice, in the everyday experiences of those who live in and use them."[245]
Es überrascht daher nicht, dass die Kategorie Raum in der sozialwissenschaftlichen Diskussion stets auch mit Alltagshandeln und Lebensräumen, Dimensionen sozialer Ungleichheit und ihrer Kontextualisierung und Manifestierung im städtischen wie im ländlichen Rahmen betrachtet wird. Zudem gewinnt die Frage der Überwindung von räumlichen Distanzen auf dem Hintergrund verknappter Zeitressourcen im Rahmen einer „Zweiten Moderne" (Beck) und hohen Anfor-

---

244 Remy 1998, S. 91ff.
245 McDowell 1999, S. 168

derungen an zeitlich-räumliche Mobilität und Flexibilität als Ausfluss individualisierter Dienstleistungsgesellschaften[246] eine veränderte Relevanz, zumal auch neuere technologische Errungenschaften im Kontext aktuell geführter Debatten zu ökonomischen, kulturellen und politischen *Globalisierungseffekten* eine solche Überwindbarkeit möglich erscheinen lassen.

Auch „Raum" und „Raumaneignung" sind in den vergangenen Jahren zu facettenreichen Kategorien geworden und stellen zentrale Themen der aktuellen sozialwissenschaftlichen Diskussion dar: Die Kategorie Raum ist stets mit Alltagshandeln und Lebensräumen, Dimensionen sozialer Ungleichheit und ihrer Manifestierung im städtischen Rahmen verbunden. Dabei werden auch Aspekte von Öffentlichkeit[247] und Privatheit, sozio-kulturelle Ordnungen und Bedeutungen einbezogen. Erinnert sei hier etwa an Jürgen Habermas' „Strukturwandel der Öffentlichkeit" und die damit einhergehende Legitimations- und Identifikationskrise im Spätkapitalismus, die durch ein starres soziokulturelles System noch gefördert würde, was schließlich zur Brüchigkeit eines (angenommenen) gesellschaftlichen Konsensus führe.[248]

Der Soziologe *Dieter Läpple* schlägt daher vor, im sozialwissenschaftlichen Kontext statt von „Raum" eher von „Raumbegriffen" bzw. von „Raumkonzepten" zu sprechen: Er stellt dem auf der Galilei-Newtonschen Physik beruhenden Konzept des Raumes als eines Container- oder Behälter-Raumes[249] das eines „Matrix-Raumes" gegenüber, welches er als erweitertes Raumkonzept versteht, bei dem gesellschaftliche Räume aus ihrem 'qualitativen' Funktions- und Entwicklungszusammenhang erklärt werden können:

„Der ‚Raum' ist (...) weder neutrales ‚Gefäß' noch passive ‚Resultante' körperlicher Objekte, sondern ein derartiges Konzept muss auch die gesellschaftlichen ‚Kräfte' einbeziehen, die das materiell-physische Substrat dieses Raumes und

---

246 Sennett 2000

247 Im 17. Jahrhundert bedeutete Öffentlichkeit die Zugänglichkeit des prüfenden Blickes von jedermann oder jederfrau, während die private Sphäre den abgeschiedenen, abgeschirmten Lebensbereich darstellte. Der urbane öffentliche Raum hingegen unterlag einer starken hierarchischen Kontrolle des Adels und seiner Institutionen. Erst mit dem Aufstieg des Bürgertums im 18. Jahrhundert entwickelten sich neue Geselligkeitsstrukturen durch die Schaffung von neuen hierarchieärmeren Begegnungsstätten. (Sennett 1994a, S. 338 f.)
Der öffentliche Stadtraum und seine Repräsentation individueller Freiheit sind im Bürgertum jedoch höchst ambivalent: Zwar werden Parks, Opernhäuser und Theater zu gesellschaftlichen Zentren einer neuen bürgerlichen Öffentlichkeit; zugleich unterstreicht aber bspw. die Guillotine als Mittelpunkt des öffentlichen Stadtraumes im nachrevolutionären Paris wie riskant diese neue Freiheit sein kann.

248 Habermas 1971; Habermas 1981

249 Schon Norbert Elias verwies darauf, dass die Kopplung von Container und Raum primär als ein Mittel der Orientierung verstanden werden und weniger der Regulierung sozialen Verhaltens dienen sollte. (Elias 1986)

damit auch die Raumstrukturen 'formen' und ‚gestalten'. Diesen erweiterten, auf dem ‚relationalen Ordnungsraum' aufbauenden Raumbegriff nenne ich einen ‚Matrix-Raum'."[250]

Läpple versucht den Raum auf vier Komponenten zu beziehen:

- das materiell-physische Substrat,
- gesellschaftliche Interaktions- und Handlungsstrukturen,
- institutionalisierte und normative Regulationssysteme und
- die Symbolrepräsentation.

Auf dieser Grundlage sind sozialwissenschaftliche Raumbegriffe noch weiter zu differenzieren: Nicht nur sind an städtischen Strukturen je nach Größe, Standort, historischen Prozessen, topografischer Beschaffenheit etc. zum Teil erhebliche Unterschiede auszumachen, im Kontext neuer medialer und kommunikationstechnologischer Entwicklungen ist auch nach der Relevanz von artifiziellen Erlebnisräumen zu fragen, wie sie das Internet als weltweit umspannendes virtuelles Netz anbietet.

Darüber hinaus verweist die Überwindung von Distanzen als Effekt der Globalisierung auf einen weiteren räumlichen Zusammenhang: So wird stets auf die Frage von *Lokalität und Territorialität* verwiesen, die insbesondere im Zusammenhang nationalstaatlicher Grenzziehungen und deren Bedeutungsrelevanz (oder –verlust) für ökonomische und kulturelle Effekte sowie im Rahmen der Debatten um globalisierte Demokratisierungstendenzen aber auch in Bezug auf Gefahren einer „programmatischen Entleerung der Politik"[251] neu zu diskutieren ist.

3.1.1 Raum im Alltagsverständnis

Raum wird zunächst als abstrakte Begriffskategorie, meist als Synonym für Boden oder Fläche benutzt. Gestützt durch die Alltagserfahrung wird Raum je nach Beschaffenheit dabei als Teil

- des uns umgebenden Umfeldes,
- der uns umgebenden Natur,
- als natürlicher Träger von Bausubstanz (Boden),
- als Regenerationsrot mit sozialer und ökologischer Bedeutung (Naherholungsraum)
- oder als geometrisch messbares und bestimmbares Objekt beschrieben;
- ferner auch als Rechtsgegenstand, Wirtschaftsgut oder Besitztum (im Sinne von Grundstück);
- darüber hinaus als Entfernung (etwa zwischen Produktions- und Konsumtionsort).

---

250 Läpple 1991b, S. 42

251 Habermas 1998

Zunächst erscheint Raum jedoch als Verortung von sinnlicher Erfahrung und Wahrnehmung; Sehen, Hören, Tasten oder Riechen machen Räume erfahrbar. Während *Körper und Leiblichkeit* sinnliche Wahrnehmungen ermöglichen, wird der Raum jedoch auch durch sekundäre Zugänge erfahren. Dazu gehört die Wahrnehmung und Interpretation des Raumes als Folie der Produktion und Konstruktion sozialer Abläufe, ob beim Wohnen, Arbeiten, bei Bewegung und Spiel oder auch bei der Nutzung von Bodenschätzen.

Jeder Raum ist zudem auch kulturell überformt:

„Soziale Praxis ist im sozialen Leben äußerst ausdifferenziert und aufgeteilt, so dass auch die räumlichen Praktiken starken Differenzierungen unterliegen. In den sozialen Handlungen wird auf den Raum der Handlung aktiv zurückgegriffen, wenn in Betracht gezogen wird, dass der Raum für das Wissen und die Handlungen gleichermaßen grundlegend ist. Im Alltag werden die Räume, sowie ihre internen Unterscheidungen von ihrer Verwendung durch den Akteur beschrieben (Schlaf-Raum, Arbeits-Raum, etc.), wobei diese bestimmte Raumbenutzung die spezifische räumliche Praxis darstellt. So gesehen ist der mentale vom physischen Raum nicht trennbar, da beide in der sozialen Handlung miteinbezogen werden. Der soziale Raum inkorporiert die Aktivitäten der Subjekte, deren soziale Reproduktionsverhältnisse (Geschlechterverhältnisse, Familien, etc.) sowie die realen Produktionsverhältnisse, die arbeitsteilig durchorganisiert sind."[252]

Im Alltagsverständnis, bei dem der Begriff „Raum“ als Allgemeinplatz angenommen wird, kann a priori von einer Raumbetrachtung klassischer physikalischer Provenienz ausgegangen werden, dem des *dreidimensionalen euklidischen Raumes*, der aber kaum mit der alltäglichen Raumerfahrung „gelebter Räume“ in Einklang zu bringen ist.[253]

Das Raumbild des Behälters, der alle Dinge, Lebewesen und Sphären umschließt, existiert bereits seit der Antike: Die aristotelische Vorstellung ist die eines dicht gefüllten, endlichen und durch die Fixsterne begrenzten Raumes, in dessen Zentrum die unbewegliche Erde steht.

Albert Einstein hat diese Raumvorstellung als „Container“ bezeichnet. Er spitzte die Raumvorstellung in Anlehnung an Newtons Theorie des „absoluten Raumes" und die damit implizierte Vorstellung der klassischen Physik, in der der Raum und seine körperlichen Objekte entkoppelt sind, auf den Begriff des „Containers" zu.[254] Der Raumbegriff der klassischen Physik gilt jedoch als Produkt der menschlichen Fantasie, da er aus pragmatischen Gründen auf die euklidische Geometrie reduziert wird. Spätestens seit Isaac Newton die Gültigkeit der

252 Hamedinger 1998, S. 179

253 Bollnow 1994, S. 18; Läpple 1992, S. 164

254 Jammer 1954

irdischen Naturgesetze auch für den Himmel unter Beweis gestellt hat, ist dieses Bild brüchig geworden.[255]

Im alltäglichen Sprachgebrauch wird „Raum" häufig verengend mit dem Begriff des „Zimmers" gleichgesetzt und auf einen bestimmten Teil der Wohnung bzw. des Hauses verwiesen. Darüber hinaus verweist der Raumbegriff auch auf das „Platzhaben" und die Geräumigkeit.

„Raum bezeichnet hier also die Einheiten, aus denen die Wohnung zusammengesetzt ist. Raum in diesem Sinn ist ein durch Zwischenwände abgeteilter selbständiger Teil des Hauses, der wiederum verschiedenen Zwecken dienen kann."[256]

3.1.2 Physischer Raum und Sozialraum bei Pierre Bourdieu

Für Bourdieu überlagern sich der soziale Raum und der städtische Raum. Anders als etwa Martina Löw behauptet,[257] stehen sich bei Bourdieu Raum und Gesellschaft nicht bloß gegenüber, sondern bedingen und beeinflussen einander: AkteurInnen sind stets auch an einen physischen Raum gebunden und nehmen in diesem auch konkrete Orte ein. Die eingenommenen Positionen der AkteurInnen im Sozialraum spiegeln sich in den jeweilig eingenommenen physischen Orten wider. Besitztümer etwa können mehr oder minder „raumfüllend" sein; die Beharrungskraft der sozialen Strukturen zeigt sich insbesondere darin, „dass sie sich ja in den physischen Raum einschreiben und nur um den Preis einer mühevollen Verpflanzung, eines Umzugs von Dingen, einer Entwurzelung bzw. Umsiedelung von Personen veränderbar sind, was selbst wiederum höchst schwierige und kostspielige gesellschaftliche Veränderungen voraussetzt."[258]

Herrschaft über den Raum bildet eine der augenscheinlichsten Formen von Herrschaftsausübung; zugleich manifestieren sich Machtmechanismen über den sozial segregierten Raum.

So dient der eingenommene Ort, die Lokalisation des Individuums im Raum als Indikator für seine Platzierung im sozialen Raum, da sowohl der real-physische als auch der soziale Raum Ausdruck von Hierarchien und sozialen Distanzen sind:

„Jeder Akteur ist charakterisiert durch den Ort, an dem er mehr oder minder dauerhaft situiert ist, sein Domizil (wer ‚ohne Herz oder Heim' ist, ohne ‚festen

---

255 Löw 2001a, S. 24

256 Bollnow 1994, S. 32

257 Löw 2001a, S. 166f.
Anders als Löw dies beschreibt, betreibt Bourdieu eben keine reine Gleichsetzung von Strukturen mit ‚Prinzipien der Klassengesellschaft', sondern verbindet, wie ich gezeigt habe, sein Strukturmodell stets mit einer Perspektive auf die handelnden AkteurInnen.

258 Bourdieu 1997c, S. 161

Wohnsitz', besitzt nahezu keine Existenz - Beispiel: der Obdachlose), und durch die Position seiner Lokalisationen - der zeitweiligen (zum Beispiel die Ehrenplätze, protokollarisch geregelte Sitzordnungen) wie vor allem der dauerhaften (seine private und berufliche Adresse) - im Verhältnis zur Position der Lokalisationen der anderen Akteure. Er ist weiter charakterisiert durch den Platz, den er im Raum (legal) einnimmt anhand seiner Eigenschaften beziehungsweise seines Besitzes (Häuser und Wohnungen oder Büros, Acker- oder Bauland und so weiter), die mehr oder minder ‚raumfüllend' sind (die ostentative Zurschaustellung angeeigneten Raums stellt denn auch die Form par excellence der ostentativen Zurschaustellung von Macht dar). Daraus folgt, dass der von einem Akteur eingenommene Ort und sein Platz im angeeigneten physischen Raum hervorragende Indikatoren für seine Stellung im sozialen Raum abgeben."[259]

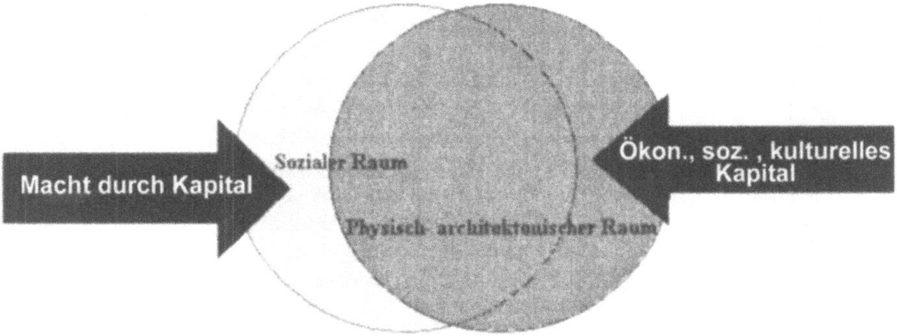

Abbildung 2: Raumtheoretisches Modell bei Pierre Bourdieu

[259] Bourdieu 1991, S. 26

In „Das Elend der Welt“[260] verweist er auf städtische Ortseffekte: Städtische „Banlieues“ und „Ghettos“ implizieren neben ihrem exkludierenden Charakter vor allem auch phantasmatische Bilder ihrer Realität, die bspw. durch Sensationspresse, Propaganda und politische Gerüchte genährt werden. Sozialer Raum bringe dabei jedoch auch räumliche Opposition zum Vorschein.
Die „Crise des banlieues“,[261] sicherlich verschärft durch die exkludierenden Äußerungen des Innenministers Nicolas Sarkozy („Racaille!“),[262] ist m. E. Ausdruck einer mangelnden Teilhabe spezifischer Bevölkerungsgruppen an urbanem Leben; der daraus resultierende Vandalismus und die brodelnde Destruktivität sind ein Produkt dieser Entwicklung, zugleich wohl aber auch jener Langeweile, Perspektivlosigkeit und Verzweiflung, die daraus resultieren, von dem, was an medial vermittelter Lebensqualität in den Städten vorgeführt wird, ausgeschlossen zu sein.[263] Immerhin sind in den entsprechenden Quartiers

---

260 Wie Beate Krais deutlich macht, hat Bourdieu in dieser Publikation den zentralen Fokus darauf gelenkt, wie eine Gesellschaft im Umbruch die sozialen Zusammenhänge und damit den sozialen Raum zerstört, in dem Bürgerinnen und Bürger ihren Ort, ihre Identität und ihre Würde gefunden haben, was Bourdieu gerade durch die Bennnung konkreter Verantwortlichkeiten und partikularer Interessen erhebliche Kritik eingebracht habe. (Krais 2004, S. 189)

261 Die Banlieues scheinen in den Augen großer Teile der französischen Öffentlichkeit wie ein Brennglas zu funktionieren, bei dem alle Ängste vor Unsicherheit und Gewalt konzentriert wahrgenommen werden – eine Stimmungslage, die sich französische Rechtspopulisten, allen voran Sarkosy und Le Pen zu eigen machen. Die ethnisierten Wahrnehmung als Assoziationskette „Banlieues - Islam - Unsicherheit und Bedrohung“ wird dabei stets verstärkt. Tatsächlich aber sind die französischen Trabantenstädte keine „ethnischen“ Quartiere; vielmehr leben hier bunt durcheinander gewürfelte Bevölkerungsgruppen unterschiedlicher Herkunft, die sich durch das gemeinsame Merkmal „Armut“ oder „sozialer Deklassierung“ auszeichnen. (Vgl. Donzelot 2006 sowie Schmid 2005)
Vgl. a. Beaud/ Pialoux 2003: Insbesondere die 2003 erschienene Studie der beiden Soziologen Stéphane Beaud und Michel Pialoux, beide Bourdieu-Schüler, verweist auf den Zusammenhang sozialer und geografischer Differenzierungen im städtischen Raum und beleuchtet die Situation in den Banlieus. Der Titel ihres Werks „Violences urbaines, violence sociale“ klingt wie eine Ankündigung dessen, was Ende 2005 den Pariser Vorstädten passiert: Analysiert werden die Jugendunruhen, die im Sommer 2000 in einer Vorstadt von Montbéliard stattgefunden haben.

262 Kurz vor dem Ausbruch der Unruhen in Clichy-sous-Bois hatte der Innenminister einen wichtigen Show-Auftritt in Argentueil genutzt, um gegen die EinwohnerInnen der Trabantenstädte zu polemisieren: „Dabei klopfte er markige Sprüche, versprach ‚das Krebsgeschwür auszurotten‘ – die Rede war von der Unsicherheit – und die Einwohner ‚von dieser Bande von Abschaum zu befreien‘. Dass die ‚Sarkoshow‘ vor eingeschalteten Kameras (...) als Kulisse 200 protestierende Jugendliche hatte, die dadurch gewollt oder ungewollt als der nämliche ‚Abschaum‘ erschienen, gehörte zum Spiel.“ (Schmid 2005)

263 Rötzer 2005

über 30 Prozent der Jugendlichen arbeitslos, teilweise obwohl sie über gute formale Qualifikationen verfügen. Das Gefühl gesellschaftlicher Ausgrenzung resultiert daher umso mehr aus der Wahrnehmung einer Diskriminierung auf dem Arbeitsmarkt, der „falschen" Adresse, gepaart mit einem Familiennamen, der eine ebenso „falsche" Herkunft verrät.[264]
Doch mit diesen Motiven mischen sich auch „soziale Verstärkereffekte"[265] durch Politik und vor allem Medien, die eifrig und minutiös die Hitliste der „violences urbaines",[266] die in Clichy-sous-Bois mit dem Tod zweier Jugendlicher ihren Ausgang nahm, dokumentieren. Verabredungen zu neuen Treffpunkten werden von den Jugendlichen anderseits per Email oder Handy getroffen.
Ferner scheinen diese ‚Riots' eine Eigendynamik zu entwickeln, bei der das Stadtquartier zum ‚Abenteuerspielplatz' für Halbwüchsige wird. Zugleich entsteht dabei ein neues Gemeinschafts- und Zusammengehörigkeitsgefühl in den Ghettos der Deklassierten.
Diese Entwicklung jedoch darf nicht überraschen, wurden doch die Pariser Banlieues gerade geschaffen, um die räumliche Distanz zwischen Armen und Reichen zu vergrößern – als absonderung der „Classes dangereuses". Im Medienzeitlater lässt sich diese Exklusion jedoch nicht bruchlos aufrecht erhalten. Daher dürfte die Anfang November verhängte nächtliche Ausgangssperre für Jugendliche unter 16 Jahren wohl kaum eine sachgerechte Lösung des Problems sein.
Anders verhält es sich jedoch mit den Studierendenunruhen zu Beginn des Jahres 2006, die schließlich den Präsidenten Jacques Chirac und den Premierminister Dominique de Villepin zwangen, das umstrittene Gesetz zur Arbeitsmarktintegration von Jugendlichen mit gelockertem Kündigungsschutz zurückzunehmen. Beide Protestbewegungen, so der französische Soziologe Alain Touraine, eint zwar das Empfinden von Exklusion, sie gehören jedoch völlig unterschiedlichen sozialen Gruppen mit konträren Ausgangslagen an:
„Auf den ersten Blick liegen Welten dazwischen. Die Immigranten sind sozial völlig desorientiert und zündeten Autos an, weil sie sich nicht artikulieren können und keine Fürsprecher haben. Dagegen sind die Schüler und Studenten viel privilegierter und bekommen enorme Unterstützung durch die Gewerkschaften. Gleichwohl verbindet Immigranten und Studenten das Gefühl von Diskriminierung und Exklusion: Die Vorstadtjugend steht längst außerhalb der Gesellschaft, während die Studenten Angst vor einer verbauten Zukunft haben, die sie morgen ebenfalls zu Ausgeschlossenen machen kann. Doch die Einmischung vor allem der Lehrer- und Professorengewerkschaften, die die Angst vor Sozialabbau und Liberalisierung schüren, ist nicht frei von Standesinteressen. Deshalb steht auch

---

[264] Schmid 2005
[265] Rötzer 2005
[266] Donzelot/ Mével/ Wyvekens 2002

die Öffentlichkeit den Studentenprotesten zwiespältig gegenüber. Die Gewerkschaften, die bislang ausschließlich die Interessen geschützter Arbeitnehmer vertraten, sehen nun erstmals die Möglichkeit, ein neues Publikum zu erreichen: Jugendliche und Arbeitslose."
Inzwischen ist das Gesetz zur „Verbesserung der Chancengleichheit", das der französische Premierminsiter nach den Krawallen in den französischen Vororten Ende 2005 angestrengt hatte, um einen Artikel ärmer: Die Einführung des umstrittenen „contrat nouvelle embauche" (CPE), des Ersteinstellungsvertrages, der eine zweijährige Probezeit für JungarbeitnehmerInnen unter 26 Jahren vorsah und deren Kündigungsschutz weitgehend aufhob, ist im April 2006 nach intensiven Protesten und Demonstartionen rückgängig gemacht worden.
Macht über den Raum und Kapitalbesitz äußern sich im angeeigneten physischen Raum einerseits als spezifische Beziehung zwischen räumlicher Struktur der AkteurInnen und andererseits in der Verteilung von Gütern und Dienstleistungen. Dadurch, dass der bewohnte Raum als symbolischer Raum markiert sei, gebe es in einer hierarchischen Gesellschaft keine hierarchiefreien Räume. Die symbolische Hierarchie werde allerdings durch Naturalisierungseffekte kaschiert:
„Von der geschichtlichen Logik erzeugte Differenzen können solcherart als in der Natur der Dinge liegend erscheinen (man denke etwa an die Idee der ,natürlichen Grenzen'). Dies ist z. B. bei allen räumlichen Projektionen gesellschaftlicher Differenzen zwischen den Geschlechtern der Fall (von der Kirche über die Schule und öffentliche Plätze bis hin zum Haus selbst)."[267]
Dabei überlagern sich die verschiedenen physischen und objektivierten sozialen Räume, so dass sich an bestimmten Orten des physischen Raumes sowohl seltene Güter als auch ihre BesitzerInnen wiederfinden lassen.
„Räumliche Profite können die Form von *Lokalisierungs-Profiten* annehmen, welche selbst wieder innerhalb zweier verschiedener Kategorien betrachtet werden können. Auf der einen Seite findet man Erträge, die situationsspezifisch sind und damit einhergehen, dass man sich nahe bei knappen und erstrebenswerten Gütern (z. B. Bildungs-, Gesundheits-, oder KulturEinrichtungen) befindet. Auf der anderen Seite handelt es sich um *positions- oder rangspezifische Profite* (z. B. diejenigen, die aus einer prestigeträchtigen Adresse resultieren), welche sich als ein Sonderfall der symbolischen Profite aus ,feinen Unterschieden' präsentieren, die mit dem Verfügungsmonopol über eine distinguierende Eigenschaft einhergehen. (...) Sie können aber auch die Form von *Besetzungs*- bzw. Dichte-Profiten annehmen: die Verfügung über einen physischen Raum (weitläufige Parks, große Wohnungen etc.) kann ein Mittel darstellen, jedwede Art unerwünschten Eindringens fern zu halten."[268]

---

267 Bourdieu 1997c, S. 160
268 Bourdieu 1997c, S. 163f.

Die Macht über den Raum steht in enger Beziehung zur materiellen und symbolischen Aneignung seltener Güter, die sich in diesem Raum verteilen. Diese Verteilung wiederum entspricht dem Kapitalbesitz der AkteurInnen. Durch den Kapitalbesitz wird es erst möglich, Distanz von Personen oder Dingen herzustellen, zu halten oder sich ihnen zu nähern. Nähe im physikalischen Raum erlaubt damit auch Nähe im Sozialraum, etwa durch das Nutzen wohlfrequentierter Orte und der daraus resultierenden Akkumulation sozialen Kapitals. Andererseits gelingt es dank des Kapitals die Kapitallosen auf Distanz zu halten bzw. an eine spezifische Räumlichkeit zu binden:

„Der Mangel an Kapital verstärkt die Erfahrung der Begrenztheit: er kettet an den Ort."[269]

Räume, Orte und Plätze des verdinglichten Sozialraumes sind zudem Gegenstand von Kämpfen innerhalb der verschiedenen Machtfelder: Als intra- oder intergenerationelle räumliche Mobilität können diese Kämpfe um die Aneignung des Raumes eine individuelle Form annehmen; bei Ortswechseln ließe sich soziale Mobilität dann auch als räumliche Mobilität nachvollziehen. Wie erfolgreich sich die Kämpfe um soziale und räumliche Mobilität gestalten, hängt wiederum am verfügbaren Kapital, das sich so z. B. an der Aneignung des Wohnraumes ablesen lässt:

„Wenn die Wohnung dazu beiträgt, Gewohnheiten zu stiften, so findet auch der Habitus mittels der von ihm nahegelegten mehr oder minder adäquaten Gebrauchsweisen im ‚Habitat', im Wohnen seinen Niederschlag."[270]

Ökonomisches, soziales und kulturelles Kapital zeigen sich daher nicht nur an den Orten (der Stadt), sondern auch an den Ortswechseln und der Mobilität im Raum. Kapital ist damit zugleich Voraussetzung und Ausdruck dieser sozialräumlichen Struktur. Andererseits verleihen auch bestimmte Räume Kapital, so etwa die symbolische Aneignung von Kunst bei einem Museumsbesuch als Aneignung von kulturellem Kapital. Dabei tritt ein „Club-Effekt" zutage, der einzelnen AkteurInnen Zugang gewährt, ihn anderen jedoch versagt. Letzteres gilt insbesondere für diejenigen, die nicht über alle gewünschten Eigenschaften verfügen oder unerwünschte Eigenschaften an den Tag legen.[271]

„Ähnlich wie ein Club, der unerwünschte Mitglieder aktiv ausschließt, weiht das schicke Wohnviertel jeden einzelnen seiner Bewohner symbolisch, indem es ihnen erlaubt, an der Gesamtheit des akkumulierten Kapitals aller Bewohner Anteil zu haben. Umgekehrt degradiert das stigmatisierte Viertel symbolisch jeden einzelnen seiner Bewohner, der das Viertel degradiert, denn er erfüllt die von den verschiedenen gesellschaftlichen Spielen geforderten Voraussetzungen ja

---

269 Bourdieu 1997c, S. 164
270 Bourdieu 1997c, S. 165
271 Bourdieu 1997c, S. 166

nicht. Zu teilen bleibt hier nur die gemeinsame gesellschaftliche Ex-Kommunikation."[272]
Von dieser Form der Exklusion geht laut Bourdieu ein Verdoppelungseffekt aus, was sich insbesondere auf kulturelle Angelegenheiten wie Schule und Bildungseinrichtungen niederschlägt - als Sogwirkung nach unten.
Zugleich können sich Kämpfe um den Raum auch als kollektive Form manifestieren, so z. B. als staatliche Wohnungspolitiken, sei es als sozialer Wohnungsbau oder bei Fragen öffentlicher Infrastrukturentwicklung. Damit wird der soziale Raum über den physischen Raum hinaus zur politischen Konstruktion des Raumes.

3.1.3 Raumkonzept bei Henri Lefèbvre

Raum nur als materielles Produkt aufzufassen, greift zu kurz: Bei Henri Lefèbvre umfasst der soziale Raum neben den materiellen Produkten vielmehr deren Beziehungen zueinander und strukturiert somit die Rahmenbedingungen für weitere soziale Aktivitäten im Kontext von Produktion und Konsumtion als Verknüpfung von Praktiken der AkteurInnen, deren Repräsentation und deren gelebter Erfahrung im Raum: *Der Raum ist somit ein soziales Produkt, produziert durch soziale AkteurInnen.* Das noch viel zu gängige Bild, Raum sei ein leerer Behälter und seinem materiellen Inhalt gegenüber gleichgültig, ist daher nachdrücklich zu korrigieren. Zwischen dem Enthaltenden und dem Gehalt, zwischen Form und Inhalt gibt es vielmehr eine strenge tiefere Bedeutung.
Henri Lefèbvre, der als einer der ersten die Frage der Produktion des Raumes aufgegriffen hat, will den Raum nicht nur in seiner dinglichen Gestalt betrachten, sondern stellt ihn in den Kontext gesellschaftlicher Produktionsprozesse. Er entwickelt analog zur Analyse der Warenproduktion eine Theorie der Produktion des Raumes, bei der er diesen sowohl als Ergebnis wie auch als Medium gesellschaftlicher Verhältnisse betrachtet.
Dabei greift er die Dialektik von Gebrauchs- und Tauschwert auf: Gebrauchswerte sind objektiv bzw. subjektiv vorhandene Eigenschaften einer Ware, während der Tauschwert dem Preis der Ware entspricht. Im fortgeschrittenen Kapitalismus erscheinen alle Dinge zunächst als Tauschwerte, der Gebrauchswert hingegen wird auf eine abgeleitete Marktfunktion reduziert.
Lefèbvre beobachtet diesen Antagonismus auch für den Raum; seine Raumauffassung impliziert eine Kritik des vorherrschenden Diskurses des Raumes, indem er sich sowohl gegen rein gedankliche Konzeptionen des Raumes wendet, die diesen mathematisch definieren, als auch gegen ausschließlich philosophische Perspektiven über den Raum. Auch ist der Raum für ihn keine bloße ästhetische Kategorie.

---

272 Bourdieu 1997c, S. 166

Vielmehr ist „Raum“ im Sinne Lefèbvres zugleich Vorbedingung und Resultat sozialer Strukturen, zugleich Werk und Produkt, d. h. einerseits Produzent von gesellschaftlicher Realität und anderseits Produkt gesellschaftlicher Praxis: Der „Raum” stellt in seiner Materialität gleichzeitig strukturelle Notwendigkeit dar und dient den sozialen Handlungen als Vehikel.[273]

Analog zur marxistischen Analyse der Warenproduktion entwickelt er seine Theorie der Produktion des Raumes. Raum besitzt für ihn nicht nur einen ähnlichen Status innerhalb der Produktionsweisen, wie dies für Kapital und Arbeit gilt, Lefèbvre versteht die Erforschung des Raumes unabdingbar als Ausweitung und Aktualisierung des marxistischen Projektes. Dabei versucht er, den Produktionsprozess von Raum in einer historischen Perspektive nachzuvollziehen und in seinen jeweiligen Ausprägungen zu erfassen, so dass aus seiner Perspektive Raum zum konstitutiven Element unterschiedlicher Gesellschaftsformationen geriert.

So betont er, dass jede gesellschaftspolitische Macht ihren jeweils spezifischen Raum erschafft und erfasst. Letztendlich behauptet er so die Existenz essentieller Raumformationen innerhalb einer historisch zu analysierenden Gesellschaftsformation und ihrer (Raum)Produktionsweise. Die von ihm gewählte Periodisierung entspricht dabei einer streng linearen marxistischen Kategorisierung, die geschichtliche Fortschritte betont.[274]

Es reiche dabei nicht aus, die Dinge im Raum einer Analyse zu unterziehen, so Lefèbvre, darüber hinaus müsse der Blick auch auf die tatsächliche Produktion des Raumes gelenkt werden. Sowohl Dinge und Waren müssten ebenso wie der Diskurs über den Raum als Zeugnisse dieses produktiven Prozesses interpretiert werden.[275]

Als Produkt und Produzent spiegelt der Raum dabei vor allem soziale Widersprüche wieder und wird daher zum Gegenstand der Staatsgewalt u. a. in Form von Urbanismus, Raumplanung, Wohngesetzen oder Investitionen in Infrastruktur. In „Révolution urbaine“[276] spricht er von der europäischen Stadt, die von Vororten, Grünanlagen, Autobahnen aufgezehrt und unter dem Druck dieser kapitalistischen Umwälzung zum Subjekt einer wahren Revolution werden könnte, die Ökonomie und Alltag umfasst. All seine Hoffnung liegt in der (surrealistischen) Einsicht, dass das Urbane eine reine Form ist: der Punkt der Begegnung.

---

273 Lefèbvre 1995

274 Insbesondere seine Interpretation früher historischer Epochen sind sowohl durch eine androzentristische wie auch ethnozentristischen Orientierung geprägt, zumal sie einen stereotypen Blickwinkel gegenüber sogenannten primitiven Kulturen einnehmen, der durch schematische Muster des Männlich-Aktiven und des Weiblich-Passiven geprägt ist.

275 Lefèbvre 1995, S. 36f.

276 Lefèbvre 1970, dt. 1972

Anders als die Fabrik oder die Suburbia, wo die Homogenisierung des Raumes erfolgreich vollzogen werden konnte, bleibt die Stadt in der Logik Lefèbvres aufgrund ihrer sozialen, historischen und ökonomischen Diversität ein „differentieller Raum". Selbst die großen stadtplanerischen Ordnungsmaßnahmen des 19. und 20. Jahrhunderts konnten ihr nichts anhaben:

Lefèbvres Raum ist an eine spezifische Lokalität gebunden. Der „soziale Raum" ist zeit-, orts- sowie kontextgebunden und entsteht aus der Interaktion verschiedener sozialer Gruppen an spezifischen Orten zu spezifischen Zeitpunkten. Diese menschlichen Gruppen verwenden je nach Zeit und Ort bestimmte Produktionsmittel und Repräsentationsformen und sind in kollektive Handlungen eingebunden, die ökonomische, soziale oder politische Zielsetzungen haben können.

Die Perspektive einer fast gänzlichen Verschiebung vom Ländlichen zum Urbanen[277] erlaubt ihm den Hinweis, dass das Alltagsleben und dessen Ort, der soziale Raum, einer kapitalistischen Ordnung unterworfen ist. Damit wird die Stadt für Lefèbvre zur geplanten Umwelt jenseits natürlicher Entwicklungen. Diese Lesart städtischer Urbanisierungsprozesse legt er etwa dort überzeugend dar, wo er das Dorf, aus dem er stammt, mit einer Stadt vergleicht, die nur wenige Kilometer entfernt, neu entsteht.

Sein Alltagsbegriff suggeriert, dass Kapitalismus stets strukturierend für das Arbeitsleben gewirkt hat und diese Kontrolle auch auf das private Leben, so beispielsweise auch den Freizeitbereich, übertragen wird und dieses anhand der Organisation des Raumes erkennbar wird.

„Es ist möglich, dass die Verstädterung und ihre Problematik von einem gewissen kritischen Punkt an (...) den Industrialisierungsprozess beherrschen. Welche Perspektive bleibt der „Industriegesellschaft", wenn nicht die, das *Städtische Leben* in vollem Ausmaß zu produzieren. Nichts, außer zu *produzieren, um zu produzieren.*"[278]

Verstädterung und Industrialisierungsprozesse sind für Lefèbvre zwei Facetten eines identischen Prozesses.[279] Gesellschaftlicher Raum wird für ihn je nach Klasse zugeteilt, während die gesellschaftliche Planung die Klassenstruktur reproduziert. Hintergrund ist dabei die Situation, dass Reiche über zu viel, Arme hingegen über zu wenig Raum verfügen, während auch die Qualität von Orten über deren jeweilige Klassenstruktur entscheide.

Dabei wendet er sich scharf gegen den grassierenden „Ökonomismus"[280] der für ihn nach wie vor bestehenden ideologisch durchtränkten Klassengesellschaft, zumal sich der Klassenkampf mehr denn je in den Raum einschreibe: Eine der

---

277 Lefèbvre 1970, S. 109ff.

278 Lefèbvre 1972a, S. 71

279 Lefèbvre 1972a, S. 116f.

280 Lefèbvre 1972a, S. 116

zentralen Ursachen dafür, dass sich der Kapitalismus stetig reproduzieren und nivellieren könne, sieht Lefèbvre in dessen Flexibilität bei der Restrukturierung räumlicher Beziehungen im Urbanen. Dies ist der Ausgangspunkt in Lefèbvres Aufruf zum Recht auf die Stadt („Le droit à la ville").

„Zusammenfassend kann man sagen, dass diese Gesellschaft, die ihre Umwandlung nicht nach dem marxistischen Plan zu vollziehen verstand, die auf diesem Weg, es sei denn sie hätte (unbewusst) einen anderen gewählt, stagniert, dem Möglichen preisgegeben ist. Was quält sie? Die Gewalt, die Zerstörung und die Selbstzerstörung, deren Ursache in ihr selbst liegt, aber auch die Nicht-Arbeit, der totale Genuss. Und nicht zu vergessen der vollkommen angeeignete, also *städtische* Raum."[281]

Die ideologische verbrämte und verschleierte Struktur des Kapitalismus fordere geradezu eine Konsumorientierung,[282] die auch vor dem Geschlechterverhältnis nicht Halt mache:

„Was die Frauen betrifft, so kennen wir schon die Zweideutigkeit ihres Zustandes. Ins Alltägliche verbannt, machen sie daraus eine Festung und bemühen sich um so mehr, da herauszukommen, wobei sie jedoch den Implikationen des Bewusstseins ausweichen. Daher ein unaufhörlicher, aber ungeschickter Protest, der nur auf wenig orientierte Forderungen hinaus-läuft."[283]

Er kritisiert die politischen Verhältnisse im Paris der Studentenrevolution auch als Krise des Raumes; aus seiner Sicht wird diese durch abstrakte Apparate wie den modernen Staat, die moderne Wissenschaft oder durch Großkonzerne hervorgerufen und begleitet von den Erfahrungen der Massenmedien, der Konsumgesellschaft und der Individualisierung.

Lefèbvre tritt somit einer Raumskepsis im marxistischen Denken entgegen. Seinen Begriff des Raumes verstehe ich hier als *„absolute Entfremdung*": Lefèbvre teilte die Diagnose, dass mit dem modernen Kapitalismus die Herrschaft des Raumes über die Zeit angebrochen sei. Eine gesellschaftliche Praxis könne sich aber nicht auf Wiedergewinnung der Zeit als (eschatologische) Geschichte konzentrieren, sondern müsse sich vielmehr zu dem bekennen, worauf politische Militanz ohnehin immer zielte: die Aneignung von Räumen.

„For Lefèbvre the concept of ‚space' defies traditional categories – it is at once a means of production and a commodity; both a social product and a means of social reproduction and control. Thus places are both engines of wealth and forms of wealth; we make places and are made by them."[284]

In seiner „Theorie des differentiellen Raumes" entwickelt Lefèbvre ein Konzept, bei dem deutlich wird, dass Raum auf drei verschiedenen Ebenen wirksam wird

---

281 Lefèbvre 1972b, S. 117
282 Lefèbvre 1972a, S: 130
283 Lefèbvre 1972a, S. 131
284 Dovey 1999, S. 46

und schlägt daher ein dreigliedriges Modell vor, das zum einen die Ebene der räumlichen Praxis, der Repräsentation des Raumes und ferner die Räume der Repräsentation umfasst. Diese unterschiedlichen Ebenen durchdringen sich gegenseitig, stehen in einer Wechselwirkung zueinander und können sich darüber hinaus gegenseitig verstärken aber auch widersprechen; sie wirken stets gleichzeitig:

- Der erste Raum repräsentiert den wahrgenommenen Raum (l' espace perçu); *räumliche Praxis* bildet also zunächst den erfahrenen Raum (Gestaltung und Nutzung). Dieser stellt sich in enger Verbindung zwischen Alltagsrealität und räumlicher Realität als städtische Infrastruktur, Arbeitsorte, Konsumtionsräume etc. her. Zudem basiert räumliche Praxis auf einer nicht-reflektierten Alltagspraxis, bei der gesellschaftliche Rahmenbedingungen als gegeben hingenommen werden; somit garantiert diese gesellschaftliche Kontinuität. Zudem produziert und reproduziert die jeweilige Gesell-schaftsformation damit spezifische Räume und die ihr immanenten gesellschaftlichen Verhältnisse in zirkulärer Weise.
- Der zweite Raum, *die Repräsentation des Raumes (l' espace conçu)*, ist der der Zeichen, des Wissens und der Codes (Bedeutung und Kenntnisse über den Raum) und der durch Images und Symbole geprägte Raum. Es handelt sich hier um den von WissenschaftlerInnen, KünstlerInnen und StadtplanerInnen konstruierten Raum. Hier werden neue Bilder imaginiert und *Repräsentationsräume* mit komplexen Symboliken erzeugt. Die Repräsentation des Raumes ist durch abstrakte Konzeptionen und Darstellungen prädeterminiert. Die räumliche Repräsentation verknüpft Wissen und Ideologie des Raumes mit sozial-räumlicher Praxis. Sie ordnet den gesellschaftlichen und physischen Raum dem gedanklichen Raum unter und steht dabei in enger Verbindung mit der herrschenden Produktionsweise. Räume der Repräsentation integrieren den Diskurs des Raumes (im Gegensatz zum Diskurs über den Raum).
- Als drittes erscheint der Raum im erlebten bzw. erlittenen Raum (l' espace vecu) schließlich als ein direkt gelebter, der in sozialen und politischen Praktiken konstruiert wird und die Beziehungen von Menschen und Objekten im Raum oder die historischen Ressourcen der räumlichen Konstitution betrifft. Raum wird hier zum gelebten Ausdruck, dessen Bedeutung durch den Gebrauch hergestellt wird, so dass durch vorherrschende Ordnungen und Diskurse andere Räume imaginiert werden können. Gelebte Räume sind zugleich auch Räume des möglichen Widerstands und möglicher Kämpfe der räumlichen Aneignung. Sie integrieren eine starke Motivation zu utopischen Veränderungen.

Mit dem nachfolgenden Schema räumlicher Gestaltung sollen Räume und räumliche Praxis im gesellschaftlichen Kontext dargestellt werden, indem der Zusammenhang zwischen den verschiedenen Ebenen aufgezeigt wird.

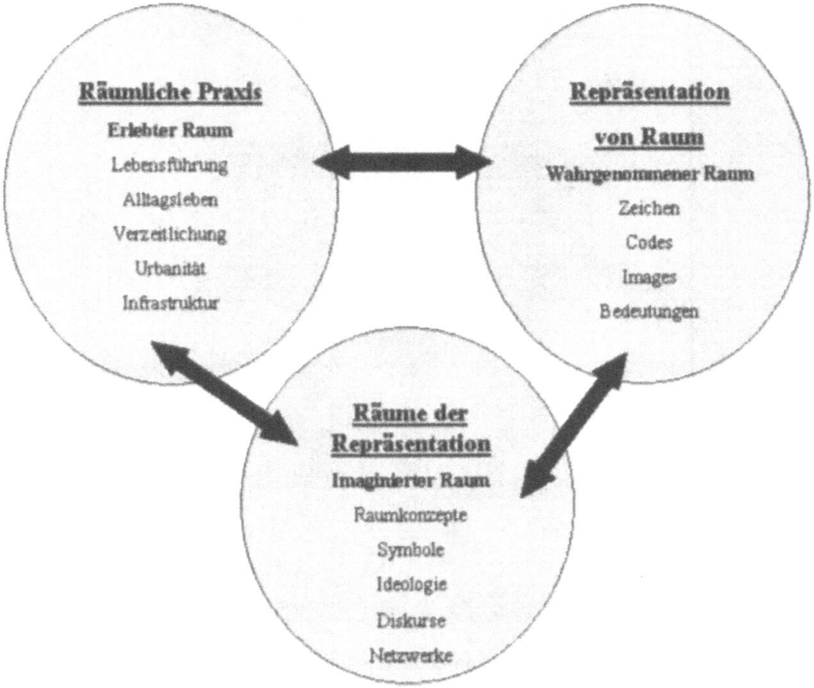

Abbildung 3: Dreigliedriges raumtheoretisches Modell von Henri Lefèbvre

Grundlegender Widerspruch von Profit und Bedürfnis bei der Produktion des Raumes liegt für Lefèbvre einerseits in der Notwendigkeit des Kapitals, ihn auszubeuten und Profit aus ihm zu schlagen und andererseits in den gesellschaftlichen Erfordernissen Jener, die ihn benutzen. Gleichwohl geht er davon aus, dass der Widerspruch zwischen Produktivkräften und Produktionsverhältnissen bzw. zwischen Tauschwert und Gebrauchswert im Prozess der Verstädterung überwunden werden kann. Die Überlebensfähigkeit des Kapitalismus stehe in einem engen Zusammenhang mit der Tatsache, dass es dem Kapital gelungen sei, den Raum selbst als Ware zu vermarkten. Daher ist die Stadt in der Logik Lefèbvres zentraler Ort der Produktion und Reproduktion kapitalistischer Verhältnisse. Städtische Kontexte werden durch die Produktionsverhältnisse der menschlichen Alltagserfahrung reproduziert, da deren Erfahrungsraum von Kapitalinteressen geprägt wird und deren Logik unterworfen ist.[285]

285 Saunders 1987, S. 149f.

Abbildung 4: Verhältnis von Produktion und Reproduktion des Raumes

Die Aufhebung von traditionellen räumlichen Strukturdualismen wie global versus lokal, Stadt versus Land oder Zentrum versus Peripherie führt bei Lefèbvre zur Betrachtung vielschichtiger Urbanisierungsprozesse, die er universeller als *soziale Raumproduktion* versteht.
Entscheidend für Lefèbvres Raumbegriff ist ferner, dass Raum nicht ohne die Körperlichkeit der sozialen AkteurInnen entstehen kann: Raum bleibt abstrakt, wenn er nicht mit den Subjekten und den individuellen Mitgliedern einer sozialen Gruppe verknüpft wird.[286]
Folgen wir Lefèbvre in seiner Annahme zur Verknüpfung von Raum und sozialem Handeln, lässt sich die Kategorie „Raum" auch mit der der „Lebenswelt" und „Alltag" im Sinne einer umfassenden theoretischen Analyse verbinden, anhand derer deutlich werden kann, „auf welch verschiedene Weise der Mensch die Welt bewohnt und wohnbar"[287] macht.
In diesem Kontext geriert der Raum zu gebauter Umwelt, zu Räumen des Alltagslebens mit Straßen und Plätzen.

286 Noller 1999, S. 111f.
287 Waldenfels 1991, S. 244

So formuliert Lefèbvre kritisch gegenüber zeitgenössischen Planungskonzepten bspw. Le Corbusiers:[288]
„Schaffte man (nach Le Corbusier) die Straße ab, so wären die Konsequenzen: Erlöschen jeden Lebens, die Stadt wird zur Schlafstätte, das Leben zur unsinnigen Funktionserfüllung."[289]
In Lefèbvres Theorie konstituieren Straßen und Plätze den urbanen öffentlichen Raum und repräsentieren einen relationalen Raumzusammenhang mit den darin befindlichen Objekten und ihren sozialräumlichen Beziehungen zu einem gegebenen (historischen) Zeitpunkt: Unterschiede der Stadträume ergeben sich nicht aus dem Raum als solchem, sondern daraus, wer oder was sich in ihm niederlässt oder verstetigt.
Die Formen des Raumes hängen somit von den AkteurInnen und ihrem interaktiven oder strategischen Verhalten ab. Damit gibt es erkenntnistheoretisch keine nicht-räumliche soziale Realität und demnach auch keine nicht-sozialen öffentlichen Räume.
Raum kann demnach nicht jenseits von Gesellschaft funktionieren, Raum ist Gesellschaft.
„Raum ist politisch. Raum ist kein Gegenstand der Wissenschaft, ist alles andere als ideologie- oder politikfrei; er ist immer politisch und strategisch gewesen. Raum, der homogen erscheint, der in seiner Form völlig objektiv erscheint, so wie wir ihn erfahren, ist ein gesellschaftliches Produkt. Die Produktion des Raumes kann mit der Produktion jeder beliebigen Ware verglichen werden."[290]
Lefèbvres Vorhaben ist es daher, im Kontext der Verstädterungsprozesse eine gängige Kritik der Stadtplanung und denjenigen Theorien zu formulieren, die ihr zugrunde liegen. Er wendet sich dabei gegen eine Planungswissenschaft, die den Raum in seiner Form als gegeben annimmt, Planung als lediglich technische Intervention, als Verständnis einer räumlichen Logik begreift und den inhärenten politischen Charakter des Raumes ignoriert.
Ihr Einfluss auf die Analyse der Überakkumulation im städtischen Raum, wie etwa David Harvey sie entwickelt hat, ist unverkennbar:[291]
Ausgangspunkt von Harveys Thesen ist die Expansionstendenz des Kapitalismus, die sich sowohl als geografische wie auch als politische Einflusszone aus-

---

288 Durch eine Vielzahl von empirischen Untersuchungen entwickelte Lefèbvre eine Anlyse der städtischen Krise in den 60er Jahren des vergangenen Jahrhunderts. Damals wurden die Innenstädte erneuert; es entstanden Hochhaussiedlungen am Stadtrand (Banlieus), wodurch wesentliche Elemente des städtischen Lebens, etwa die Möglichkeit der Begegnung mit dem Fremden, die Darstellung von differenten Lebensstilen und die Vorherrschaft von Gebrauchswerten (gegenüber Austauschwerten) in der Nutzung der städtischen Agglomeration verloren zu gehen drohten.

289 Lefèbvre 1990, S. 25

290 Lefébvre 1977 zitiert nach Saunders 1987, S. 148

291 Harvey 1996, S. 291ff.

drückt. Räumliche Ausdehnungen und Investitionen in räumliche Veränderungen werden historisch als ein Weg zur Überwindung von Überakkumulationskrisen beschrieben, wobei das überschüssige Kapital zur Konstruktion von Stätten innerhalb eines funktionierenden räumlichen Netzwerkes eingesetzt wird. Zwischen räumlichem Investment und geografischer Mobilität entsteht laut Harvey ein dauerhaftes Spannungsverhältnis, da die bestehenden geografischen Strukturen und die bauliche Substanz zum Hemmnis für zukünftige Investitionen und Entwicklungen neuer Strukturen werden können. Die Barrieren liegen insbesondere in der Immobilität von räumlich gebundenem Kapital, hohen Baukosten und langen Amortisierungszeiten: Die Baukosten sind in der Regel so hoch, dass der Rückfluss der Investitionen erst durch sehr langfristige, oft jahrzehntelange Nutzungsgebühren wie Pacht oder Miete generiert werden kann.
Ist der Wert eines Gebäudes noch nicht abgeschrieben, steht der ortsungebundene Restwert einer Neuinvestition im Wege. Umbau von Städten oder (ehemals) industriell genutzten Regionen ist also unter Marktbedingungen auf die weitgehende Entwertung der vormaligen Substanz angewiesen, die aber wiederum durch politische Rahmenbedingungen, Planungseingriffe und Subventionszahlungen beeinflusst werden kann.
Zur Untermauerung seines Ansatzes zeigt Harvey für die US-amerikanische Entwicklung auf, dass insbesondere beim Beginn industrieller Krisen in bauliche Anlagen investiert wird (z. B. in den Eigenheimbau), bis auch dort die Rentabilitätsspielräume deutlich sinken.
Harvey schlägt vor, Orte als klar unterscheidbare und räumlich umgrenzte Ergebnisse bzw. Konstruktionen von städtischen Machtstrategien, Auseinandersetzungen und Diskursen zu verstehen, die sich einerseits symbolisch vermitteln und andererseits weit über den konkreten Ort hinaus Bedeutung erlangen.
Für Harvey konstituiert sich Raum durch zwei Prozesse, die sich durch eine materiell-physische und eine subjektiv-symbolische Ebene unterscheiden. Diese Raumkonstitution und damit auch die Ortbildung sind Produkte von Raum und Zeit. Wie schon Lefèbvre konzipiert Harvey den Ort als einen Raum der Vorstellung, worunter er räumlich vermittelte Bilder, Orte als Symbole für Institutionalisierung und Formen der Macht bzw. sozialer Beziehungen versteht. Die Konstitution von Orten versucht er dabei unmittelbar auf die Bedingungen des entwickelten Kapitalismus anzuwenden.

3.1.4 Macht über den Raum

Während zunächst natürliche Ressourcen wie Wasser, Bodenqualität und Luft die städtische Raumnutzung bestimmten, wirken Räume auch durch menschliche Bedarfe auf jeweilige sozialräumliche Bewertungsprinzipien und werden durch traditionelle, ideologische oder religiöse Leitbilder bzw. Regelungsinventare manifestiert: Raumnutzungen werden durch unterschiedliche Einflussfaktoren, etwa kulturelle, rechtliche, religiöse Normen oder symbolische Ordnungen

beeinflusst – je entwickelter eine Gesellschaftsformation sich präsentiert, um so intensiver und komplizierter gestaltet sich auch ihr normatives Ordnungsgeflecht in Bezug auf das gesellschaftlich indizierte Verhalten im Raum.
Darüber hinaus prägen die Determinanten von Standortscheidungen die Ausgestaltung von Räumen und vice versa: Straßennetze und Straßenverkehrsordnungen beispielsweise sind nicht nur Ausfluss, sondern auch Bedingungen für die Nutzung städtischer und ländlicher Räume, verändern diese auch und beeinflussen das Raumnutzungsgefüge in den Städten und Kommunen.
Raumnutzungskonkurrenzen, die bei divergierenden Interessen von Individuen oder Gruppen in allen Epochen existierten, wurden und werden in der Regel durch territoriale Regelungen und *Raumnutzungsordnungen* in ihrer Konfliktträchtigkeit geregelt: als Ausdruck von Herrschaft, Macht und Dominanz über den Raum.
„Beispiele für derartige Ordnungen lassen sich in jeder Epoche und in jedem gesellschaftlichen System finden, angefangen von den territorialen Regelungen der Sammler und Jäger über die komplizierten rechtlichen und religiösen Normen der Wassernutzung in den Flusskulturen des alten Orients bis hin zu den raumerschließenden Projekten des Merkantilismus im 17. und 18. Jahrhundert mit Städtegründungen, Straßen- und Kanalbauten. Über sie führt der Weg zur Ordnung der Raumnutzung im modernen Staat."[292]
„Standortqualitäten" sind nicht nur durch natürliche oder ökonomische Faktoren bedingt, sondern werden auch bewusst durch *Steuerungsregelungen* sowie durch staatliche Einflussnahme mit politischen Zielen verzahnt und reglementiert.
Zur Untermauerung dieser These möchte ich hierzu zwei Beispiele anführen: die Beschreibung der Schaffung des Gefängnisses als „totale Institution", wie sie der französische Philosoph *Michel Foucault* diskutiert, sowie die städtebauliche Umgestaltung von Paris unter der Regie des napoleonischen Präfekten und Juristen *Georges Eugène Haussmann*:

- Die *Schaffung des Gefängnisses* als „totale Institution steht bei Foucault im Kontext von staatlichen Machtmechanismen[293] und deren Einfluss auf städtebauliche Konzepte sowie den ihnen immanenten städtischen Ordnungs-, Überwachungs- und Disziplinierungsprinzipien: Exemplarisch anhand der durch die Pest betroffenen Städte des 17. Jahrhunderts zeigt er auf, welche Formen der Schließung, Parzellierung und Fragmentierung des Raumes sowie der Standortfixierung Einzelner sich durch Kontrolle und Sanktionierungen durchsetzen ließen:
  Zu Beginn einer Quarantäne wird in der von der Pest betroffenen Stadt ein lückenloses Registrierungssystem erstellt, bei dem jede/r städtische BewohnerIn erfasst wird. Dabei werden vor allem Name, Alter und Ge-

292 Vogt 1994, S. 7f.
293 Rolshausen 1997, S. 76ff.

schlecht registriert. Jede Familie muss nun ihre eigenen Vorräte anlegen, da die Zeiten zum Verlassen des Hauses streng reglementiert sind, um eine Begegnung zwischen den BewohnerInnen und damit das Risiko der Ansteckung zu vermeiden. Jede Straße wird unter die Autorität eines „Syndikus" gestellt, der diese dann auch zu überwachen hat. Der Syndikus wiederum wird der Autorität eines „Intendanten" unterstellt und wird von diesem in der Erfüllung seiner Überwachungsaufgaben täglich zum Rapport aufgesucht.

„Der Raum erstarrte zu einem Netz von undurchlässigen Zellen. Jeder an seinen Platz gebunden. Wer sich rührt, riskiert sein Leben: Ansteckung oder Bestrafung. Die Über-wachung ist lückenlos. (...) An den Standorten Wachposten, des gleichen an allen Straßenenden (...) Dieser geschlossene, parzellierte, lückenlos überwachte Raum, innerhalb dessen die Individuen in feste Plätze eingespannt sind, die geringsten Bewegungen kontrolliert und sämtliche Ereignisse registriert werden, eine ununterbrochene Schreibarbeit das Zentrum mit der Peripherie verbindet, die Gewalt ohne Teilung in einer bruchlosen Hierarchie ausgeübt wird, jedes Individuum ständig erfasst, geprüft und unter die Lebenden, die Kranken und die Toten aufgeteilt wird – dies ist das kompakte Modell einer Disziplinierungsanlage."[294]

Hinter dieser Utopie einer *vollkommen regierten Stadt* steckt, so Foucault, jedoch nicht nur die Angst vor der seuchenartigen Krankheit, diese ist selbst Ausdruck aller nicht kontrollierbaren Unordnungen in Form von zügellosen Festen als Aufhebung der Gesetze und Verbote, Aufständen, Verbrechen, der Landstreicherei und der Desertionen, die im 17. Jahrhundert durch strenge Disziplinarmaßnahmen beantwortet wurden.

Ergänzen möchte ich diese Perspektive auf starke *Disziplinierungsstrategien* in der städtischen Planung durch die städtebauliche Umgestaltung von Paris unter der Regie des napoleonischen Präfekten *Georges Eugène Haussmann* zwischen 1853 und 1869. Stadt wird hier zum Gegenstand der Veränderung durch ihr feindlich gegenüberstehende Mächte:

- Louis Napoléon bezog seine Macht aus den durch die sozialistische Revolution von 1848 hervorgebrachten Ängsten. Seine Interessen, die eigene Machtposition nicht nur durch die Stärke des Heeres und seine Beliebtheit beim Volk, sondern auch durch die *Umsetzung des Planungskonzeptes für Paris* abzustützen, sicherte er durch eine weitgehende Umgestaltung der Stadt: Das große Interesse Louis Napoléon war es, „in Paris große öffentliche Arbeiten, die von den früheren Regierungen vernachlässigt worden waren, auszuführen, um seine Popularität mit greifbaren Leistungen zu festigen und künftige Revolutionen zu erschweren, indem er die engen

294 Foucault 1977, S. 251ff.

mittelalterlichen Gassen niederreißen und durch geräumige, für Truppenbewegungen geeignete Straßenzüge ersetzen lässt."[295]
Für die stadtplanerischen Großvorhaben fand Haussmann nicht nur neue Finanzierungswege, er entwickelte die Durchführung seines Planungsvorhabens nach den neuesten Kenntnissen der Technik und Hygiene. Ferner entwickelte und verteilte er die neue Infrastruktur der bürgerlichen Stadt repräsentativ im Stadtraum und berücksichtigte dabei Rathäuser, Verwaltungssitze, Krankenhäuser und Gefängnisse. Ein Netz von Straßendurchbrüchen durch die alte Stadt ließ die viel bewunderten Boulevards entstehen, er verknüpfte damit auch die Aufwertung der Monumente, die freigelegt und durch Sichtachsen miteinander verbunden wurden. Schließlich dienten diese Durchbrüche auch der Verbesserung der Verkehrsbeziehung zwischen den Bahnhöfen der verschiedenen Stadtquartiere. Die Schaffung großflächiger Straßenräume, etwa das Anlegen von „avenues", sollte jedoch nicht nur der Funktion des Flanierens[296] dienen, sondern

---

295 Benevolo 1984, S. 112

296 Im 19. Jahrhundert entsteht die v. a. literarische Figur des Flaneurs. Mit Charles Baudelaire und Walter Benjamin wird der Flaneur zu einem Spaziergänger in der Stadtlandschaft. Er ist das Gegenstück zum „Mann der Menge" (Eckardt 2004, S. 19 sowie Piepmeier 1980, S. 27).
Die Figur des Flaneurs ist eine ausschließlich männliche, hervorgebracht durch die städtischen Räume der Moderne, bspw. die durch ihre Boulevards, Avenues, Cafés und Bars zunehmend an Attraktivität gewinnende Metropole Paris.
Es kann nicht geleugnet werden, dass deren räumliche und soziale Umgestaltung den Beginn einer neuen Ära einläutete, gleichwohl bleibt die Stadt eine nach Geschlechtern segregierte Zone: "...it was gendered in the very general sense of the distinction between the public and the private (...). The period of the midnineteenth century was a crucial one in the development of the notion of the seperation of spheres and the confinement of women, ideologically if not for all women in practice, to the ‚private' sphere of the suburbs and the home." (Massey 1998, S. 233)
Eine „Flaneuse", darauf verweist Doreen Massey ausdrücklich, habe es schon aufgrund der nach Geschlecht segregierten Sphären nicht geben können. Aus dem öffentlichen Raum waren Frauen ohne Begleitung im 19. Jahrhundert so gut wie ausgeschlossen:
„(...) one of the key figures embodying the experience of this definition of modernity is the flâneur, the stroller in the crowd, observing but not observed. But the flâneur is irretrievably male. (...) the flâneuse was an impossibility. In part this is so because 'respectable' women simply could not wander around the streets and parks alone. (This was for reasons of socially constructed 'propriety' but for those 'non-respectable' women who did roam the public spaces movement would still be effectively restricted by the threat of male violence.) In part, the notion of a flâneuse is impossible precisely because of the one-way-ness and the directionality of the gaze. Flâneurs observed others; they were not observed themselves. And, for reasons which link together the debate on perspective and spatial organization (...) and most women's exclusion from the public sphere, the modern gaze belonged (belongs?) to men." (Massey 1998, S. 234). Promenieren und

auch die Transportwege für die zur Kontrolle von Aufständen eingesetzten Kavallerie herstellen.
Seine Fortsetzung fand diese Stadtplanungspolitik als „Territorialisierung der sozialen Frage“ im 19. und frühen 20. Jahrhundert, etwa durch Schaffung und Konstruktion des spezifischen sozialen Objekts (oder Subjekts) einer „Banlieue-Bevölkerung“: „Gefährliche Klassen“ (les classes dangereuses), so die Haltung der von intensiven Revolutionsängsten gepeinigten französischen Großbourgeoisie,[297] gehörten an die Peripherie. Dies galt auch für die Industriearbeiterschaft, die in den nur wenigen Verdichtungsräumen rund um Lille, Paris, Lyon und Marseille angesiedelt werden sollte. In diesem Zusammenhang entstanden, am Ausgang des 19. Jahrhunderts und zunächst rund um Paris, die Banlieues im modernen Sinne.[298]
Später kehrte sich die Funktion dieser Zonen in gewisser Weise um, sie wurden vielmehr zum sozialen ‚Verbannungsort' oder vielmehr zu einem Sammelbecken all jener Bevölkerungsgruppen, die in den Kernstädten nicht erwünscht waren oder dort keine Wohnung erwerben konnten.[299]
Mit der zunehmenden Industrialisierung kam es nach dem Zweiten Weltkrieg auch zu einem weiteren Anwachsen der Banlieues, da in den Innenstädten ein weiterer Austauschprozess der BewohnerInnen stattfand. Unter dem Druck der ökonomischen Modernisierungsprozesse[300] wurden so bspw. kleine Handwerker, die innerstädtische Arbeiterschaft und auch die ‚einfachen' Angestellten zunehmend an die Ränder gedrängt.

Diese Verdrängungspolitik hat sich in Paris besonders unter dem Oberbürgermeister Jacques Chirac (1977 bis 1995) verschärft und radikalisiert, unter anderem aufgrund eines breit angelegten Korruptionsnetzes im Bereich der Grundstücks- und Bauspekulation. Zugleich unterstützte jedoch auch die französische KP diesen Entwicklungsprozesse, glaubte sie doch, die Arbeiter und ‚einfachen' Angestellten so besser unter ihrer politischen Kontrolle zu haben: Bis vor wenigen Jahren zogen an jedem Wahlsonntag die AnwerberInnen der KP durch alle Treppenhäuser in den Hochhaussied-lungen der Banlieues, um die Mitglieder der Arbeiterhaushalte draun zu erinnern, ‚richtig' zu wählen. [301].

Spazieren als Form der Raumaneignung von bürgerlichen Frauen waren also im 19. Jahrhundert aufgrund der Sittlichkeitsbestimmungen kaum möglich.

297 Pinçon, Michel/ Monique Pinçon-Charlot 2003

298 Der ursprüngliche Begriff, der aus dem 17. Jahrhundert stammt, bezeichnete die ‚Bannmeile' rund um die größeren Städte, also jene Zone, die ein zur Verbannung verurteilter Bürger oder Untertan – unter Androhung strenger Bestrafung – nicht betreten durfte.

299 Schmid 2005

300 etwa durch Mietpreis-, Stadtentwicklungs- und Städtebaupolitik

301 Schmid 2005

Soziale und räumlich-bauliche Strukturen bestimmen also nicht nur die Lebenswirklichkeit der Menschen, die darin leben, sondern veranschaulichen auch gesamtgesellschaftliche Entwicklungstendenzen. So ist der urbane Raum nicht nur durch Machtsymbole angereichert, markiert bspw. durch die Höhe von Gebäuden, - man denke etwa an die New Yorker Twin Towers und ihren Symbolgehalt -, sondern auch die kulturellen Markierungspunkte (Schulen, Bildungseinrichtungen, Museen, Galerien, etc.). Dabei gilt: Je höher das verfügbare Kapital, um so größer sind die Chancen einer sozialen und räumlichen Mobilität.
Damit wird deutlich, wie bereits Pierre Bourdieu aufgezeigt hat, in welch engem Abhängigkeitsverhältnis die Entfaltungschancen Einzelner zu den jeweiligen Raumressourcen stehen:
„Die den verschiedenen Feldern korrespondierenden Verteilungen der Güter und Dienstleistungen im physischen Raum oder, wenn man will: die verschiedenen, physischen objektivierten sozialen Räume überlappen sich tendenziell, zumindest in einem groben Sinne. Daraus ergeben sich Konzentrationen der seltensten Güter und ihrer Besitzer an bestimmten Orten des physischen Raumes (Fifth Avenue, Rue du Faubourg Saint-Honoré und so weiter), die unter allen Aspekten zu den Orten im Gegensatz stehen, an denen hauptsächlich und manchmal auch ausschließlich die Mittellosesten zentriert sind (Ghetto). (...) Der Raum oder, genauer, die Orte und Plätze des reifizierten sozialen Raumes oder des angeeigneten physischen Raumes verdanken ihre Seltenheit und ihren Wert dem Tatbestand, dass in diversen Feldern um sie Auseinandersetzungen geführt werden (...). Die Fähigkeit, den angeeigneten Raum zu dominieren, und zwar durch (materielle oder symbolische) Aneignung der in ihm verteilten (öffentlichen und privaten) seltenen Güter, hängt ab vom jeweiligen Kapital. Kapital - in seinen grundlegenden Formen: ökonomisches, kulturelles, soziales - ermöglicht gleichermaßen, sich die unerwünschten Personen und Dinge vom Leib zu halten wie sich den begehrten Personen und Dingen zu nähern und damit die zu ihrer Aneignung notwendigen Aufwendungen (zumal an Zeit) so gering wie möglich zu halten.“[302]
Ökonomische, politische und soziale Rahmenbedingungen bestimmen daher nicht nur den physisch-architektonischen Raum und dessen Veränderungen, sondern auch die Formen seiner Aneignung, Wahrnehmung und Nutzung: Räumliche Gestaltung ist daher stets mit gesellschaftlicher Macht verknüpft.
Konzentrieren wir uns auf die Frage der Aneignung und der Herrschaft über den Raum und folgen wir dabei der Analyse von Macht und Raum bei Lefèbvre und Harvey, lässt sich ein Zusammenhang zwischen den einzelnen sozialen Dimensionen ausmachen. Zu unterscheiden sind dann

---

302 Bourdieu 1991, S. 29f.
In der Rue du Faubourg Saint-Honoré haben die großen Pariser Couturiers ihre Geschäftshäuser.

- die Zugänglichkeit und Überwindung von räumlicher Distanz,
- die Aneignung von Raum (Nutzung durch gesellschaftliche Gruppen und Individuen) und
- die Herrschaft über den Raum (Dominieren von gesellschaftlichen Gruppen und Individuen bei der Organisation und (Re)Produktion des Raumes, Kontrolle über die Nutzung, Aneignung und Grenzziehung von Räumen).

So sind etwa Bevölkerungsgruppen mit geringem Einkommen und ohne relevanten Tausch-wert auf die Gebrauchswerte des Raumes und dessen Nachbarschaften verwiesen, während sich wohlhabende Gruppen mit ausgeprägtem Tauschwert sowie käuflichem Gebrauchswert auf eine Zugänglichkeit des Geschmacks, der ästhetischen Wahrnehmung und der symbolischen Werte konzentrieren können. Kontrolle über den Raum muss dann nicht mehr zwangsweise über eine kontinuierliche Aneignung erfolgen.
Im folgenden Abschnitt werde ich daher Raumaneignungsprozesse auf der Ebene mikro-, meso- und makrosoziologischer Perspektiven darlegen und dabei ihren Bedeutungszusammenhang für eine geschlechtsspezifische Analyse herausarbeiten.

3.2 Mikrosoziologische Perspektive: Körper und Leiblichkeit

Wie wir bisher gesehen haben, verweist „Raum" auf die interagierenden Personen und das Erleben bzw. die Wahrnehmung von Räumen. Solches erinnert an die Ausführungen des Begründers der Ökopsychologie, *Kurt Lewin*, der mit seiner *Feldtheorie des Verhaltens* unmittelbare Anknüpfungspunkte anbietet, da das „Feld" nicht bloß den physikalischen Raum abbildet, sondern der Raum, wie er für das Individuum besteht und von ihm interpretiert und wahrgenommen wird, verstanden werden muss. Damit wird der Raum zugleich zum *Lebensraum*, zum Spiel- und Handlungsraum mit Bedürfnissen, Motivationen, Stimmungen und Zielen, Angst oder Idealen.[303] Mehr als auf den geografischen Raum kann somit der Blick auf den psychobiologischen Handlungsraum gelenkt werden.[304] Beispielhaft verweist Lewin auf die Situation räumlicher Aneignung in den Handlungsfeldern Erwachsener, etwa bei Personen, die neu in eine Stadt ziehen und sich Zug um Zug eine differenzierte und organisierte Vorstellung des Wohnortes verschaffen. Raum steht damit in engem Zusammenhang zu den jeweiligen individuellen motorischen, kognitiven und kommunikativen Fähigkeiten.

303 Lewin 1982 /1943

304 Wenngleich vor allem Handlungsräume und –ziele von Kleinkindern in Bezug auf ihre kognitive Entwicklung untersucht wurden

Raum ist demnach mehr noch als eine geografische Dimension vor allem auch eine subjektive Kategorie im Sinne eines subjektiv wahrgenommenen und angeeigneten Erfahrungsraumes.
Der Begriff der *Raumaneignung* verweist zudem auf eine weitere Komponente: Als Querstrang zwischen ökonomischen, psychischen und sozialen Aspekten menschlichen Lebens und individueller Sozialisations- und Individuationserfahrung entwickelte die kulturhistorische Schule der sowjetischen Psychologie[305] auf der marxistischen Theorie fußend einen dialektisch-materialistischen Ansatz: Gesellschaftsformen und –verhältnisse korrespondieren dabei ebenso wie humane Lebensäußerungen und Existenzformen mit ihrer materiellen Ausgangslage und werden in ihrer Prozesshaftigkeit von dialektischen Gesetzmäßigkeiten bestimmt. Somit ist auch die menschliche Entwicklung Produkt einer dialektischen Dynamik: Jeder menschlich produzierte Gegenstand symbolisiert zugleich die gesamte Entwicklung der Menschheitsgeschichte als Verkörperung der historisch geronnenen Erfahrung.
Die durch Erfahrung geprägten menschlichen Tätigkeiten reproduzieren sich in Produkten und Gegenständen, die zugleich auch Träger dieses Erfahrungsschatzes sind.[306]
Eine solche Gegenstandsbedeutung findet sich auch im Aneignungsprozess wieder, denn dieser „stellt die individuelle Seite der Vergegenständlichung menschlicher Fähigkeiten und menschlicher Arbeit im Produktionsprozess dar".[307]
Die menschliche Individualgeschichte wird zum Produkt *phylogenetisch* erworbener Potentiale von Vergesellschaftung, zugleich zeigt sich der historische Prozess der Menschwerdung in jedem Individuum und insbesondere in seinen gegenstandsbezogenen Aneignungstätigkeiten.[308] In Weiterentwicklung von Lewins Ansatz lassen sich räumliche Bezüge in den Kontext kultureller Sozialisationsprozesse als geografische Ausdehnung des Handlungsraumes einbetten:[309]

---

305 hier maßgeblich Wygotski, Lurija, Galperin und Leontjew; zusammenfassend Nissen 1998, S. 44ff.

306 Leontjew 1977, S. 451f.

307 Nissen 1998, S. 45

308 Harms et al. 1985, S. 12

309 Neben *Mikrosystemen* der kindlichen Umgebung (z. B. Familie, Nachbarschaft) nimmt etwa Bronfenbrenner drei weitere Systeme differenzierend in den Blick: Als *Mesosystem* bezeichnet er die Gesamtheit aller Mikrosysteme und der dazugehörigen sozialen Netzwerke (wie etwa Freundeskreis oder Schule), in denen sich das Kind bewegt und die sich je nach Lebensphase wiederum verändern können; Bronfenbrenner nennt diese Passagen *ökologische Übergänge*. Mikro- und Mesosysteme wiederum beeinflussen die kindliche Umwelt, ohne dass das Kind direkt an diesen Lebensbereichen teil hat. In diesem Kontext spricht Bronfenbrenner von *Exosystemen* (exemplarisch etwa das Bildungs- oder das Verkehrssystem) und schließlich von *Makrosystemen*, die durch die gesellschaftlichen Rahmenbedingungen und deren juristische, ökonomische, politische oder kulturelle Charakteristika gekennzeichnet sind. (Bronfenbrenner 1981, S. 198ff.)

Der zunehmende Bewegungsradius (eines Kindes) ist vor allem als soziale Ausdehnung des Handlungsraumes zu begreifen. „Umwelt" erhält damit die Bedeutung einer hierarchisch geordneten und komplexen Gesamtheit des interpersonalen, physischen und institutionellen Kontextes, in dem die sich entwickelnde Persönlichkeit alltäglich und dauerhaft lebt.
Räumliche Aneignung erfolgt schließlich nach Anlegen einer internalisierten Kartografie des physisch erschlossenen und symbolisch angeeigneten Umgebungsraumes,[310] wobei das Ensemble kognitiver Landkarten als „cognitive map" bezeichnet wird.[311]
Aneignung von Raum oder Räumen als Produkt von Vergesellschaftungsprozessen kann somit als ein Erschließen von Räumen verstanden werden, das Orientierung, Handlungsentwürfe und deren Realisierung erlaubt. Raumaneignung weist damit nicht nur eine materialistische Komponente als In-Besitznahme auf, sondern impliziert Haltungen und Verhaltensweisen zu Raum- und Dingverhältnissen: In jedem Aneignungsprozess verwirklicht sich eine Potentialität des betreffenden Subjektes; diese wiederum beeinflusst Art und Ausmaß der Aneignung von Wirklichkeit.[312]

Mit dem Aspekt der „Raumaneignung" treten auch die Begriffe *Personalisierung* und *Territorium* hervor: Im Unterschied zum persönlichen Raum verweist der Begriff des *Territoriums* auf den nicht körperzentrierten, immobilen Raum, der jederzeit verlassen werden kann, aber durch wahrnehmbare Zeichen markiert ist und damit zum Träger von Herrschaft über den Raum wird. Die Territoriumsmarkierungen haben dabei die Signalfunktion, Grenzen gegen das Eindringen Anderer wie einen Markierungsstempel zu setzen und den Besitzanspruch zu signalisieren.[313]
Zum zentralen Gegenstand territorialen Verhaltens gehören neben *Körper und Leiblichkeit* des Menschen und seiner Gebundenheit an den Raum vor allem miteinander verflochtene *Aktionsräume*, die beispielsweise je nach Geschlecht und Alter, gesellschaftlicher Stellung oder Status und Lebensphase variieren. Im Kontext einer fortgeschrittenen, flexiblen Marktwirtschaft, ob als Dienstleistungs-, Konsum- und Freizeitgesellschaft, werden wir selbst, ob als SoftwareprogrammiererInnen, als TV-KonsumentInnen oder als TouristInnen zunehmend zu Orten von Produktion und Reproduktion. Der Marktwert unseres Körpers, sein wirtschaftliches Potential, wird zum dominierenden Kriterium dieses ‚Hyperkapitalismus'.

---

310 Als Prozess eines „cognitive mapping".
311 Golledge/Stimson 1997, S. 224ff.
312 Kruse/Graumann 1978, S. 185
313 Goffman 1974

Die Fragmentierung, Polarisierung und Homogenisierung des (Stadt-)Raumes ergreift also auch den Körper.
Die Erfahrung von Raum und Zeit bleibt, untrennbar mit dem menschlichen Körper verknüpft und wird „bestimmt durch den genetisch vorgegebenen Horizont organischen Lebens, die materielle Reproduktion natürlichen Lebens."[314]
Hier deutet sich ein enger Zusammenhang zwischen räumlicher Empfindung, *räumlicher Wahrnehmung* und menschlicher Gefühlswelt an, wie sie *Maurice Merleau-Ponty*[315] in seiner „Phänomenologie der Wahrnehmung" beschreibt: Der Raum vermittelt sich als gelebter Raum für das mit einem Leib ausgestattete Subjekt und dessen Stimmungen, Empfindungen und Befindlichkeiten; das Dasein selbst ist ohne Raum undenkbar, wobei Leiblichkeit stets mit einer sozialen Komponente gedacht werden muss. Nicht nur ist der Raum ohne Körper, ohne Leiblichkeit nicht erfahrbar, darüber hinaus ist der Körper selbst ein erfahrener Raum, der als Erfahrungsschatz und Grundlage für alle weiteren Raumerfahrungen dient und daher mehr ist als nur ein bloßes *Instrument* zur Raumaneignung. Zugleich wird der Raum als Stimmungs-, Handlungs- und Anschauungsraum konstituiert.[316]

3.2.1 Territorium und Leiblichkeit

Nicht nur die Leiblichkeit des Menschen variiert in Größe, Form und Volumen und bestimmt damit das Verhältnis zum Raum, sondern auch durch Nähe und Distanzen, die er/sie in sozialen Situationen zu anderen hält. *Edward Hall*[317] hat dies als „*Raumblase*" bezeichnet, deren Ausdehnung in Abhängigkeit zur Kultur und Geschichte eines Menschen variiert, aber auch durch die *jeweilige Situation* und die Form der *Beziehung* der Beteiligten untereinander geprägt wird.[318] Für den nordamerikanischen Kulturraum geht Hall von vier körperzentrischen Räumen unterschiedlicher Ausdehnung aus, die in Abhängigkeit von der jeweiligen Situation virulent werden:

---

314 List 1993, S. 66
315 Merleau-Ponty 1966, S. 414
316 Waldenfels 1986, S. 33f.
317 Hall 1976: Für Hall variieren die Formen der Distanz zwischen öffentlicher (als Abstand zwischen Personen sowie Personen und Genständen im öffentlichen Raum), sozialer (zwischen Personen in sozialen Beziehungen und Netzwerken) und intimer Distanz (als Abstand zwischen Personen im Privat- und Intimbereich).
318 Halls Begriff der Raumblase vermittelt den Eindruck eines hermetisch geschlossenen Raumes. Wenn aber räumliche Distanz aufgelöst wird, ist möglicherweise auch ein Eindringen in diese Raumblase möglich und die Verriegelung dieses Residuums nicht dauerhaft aufrecht zu erhalten.

- die *intime Zone* mit einem Radius von 45 cm, bei dem die Nähesinne des Geruchs, des Tastempfindens und des Geschmacks genutzt werden können,
- die *persönliche* Zone mit einem Radius von 45 bis 120 cm, die sowohl noch Berührungen als auch eine intensive optische Kommunikation erlaubt,
- die *soziale* Zone, die mit einem Radius von 1,20 bis 3,60 m diejenige Entfernung definiert, in der zwei nicht näher miteinander bekannte Personen miteinander kommunizieren sowie
- die *öffentliche* Zone mit einem weiteren Radius, die für gewöhnlich nur öffentlichen Figuren vorbehalten ist.[319]

Spielende Kinder lösen so eine räumliche Distanz zueinander eher auf als Erwachsene in einer Situation am Arbeitsplatz, zumal im Bewusstsein hierarchischer Verhältnisse. In intimen Beziehungen hingegen verringert sich die physische Distanz zwischen den interargierenden Personen; die Raumblase ist hier also minimiert.

Dort, wo die Distanzierung als nicht ausreichend erachtet wird, kann sie auch in Form von *symbolischer Praxis und Verhaltenscodes* rekonstruiert werden und zeigt sich dann sowohl in der Wahrnehmung des Raumes (Repräsentation von Raum) als auch im Erleben von Raum als räumliche Praxis (Lefèbvre).

Dazu gehören beispielsweise Kommunikationsformen, die sich durch Sprache und Blickkontakte herstellen lassen.

So kann beispielsweise die Nutzung eines elaborierten Sprachstils als Manifestierung eines höheren sozialen Status bzw. eines ausgeprägten sozialen und kulturellen Kapitals (Bourdieu) benutzt werden, zumal dann, wenn das Gegenüber nicht über den entsprechenden sprachlichen Code verfügt und dadurch Distanzierung und Schließungsmechanismen manifestiert werden.

Solche indizierten Verhaltensnormen gewinnen vor allem dort an Bedeutung, wo eine als notwendig erachtete körperliche Distanz nicht hergestellt werden kann, wie z. B. in einer dicht gedrängten Menschenmasse. „Unbefugtes" Eindringen in die physische Raumblase erzeugt nicht etwa Intimität, sondern stattdessen Vermeidungshandeln, Angst, Flucht oder Abwehr.[320]

Der Raum wird demnach auch durch die eigene Physis konstruiert, die zugleich als Quelle der eigenen Weltaneignung dient, da sie die Räumlichkeit erst erfahrbar macht. Zugleich ist der Leib auch das Medium, mit dem sich der Mensch im Raum bewegt.

Erweitert man den Territorialbegriff um den der persönlichen Territorien und bezieht Haut und Bekleidung mit ein, so ist der Mensch auf physische Wahrnehmung und Erfahrung, darüber hinaus aber auch auf die Fragilität des

---

319 Habermas 1999, S. 114

320 Hamm/Neumann 1996, S. 234

Körpers[321] zurückgeworfen: Körperliche Lust, Sinnlichkeit und Begehren, aber auch der körperlich erfahrene Schmerz erscheinen ohne Leiblichkeit kaum denkbar. Auch körperliche Gewalt und Schmerzen sind eine untrennbar mit dem Körper verknüpfte Erfahrung: der Leib als Festung, als Gehäuse, dessen Abwehrmechanismen stetig herausgefordert werden und dennoch nicht immer Schutz bieten; der Körper als Erinnerungsfläche von schmerzhaft Erlebtem wirft auf die eigene Biografie zurück.[322]

"Examining the ways in which bodies are 'psychically, socially, sexually and discursively or representationally produced, and the ways, in turn, that bodies reinscribe and project themselves into their sociocultural environement so that this environment both produces and reflects the form and interests of the body (...) is a potentially rich area of research."[323]

Allen Dekonstruktionsversuchen zum Trotz sind der Naturkörper und seine Bindung an den Raum unweigerlich auch in der feministischen Debatte in die „komplizierte Landschaft von Körpertheorien" (Winkler) zurückgekehrt. Dabei ist nicht zuletzt auf *Alltagsdiskurse* zu verweisen: Während im Fitness-Studio der Körper unabhängig vom Geschlecht gestählt wird, um der Maxime eines gesunden, muskulösen Bildes zu entsprechen, wandelt sich zugleich auch die ästhetisierende Darstellung der Körperlichkeit in der Werbung, die inzwischen auch den Männerkörper als verkaufsträchtige Folie entdeckt hat.

„In der Theorie haben wir den Körper wegerklärt. Wir haben gezeigt, dass er nicht bei sich ist, sondern durchdrungen von Codes, die ihn konstituieren; mit Descartes haben wir den Körper in einen scharfen Dualismus vom Geist getrennt, um uns dann vor allem mit dem Geist zu beschäftigen; wir haben erfahren, dass der Körper selbst von Zeichen und Kultur abhängig ist; bei Foucault vom System der Disziplin, bei Lacan von der imaginär/illusionären Situation vor dem Spiegel; wir haben gelernt, Gender und Sex zu trennen, und dann mit Butler auch das biologische Geschlecht als eine Gender Variante erkannt. Und die radikalen Konstruktivisten schließlich haben uns gesagt, dass die ‚Kognition' unabhängig von jeder Außenwelt ausschließlich nach ihren eigenen Regeln verfährt."[324]

Während in einer cartesianischen Lesart[325] die Bestimmung der Leiblichkeit dem Rationalen untergeordnet wird – zumindest als tradierter Bestandteil der Sozialisation – erscheint der weibliche Körper als ein Stück Natur, das es zu bändigen gilt. Das rationale Vermögen des Subjekts soll in Rekurs auf traditionelles Wissen die Vorherrschaft über seine Leiblichkeit gewinnen. Der menschliche Körper wird rehabilitiert, indem Verstand und Sinnlichkeit miteinander

---

321 List 1996

322 Selle 1993, S. 22ff.

323 Longhurst 1998, S. 21

324 Winkler 1998, S. 1

325 im Sinne seines „Ich denke, also bin ich."

verbunden werden. Damit wird auch die menschliche Leiblichkeit als Teil der konkreten Alltagswelt definiert; der Körper wird zur Wahrnehmungsfolie seiner Umwelt: In einem wechselseitigen Abhängigkeitsverhältnis finden wahrnehmendes Subjekt und „Objekt der Wahrnehmung, des Leibes von der Seele, seinen sichtbar lebendigen, dialektischen Ausdruck".[326]
Auch die Telekommunikation hat kulturelle Formen hervorgebracht, die eng mit körperlicher Wahrnehmung und Erfahrung verknüpft sind. Zu nennen ist hier beispielsweise der Cyborg Sex, der zwar ohne technische Hilfsmittel nicht auskommt und dennoch körperliches Begeh- ren und Empfinden möglich machen soll. Das Deregulierungspotential von kulturellen Formen durch Telekommunikation erscheint damit wiederum als begrenzt: Der Markt der technischen Möglichkeiten löst den Körper als erogene Erfahrungsfläche nicht auf. Auch Sexualität bleibt eine kulturelle Kategorie, die Normen, Werte und Einstellungen widerspiegelt.
So führen bereits die Androhung von körperlicher Gewalt wie Vergewaltigung und sexueller Nötigung dazu, das territoriale Verhalten von Frauen und Mädchen einzuschränken. Aus Furcht vor männlichen Übergriffen wird der öffentliche Raum von Frauen vor allem nachts gemieden. Der städtische Park, der tagsüber durchaus als Erholungsraum wahrgenommen wird, erscheint mit Anbruch der Dunkelheit als Gefahrenzone, die es für Frauen und Mädchen zu meiden gilt, selbst dann, wenn die Gefahr nicht von den Räumen an sich, sondern von den (vermeintlichen) Tätern, die sich darin bewegen, ausgeht: Frauen und Mädchen leben dauer-haft mit der Angst vor Vergewaltigung sogar, wenn sie ihr Leben lang nicht vergewaltigt wurden.
„Ohnmächtig ist, wer seine Territorien, wie klein sie auch sein mögen, nicht verteidigen oder nach eigenem Willen gestalten kann, sondern anderen Zugang gewähren muss (...). Kurz: In der Nutzung von Territorien spiegeln sich Ungleichheits- und Herrschaftsverhältnisse."[327]
Dies gilt offensichtlich in spezifischer Weise für die territoriale Verteilung im Geschlechter-verhältnis. Die zur Verfügung stehende Menge des Raumes kann

326 Mörth 1997, S. 80
Auch *Irving Goffman (1974)*, *Chombart de Lauwe (1961 sowie 1977)* und, in Anlehnung an diese, *Anthony Giddens (2001)* betonen den Zusammenhang des individuellen Körpers und des persönlichen Raumes bzw. Territoriums sowie deren Bedeutung für soziales Handeln und Interaktion. Dabei wird vor allem auch die Begrenzung sozialen Handelns durch räumliche Strukturen herausgestellt: Territorien sind im weitesten Sinne abgegrenzte Räume, für die Gruppen oder Personen Herrschaftsansprüche anmelden, wobei auch körperzentrierte, temporäre und langfristige Räume miteingeschlossen sind und deren Grenzen in der Regel durch (symbolische) Territoriumsmarkierungen signalisiert werden.
327 Hamm/Neumann 1996, S. 236

als Indikator für die Interdependenz von Dominanz und persönlichem Raum gelten.
Raum-Geschlecht-Beziehungen unterliegen der Grammatik der sozialen Ungleichheit und der Macht. Für Frauen und Männer ergeben sich durch die Verbundenheit mit räumlichen Einheiten besondere Identitätskonzepte. Von besonderem Interesse ist es daher, in welcher Weise und mit welchen Begründungsmustern Frauen und Männer ihre Identitäten (jeweils unterschiedlich) in bestimmten Räumen zum Ausdruck bringen können:
„Vergleicht man die Raumbeanspruchung weiblich/männlich (...), können wir feststellen, dass in unserer Gesellschaft Frauen ganz allgemein über weniger und weniger begehrten Raum verfügen als Männer. Das hängt weitgehend mit den Privilegien zusammen, die Männer qua Status besitzen. (...) Männer haben meistens einen höheren sozialen Status und damit einhergehend jene Räume, die ein höherer Status eben verschafft – geräumige Büros, geheime Schlupfwinkel, größeren Besitz (Boote, Autos, Flugzeuge, Zweitwohnungen und –häuser usw.). In den Zentren der Macht – als Industrielle oder Manager – besitzen sie darüber hinaus den privilegierten Raum: pompös ausgestattete Büros in strategisch günstiger Lage – mit Panoramafenstern, eigenen Aufzügen und Toiletten."[328]
Frauen verfügen - *schon aufgrund ihres geringeren Zugangs zu ökonomischem Kapital* - über weniger Raum und weniger kostspieliges Mobiliar; im Gegensatz zu Männern sind sie verstärkt gezwungen, Räume zu teilen.[329] Damit manifestiert sich zugleich ihr geringeres *symbolisches Kapital*: Nicht nur die hierarchische Position innerhalb eines Betriebes entscheidet über die Verfügung von Räumen, sondern eben auch die Geschlechtszugehörigkeit.
Die Nutzung von Räumen und deren Verfügbarkeit durch Frauen ist damit stets durch soziale Verhältnisse und Beziehungen im Raum konstituiert. Bereits *Ferdinand Tönnies* verwies in seinem Hauptwerk „Gemeinschaft und Gesellschaft"[330] auf die seines Erachtens relevanten geschlechtsspezifischen Differenzierungen räumlicher Verortungen. Die Sphäre des „gemeinschaftlichen Lebens und Arbeitens", so Tönnies 1935, sei den Frauen durchaus angemessen; er sah ihren Wirkungskreis in einem eher begrenzten dörflichen Radius und auch hier mit einem nur eingeschränkten Zuständigkeitsbereich:
„Ihnen ist das Haus, und nicht der Markt, das eigene oder Freundes Gemach, und nicht die Straße, natürliche Stätte des Wirkens. Im Dorfe ist die Haushaltung selbständig und stark, auch in der Stadt bleibt sie als bürgerliche Haushaltung erhalten und bildet sich zur Schönheit aus; aber in der Großstadt wird sie steril, eng, nichtig, und geht unter in den Begriff einer bloßen Wohnstätte, dergleichen überall für beliebige Fristen um Geld zu haben ist; nicht anders als eine

---

328 Henley 1991, S. 59f.
329 ebenda
330 Tönnies 1991/1935

Herberge auf Reisen, in der Welt. Und alles heimatliche Beharren ist so weiblich wie das Reisen für die hergebrachte Volksempfindung unweiblich."[331]

In der Zuschreibung bestimmter Tätigkeiten an Frauen, bei Tönnies als „persönliche Dienste" charakterisiert, wird zugleich eine geschlechtsspezifische Ortsbestimmung vorgenommen, die Frauen aus dem öffentlichen Raum ausschließt und diese Exklusion auch noch soziologisch verankern will – welch ein Trugschluss: Weder war der Markt ausschließlich männlicher Handelsort, man denke hier nur an die mittelalterliche Figur der Marketenderin, noch ergeben sich Bindungsstrukturen lediglich in einem dörflichen Rahmen. Vielmehr entwickeln sich langfristige Bindungen als „Relianz-Systeme"[332] zwischen Individuen und Institutionen, diese vollziehen sich in Etappen sowie anhand der Verbindungslinien der Ökonomie, des Profits, der Arbeit und der Produktivkräfte und sind damit als identitätsstiftende Momente auch an territoriale Macht gebunden.

„La reliance s'est réalisée autour de l'argent, du profit, du travail productif, de la quête du pouvoir pour la mise en œuvre de ces nouvelles normes. L'identité, elle, s'est construite dans l'opposition au système de pouvoir en place."[333]

Andererseits verursacht die Deterritorialisierung der Individuen (etwa durch eine hohe Arbeitsmobilität) eine stärkere Bindung an das Unternehmen, dem es angehört:

„La déliance territoriale (la mobilité professionnelle imposée) nourrit le besoin de reliance à l'entreprise."[334]

Ganz offensichtlich ist Tönnies Perspektive eine Konstruktion, die sich aufgrund seines an- drozentristischen und zugleich bürgerlichen Blickwinkels ergibt. Unbenommen eines intentio-nalen Charakters lässt sich stets eine geografische bzw. architektonische Segregation ausma- chen, bei der die Institutionalisierung der Geschlechtszuschreibung von Räumen gleichwohl als deutlich männliche Gesellschaftsprivilegien erkennbar werden.[335]

Der tradierte Kern dieser räumliche Separierung nach Geschlecht hat dabei interessanterweise seinen Ursprung in der platonischen Philosophie: Platon prägte den Begriff „*Chora*",[336] der von ihm ohne geschlechtsspezifizierenden Artikel versehen worden ist. *Chora,* so Elisabeth Grosz, spiele im Verständnis von Raum, Ort und Verortung eine zentrale Rolle, verweise etwa auf den doppelten Charakter von Raum als sensitive *und* als intelligible Erfahrung und beziehe darüber hinaus geschlechtsdifferenzierende Perspektiven mit ein. Chora werde demnach durch ihre/seine Funktion als eine Art (eher weiblicher) Folie be-

---

331 Tönnies 1991/1935, S. 135 f.

332 Széll (1996) spricht von „Systéme de reliances", für das es im Deutschen kaum eine treffende Übersetzung gibt.

333 Széll 1996, S. 36

334 Széll 1996, S. 41f

335 Gumpert / Drucker 1997, S. 3

336 Grosz 2000, S. 210

stimmt, die – so die antike griechische Mythologie – die weltlichen Dinge eines eher männlichen Schöpfers erst hervorbringen könne. Chora stellt dabei (den Raum) nicht selbst her, sondern hat eher eine nährende, behütende und bewahrende Funktion:

„(...) it signifies, at its most literal level, notions of ‚place', ‚location', ‚site', ‚region', ‚locale', ‚country'; but it also contains an irreducible, yet often overlooked connection with the function of feminity, being associated with a series of sexually codes terms – ‚mother', ‚nurse', ‚recetacle', and ‚imprintbearer'. (...) Chora can only be designated by its, by her, function: to hold, nurture, bring into the world. (...) Not clearly an it or a she, chora has neither existence nor becoming. Not to procreate or produce – this is the function of the father, the creator, god, the Forms-but to nurse, to support, surround, protect, incubate, to sort, or engender the worldly offspring of the Forms. (...) Plato explicitly compares the Forms to the role of the male, and chora to the role of the female according to Greek collective fantasies: in procreation, the father contributes all the specific characteristics to the nameless, formless incubation provided by the mother."[337]

Die Trennung in eine weibliche und eine männliche Sphäre, die aus einem langanhaltenden historischen Prozess und seiner philosophischen und soziologischen Untermauerung resultiert, bildet eine der Grundlagen für geschlechtsspezifische Zuschreibungen. Eine solche räumliche Trennung bringt durch die daraus abgeleiteten Zuschreibungen auch unterschiedliche Zugangschancen zu Bildung und damit zu kulturellem Kapital mit sich:

„The gendered spaces that separate women from sources of masculine knowledge result in gender stratification (...): Throughout history gender has been determinant of activities and actors in public places. Public places and the life of the public realm, like gender itself, is understood in relation to ist antithesis – private space and personal life (..). Physical configurations (...) shape the access of individuals to knowledge. Domestic space, although not synonymous with private space, has been conceived as providing the boundary distinguishing the public from the private. The family, rooted in the private realm, is a primary source of gender identity (...) which has long been regarded as the primary domain of women.[338]

Wer aus dieser Zuschreibung jedoch schließt, dass die männliche Privilegierung in der Öffentlichkeit sein Pendant in einer weiblichen Dominanz im privaten Bereich findet, unterliegt einem Trugschluss: Der private Raum ist häufig nur Ort vermeintlicher häuslicher Sicherheit, da viele Übergriffe gegen Frauen gerade im privaten Bereich stattfinden.

Ferner haben wir bereits bei Kaufmann gesehen, wie sehr die als weiblich charakterisierten Kenntnisse und Fähigkeiten zu „Negativkapital" werden.

---

337 Grosz 2000, S. 210ff.

338 Drucker/Tentokali/Gumpert 1997, S. 44

Die geschlechtsspezifische Arbeitsteilung erweist sich im städtischen Raum als Emanzipationshindernis, denn die Planungsleitbilder des Städtebaus haben über Jahrzehnte hinweg diese Segmentierung nicht nur ausgeblendet, städtische Leitbilder - von Le Corbusiers Charta von Athen bis hin zu einer ‚autofreundlichen Stadt' - haben diese Separierung noch gefördert.
Zudem ist die geschlechtsspezifische Arbeitsteilung, die sich nicht nur an den Leitbildern, sondern auch in der Stadtplanung manifestiert, konstitutiv für die bürgerliche Gesellschaft in Ablösung der Wirtschaft des Ganzen Hauses.
Unter der Annahme, dass räumliche Rahmenbedingungen, unter denen die Alltagserfahrungen von Frauen stattfinden, eher durch Be- und Einschränkungen als durch Freizügigkeit charakterisiert sind, wird im folgenden Abschnitt diskutiert, ob Räume als Territorien eine geschlechtsspezifische Zuweisung erfahren und sich durch Wahrnehmung, Interpretation und Bewertung verändern.

3.2.2 Raumaneignung und geschlechtsspezifische Sozialisation

Zu einem wesentlichen Lernprozess der geschlechtsspezifischen Sozialisation in Gegenwartsgesellschaften gehört die nach dieser Trennlinie verlaufende Raumaneignung, die mit der Sexualisierung des Körpers einhergeht. Geschlechtlichkeit fungiert dabei als Ordnungs-, Strukturierungs- und Klassifikationsprinzip, das Frauen und Mädchen einen anderen Platz im sozialen Raum (Bourdieu) zuweist als Männern und Jungen: Mädchen erlernen zu einem sehr frühen Zeitpunkt, spätestens jedoch im Kindergartenalter, durch die Übernahme geschlechtlich identifizierbarer Verhaltensmodi und die damit verquickten symbolischen Ordnungsprinzipien, dass ihre Bewegungsräume wesentlich begrenzter sind als die gleichaltriger Jungen.[339]
Dieser Prozess setzt sich in einem lebenslangen Lernkonzept als „doing gender" im Sinne eines Gender-Habitus fort, bei dem die sexuelle Identität durch soziale Interaktion und Erfahrungswerte transportiert und perpetuiert wird. Körper und Körperpraktiken spielen dabei eine zentrale Rolle für die Selbstkonstruktion und die kulturelle Verortung.[340] Der Leib selbst fungiert als Medium symbolischer Ordnungen von Frau- und Mann-sein (Butler). Die Aneignung des eigenen Lebensraumes geschieht insbesondere anhand des Körpers, seiner Wahrnehmungen, seiner Bewegung, seiner Sprache.
„(...) the form, structure and norms of the city seep into and affect all the other elements that go into the constitution of corporeality and /as subjectivity. It affects the way the subjects see others (...), as well as the subject's understanding of alignement with, and positioning in space. Different forms of lived spatiality affect the ways in which we live space, and thus our comportement

339 Nissen 2001; Schmitz /Neidhardt 2001
340 Rendtorff 2000, S. 51ff., Köster 2000, S. 28ff.

and corporeal orientations and the subject's form of corporeal exertion – the kind of terrain it must negotiate day by day, the effect this has on ist muscular structure, its nutritional context, providing the most elementary forms of material support and sustenance for the body."[341]

Zugleich geht die kulturell überformte Leiblichkeit mit körperlichen Disziplinierungen einher, bei denen Mode, Essgewohnheiten, Schlankheitsideale, Hygiene oder Körperästhetiken Mädchen und Frauen vermitteln, dass sie zwar einem Attraktivitätsanspruch zu genügen, jedoch möglichst wenig Raum einzunehmen haben.

„Körperhaltungen, die mit der weiblichen Geschlechterrolle assoziiert werden, sind zumeist defensiv und wenig standfest. Ein Bewegungsverhalten, das sich aktiv mit der Umwelt aus-einandersetzt, wie z. B. kämpferisches und aggressives Verhalten oder das Austesten körper-licher Stärke und Grenzen, gilt als jungenhaft. Bewegungsformen, die mit Wohlfühlen im und Spaß am eigenen Körper in Verbindung gebracht werden, stehen meist im Widerspruch zu sogenanntem weiblichen Verhalten."[342]

In der Altsersstufe der Neun- bis Dreizehnjährigen haben Mädchen ihren Freizeitmittelpunkt noch im Stadtteil; ihr alltäglicher Spielraum ist ihnen wohlvertraut. In dieser Altergruppe sind Unterschiede zwischen dem Spiel der Jungen und dem der Mädchen kaum konstatierbar.[343]

Zumeist der Beginn der Pubertät stellt aber für die meisten Mädchen eine deutliche Zäsur in der Entwicklung und Wahrnehmung von Körper und Bewegung dar: Raumgreifende Spiele werden aufgegeben, die „Streifräume" der Mädchen, also solche Räume, in denen sie sich ohne Erlaubnis der Eltern aufhalten dürfen, sind nur noch halb so groß, wie die der Jungen[344] - ein Ergebnis, dass bereits Martha Muchow[345] bei ihrer Untersuchung in den zwanziger Jahren über das Leben von Kindern in Großstädten zu Tage gefördert hat. Deutlich wurde bei ihrer Untersuchung, dass Jungen ihren Stadtteil als „Durchstreifen" kennenlernen, während Mädchen sich im Raum wesentlich zielgerichteter bewegen; Zweck der Bewegung ist bei ihnen vor allem die Überwindung von Wegstrecken, um Freundinnen zu besuchen oder um einzukaufen. Der Straßenraum hat somit für Mädchen, anders als bei Jungen, eher die Funktion eines Verkehrs-, weniger eines bespielbaren Freiraumes.

Muchow zieht aus der unterschiedlichen geschlechtsspezifischen räumlichen Aneignung die diskussionswürdige Konsequenz, dass Jungen durch diesen Erfahrungshorizont mehr räumliche Kompetenzen erwerben als Mädchen.

---

341 Grosz 1992, S. 248f.

342 Homann 1998, S. 10

343 Rauschenbach 1993, S. 151f.

344 Homann 1998, S. 13 ff.

345 Muchow/Muchow 1935

In der Tat halten sich Mädchen nach wie vor eher in hausnahen Bereichen auf, beispielsweise in Hauseingängen, Hinterhöfen oder hauseigenen Gärten, insbesondere dann, wenn sie sich diese Orte als Räume für ungestörte Spiele aneignen können;[346] sie nutzen dabei vor allem Ecken und Nischen.

„Der Spielraum von Mädchen besteht in der Regel zumindest aus dem Straßenraum des Häuserblocks, in dem sich die elterliche Wohnung befindet. Er kann aber auch wesentlich größer sein. (...) Fast alle Mädchen haben innerhalb ihres Spielraumes einen oder mehrere Lieblingsorte, die sie ohne Einschränkungen erreichen können. Das kann ein Baum sein oder eine bestimmte Ecke auf einer Wiese im Park oder eine Lieblingsbank (...). Viele Mädchen schätzen diese Orte, weil sie dort für sich allein sein, nachdenken, träumen oder sich mit den besten Freundinnen unterhalten können."[347]

Die Variable „Geschlecht" spielt eine bedeutsame Rolle bei der Aneignung des Lebensraumes: Schon im Vorschulalter verfügen Jungen über mehr außerhäusliche Spielkontakte in Folge eines größeren Lebensraumes; dieser geschlechtsspezifische Unterschied wird mit zunehmenden Alter noch größer: Mädchen dürfen ihren Aktionsradius weniger weit ausdehnen als Jungen, müssen beim Verlassen des Hauses häufiger um Erlaubnis bitten und eignen sich öffentliche Räume als Spielflächen in weitaus geringem Maß an.[348]

Auch in neueren Planungskonzeptionen zu Wohnsiedlungen werden die Raumbedarfe von Jungen und Männern eher wahrgenommen als die von Mädchen und Frauen: Beispielsweise fallen die vorgesehenen Gartenflächen, die als attraktive Räume für Frauen und Mädchen gelten können, als wohnungsnahe Freiräume vergleichsweise gering aus: Gärten haben inzwischen ja eher einen geringeren Stellenwert für die Subsistenzproduktion, sie dienen aber häufig der Selbstdarstellung und Identifikation. Zudem sind sie Orte der Kommunikation mit NachbarInnen und stellen als Begegnungsräume eine der wesentlichen Grundlagen für entsprechende soziale Netzwerke und als *soziales Kapital* dar.

Auch die eher mangelhafte Gestaltung von öffentlichen Spielplätzen trägt zu einer Belastung der Reproduktionsarbeit bei, eine Entwicklung, die mit der Verdrängung der Kinder vom Straßenraum zugunsten eines temporeichen Autoverkehrs begonnen hat, wodurch die Kinderbetreuungsarbeit noch intensiviert wird. Bereits 1963 hat *Jane Jacobs* diesen Aspekt in ihrer Auseinandersetzung mit US-amerikani-nischer Architektur und Stadtplanung in ihrem Werk „Tod und Leben großer amerikanischer Städte" aufgenommen und die *städtische Begrünung*, die sie als für eine Nutzung ungeeignet beschreibt, kritisiert:

„Und dann die Parks, die während des überwiegenden Teils der Zeit ungenutzt bleiben. In den zwei schönsten Parks von Cincinnati, die beide über dem Fluss

---

346 Flade//Kustor 1996

347 Homann 1998, S. 14

348 Flade 1993

liegen, konnte ich an einem heißen Septembernachmittag die phantastische Gesamtzahl von fünf Benutzern feststellen (drei halbwüchsige Mädchen und ein junges Paar); dagegen waren Straßen über Straßen in Cincinnati voll mit herumspazierenden Leuten, denen nicht die kleinste Annehmlichkeit für den Genuss der Stadt und nicht der geringste Schatten geboten war. An einem ähnlichen Nachmittag mit Temperaturen über dreißig Grad konnte ich in Corlears Hook Park, einem landschaftlich angelegten Flussufer mit ständiger frischer Luftzufuhr, einer Oase auf der dichtbevölkerten Lower East Side von Manhattan, nur achtzehn Menschen entdecken, meistens einsame, anscheinend arbeitslose Männer. Kinder waren nicht dort; keine vernünftige Mutter würde ein Kind dort allein hinschicken. Warum sind so oft dort, wo die Parks sind, keine Menschen und keine Parks dort, wo die Menschen sind?"[349]

Eine wesentliche Zäsur im weiblichen Entwicklungsprozess stellt die *Pubertät* dar: Die Darstellung des weiblichen Körpers erfolgt nun über eine veränderte Kleiderwahl, bei der die jetzt weiblicheren Formen betont werden sollen. Folglich werden die Spielformen fortan standortgebundener, kleinräumiger und weniger expansiv als bei Jungen der selben Alters-gruppe. Zudem weisen die Spiele zumeist einen weniger kampf- und konkurrenzbetonten Charakter auf.

Die Pubertätsphase ist somit von einer Reduktion der Orientierungs- und Selbstfindungsprozesse begleitet; Mädchen sind nun eher dem Druck ausgesetzt, den Projektionen von außen entsprechen zu müssen, um damit den für Frauen vorgesehenen Platz im sozialen wie auch im physischen Raum einzunehmen.

„Wenn jedoch (...) das Körpererleben von Frauen zum einen dadurch geprägt ist, mit ihrem Körper möglichst wenig Raum einzunehmen, zum anderen der Körper gleichzeitig attraktiv sein soll, um den Weiblichkeitsvorstellungen zu entsprechen und dabei unauffällig sein soll, um sexuelle Übergriffe zu verhindern, dann ist vorstellbar, dass die Inbesitznahme des Raumes für Frauen ungleich schwerer ist. Die ambivalente Körperaneignung von Frauen produziert ein Verhältnis zum Raum, in dem der Wunsch nach Aneignung und die Erfahrung von Bedrohung und Verletzung gegeneinander stehen."[350]

Zum Sozialisationsprozess von Jungen und Männern hingegen gehört eine weitgehende Körper- und Raumaneignung, die Stärke, Können und Kompetenz ausstrahlen soll.[351]

Mädchen- und Jungenkörper sind somit kulturell nicht nur unterschiedlich formiert,[352] die Disziplinierung des weiblichen Körpers führt dazu, dass dieser häufig eben nicht als Quelle von Macht, Autonomie, Stärke oder Kompetenz

---

349 Jacobs 1963/1993, S. 69

350 Löw 1994, S. 113; vgl. auch Löw 2001b, S. 215 f.

351 Hall 1997, S. 21ff.

352 Flaake 1994

begriffen wird. Stattdessen erfahren Mädchen und Frauen ihren Körper häufig als angstbesetzte, selbstentfremdete Leiblichkeit:

„Frühzeitige Bewegungs- und Raumeinschränkungen forcieren die physische Selbst-Verkleinerung und lassen den Körper zu einem stark mit Angst besetzten Bereich werden. In der Adoleszenz eskaliert die Körperentfremdung. Angesichts der heterosexuellen Normen der Gesellschaft wird der Körper zum zentralen Medium erotischer Selbststilisierung, die wiederum begleitet ist von zahlreichen Momenten der Erniedrigung, Körperleugnung, Gewalt und Angst."[353]

In der feministischen Theorie wird der Körper zu einem zentralen Indikator vertikaler und horizontaler Mobilität erklärt, bei der Körperhaltung und –bewegung mit potentiellen Aktions- und Handlungsräumen korrespondieren oder von anderen okkupiert werden. Hier manifestiert sich Geschlechterpolitik als ästhetisierende Körperpolitik, die wiederum, nach Geschlecht differenzierend, mit Normierungen und Disziplinierungen des Körpers verquickt ist:

„Während sich Männer eher über Körperteile sorgen, die bei ihnen ‚zu klein' geraten sind, betrifft Frauen das umgekehrte Problem ‚zu großer' Proportionen (...). Dem Attribut ‚stattlich' korrespondiert zur Beschreibung weiblicher Körperlichkeit kein analoger positiv denotierter Begriff, während umgekehrt dem Adjektiv ‚zierlich' das ‚männliche' Pendant fehlt."[354]

Es kann also nicht erstaunen, dass etwa Eßstörungen wie Bulimie und Anorexia nervosa quantitaiv eher ein Problem (junger) Frauen darstellen, die zur Einhaltung imaginierter zeitgenössischen Körperästhetiken durchaus Selbstkasteiungen in Kauf nehmen, während der dicke Körper als hochgradig unästhetisch und jede rundliche Form daher als durch Maßregelungen im Ess- und Körperverhalten zu disziplinieren gilt.[355] Dickleibigkeit wird, anders als in den Gemälden von Peter Paul Rubens, keineswegs mehr als Ausdruck von beneidenswertem Wohlstand bewertet, sondern als Merkmal von Disziplinlosigkeit und Hässlichkeit.

So ist auch der Zeitaufwand von Frauen zur Disziplinierung ihres Körpers, beispielsweise durch Teilnahme an Aerobickursen, Jazzgymnastik, Body building und ähnlichen sportlichen Aktivitäten als Körperpraktiken, stetig gestiegen.[356] Schönheit verspricht durch ihren Nimbus-Effekt daher auch soziale Macht, etwa durch Anteilnahme oder Zuwendung, Unterstützung und Förderung.[357]

---

353 Rose 1997, S. 73

354 Merten 1999, S. 90

355 Ingeborg Stahr verweist jedoch zu Recht darauf, dass auch der männliche Körper einer Ästhetisierung unterzogen wurde: Auch männliche Dickleibigkeit werde, anders als noch vor 20 Jahren, inzwischen weitaus seltener mit Macht assoziiert. (Stahr 2000, S. 83f.)

356 Hall 1997, S. 23

357 Guggenberger 1995, S. 22 ff.

Die Aneignung von Weiblichkeitsnormen und die Ästhetisierung des weiblichen Körpers werden zu einem relevanten Lernziel des weiblichen Sozialisationsprozesses. Gertrud Lehnert etwa dokumentiert am Beispiel des Puppenspiels, in welcher Weise Mode und weibliche Disziplinierung miteinander verwoben sind. In diesem Kontext verweist sie auf die Schilde-rung des Puppenspiels in Jean-Jacques Rousseaus Erziehungsroman „Emile". Seine Protagonistin Sophie steht dabei als Counterpart zum männlichen Protagonisten Emile sinnbildlich für den Frauwerdungsprozess und die mit ihm konnotierten Weiblichkeitsnormen. Das Puppenspiel wird in diesem Kontext zu einem Identifizierungsprozess, bei dem die modisch gekleidete Puppe zum Spiegelbild des Mädchens avanciert.

„Mensch und Frausein fallen beim weiblichen Geschlecht in diesem patriarchalen Modell in eins, und beide bedeuten: selbstverliebter modischer Körper werden (müssen). Hier zeigt sich, dass Identität in unserer Kultur ein normatives Ideal ist (das Mädchen *soll* ja zu einer Puppe werden), und dass sie entsteht durch Identifizierung mit einem Phantasma, denn nichts ande-res stellt die Puppe schließlich dar."[358]

Aktuelle Fantasmen von Weiblichkeitsidealen und Rollenvorbildern in westlichen Gesellschaften repräsentiert hingegen die Figur des Models, bei dem die Produktion von Schönheit verschleiert und als Natürlichkeit konstruiert wird. Die Arbeit am Körper, die ein solches Er-scheinungsbild erst hervorbringen kann, wird unsichtbar gemacht.

„Machen Sie das Beste aus Ihrem Typ' gibt vor, dass jede Frau schön sei, es nur entdecken und unterstreichen müsse, was wiederum ihrer ‚natürlichen' Neigung entgegen komme. Die ‚natürliche Weiblichkeit' wird durch Kunst sichtbar gemacht – mehr noch: die Natürlichkeit wird künstlich erzeugt. Aber die ‚Kunst' wird verleugnet und unsichtbar gemacht. Indem Mo-dels das in aller Selbstverständlichkeit inszenieren und als weibliche Existenzformen legitimieren, präsentieren sie eine Selbstverständlichkeit und Stabilität der Geschlechtsidentität, die in unserer Zeit der Verwirrung der Geschlechterrollen für viele Menschen gar nicht mehr ein-deutig scheint."[359]

Ein so erzeugtes Bild von Weiblichkeit kann auf Diäten, Gymnastik und ähnliche Körperprak-tiken nicht verzichten[360] und verschleiert zugleich die Disziplinierung des weiblichen Kör-pers. Models und Modepuppen im Stile einer Barbiepuppe sind schließlich Produkte einer (Mode)Industrie, die die Imagination der Schönheit des weiblichen Körpers materialisieren.

---

358 Lehnert 1998, S. 87

359 Lehnert 1998, S. 96

360 Stahr 2000, S. 58

3.3 Mesosoziologische Perspektive: Wohn-Raum als Territorium

3.3.1 Wohnungen als personalisierte Räume und Territorien

Der Raum als Ressource wird durch seine Verfügbarkeit zum Symbol von Macht, seine Nicht-Beherrschung jedoch zum Gefühl von Ohnmacht. Dabei variiert die Aneignung des Raumes in der Alltagspraxis jedoch nicht nur nach Formen des ökonomischen, kulturellen oder sozialen Kapitals,[361] sondern eben auch nach Geschlechtszugehörigkeit. Wie wir gesehen haben, ist der Gender-Habitus Ausdruck eines tradierten und sich perpetuierenden Sozialisationsprozesses der Geschlechtercodes manifestiert und reglementiert.

„Die semiotischen Diskurse in Architektur, Stadtplanung und Raumordnung sind verknüpft mit Wissen, Macht und Vefügung über den Raum. Wenn die Gesellschaft patriarchalisch ist, so hat sich diese Form des Geschlechterverhältnisses auch in den räumlichen Mustern und Zeichensprachen manifestiert und misogyne kurlturelle Repräsentationsformen hervorgebracht."[362]

Die Intimität des eigenen Wohnraumes soll die Herstellung von Identität ermöglichen und als Ausdruck eigener Autonomie äußere Manipulationen ausschließen. Sowohl die eigene biografische Vergangenheit als auch Zukunftsperspektiven können materialisiert werden, beispiels-weise als Wandposter oder Nippessammlung.

Wohnen ist nicht nur Gegenstand von Bau- und Stilkunde oder Architektur, im Sinne *Norbert Elias'* lassen sich damit Formen des Wohnens immer auch als *Lebensformen* analysieren:

„Nicht alle sozialen Einheiten oder Integrationsformen des Menschen sind zugleich Wohn- und Behausungseinheiten. Aber sie alle sind durch bestimmte Typen der Raumgestaltung charakterisierbar. Sie sind ja immer Einheiten aufeinander bezogener, ineinander verflochtener Menschen; (...) denn jede Art eines ‚Beisammen' von Menschen entspricht einer bestimmten Ausgestaltung des Raumes, wo die zugehörigen Menschen, wenn nicht insgesamt, dann wenigstens in Teileinheiten tatsächlich beisammen sind oder sein können. Und so ist also der Niederschlag einer sozialen Einheit im Raume, der Typus ihrer Raumgestaltung eine handgreifliche, eine – im wörtlichen Sinne – sichtbare Repräsentation ihrer Eigenart."[363]

Veränderte Wohnformen sind stets mit sozialem Wandel, mit Veränderung von Familien- und Lebensformen, mit sich herausbildenden sozialen Arbeitstei-

---

361 vgl. Kapitel II

362 Dörhöfer/Terlinden 1998, S. 23

363 Elias 1983, S. 70f.

lungsmodellen, ja sogar mit Macht- und Herrschaftsstrukturen verknüpft. Kultur-, schicht- und geschlechtsspezifische Variablen lassen sich an der Bedeutung des Wohnens ablesen.
Die Beziehung des „menschlichen Wesens" zur Welt, zur „Natur", zu seinen Begierden, zu seiner Körperlichkeit, hat ihren Ort im Wohnraum, realisiert sich dort und wird dort ablesbar.
Wohnen gestaltet den Raum des Alltags,[364] während das Verhältnis zwischen Wohnen und Wohnung „durch eine komplexe Beziehung zwischen den spezifischen sozialen Merkmalen des Wohnenden und dem symbolischen und funktionalen Gehalt der Wohnung bestimmt"[365] wird.
Bei modernen Wohnstrukturen fällt auf, dass Jede/r auf einen Wohnraum verwiesen wird: Wer keine eigene Postadresse nachweisen kann, nicht administrativ erfasst ist, nicht über ein Klingelschild an einer Haustür verfügt, gilt als *wohnungslos* und wird damit zu einer spezifischen gesellschaftlichen Problemgruppe gezählt. Selbst wer in einer Wohnung nur „zur Miete" wohnt, verbunden mit der Verpflichtung zum sorgsamen Umgang mit dem Besitz anderer und zur Einhaltung von Hausordnungen, verfügt über ein Territorium, das als das eigene bezeichnet wird. Wohnungen bieten damit zugleich Gestaltungsmöglichkeiten persönlicher Vorlieben und Einrichtungsstile, werden zum Raum von Schutz, Abschottung nach außen, Intimität und Privatheit; das Wohnerleben wird zum Ausdruck des eigenen Selbst.[366]
Folgt man Lefèbvre, so ist es dem Menschen unmöglich, etwas zu bauen, eine Bleibe zu haben in der er lebt, ohne etwas, das sich vom Alltag unterscheidet. Dieser Wunsch ist noch in der elendesten Hütte, noch in der tristesten Neubauwohnung in Objekten präsent, auch wenn, wie beim Kitsch, sich dieses in Gegenständen mit denjenigen Qualitäten darstellt, die die Moderne den Gegenständen austreiben wollte.
Gewohnt wird überall; der Existenzialphilosoph *Martin Heidegger* verweist sogar auf das Wohnen als „Grundzug des Seins" und unterstreicht damit dessen zentrale Funktion im menschlichen Lebenszusammenhang:[367] Ohne oder vielleicht sogar gegen seinen Willen sei der Mensch in die Welt geworfen.
Wohnen erhält dabei die Konnotation des Lebens an sich, als Seinsform, die dem Menschen Schutz, im Sprachgebruch Heideggers, „Schonung" verspricht. Die Etymologie des Begriffes „bauen", so Heidegger weiter, umfasst das Wohnen; das althochdeutsche Wort für bauen „buan", bedeute "wohnen" im Sinne von "bleiben, sich aufhalten". Dieser Bedeutungszusammenhang ist allerdings verlorengegangen, lediglich das Wort „Nachbar" („Nachgebauer" als derjenige,

---

364 Castells 1977, S. 85
365 Castells 1977, S. 103
366 Löw 1994
367 Den Begriff des Wohnens vertieft er in seinem Vortrag „Bauen Wohnen Denken". (Heidegger 1954)

der in der Nähe wohnt) verweist auf diesen Zusammenhang. Für Heidegger besteht daher eine enge Verbindungslinie zwischen Mensch und Raum:

„Ist die Rede von Mensch und Raum, dann hört sich dies an, als stünde der Mensch auf der einen und der Raum auf der anderen Seite. Doch der Raum ist kein Gegenüber für den Menschen. Er ist weder ein äußerer Gegenstand noch ein inneres Erlebnis. Es gibt nicht die Menschen und außerdem *Raum*; denn sage ich ‚ein Mensch' und denke ich mit diesem Wort denjenigen, der menschlicher Weise ist, das heißt wohnt, dann nenne ich mit dem Namen ‚ein Mensch' bereits den Aufenthalt im Geviert bei den Dingen."[368]

„Raum", „Ort" und „Wohnen" sind daher in ihrem Verhältnis zueinander zu bestimmen. Die Wohnung ist zugleich Schutzraum und Beheimatung und bietet den Rahmen für die alltäglichen Handlungsroutinen. „Gewohnheit kommt von Wohnen, Wohnen vom Gewohnten" behauptet auch Gert Selle[369], während das Haus als bewohnter Raum für den Phänomenologen und Psychoanalytiker Gaston Bachelard mit Erinnerungen angereichert ist, bei der die Wohnung zum Museum der eigenen Ich-Erinnerungen werden. Dies gelte um so mehr für Kindheitserinnerungen:

„Die Metaphysiker des ‚in die Welt geworfenen Menschen' könnten konkret über das quer über den Orkan geworfene Haus meditieren, das den Zorn des Himmels herausfordert. Das Haus hilft uns, zu allem und gegen alles zu sagen: ich werde ein Bewohner der Welt sein, der Welt zum Trotz (...). In dieser dynamischen Gemeinsamkeit von Mensch und Haus, in dieser dynamischen Rivalität von Haus und All, sind wir weit entfernt von jeder Bezugnahme auf einfache geometrische Formen. Das erlebte Haus ist keine leblose Schachtel."[370]

Die Vorstellungen einer „Traumwohnung" sind für Bachelard nur Variationen eines elementaren Themas: der Behausung der frühen Kindheit, das in der Erinnerung an sie die Gefahren der feindlichen Welt abwehren hilft.

„Wenn wir ein Nest betrachten, befinden wir uns am Ursprung eines Vertrauens zur Welt, treffen wir auf einen Ansatzpunkt von Vertrauen, fühlen wir uns getroffen von einem Aufruf zum kosmischen Vertrauen. Würde der Vogel sein Nest bauen, wenn er nicht ein instinktives Vertrauen zur Welt hätte? Wenn wir diesen Aufruf hören, wenn wir aus dieser zerstörbaren Zuflucht, die das Nest bietet (...) eine echte Geborgenheit machen, dann kehren wir damit zu den Quellen des Traum-Hauses zurück."[371]

Auch wer diesen Ausführungen nicht folgen will, weiß um die elementare Bedeutung der Wohnung als Schutzzone, die sich in ihrer Bedeutung im Zuge langer historischer Prozesse in ihrer Bedeutung gewandelt hat. Zudem wird auch

368 Heidegger 1954, S. 157
369 Selle 1999, S. 70
370 Bachelard 1997, S. 67
371 Bachelard 1997, S. 115

die Inneneinrichtung unter dem Aspekt des Schutzes, der verlässlichen Handlungsroutinen und der Ausschließung von Unannehmlichkeiten gestaltet, um einen sicheren Umgang in den *eigenen vier Wänden* zu ermöglichen und Entspannung herzustellen.[372]

Auch Merleau-Ponty hat das Wohnen positiv besetzt. Er betrachtet das Bild des Interieurs, das für eine historische, in der Subjektphilosophie des 19. Jahrhunderts begründete Seinsweise figuriert, sondern als strukturales Phänomen, als Veranschaulichung unserer Existenz in ihrer leiblichen Bedingtheit. Unser Dasein, so Merleau-Ponty, ist stets weltzugewandt, orientiert auf einen lebensweltlich erschlossenen Raum, der in seiner Bedeutsamkeit von vorindividueller Geschichtlichkeit geprägt ist. Deren Sedimentierungen geben den orientierten Handlungen des Leibes Sinn, werden aber umgekehrt auch durch dessen Handlungen in ihrer Sinnhaftigkeit verändert. Der Leib und die Umgebung, in der er sich einrichtet, beziehen sich aufeinander in einem gegebenen und erlebten Verhältnis.

Mögliche Verletzungen dieses Territoriums werden durch „Verteidigung" beantwortet. Schon das körperliche Eindringen in das Territorium eines anderen, etwa durch Berührungen, Blicke, Aufdrängen oder Belauschen rufen Verteidigungsmechanismen hervor.[373]

Erving Goffman spricht in diesem Zusammenhang von *Heimterritorien* als personenzentrierten räumlichen Gebilden, die der persönlichen Abschirmung dienen. Besondere Bedeutung erhält so insbesondere die private Wohnung, die den individuellen Lebensraum in die Dimensionen eines Drinnen und eines Draußen strukturiert. *Heimterritorien*, definiert durch die *eigenen vier Wände*, sind in besonderer Weise als Schutzzone vorgesehen.

„Sowohl die Vertrautheit der Inneneinrichtung wie der Schutz vor Gefahren erlauben dem Bewohner, in einer sicheren Umgebung von einer angespannten und aufmerksamen Wachsamkeit abzulassen, sich zu entspannen und in einen Ruhezustand zu begeben. Dazu trägt weiterhin das Nichtbeobachtetwerden bei, das von der Notwendigkeit befreit, sich auf andere einzustellen."[374]

Besondere Sicherungsvorkehrungen werden daher – und dies ist interkulturell beobachtbar – insbesondere im Schwellenbereich zwischen diesen beiden Sphären getroffen: Zu- und Eingangsbereichen wird eine große Aufmerksamkeit zuteil, zumal die eigenen Territorien, so auch das Zuhause, abgeschirmt werden sollen.

„Wir möchten glauben, dass es einen Ort oder einen Gegenstand gibt, der von dieser umfassenden Nivellierung verschont bleibt: die Quelle unserer Sichtweise, unserer Absichten, unserer Handlungen usw. (...). Dort hoffen wir, den Schatz

---

372 Goffman 1974, S. 336 ff. sowie 374 ff.

373 ebenda

374 Habermas 1999, S. 118

aller Schätze zu finden, die geheime Versöhnung von Körper und Geist, die ansonsten ständig im Streit liegen. Während der Geist die Last der universellen Probleme trägt und der Körper dem Druck der gesellschaftlichen Erfordernisse unterliegt, erscheint uns das Private wie das Horn des weißen Rhinozeros - umso wertvoller, je seltener es wird. Darin besteht die ganze Tragik der Situation: Je mehr wir die Erde als unser persönliches oder auf unsere Gruppe beschränktes Eigentum erträumen, (...) umso mehr tragen wir dazu bei, die Privatsphäre zu einer allgemein begehrenswerten Sache aufzuwerten, begehrenswert vor allem für diejenigen unter uns, die ihre persönliche Neurose durch Formen kollektiver Aggression kurieren. Gerade weil wir der Intimsphäre einen solchen Wert beimessen, wollen unsere Institutionen (Unternehmen, Polizeiapparate, Gerichte, Verwaltungen usw.) sie wie eine neue Kolonie erobern - ein nach innen gerichteter neuer Imperialismus."[375]

Das Innere von Wohnungen verweist auf die Beziehungen ihrer BewohnerInnen zueinander und wird durch eine Binnendifferenzierung strukturiert, die beziehungsregulierende Funktionen aufweist. Die Aneignung der Wohnung findet dabei vor allem über das Handeln in und an ihr statt, durch Einrichten, Aufräumen, Gestalten von Arrangements, die wiederum auf die persönliche Note ihrer BewohnerInnen verweisen.

Nach Tillmann Habermas muss die Wohnung, um wohnlich zu wirken, vier Kriterien erfüllen:

- Die vorgefundene Ordnung muss auf das eigene Handlungskonzept zurückgeführt werden können;
- die BewohnerInnen sollten sich der Herrschaft über den Ort sicher sein;
- aufgrund der eigenen Urheberschaft müssen sich die BewohnerInnen am „eigenen Ort" gut auskennen und mit ihm vertraut sein und
- somit die Wohnung durch ihre zeichenhafte Aneignung als Spur von Tätigkeiten und ihre symbolische Besetzung durch selbstgewählte Elemente und Konfigurationen auf die BewohnerInnen zurückverweisen.[376]

Zur Aneignung des Wohnraumes gehört daher die „Personalisierung" des Raumes, so der Sprachgebrauch in der ökopsychologischen Literatur, die durch Schmücken und Dekorieren erfolgt und dem Raum eine persönliche Note geben soll: Zum einen wird die Identität der BewohnerInnen symbolisch ausgedrückt, andererseits die soziale Interaktion anhand der Markierung von Grenzen reguliert.[377]

---

375 Duclos 1999; Duclos war Soziologe und Forschungsleiter am Centre National de la Recherche Scientifique (CNRS) in Paris.

376 Habermas 1999, S. 125

377 Zudem wird in der Ökopsychologie auf die Begriffe der Ortsidentität (place-identity) und der Ortsbindung (place-attachment) verwiesen, die den identifikatorischen Rahmen erweitern und den Blick auf Städte und Stadtteile aber auch auf weitere soziale

Bietet sich die Chance zur Erkundung und zum Kennenlernen, wandelt sich der erlebte Raum zu einem Ort, mit dem wir uns vertraut machen und uns diesen aneignen können. Die symbolische Aneignung des Wohnraumes erfolgt über an den Raum gebundene Handlungen, die dem eigenen Ordnungssystem entsprechen und zugleich mit der Sicherheit einer Herrschaft über den Raum sowie mit eigenen Markierungen und Markierungsobjekten signalisiert werden.
„Damit das Einrichten einer Wohnung oder auch eines Arbeitsplatzes zu einem Sich-Einrich-ten wird, muss die Person nicht nur den Ort aktiv gestalten; sie darf dies nicht unwillig, gezwungenermaßen tun, weil sie bestimmter Dinge wie einer Vorrichtung für die Essenszubereitung oder einer funktionalen Schlafstelle einfach bedarf, sondern sie muss darüber hinaus den Ort mit *Interesse* und affektiver Beteiligung formen, beispielsweise begleitet von Phantasien, wie sie ihn nutzen und sich in ihm befinden wird. Um sich einen Ort einzurichten, muss man sich mit dem Ergebnis, der Einrichtung, identifizieren, sie als eigenes Produkt und Ausdruck eigenen Wählens und Handelns anerkennen, so dass man sich an dem Ort *chez soi*, bei sich fühlen und andere dort empfangen kann."[378]

Die Personalisierung von Räumen bietet den NutzerInnen die Möglichkeit, ihre Identität symbolisch zum Ausdruck zu bringen und in der räumlichen sozialen Interaktion Grenzen zwischen sich und anderen zu ziehen. Zugleich bietet sich hier die Option einer Beherrschung und Beeinflussung räumlicher Bedingungen: Das Territorium der Wohnung soll ein hohes Maß an Intimität gewährleisten und wird daher mit eigenen Markierungszeichen, so zum Beispiel durch persönliche und individuelle Einrichtungsgegenstände „besetzt", der Raum durch ein entsprechendes Styling symbolisch angeeignet. Zugleich bietet die innere Ordnung der Wohnung Sicherheit und Vertrautheit.
„Die privaten Räume sind in das Identitätskonzept eingebunden. Die Person erscheint nur ‚ganz' unter Berücksichtigung ihrer Wohnung und der mit der Wohnung verbundenen Ver-wirklichung ästhetischer Phantasien und klarer Strukturierungsvorgaben wie Ordnung und Unordnung."[379]
Wohnfläche und Wohnausstattung gelten zunehmend als Statussymbole, zumal sie ökonomisches und kulturelles Kapital ausdrücken; der Wohnraum selbst hat an symbolischer Bedeutung gewonnen, ist mehr als nur der Ort der Reproduktion durch Essen und Schlafen: Zunehmend wird der private Wohnraum mit symbolischen Bedeutungen angefüllt, gilt er doch als Gegenpol zur Welt der Arbeit,

---

Kategorien wie Geschlechts- und Rollenidentität, ethnische oder nationale Identität lenken.

378 Habermas 1999, S. 125

379 Löw 1994, S. 112

der Entäußerung und Entfremdung.[380] Die Privatheit, die die eigene Wohnung verspricht, wird zum Identifikationsraum, der sich beispielsweise als Vierzimmerwohnung mit Bad, Küche und Balkon materialisiert und als individuell gestaltbar erscheint. Die Wohnung wird so Ausdruck eines eigenen Lebensstils, wenn auch nicht alle Wohnwünsche in Hinblick auf Größe und Ausstattung erfüllt werden können:

„durch die Trennung von Privatheit und Öffentlichkeit und die damit einhergehende Emotionalisierung des Wohnens, durch die Betonung der symbolischen Funktion der Wohnung zur Repräsentation des sozialen Status, durch die Stilisierung der Wohnung als Gegenort zur Arbeitswelt im Zuge der Trennung von Wohnen und Arbeiten, durch die Individualisierung, die eine eigenständige Haushaltsführung für immer jüngere Menschen zur Selbstverständlichkeit werden lässt, und durch die wachsende Privatisierung der Bedürfnisbefriedigung."[381]

Wohnen heißt somit, ein privates Territorium zu schaffen, das Ausdruck eigener Identität ist und als Kompensation zur Arbeitswelt Erholung und Muße erlauben soll.

3.3.2 Gewohnte Verhältnisse und Geschlecht

Im Prozess der Sphärentrennung zwischen *Privatleben und Öffentlichkeit*, die für moderne Gesellschaftsformationen charakteristisch sind, wurden Frauen und Männern nicht nur nicht unterschiedliche Orte und Territorien zugewiesen, sondern weibliche und männliche Lebenswelten auch als unpolitisch versus politisch klassifiziert. Die Entwicklung der bürgerlichen Gesellschaft im 19. Jahrhundert führte für immer breitere Schichten dazu, dass Wohnen zum Teil der Persönlichkeitsentfaltung wurde und sich die Vorstellungen, wie eine ideale Wohnungen auszusehen habe, deutlich veränderten.

In Übereinstimmung mit bürgerlichen Familienideologien und den daraus abgeleiteten Geschlechterrollen werden dem Wohnen neue Aufgaben zugeteilt, so etwa die Konstruktion des Privaten als Gegenpart zur bürgerlichen Öffentlichkeit. Diese Sphärentrennung entspricht zugleich einer Geschlechterstruktur, bei der dem bürgerlichen Mann der öffentliche Raum und „die Superintendenz des Privaten"[382] zugesprochen wird und in der die bürgerliche Frau zu agieren, nicht aber zu entscheiden hat.[383]

Geschlechterordnungen, die Privatheit erst ermöglichen, sind demnach auch räumlich organisiert; die Wohnung wird zum Ort der Stimmungen, des Atmo-

---

380 Die Trendforscherin Faith Popcorn (1992) prägte hier den Begriff des "Cocoonings" als Rückzug ins Private.

381 Häußermann/Siebel 1996, S.14

382 Nierhaus 1999, S. 93

383 Katschnig-Fasch 1998

sphärischen und zeitgleich zum weiblichen Aufgabenfeld.[384] Insbesondere in der Epoche des Biedermeiers gewinnt die Intimität der familialen Wohnung an Gestalt und wird zum Ort privater Reproduktion und Rekreation; nur so kann Privatheit in einem bürgerlichen emotional angereicherten und intimisierten Wohnbereich entstehen. Die bürgerliche Wohnung ist zugleich realer und imaginierter Raum des bürgerlichen Subjekts mit den zu entwickelnden bürgerlichen Affinitäten und Tugenden.

„Die Intimität des Privatraumes erhält eine klare soziale Funktion als Gegenort zur Gesellschaft ‚draußen', zur staatlichen Öffentlichkeit. Dieses Wohnen wird über die Frau realisiert, und zwar durch die Modellierung und Ideologisierung der Frau als bürgerlicher Hausfrau. Die Frau als Akteurin im Haushalt und Produzentin des Wohnens ermöglicht bestimmte Formen des Familienlebens und der Geselligkeit. Formen der Geschlechterdifferenz im Wohnen sind keine neuen Erscheinungen des 19. Jahrhunderts, allerdings lässt die damalige Diffusion der bürgerlichen Familienideologie samt deren Geschlechterbeschreibung als ‚Geschlechtscharaktere' eine qualitativ neue Dimension vermuten."[385]

In der zweiten Hälfte des 19. Jahrhunderts bildet sich im bürgerlichen Haus der Trend zur Monofunktionalisierung der Wohnräume deutlich heraus; so nämlich soll die Entwicklung einer persönlichen Intimsphäre ermöglicht werden. In der Trennung von Wohn- und Schlafzimmer und insbesondere in der Trennung von Eltern- und Kinderschlafräumen manifestiert sich die Befürchtung des Bürgertums um einen „sittlichen Verfall", der, eng verbunden mit der Sexualität und dem Sexualgeschehen, von nun an besser kontrolliert werden können soll.

In der gesamten Wohnraumaufteilung werden die Räume nach ihren privaten (Schlafzimmer, Hygieneräume), semi-privaten bzw. semi-öffentlichen (Wohnzimmer und Salon) oder produktiven Funktionen (Küche, Vorratsraum, Dienstbotenzimmer) separiert, die kommunikativen Bereiche wie etwa Gänge und Flure hingegen werden selbständig gestaltet, der Hof wird abgekoppelt. Sogar die Fassade erhält durch reichen Dekor ein neues Bild und soll Wohlstand und persönlichen Stil des Hausbesitzers manifestieren.[386]

Während auf staatlicher Ebene zahlreiche Leistungen vergesellschaftet werden (Hygienebestimmungen, Kanalisation etc.) und in den privaten Haushalten immer weniger und seltener für den Lebensbedarf produziert wird, „verwächst" die

384 Bachelard spricht von einem „Stimmungsgehäuse", ohne jedoch zu erwähnen, dass es sich bei dem von ihm beschriebenen bildreichen Innenraum um eine Struktur handelt, in der weibliche Repräsentationsformen eingeübt, ausgebildet und tradiert werden.

385 Nierhaus 1999, S. 94

386 Diese Wohnformen stellen dabei eine unmittelbare Kopie aristokratischer Stile dar, bei der verschwenderisch mit der Ressource Raum umgegangen wird; das Platzhaben im Wohnraum signalisiert den Wohlstand ihrer Besitzer.

kleinbürgerliche Hausfrau zunehmend stärker mit der *Wohnstube*, dem zentralsten Raum innerhalb der Wohnung.[387]
Die geschlechtsspezifische Arbeitsteilung stellt die Frau zur Haushaltung „frei"; der eher „reproduktive" Charakter der bürgerlichen Familie manifestiert sich vor allem in der bürgerlichen Wohnung und wird an der Vergrößerung von Wohnzimmer oder -stube zu Lasten von Küchen und Vorratsräumen ablesbar. So kann Hausarbeit in der Wahrnehmung des bürgerlichen Familienvaters unsichtbar gemacht werden, die Tätigkeiten der bürgerlichen Frau erscheinen als „schöner Müßiggang" - eine Idealvorstellung des Bürgertums, von dem freilich im Zeitalter von Industrialisierung und Verstädterung die Mehrheit der weiblichen Bevölkerung weit entfernt war. Zu dieser Idealvorstellung gehören nun auch psychisch-schönende Tätigkeiten, die im Gegensatz zur primären Hausarbeit stärker sichtbar werden sollen: Was die gute Hausfrau „mit Liebe" gekocht hatte, sollte nun auch dekorativ serviert werden.
„Die Frau als ‚schöne Seele' ist letztendlich auch die zentrale Figur im bürgerlichen Wohngefühl. Die Hausfrau gestaltet so das Wohnen zum stimmungshaften, ‚ganzen' Heim, zur ‚Innenwelt' als Gegenbild zur ‚Außenwelt".[388]
Diese Verinnerlichungsaspekte der häuslichen, familialen Sphäre finden insbesondere in der Kulturisierung des weiblichen *Handarbeitens* ihren Ausdruck. Zugleich ist diese aber auch Ausdruck von Sparsamkeit:
„The dream of the petty bourgeois, of the middle class, is absolute security. The rational of the middle classes is calculation. Their thinking and their actions are determined by the profits to be taken out of each action."[389]
Handarbeit gilt als Verortung der Frau in der Wohnung, zugleich dient sie der „Triebsublimierung" und ethisch-moralischen Formung der Frau: Handarbeit, ob als Nähen, Sticken, Stricken oder Stopfen, wird zur sinnhaften Kulturtechnik, die die bürgerliche Frau an die Wohnung bindet. Während die Tätigkeitsfelder der Frauen in der Wohnung verankert werden, können sie vor der bedrohlichen „Außenwelt" geschützt werden: Haus und Wohnung bilden kontrollierbare Gegenmodelle zu den Fantasmen der bedrohlichen Stadt, zu deren unüberschaubaren Menschenmassen und zu deren Promiskuität.
„In der Psychisierungs- und Kulturisierungstendenz geht die Rolle der aus innerer Schönheit schaffenden Frau kongruent mit der historischen Wohnung. Die Schnittstelle zwischen Hausfrauenrolle und Interieurcharakter bildet die Stimmung, das Gefühl, das Gemütvolle als Vergegenständlichung von Innerlichkeit."[390]

---

387 So gilt etwa die Wohnküche, in der Essenszubereitung, Hausarbeit und Speisen nicht voneinader getrennt sind als Ausdruck proletarischer Lebensformen, bei der auf entsprechende Raumressourcen verzichtet werden muss.

388 Nierhaus 1999, S. 97f.

389 Széll 2001, S.65

390 Nierhaus 1999, S. 100

Die Struktur innerhalb der bürgerlichen Wohnwelt entspricht einer Geschlechterordnung und manifestiert sich insbesondere in der Koppelung der Hausfrau mit dem Wohnraum; Innenräume entsprechen einer visualisierten Geschlechtergeografie, die dem bürgerlichen Mann das *Herrenzimmer*, mit großem Schreibtisch, Bücherschränken, bequemen Stühlen, Sofas, Büsten und Familienbildern ausgestattet, der bürgerlichen Frau hingegen den *Salon* und das *Boudoir* zuweist: Die räumliche Stilisierung korrespondiert mit einer nach Geschlecht differenzierenden Trennungslinie.
Das Pendant zum männlichen Raum kontrastiert diesen durch Einrichtungsgegenstände wie Spiegel, Polstermöbel, Tischchen, Toilettentisch und üppigem, farbenfrohem und textilreichem Dekor. Während die Herrenzimmer vor allem dem konzentrierten geistigen Arbeiten und dessen Repräsentation dienen sollen, stehen bei „Salon" und „Boudoir" die Zerstreuung und der „Müßiggang" im Vordergrund. Die meisten Ehefrauen und Töchter des Bürgertums lebten stets in dem Widerspruch, nach außen den gepflegten Müßiggang repräsentieren zu müssen, im Alltag aber sehr wohl im Haushalt zu arbeiten.[391] Dabei werden sowohl Arbeits- als auch Schönheitstechniken in die „Frauendomänen" innerhalb des Hauses verwiesen, um sie unsichtbar werden und die bürgerliche Frau als nichtarbeitendes „Luxusgeschöpf" erscheinen zu lassen, das der bürgerliche Mann sich finanziell leisten kann.
Haushalt und Familie sind in der bürgerlichen Schicht des 19. Jahrhunderts stets als Sphäre von Privatheit verstanden worden, in der alle Bedürfnisse aufgehoben sein sollten, für die in der Öffentlichkeit kein Raum mehr war. Auch Liebe, Geborgenheit und Fürsorglichkeit wurden als Privatsache verstanden, die Zuständigkeit für diese Werte den Frauen zugesprochen.[392] Deren „Mütterlichkeit", im biologischen wie auch sozialen Sinne, sollte den Gegenpol zu Werten wie Objektivität, Verstand, Durchsetzungsvermögen und Machtstreben bilden, die gängigerweise den in der Sphäre der Öffentlichkeit tätigen Männern zugesprochen werden.
Zeitgleich wurde der Haushalt als Inbegriff des Privaten zum Gegenstand öffentlichen Interesses:
„In den bürgerlichen Kreisen verdrängten Ärzte und Pädagogen die Pfarrer als Ratgeber der Ehefrauen und Mütter. Hygiene, Pädagogik und Psychologie lieferten die neuen wissenschaftlichen Normen für die Haushaltsführung und Kindererziehung bürgerlicher Frauen, die das ‚Heim' als harmonische Ergänzung zur männlichen Welt politischer und ökonomischer Interessenskämpfe ausgestalten sollten."[393]

---

391 Orland 1990, S. 19ff.
392 Mies 2002, S. 166
393 Sachse 1990, S. 50

Die Separierung von öffentlichem Raum als Außenwelt einerseits und der Privatheit der eigenen Wohnung andererseits zementiert in geschlechtsspezifischer Form eine Pädagogisierung des Alltags und verfestigt die Rollen, die Männer und Frauen in einer geschlechtsspezifisch segmentierten Gesellschaft einzunehmen haben; zugleich intensiviert die innere Ordnung der Wohnung just dieses Rollengefüge.
Diese Rollen korrespondierten nach der Jahrhundertwende allerdings immer weniger mit den Vorstellungen bürgerlicher Frauen, die zunehmend weniger bereit waren, sich ausschließlich auf ein Leben als Hausfrau und Mutter einzustellen; dies drückte sich beispielhaft in den verstärkt geäußerten Forderungen nach außerhäuslichen Ausbildungs- und Erwerbsarbeitsplätzen und schließlich im Zugang zu den Hochschulen und akademischen Professionen aus.
So ließ sich auch das aus der Sicht des bürgerlichen Mannes idealtypische Ordnungsmuster der Geschlechterrollen aufgrund der sich wandelnden Erwerbsstruktur nicht mehr aufrecht erhalten. Zahlreiche Dienstmädchen drängten zur Erwerbstätigkeit bevorzugt in die Fabriken oder Büros, da sie hier - im Unterschied zum Arbeitsplatz ‚Haushalt' - geregelte Löhne und Arbeitszeiten erwarteten.[394]
Die sichtbare Überlastungssituation der in den privaten Haushalten tätigen Frauen führte schließlich in den 20er Jahren des vergangenen Jahrhunderts zu einer Reformbewegung, aus der modellhafte Überlegungen zu Großhaushalten mit zentralisierten Wirtschaftsräumen resultierten, die dann allerdings in der Baupraxis nur in Mehrfamilienhäusern für die gehobenen Schichten Umsetzung fanden. Auch wurden verstärkt Rationalisierungstechniken und Mechanisierungen der Hausarbeit zur Arbeitserleichterung entwickelt.[395]
Die Rationalisierung der Hausarbeit erlebte insbesondere in der Weimarer Republik große Aufmerksamkeit, da die nach amerikanischem Vorbild entwickelten Reformansätze einer Taylorisierung von Arbeitsabläufen im Privathaushalt angesichts des verlorenen Krieges und der Inflation Sparsamkeit versprachen:

---

394 Walser 1985; Wierling 1987
Bereits 1869 veröffentlichte *Catherine E. Beecher* gemeinsam mit ihrer Schwester *Harriet Beecher Stowe* Traktate über eine Umstrukturierung und Umorganisation der Arbeits- und Raumverhältnisse. Anlass war der Verzicht auf Dienstboten aufgrund ihres Demokratieverständnisses gegenüber Hausangestellten und der Wunsch nach einer Ablösung der partriarchalisch-hierarchischen Haushaltsordnung. Zugleich sollte die Fürsorgepflicht gegenüber der eigenen Familie gewahrt werden. Beide gelten als Pionierinnen weiblicher Planungsvorhaben, insbesondere betrifft dies ihre Rationalisierungs-vorschläge für eine kompakte Gestaltung der Küchen. Ihre Konzeptionen fanden in den Veröffentlichungen von *Christine Frederick* (1913) und *Lillian M. Gilbreth* (1925), die den bürgerlichen Haushalt in Analogie zum Wirtschaftsbetrieb nach tayloristischem Modell betrachteten, eine Fortführung. (Giedion 1948, S. 563ff. und Beer 1994; S. 107ff.)

395 Orland 1990, S. 21

„Die Hoffnung richtete sich auf die ‚Steigerung' des Wirkungsgrades der ‚hauswirtschaftlichen Mittel'. Ziel aller Rationalisierung und so auch der hauswirtschaftlichen war es, durch ‚Anwendung aller Mittel, die Technik und planmäßige Organisation bieten', zur ‚Steigerung des Volkswohlstands durch Verbilligung, Vermehrung und Verbesserung der Güter' beizutragen. So jedenfalls lautete die offizielle Definition des Reichskuratoriums für Wirtschaftlichkeit (RKW), das 1921 als zentrale Rationalisierungsinstanz des Deutschen Reiches gegründet worden war und seit 1927 auch eine ‚Abteilung Hauswirtschaft' unterhielt."[396]

In den 20er Jahren erhielten nun *Zeitakkumulationsmodelle* mit ihren Ordnungsprinzipien Eingang in den privaten Wohnraum. Wohnen wird nun im Wesentlichen als Erholung von der Arbeit begriffen. Dem dient auch die Lage der Wohnsiedlungen draußen im Grünen. Eine explizite Berücksichtigung der Hausfrauentätigkeit fand sich jedoch allenfalls in den Küchenplanungen der 20er Jahre, so vor allem bei Grete Schütte-Lihotzky; Rationalisierung der Hauswirtschaft hieß das Ziel ihres Projektes *„Frankfurter Küche"*. Die unvermeidliche, nach damaligem Verständnis ausschließlich von Frauen zu erbringende Hausarbeit wird in den Dienst der Zeitökonomie der berufstätigen Frau durch rationelle Anordnung zu verkürzen versucht. Der am Haus oder in der Nähe befindliche Garten soll der Gesundheit, der Begegnung mit der Natur sowie der Verbesserung der Ernährungslage dienen.

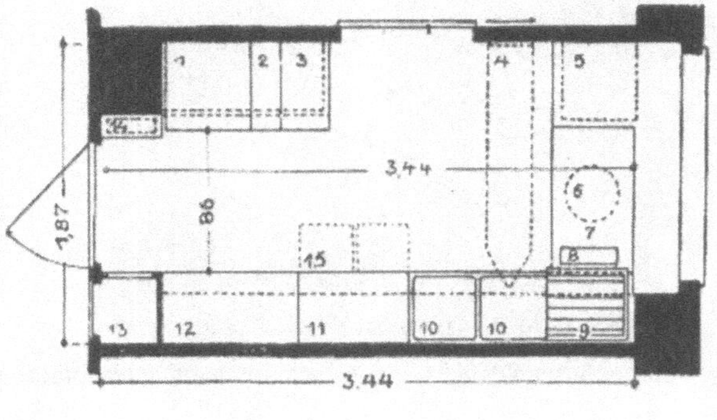

Grundriß Normalküche rechts ohne Haushaltshilfe für Stockwerkswohnungen

1 Herd	7 Tisch	13 Müll- und Besenschrank
2 Abstellplatte	8 Abfalleinwurf	14 Heizkörper
3 Kochkiste	9 Abtropfbrett	15 herausziehbare Abstellplatten
4 klappbares Plättbrett	10 Spülbecken	16 verglaster Geschirrschrank
5 Speiseschrank	11 Vorratsschubladen	17 Tellergestell
6 Drehstuhl	12 Topfschrank	18 Müll und Besenschrank

Abbildung 5: Grundriss der „Frankfurter Küche

[396] Sachse 1990, S. 49

Zugleich wurde in der avantgardistischen Architektur ein neues Frauenbild propagiert, für das Namen wie Bruno Taut, Ernst May, Hugo Häring, Ferdinand Kramer und insbesondere Schütte-Lihotzy stehen: Die Frau galt als „Schöpferin", die durch ihre subjektive Einstellung zur „dinglichen Welt" (Taut) mit der Hausarbeit unzufrieden war und daran erkrankte. Der Architektur kam damit eine Unterstützungsleistung für den Gesundungsprozess der Frauen zu, wobei aus Sicht des Architekten durchaus eine hierarchische Ordnung zwischen ihm und der Nutzerin bestand:

Abbildung 6: „Frankfurter Küche"; Arbeitstisch mit der Küchenabfallrinne

„Die ‚Frau als Schöpferin' war Tauts Idealbild. Es beinhaltet auch das Postulat von der Gleichheit zwischen Architekten und Hausfrauen, wobei diese Gleichheit keine Gleich*wertigkeit* bedeutete. Zwar wollte Taut mit dem ‚neuen Heim' den Bedürfnissen seiner Adressatinnen entsprechen, doch wurde dieses Verhältnis durchaus hierarchisch interpretiert. Die Architekten sollten denken und die Frauen deren Pläne in ihrem eigenen Interesse ‚lenken'. (...) Für Bruno Taut war es die *Architektur,* die sich dem Primat des geistigen Fortschritts verschrieb und die dem traditionalistischen weiblichen Bewusstsein erst die ‚richtigen' Ziele nahezubringen hatte. Rationalisierung und Funktionalisierung wurden von der

Avantgarde mit der Behauptung auf die Tagesordnung gesetzt, dass die Frau sie auch ersehne."[397]
Die Küche wurde erstmals als 'Betrieb' verstanden, in dem die Arbeitsvollzüge planerisch unterstützt werden sollten und hatte im Dienste des Fortschritts zu stehen. Schütte-Lihotzkys Interesse galt vor allem der Arbeitserleichterung für Hausfrauen; entsprechend überplante sie die nur sechs Quadratmeter umfassende Küche mit ihren Handlungsbezügen für die Hausarbeit; Handlungsabläufe wurden mit der Stoppuhr kontrolliert, alle Arbeitsschritte innerhalb der Küche nachvollzogen.
„Meine erste Aufgabe war, mich mit den Typengrundrissen der künftigen Wohnungen im Hinblick auf die rationellste Arbeit im Haushalt zu beschäftigen. Grundsätzlich, bevor ich auch nur den ersten Strich zur Planung tat, musste entschieden werden: wo wird gekocht, wo steht der Herd, wo wird gegessen, wo soll der Essplatz sein - damit bei geringstem Kraftaufwand beste Leistung erzielt werden kann?"[398]
Schütte-Lihotzkys Küchenplanungsmodell ging allerdings eine mehrjährige Kontroverse voraus. Die Haushaltsrationalisierung korrespondierte mit den Wertmaßstäben und Prinzipien der bürgerlichen Gesellschaft wie Leistung, Profit und Konkurrenz. Durch moralische Schriften, erbauliche Traktate und praktische Ratgeber, die sich an eine ausschließlich weibliche Leserschaft wandten, fanden sie eine schnelle und weitreichende Verbreitung: Die deutsche Ausgabe des Ratgebers der US-amerikanerischen Rationalisierungsverfechterin Christine Fredericks, „Rationelle Haushaltsführung", und auch der Haushaltsratgeber der bekanntesten Wortführerin des „neuen Haushalts", Erna Meyer, wurden Bestseller.
Die hauswirtschaftliche Entwicklung wurde von den Frauen selbst sehr unterschiedlich wahrgenommen und bei den politisch Aktiven kontrovers interpretiert. Während sozialistische Frauen die Hausarbeit für die Arbeiterfrauen erleichtern wollten, um deren Berufstätigkeit und damit die finanzielle Unabhängigkeit zu fördern, sahen die Aktiven des „fortschrittlichen" Flügels der Frauenbewegung in der Entlastung von Hausarbeit Entfaltungschancen weiblicher Individualität und Eigenständigkeit.
Der eher gemäßigte Flügel der Frauenbewegung hingegen betrachtete Hausarbeit als einen wertvollen Beitrag zum Wohle der Gesellschaft und legitimierte damit die politische Forderung nach einer weiblichen Sphäre. Vor allem aber sollten die ledigen Frauen die Chance zur freien Berufswahl erhalten, während verheirateten Frauen eine bessere hauswirtschaftliche Ausbildung ermöglicht werden sollte, was sich beispielhaft in den Forderungen von Helene Lange und Gertrud Bäumer widerspiegelt.

---

397 Beer 1994, S. 100
398 Schütte-Lihotzky zitiert nach Beer 1994, S. 115

Meinungsverschiedenheiten entbrannten um die Idee des „Einküchenhauses" bzw. von „Hauswirtschaftsgenossenschaften", wie dies etwa die Sozialistin Lily Braun auch gegen die Kritik sozialdemokratischer Männer einforderte: Der Erhalt der Familie resultiere nicht aus dem des Herdes, konterte die Sozialistin Braun bereits 1901, sondern vielmehr aus dem Wechselverhältnis zwischen Mann, Frau und Kindern; Innigkeit und Tiefe dieses Verhältnisses jedoch entwickele sich um so eher, umso mehr dieses von äußeren Bedingungen losgelöst sei.[399]

Diese Kontroverse wurde schließlich Mitte der zwanziger Jahre von Grete Schütte-Lihotzky aufgegriffen und diente als theoretische Untermauerung ihres Küchenplanungsmodells, das im sozialen Wohnungsbau vielfach realisiert wurde und dessen Grundprinzipien bis heute Gültigkeit haben.[400]

Der Kritik an dem Küchenplanungskonzept, etwa die Größe des Küchenraumes, die Kinder aus diesem Bereich automatisch ausschließe, wurde unter Verweis auf die Einrichtung einer Schiebetür begegnet, die einen unmittelbaren Zugang zum Wohn- und Esszimmer sowie den darin spielenden Kindern ermögliche. Darüber hinaus wurde stets betont, dass hier die „Planung (...) durch eine Frau in Verbindung mit den Frauen"[401] erfolgt sei.

Weniger bekannt als die Küchenplanung sind jedoch Schütte-Lihotzkys Planungskonzepte und Entwürfe für Kindergärten, Krippen und Schulen oder gar ihre Frauenwohnhäuser für Berufstätige, wobei sie aus emanzipativer Perspektive eine Mischnutzung vorschlug und dem Konzept von gettoisierenden Frauenwohnheimen widersprach:

„Die Frau muss ein Recht auf eine ganz für sich abgeschlossene Wohnung haben, in der sie unabhängig von anderen leben kann, am besten in Häusern, in denen auch Familien untergebracht sind."[402]

In der Grundrissplanung entwickelte Schütte-Lihotzky eine erweiterte Vielfalt, die sie deutlich von anderen Entwürfen des „Neuen Wohnens" der 20er Jahre abhebt.

„Selbstversorgung im Prinzip, doch Gemeinschaftlichkeit, wenn erforderlich oder gewünscht. (...) ein wahrlich vorausschauender Entwurf, den Margarete Schütte-Lihotzky 1928 vorlegte."[403]

Der Planung einer Wohnung für die „Normalfamilie" mit Wohnzimmer, Elternschlafzimmer, halben Kinderzimmer(n), „Nasszelle" und Wohnungsflur setzte sie einen Grundriss mit einem speziell für die Frau konzipierten Zimmer entgegen.

---

399 Braun 1901

400 Sachse 1990, S. 51f.

401 Ernt May zitiert nach Beer 1994, S. 124

402 zitiert nach Beer 1994, S. 158

403 Dörhöfer / Terlinden 1998, S. 45

In Form und Gestalt distanzierte sich auch die Bauhaus-Architektur der 20er Jahre des 20. Jahrhunderts von der ausschweifenden Ornamentierung der großbürgerlichen Innenarchitektur, übernahm aber zugleich großbürgerliche und höfische Raumsymbole, Grundrissordnungen und Nutzungsstrukturen. In der Raumfolge des „neuen" Wohnens drückt sich der erhöhte Status des aufstrebenden bürgerlichen Mannes aus: So nimmt der Wohnraum - ehedem der Salon - die größte Fläche ein, ist dabei dem Außenraum direkt zugeordnet und wird als prestigeträchtigster Raum zum Zentrum der bürgerlichen Geselligkeit. Die Küche hingegen wird abgeschottet und liegt auf der gegenüberliegenden Seite des Einangangsbereichs ohne direkten Außenzugang. Der Speiseraum ist unmittelbar mit dem Wohnraum verbunden; Bindeglied zwischen Küche und Speiseraum wird der Bereich der „Anrichte".[404]

Bespielhaft hierfür stehen etwa das Dessauer Meisterhaus von Walter Gropius aus dem Jahr 1926 und das Haus Tugenhat, das Ludwig Mies vasn der Rohe 1929 in Brünn[405] baute.

Letzteres Beispiel ist in Bezug auf seine Raumaufteilung für die Frage der Geschlechterverhältnisse besonders ehervorzuheben:

Die bis dato gültige Raumstruktur (Damenzimmer, Herrenzimmer, Musikzimmer, Speisesaal, Bibliothek) wird konzeptionell aufgelöst und in miteinander verbundene Nutzungsbreiche aufgegliedert, so dass großzügige möblierte Zonen mit entsprechenden Funktionsbereichen als offene Raumfolge entsehen. Durch das Fehlen raumumschließender Wände im Wohnbereich entstehen einzelne räumliche Bereiche, die aufgrund ihrer Transparenz zum umgebenen Raum und zum Freien, großzügig wirken: Die Ankommenden betreten das Gebäude durch die Eingangstür, die von einer gebogenen Milchglaswand abgeschirmt ist. Eine Wendeltreppe vom Eingangsbereich führt im Inneren hinunter zur Hauptwohnebene; diese wird durch die im bestimmten Raster angeordneten, kreuzförmigen Stützen, durch eine frei stehende Onyxscheibe, und eine halbkreisförmige Wand aus Ebenholz gegliedert. Die Wandlungsfähigkeit der Raumgestaltung wird durch die raumhohen Spiegelglasscheiben erreicht, die sich zum Teil vollständig im Boden versenken lassen und damit der Innenraum zum Außenraum gemacht werden kann.

Das Damenzimmer, das die Dame des Großbürgertums noch nach ihren persönlichen Vorstellungen einrichten konnte, entfällt in diesem Entwurf völlig. Der Hausherr hingegen erhält einen großen im Bibliotheksbereich gelegenen Arbeitsplatz, beim Betreten der Repräsenattionsräume wird der Schreibtisch des Hausherrn sofort wahrgenommen; er selbst überblickt von seinem Arbeitsbereich den gesamten Raum, was ihm die soziale Kontrolle über den Wohnraum ermöglicht und ihn als machtstärkstes Mitglied der Familie zur Sanktionierung

404 Weresch 2005, S. 74f.

405 Seit 2001 eghört die Villa Tugendhat zur UNESCO-Liste des Weltkulturerbes.

gegen unschickliches Verhalten anderer Familienmitglieder auffordert. Das Arbeiten in dieser offenen Raumstruktur bedeutet für die BewohnerInnen, dass in der gesamten „Repräsenattionsetage" leises Sprechen indiziert ist, soll der Hausherr bei seiner Arbeit nicht gestört werden. Andererseits zwingt es die übrigen Familienmitglieder an den Tätigkeiten des Hausherren teilzuhaben.
„Anordnung, Größe und Lage des Arbeitstisches stellen ein räumliches Symbol der innerfamilialen Machtverhältnisse dar. (...) Auch wenn der Hausherr hier nicht arbeitet, dominiert sein Platz den Gesamtraum, führt jedem vor Augen, auf welchen Grundlagen das Haus ruht: auf dem durch die männliche Arbeit erworbenen Satus."[406]

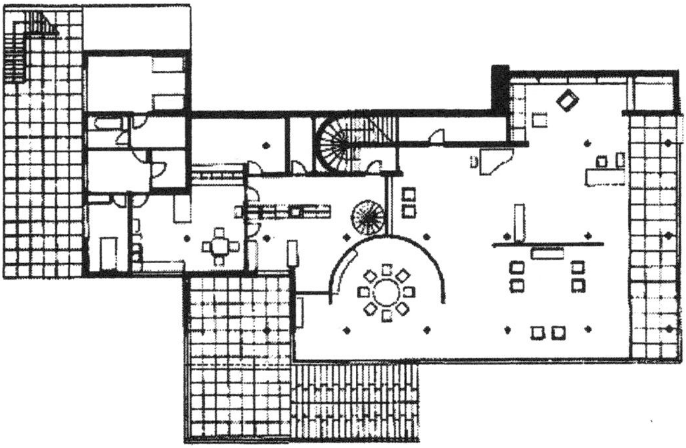

Abbildung 7: Grundriss des Erdgesschosses des Haus Tugendhat[407]

Ein zusätzlicher Schreibtisch für ihn wird ferner in seinem Schlafzimmer eingerichtet, was die männliche Dominanz noch betont, zumal wenn für seine Ehefrau kein eigener Arbeitsbereich – außer der Küche – mehr zur Verfügung steht. Der zentral plazierte Schreibtisch des Mannes symbolisiert die männliche Vorherrschaft, selbst wenn, wie bei den Tugenhats, der Ehemann im Gegensatz zu seiner Frau zu Hause keine Arbeit am Schreibtisch verrichtete und das Geld für den Hausbau aus der Familei der Frau stammte, da im Bürgertum aufgrund des Bürgerlichen Gesetzbuches die Verfügungsgewalt auch über das gemeinsame Vermögen an den Mann fällt.

406 Weresch 2005, S. 82

407 Quelle: http://deu.archinform.net/medien/00004663.htm?ID=7024b5fad1a8bdf4729936b58cd48d00

Im *Nationalsozialismus* hingegen werden die Geschosswohungen der 20er Jahre weiterentwickelt: Sie weisen einen Erschließungsflur auf, Wohnzimmer, Küche, Schlafzimmer und Kinderzimmer werden jeweils unabhängig voneinander erschlosen. In jeder Wohnung gibt es zwei Kinderzimmer mit je zwei Betten für Jungen und Mädchen, was den idealtypischen Vorstellungen des nationalsozialsitischen Familienmodells und ihrer natalistischen Familienpolitik entsprach. Anders als bei Schütte-Lihotzkys Küchenplanungsmodell sollen die Familien wie in der „bäuerlichen Vorbildgesellschaft"[408] eine große Wohnküche als Koch, Wohn-, Ess und Erholungsraum erhalten; diese Grundrisse sollen es der familienorientierte Hausfrau und Mutter ermöglichen, ihre (vier) Kinder problemlos zu eriehen. Die „typische" nationalsozialistische Wohnung weist weder einen Repräsenattionsraum noch ein traditionelles Wohnzimmer auf; stattdessen gibt es eine große Wohnküche deren Mindestgröße 24 qm betragen soll.[409]
Der Repräsentationsraum „Wohnzimmer" erlebt in der *Nachkriegszeit* durch ein fast an großbürgerliche Flächenverhältnisse erinnerndes Ausmaß eine Aufwertung, während die „typische" einzeilige Küche mit einer Fläche von weniger als 10 qm noch kleiner ist als die „Frankfurter Küche".[410] Dies entspricht den familiären Machtverhältnissen der 50er und 60er Jahre: Fast ausschließlich männliche Architekten mit (groß)bürgerlicher Sozialisationserfahrung übernehmen zwar die Größenordnung des Modells von Schütte-Lihotzky, die Prinzipien der Kommunikation zwischen Küche als Bereich der Nahrungszubereitung und dem Essbereich erschließen sich ihnen aber offensichtlich nicht:
„Den ehemaligen Vorteil der direkten räumlichen Verbindung von Kochen, Essen und Wohnen durch die Schiebetür, die eine unmittelbare Beziehung von der Frau zu den Kindern oder dem Mann im Wohnzimmer herstellen kann, haben sie aufgrund ihrer großbürgerlich geprägten Empfindungsstandards aufgegeben. Ihre Vorstellung von personalorientierter Hausarbeit und repräsentationsorientiertem Wohnen und Essen zwingt sie zur radikalen und vollständigen räumlichen Trennung von Kochen und Essen."[411]
Wie wir aus diesem historischen Rekurs erkenen können, gilt nicht selten die private Wohnung idealtypischerweise als zentraler Lebens- und Arbeitsort von Frauen: Drinnen waltet die zünftige Hausfrau.[412] Frauen fällt qua Sozialisation, Rollenzuständigkeit und –verordnung die Aufgabe zu, Kreativität und Selbstverwirklichung in diesem festgesteckten Rahmen zu entfalten; gleichwohl ist

---

408 Weresch 2005, S. 117

409 „Erlass des Führers" vom 15.11. 1940 zit. nach Weresch 2005, S. 118

410 Katharina Weresch macht dies am Beispiel der Mittelschichten-Hauses im Entwurf von Walter Salver (um 1952) deutlich: Von den 156 qm der gesamten Wohnfläche entfallen 47,5 qm auf das Wohnzimmer, 6,75 qm auf die Küche, 18,8 qm auf das Elternschlafzimmer und 10 qm auf das Kinderzimmer. (Vgl. Weresch, S. 125)

411 Weresch 2005, S. 131

412 So heißt es etwa in Schillers „Lied von der Glocke".

gerade für Frauen der private auch Ort der Hausarbeit, zumal sich Männer nach wie vor nur wenig als zuverlässige Partner in punkto privater Arbeitsteilung erwiesen haben.
Entsprechend traditionell fallen demnach auch heute noch die Wohnungsgrundrisse aus. Die Strukturierungen des Wohnraumes lässt eine monofunktionale Hierarchie von Wohnzimmer, Elternschlafzimmer, Kinderzimmer und Küche erkennen, die bezeichnenderweise an der Raumgröße ablesbar ist.[413] Während das Wohnzimmer häufig die höchste Quadratmeterzahl aufweist, sind in der Regel die *Küchen* mit durchschnittlich 10qm so klein, dass sie ohnehin nur einen Arbeitsplatz für eine Person bieten, geschweige denn Sitzmöglichkeiten für eine oder mehrere Personen. Ferner bieten Küchen aufgrund ungünstiger Lage[414] und einer nicht unerheblichen Geräuschkulisse eher unangenehme Rahmenbedingungen für die rund 30 Wochenstunden zählende Hausarbeit. Durch die Abkopplung vom repräsentativeren Wohnzimmer wird die Arbeit in der Küche aus dem semi-öffentlichen Bereich innerhalb der Wohnung ausgegliedert und damit Hausarbeit unsichtbar gemacht. Dies änderte sich erst mit der Einführung der sog. „amerikanischen" Küche, bei der, ähnlich wie in einem Loft, Ess-, Wohn- und Küchenbereich zu einer räumlichen Bereich zusammengeschlossen wurden.
Die Separierung von Eltern- und Kinder(schlaf)zimmern mit der Abschottung elterlicher Sexualität, die Ausgrenzung von Hausarbeit als eines der traditionellen, wenn auch nicht immer gewollten Tätigkeitsfeldern von Frauen und die hohe Wertschätzung eines zentralen und repräsentativen Wohnzimmers entspricht dem „idealtypischen" Wohnmuster des bürgerlichen Hauses des 19. Jahrhunderts. Dieses Raumzuteilungsmuster hat offensichtlich an Aktualität nur wenig eingebüßt und zeigt die Zähigkeit geschlechtsseparierender Ordnungsmuster, die sich räumlich rekonstruieren lässt.
Um so weniger Bedeutung der eigene Einfluss in öffentlichen Räumen geltend gemacht werden kann, um so mehr Bedeutung gewinnt offenbar die eigene Wohnung als möglicher Ge-staltungsort. Der *Gegenort zur formalen Arbeitswelt* soll sich dem öffentlichen Einfluss entziehen. Die Frauen- und Geschlechterforschung weist jedoch in diesem Kontext auf die Aussparung der Arbeitsteilung zwischen den Geschlechtern und die Arbeitsteilung in Erwerbs- und Hauswirtschaft hin. Kritisch wird hervorgehoben, dass Hausarbeit zumeist nicht als Arbeit im eigentlichen Sinn gilt und dass das private Zuhause lediglich als Ort der Erholung und der Reproduktion betrachtet wird. So lässt sich beispielsweise in Alphons Silbermanns quantitativ angelegter Studie zum „Wohnen der Deutschen"[415] nachlesen, dass dies in der Tat ein gängiges Bewertungsmuster ist:

---

413 Rohr-Zänker 1994

414 zumeist nach Norden ausgerichtet

415 Silbermann 1991

„Wir erkennen die Wohnung als Ort der Familie und Erholung, *keinesfalls als Ort der Arbeit* und nur teilweise als Ort der Freizeitbeschäftigung. Erkenntnisse dieser Art mögen in den Augen der Planer - vom Architekten bis zum Einrichtungshersteller und Werbetexter - als Selbstverständlichkeiten gelten, aber gerade weil sie Selbstverständlichkeiten sind, gehört es zu den Aufgaben der Soziologen, sie nachzuweisen, besonders, wenn er das Wohnerlebnis bestimmende Wohnverhalten mit allen seinen Konsequenzen zu erfassen sucht."[416]
In seiner geschlechtsblinden Analyse wird zwar nach Raumfunktionen und Tätigkeiten innerhalb der Wohnung gefragt,[417] *Arbeit* mag er diese Tätigkeiten allerdings nicht nennen, obgleich u. a. *Flick- und Bügelarbeiten* in der Antwortbatterie seines Fragebogens aufgeführt werden. Ignoriert wird dabei auch der klassische Arbeitsort „Küche", dem schon in der Wirtschaft des ganzen Hauses eine zentrale Funktion als Arbeitsstätte zukam. Die Bedeutung des Wohnens wird bei Silbermann statt dessen auf eine einfache Formel reduziert, die jegliche geschlechtsspezifische Relevanz ignoriert: Erholung und Freizeit statt Arbeit.
Die Geschlechterforschung bietet hier seit Beginn der achtziger Jahre eine gänzlich andere Perspektive an: Das Thema Wohnen wird als Schnittstelle zwischen Familiensoziologie und Hausarbeitsforschung gefasst und als „vernachlässigte" Perspektive begriffen, bei der die Wohnung als Arbeitsplatz von Frauen in der Reproduktionstätigkeit besonders betont wurde. Allerdings ist dabei zu berücksichtigen, dass sich im Kontext der Pluralisierung der Lebensmuster von Männern und Frauen auch geschlechtsspezifische Anforderungen an räumliche Planungskonzeptionen verändert haben. Eine so veränderte Sichtweise eröffnet die Möglichkeit, frauenspezifische Interessen zu fassen und diese in die Analyse von Stadt- und Regionalentwicklungen einzuflechten. Für eine gleichberechtigte Teilhabe wird die Beteiligung von Frauen an räumlichen Planungsprozessen für elementar gehalten. Das „Raumergreifen" und die Teilhabe von Frauen am öffentlichen Freiraum wurden zu einem der wesentlichen Diskussionsgegenstände. Dabei wurde auf die Verdrängung der Frauen aus der Öffentlichkeit verwiesen und die (Wieder)Aneignung frauenspezifischer Räume gefordert: Die Trennung von öffentlicher und privater Sphäre wird als Produkt einer misogynen bürgerlichen Gesellschaftsentwicklung charakterisiert, die zugleich eine Trennung von Lebens- und Arbeitsbereichen zwischen den Geschlechtern festschreibe. Eine der zentralen feministischen Forderungen in den Planungswissenschaften lautete daher, die als künstlich und patriarchal gekennzeichnete Sphärentrennung aufzuheben, den für Frauen typischen „doppelten Lebensentwurfs" wahrzunehmen und die Vielfältigkeit weiblicher Biografien auch in Planung und Architektur zu berücksichtigen. Weibliche Lebensentwürfe, so eine der zentralen Forderungen, sollten nicht ausschließlich auf die von Familienmüttern reduziert werden. Oh-

416 Silbermann 1991, S. 49, Hervorhebung durch mich
417 ebenda, S. 47

nedies werde dabei nur für eine kurze biografische Phase geplant, bei der nicht zwingend die Bedürfnisse von Frauen im Vordergrund stehen:

„Die besondere Produktivität von Frauen, Kinder gebären zu können, wird in Planungs- und Bauentscheidungen häufig dazu instrumentalisiert, der Einfachheit halber von einer Interessensidentität zwischen allen Frauen und Müttern, aber auch von allen Müttern mit ihren Kindern auszugehen. Diese Verkürzung negiert nicht nur, dass Erwachsene in ihren Interessen nicht ihr Leben lang danach definiert werden können, dass sie auch Mütter gewesen sind, sondern auch, dass ein effektiver Kinderschutz allein über einen Schutz der Mütter nicht greifen kann. Auch Mütter haben ein berechtigtes Interesse an einer finanziellen Existenzsicherung zu der eine angemessene Wohnung gehört. Wie wenig dies der Fall ist, zeigt sich insbesondere bei Alleinerziehenden, physisch oder psychisch Kranken, Obdachlosen usw.“[418]

Die räumliche Dimension des Wohnens, so die Kitikerinnen, wirke sich in einer „geschlechtssensiblen" Perspektive als emanzipationsbehindernd aus, da Strukturen, Ablauf, Organisation und räumliche Verortung von „Reproduktionsarbeit" stets ausgeblendet blieben.[419]

Gefordert wurde die stärkere Beteiligung der späteren Nutzerinnen als den eigentlichen Expertinnen und die Einbeziehung ihres Wissens bereits zu einem frühen Planungszeitpunkt, so dass eine Auflösung zwischen Subjekt und Objekt ermöglicht werden könne.[420] Die Prioritätensetzung, die Wertvorstellungen und Verhaltensnormen zwischen weiblicher und männlicher Architektur seien gänzlich andere. Von Frauen, die trotz der geschlechtsspezifischen Sphärentrennung in die Berufswelt einmünden wollten, werde erwartet, dass sie ihre eigenen Prioritäten, Wertvorstellungen und Verhaltensnormen „im wahrsten Sinne zu Hause

---

418 Martwich 1991, S. 19; allerdings sollte auch darauf hingewiesen werden, wie wenig die Barrierefreiheit , die die Mobilität und die Lebensqualität von älteren und behinderten Menschen erhöhen würde, in die Planung Eingang gefunden hat.
In aktuellen Konzeptionen feministischer Stadtsoziologinnen und -planerinnen geht es vorwiegend darum, die Alltagserfahrungen von Frauen als ‚Expertinnen' von Wohnung und Stadtteil zu integrieren, um so auch die Zielgenauigkeit der Planung zu erhöhen. Die Aneignung städtischen Raumes, die (mögliche) Mobilität und die Lebensqualität im städtischen Kontext dienen als Indikatoren für alle Lebensbereiche von Wohnen, Kinderbetreuung, Studium und Ausbildung, Erwerbsarbeit und Freizeit. (Adam/Renner 1995)

419 Kennedy 1979, Wahrhaftig 1985, Terlinden 1980, Terlinden/Dörhöfer 1987, Becker 1994
Wohnungen werden nun vermehrt in Bezug auf die (mangelnde) Erleichterung von Hausarbeit geprüft und Kriterienkataloge für notwendige Infrastrukturausstattungen des Wohnumfeldes entwickelt. Allerdings fehlen für den deutschsprachigen Raum solche Untersuchungen, die sich explizit mit der kultursoziologischen Perspektive des Wohnens auseinandersetzen und dabei geschlechtsspezifische Aspekte betonen.

420 Kennedy 1979

zu lassen und sich in der Berufs- und Männerwelt deren Werten anzupassen" hätten.[421]

Feministische Stadtplanung hat diese geschlechtsspezifische Verortung von „Gefahren- und Sicherheitszonen" sehr eingehend in ihre Konzepte aufgenommen und ihre Arbeiten um die Frage der Gewaltförmigkeit städtischer Strukturen erweitert. Seitens der Frauenforschung in Architektur und Planung wie auch in der feministischen Raumplanungspraxis wurden so vor allem solche Konzepte verstärkt rezipiert, die baulich-planerische Maßnahmen vorschlagen, in denen eine Verbesserung der sozialen Kontrolle zugunsten von Frauen gesehen wurde. Die Idee, eine Stärkung einer Frauenöffentlichkeit herszustellen, geriet zu Gunsten der Frage der Sicherheit im öffentlichen Raum in den Hintergrund.[422]

Allerdings geschah dies stets mit dem Hinweis, dass Planung als Ausdruck gesellschaftlicher Verhältnisse nicht die Ursache des Problems der Gewalt gegen Frauen ist und diese demnach auch nicht nur durch planerische Mittel alleine gelöst werden kann,[423] auch wenn dies häufig missverstanden wurde.

„Stadtstrukturen sind Herrschaftsstrukturen, was miteinschließt, dass Frauen nicht nur sozial, sondern auch räumlich gesehen unterdrückt werden. Die gegenwärtige Stadtforschung beleuchtet jedoch allenfalls die Auswirkungen der kapitalistischen Gesellschafts- und Wirtschaftsordnung auf die Organisation der Stadt und die Lebensbedingungen der in ihr wohnenden und arbeitenden Menschen. Dass unsere Gesellschaft nicht nur kapitalistisch, sondern auch patriarchalisch geprägt ist, bleibt in der Regel aus der Betrachtung ausgespart. Das ist eigentlich erstaunlich, da doch andererseits offensichtlich ist, dass die Lebensbedingungen von Frauen und Männern zum Teil erheblich voneinander abweichen."[424]

Die räumliche Identifikation der Gefahrenzonen und ihre Reformulierung als weibliche Angsträume implizierte, dass das auslösende Moment von Gewalterfahrung mit städtisch-räumlichen Strukturen verknüpft wurde. Dies mündete vielfach in der Annahme, dass männliche Gewalt durch diese begünstigt werde.

„Die räumliche Identifikation der Gefahrenzonen führte sehr schnell dazu, dass das auslösende Moment, die männliche Gewalt gegen Frauen, aus dem Blick

---

421 Kennedy 1994, S.128

422 Wie wenig allerdings dieser Ansatz noch immer im Mainstream von Lehre, Forschung und Praxis der Stadt- und Landschaftsplanung integriert ist, zeigt die Untersuchung von Jochen Hanisch, bei der er konstatieren muss, dass positive „Definitionen, wie frauengerechte Freiräume nun eigentlich ausgestaltet gehörten," in den Antworten der befragten Studierenden, FachkollegInnen und PlanerInnen fast durchgängig fehlen. (Hanisch 1999, S. 119)

423 Rau 1989

424 Spitthöver 1987, S. 104

geriet. Plötzlich schien die Gefahr von der Gestaltung räumlicher Strukturen auszugehen – nicht im Bewusstsein der Planerinnen, die diese Kartierungen vornahmen, aber immer mehr in der öffentlichen Rezeption."[425]
In jüngerer Zeit gilt eine Reihe an Publikation planerischer Alternativen[426] unter Berücksichtigung einer feministisch-theoretischen Perspektive bei Raumgestaltung und -struktur, wobei vor allem die Frage der Raumaneignung von Frauen[427] und Mädchen, hier beispielsweise im Kontext sportlicher Aktivitäten oder in der Ausgestaltung von Freizeit, diskutiert wird.[428]
Erst in jüngerer Zeit wird die Perspektive stadträumlicher und zeitlicher Verschränkung aufgegriffen und (kommunal)politische Empfehlungen (z. B. Bremen, Hamburg) ausgesprochen.[429] Dies erlaubt eine neue Perspektive auf zeiträumliche Erfahrungen und Konflikte angesichts der Bedeutung weiblicher Lebenszusammenhänge und der Aktualisierung materieller Lebensrisiken. Die Gefahr, dass Frauen dabei in einem Opferstatus belassen werden,[430] statt Konzepte autonomer Raumaneignung erproben zu können, ist vor allem dann nicht unerheblich, wenn Macht- und Herrschaftsmechanismen, die auf das

---

425 Becker 1997, S. 15

426 Schneider 1992

427 Löw 1994

428 Auch Sicherheit von Frauen im öffentlichen Raum ist inzwischen auf breiter Ebene ein diskursiver Aspekt der Planung. Einen geringeren Stellenwert nimmt hingegen die Fragestellung neuer sozialer Netzwerke über nachbarschaftliche Kontakte ein, die ja soziales Kapital unter Frauen fördern könnten.
Ein weiterer Strang der Forschung resultiert insbesondere aus Untersuchungen zur Gesundheitsförderung im städtischen Rahmen und der Notwendigkeit eines gesundheitserhaltenden Lebensraumes.(Rodenstein 1988)
Stadtentwicklung, so zeigt sich, hat schließlich immer auch zukünftige Perspektiven und Entwicklungsprozesse zu berücksichtigen und diese konzeptionell wie auch architektonisch umzusetzen. Die Frage der Berücksichtigung geschlechtsspezifischer Kriterien könnte dabei eine zentrale Rolle spielen. Auch den Auswirkungen der weiblichen Mehrfachrolle als Familien-, Haus-, Ehefrauen und Berufstätige wurde eine zunehmende Aufmerksamkeit zuteil. In kritischer Abgrenzung entstanden eine Reihe von Projekten, die die veränderten Haushalts- und Familienstrukturen von Frauen berücksichtigten oder aus der Perspektive von Frauen den Blick auf Stadtveränderungen und -erneuerungen lenkten.. (zusammenfassend bei Alisch 1993, S. 16ff.)

429 Mückenberger 2001

430 Brakenhoff 1985; Martwich 1991, Rodenstein 1994a und 1994b
Anforderungen an städtische Planungen wurden neu gefasst und Themenfelder wie Wohnungsnot, quantitative und qualitative Versorgung oder Wohnwünsche und -bedarfe von Frauen reformuliert. Ausgangspunkt frauenbezogener Forschung waren dabei vor allem Wohnbereich, Wohnumfeld und Mobilität im Zusammenhang mit Raum-/Zeitstrukturen sowie über das Wohnumfeld hinausreichende Freiräume. Sowohl stadträumliche Leitbilder, insbesondere vor dem Hintergrund sozialräumlicher Entwicklungen, wie auch Verkehrsplanungskonzepte wurden einer kritischen Betrachtung unterzogen und Negativbeispiele in Form von Erfahrungsberichten dokumentiert.

Geschlechterverhältnis wirken, in der Analyse ebenso ausgeblendet werden wie Strategien des Empowerments von Frauen, die Abwehrmechanismen und Handlungsmöglichkeiten aufzeigen.

„Für Identitätssuche und –findung, für die Entfaltung der eigenen Persönlichkeit brauchen Frauen Raum um sich, einen physisch (leeren) Raum als materielle Bedingung der Entfaltung, (...) um sich darin und darüber hinaus eigene soziale Räume durch soziales Handeln, durch Sprache, Mimik, Gestik zu schaffen. Soziale Räume gehen in der Regel über physische hinaus. Sie können aber auch durch die Art, Größe und Anordnung physischer Räume an der Entstehung und weiteren Entfaltung behindert werden. Soziale Räume und physische Räume stehen demnach in einem vielschichtigen Verhältnis zueinander."[431]

Dahinter steckt der Wunsch nach *Eigenmacht*, nach Verortung des eigenen Selbst im Raum, den schon *Virginia Woolf* mit der Forderung nach einem „Zimmer für sich allein"[432] verband.

So nehmen beispielsweise Frauen die eigene Wohnung als sicherer als den öffentlichen Raum an, obwohl bekanntermaßen massive Gewalterfahrungen eher im privaten als im öffenlichen Raum stattfinden: Die Wohnung stellt eine Form der Erweiterung der „Raumblase" dar, da das Selbstbestimmungspotential hier größer als im öffentlichen Raum erscheint. Wohnungen werden als vertraute, sichere Räume wahrgenommen, innerhalb derer die alltäglichen Handlungsroutinen Verlässlichkeit suggerieren. Diese Sicherheit vermittelt sich um so eher, wenn sie allein oder mit vertrauten Personen bewohnt werden. Die Chance, ein persönliches Terri-torium aufbauen zu können, weckt die Hoffnung, sich der Kontrolle und der Machtmechanis-men anderer entziehen zu können: die Wohnung wird als Raum von Selbstenfaltung und Autonomie betrachtet und empfunden.

3.3.3 Heimat und Beheimatung

Der der Ökopsychologie entlehnte Begriff der *Ortidentität* (place-identity) als Konglomerat von Erinnerungen, Vorstellungen, Gefühlen, Haltungen, Werten, Präferenzen von Raum im Kontext von Rollen- und Geschlechtsidentitäten, nationalen oder ethnischen Identitäten verweist auf die Verortung und damit auf die individuelle und identitätsstiftende Bezugnahme zum Raum:

„Stellt man sich einem Fremden vor, nennt man außer seinen Namen auch seine Herkunft, seinen Wohn- und Herkunftsort. (...) Ortidentität in diesem engeren Sinne ist Teil der über die Herkunft bestimmten Identität als Kind bestimmter Eltern und Teil einer Familie. Ort-Identität als reflektierte Identität setzt die kognitive Fähigkeit voraus, sich eine Vorstellung von der Geografie der Stadt oder Landschaft zu machen, innerhalb deren man sich bewegt und die als Rah-

---

431 Rodenstein 1994a, S. 235

432 Woolf 1929/1981

men für die Ortung des eigenen Herkunfts- oder Standpunktes dient (cognitive map)."[433]
Orte, die der Ortidentität dienen, werden dabei zu Räumen, die nicht nur für die jeweilige Person mit Erinnerungen, vergangenen und aktuellen Handlungsvollzügen, Vorstellungen, Wahrnehmungen verbunden sind, auch die Person selbst wird für andere identifizierbar. Kulturelles Leben ist daher stets räumlich gebunden, während regionale Kulturen „soziostrukturell gemustert" erscheinen und auf einer aktiven sozialen Prägekraft fußen: Im Sinne „symbolischer Ortsbezogenheit" ist soziales Handeln immer auch räumlich verortetes Handeln, während die symbolische Ortsbezogenheit eine identifikative Funktion erfüllt.[434]
Gleichwohl hängt die subjektive Ausformung von Ortidentitäten von der individuellen Identifizierung mit dem Herkunftsort, der neuen Umgebung oder Wohnung ab. Das lokale Zugehörigkeitsgefühl steht in einem engen Zusammenhang mit der Homogenität des eigenen Wohngebietes, dessen Stabilität sowie dessen Kontinuität in der BewohnerInnenstruktur und der sozialen Kontakte, die dort mit ihnen gepflegt werden (können).
Die Ortidentität wird zudem mit der eigenen Wohngegend in Abhängigkeit von Wohndauer, Geboren- und Aufgewachsensein sowie der Beteiligung an örtlichen Aktivitäten verknüpft.[435]
Für biografisch mobile Personen ergeben sich daraus zwei Formen der Ortsidentität, *Heimat* als eine historische, *Aufenthalt* als eine aktuelle Form.
Vorstellungen von „Heimat" sind vor allem als Assoziationscluster einer sozialräumlichen und kulturellen Identitätssehnsucht zu verstehen, während sich Heimatgefühle als ‚symbolische Ortsbezogenheit' beschreiben lassen.[436]
Der Kommunikationsphilosoph *Vilém Flusser* spricht in diesem Zusammenhang von „geheimen Codes der Heimaten",[437] die nicht aus bewussten *Regeln*, sondern vielmehr aus bewussten *Gewohnheiten* entwickelt werden.
„Während (...) emotionale Verbundenheit und emotionale Bindungen einen Ort die positiven, auf den Ort gerichteten Gefühle der Person betonen, akzentuiert der Begriff der Ort-Identität Aspekte der Identität der Person selbst. Ortidentität kann sich deshalb nicht auf einen zwar geliebten Ort beziehen, an dem die Person aber nie gelebt hat und der keine weitere lebenspraktische Bedeutung hat. Sie muss sich auf den momentanen Lebensraum der Person oder auf ihre örtliche Herkunft beziehen."[438]
Die eigene Lebenswelt wird allerdings häufig als „Heimat" emotional aufgeladen, um das Bedürfnis nach sozialer Einbindung zu befriedigen. Mitzscherlich

---

433 Habermas 1999, S. 153
434 Bango 1998, S. 66f.
435 Muhar 2000, Weichhart 1990
436 Nierhaus 1999, S. 60ff.
437 Flusser 1994, S. 21
438 Habermas 1999, S. 156

spricht in diesem Zusammenhang von der Suche nach „*Beheimatung*", bei der nicht nur der reale Ort, sondern auch die um ihn herum geknüpften sozialen Netzwerke und die daraus resultierende soziale Einbettung zur Voraussetzung für diesen Erfahrungskontext werden. Beheimatung steht damit in engem Zusammenhang mit den Aktivitäten des Subjektes:

„Die Pluralisierung der Lebenswelten, die Vielfalt und Reichweite kommunikativer Beziehungen und die individuelle Verantwortung für die Gestaltung der eigenen Biografie bedarf ganz offensichtlich solcher überschau- und beeinflussbarer sozialer Zusammenhänge, um subjektiv nicht als Überforderung erlebt zu werden. Das Spiel mit unterschiedlichen Aspekten der eigenen Identität und die Offenheit gegenüber fremden Identitäten, braucht den geschützten ‚Spielraum', der weiterhin Sicherheit, Geborgenheit und Anerkennung vermitteln kann."[439]

Der Heimatbegriff selbst hat, historisch betrachtet, einen Bedeutungswandel erfahren: Bezeichnete „Heimat" zunächst das Eigentum an Grund und Boden wird im Begriff „Heimatrecht" deutlich, dass es sich dabei um Exklusionsmechanismen handelt, die juristisch zementiert wurden.

„Wer aufgrund seiner Herkunft oder aufgrund des dort erworbenen Besitzes das ‚Heimatrecht' in einer Gemeinde hatte, konnte im Versorgungsfall, bei Armut, Alter oder Krankheit, die Unterstützung der Gemeinde beanspruchen. ‚Fremde' bzw. ‚Heimatlose', Landstreicher und Landlose waren davon weitestgehend ausgeschlossen."[440]

Diese Rechtsauffassung wurde mit zunehmender Mobilität problematisch; gleichwohl ist auch heute noch die Bindung an Versorgungsprivilegien an den Nachweis eines festen Wohnsitzes geknüpft. Darüber hinaus beinhalten vor allem die Ausländergesetze Ausschlussbestimmungen, die auf Abstammung und „Blutsverwandtschaft" – dem „ius sanguinis" beruhen. Durch die Herausbildung von Nationalstaaten, Industrialisierung, Technisierung und Urbanisierung[441] im

---

439 Mitzscherlich 1997, S. 137f.

440 Mitzscherlich 1997, S. 35

441 Verfügte vor der industriellen Revolution die Landwirtschaft als primärer Sektor aufgrund des bedeutendsten Anteils am Bruttosozialprodukt über eine hohe Relevanz für Flächenansprüche und Standortfaktoren, hat die Industrialisierung durch ökonomische Einsparungsbedarfe, insbesondere durchsteigende Transportkosten, zu einem verstärkten Anwachsen von Agglomerationsvorteilen und räumlichen Konzentrationsprozessen geführt und damit Prozesse der *Urbanisierung*, bzw. durch die Ausdehnung der Agglomeration in die Fläche Prozesse der *Suburbanisierung* in die Wege geleitet. Mit Friedrichs (1995) verstehe ich unter Suburbanisierung die Verlagerung von Nutzungen und Bevölkerung aus der Kernstadt, dem ländlichen Raum oder anderen metropolitanen Gebieten in das städtische Umland bei simultaner Reorganisation der Nutzungen und Bevölkerung in der Gesamtfläche dieses metropolitanen Gebietes. D. h., dass Suburbanisierung nicht nur die Expansion der Städte in das Umland umfasst, sondern darüber hinaus auch einen Prozess der Dekonzentration sowohl von Bevölkerung, Produktion, Verwaltung und Handel. Der Begriff der Kernstadt verweist auf die durch *Administrati-*

19. Jahrhundert wird der Heimatbegriff[442] daher zur Metapher für individuelle Biografien, Orte, Sozialität und Raum als eine Art Wechselverhältnis von symbolischer Aufgeladenheit und politischer Ideologisierung:

„Heimat ist die figurativ fassbare Form von Nation, die Vergesellschaftungsformen des modernen Staates mit Metaphern der vorindustriellen Gesellschaft ins Populäre übersetzt. Sie ist Produkt der bürgerlich-städtischen Kultur, die seit 1800 rustikalisierte Versatzstücke von Heimat ausbildet, die dann um 1900 zur Basis der Heimatschutzbewegung werden."[443]

Der *Heimatschutz* wird folglich zu Beginn des 20. Jahrhunderts zu einer wesentlichen Kampfparole in der sozialen Auseinandersetzung gegen Sozialismus und urbane Zivilisation, bei der die bäuerlich-patriarchale Sozialordnung mit ihrer scheinbar Stabilität vermittelnden Struktur gegen die unkalkulierbare Fluktuation städtischer Massen gesetzt wird. Die Entwicklung der „Heimatbewegung" Ende des 19. Jahrhunderts forcierte die Verklärung von „Heimat" als „Vaterland":

„Statt weiter das Elend der Städte zu schildern, wurde nun die Schönheit der Natur besungen, es entstanden Heimatbünde, Heimatvereine, Heimatmuseen und Heimatkunst. Diese Entwicklung hatte natürlich auch einen kritischen Impuls in Bezug auf die Zerstörung von Landschaften und Lebensformen im Zuge der zunehmend aggressiveren Industrialisierung und auf die Lebensbedingungen in den Städten. Der Akzent lag allerdings nicht auf der Kritik der Zerstörung, sondern auf der Verklärung des Zerstörten. Sie war einseitig rückwärtsgerichtet und beinhaltete damit den Rückzug aus einer Gegenwart, die eine kritische Auseinandersetzung gebraucht hätte."[444]

Der Inbegriff des Heimatgefühls ventiliert dabei eine scheinbar soziale Einheit der Bevölkerung als „Volk", dessen Bindung an „Boden" und „Scholle" das staatliche Interesse manifestiert, BewohnerInnen zu verbindlichen StaatsbürgerInnen zusammen zu führen. Das „Heimatgeben" galt daher einem Teil der Mechanismen des bürgerlichen Nationalstaates, der die Loyalität der NationalbürgerInnen über die leibliche Verortung in der Sesshaftigkeit herstellen zu können glaubte.[445] Daher sei auf den faschistischen Zungenschlag des Heimatbegriffes hingewiesen:

„Die Nazis hatten für den Begriff der ‚deutschen Heimat' eine Zentralposition innerhalb der Propaganda vorgesehen: Die deutsche Heimat war der Hort der

---

on definierten Stadtgrenzen, während der suburbane Raum *funktional*, etwa durch die hohe Zahl der Ein- und AuspendlerInnen, zur Stadt gerechnet werden kann; zum Prozess der Verstädterung (Hofmeister 1993, S. 64ff.)

442 Die langfristige Entwicklung zeigt, mit wie viel Überhöhungen der Heimatbegriff gerade im europäischen Kontext aufgeladen wurde. (Vgl. dazu auch Ehlert 2001, S. 333f.)

443 Nierhaus 1999, S. 60

444 Mitzscherlich 1995, S. 38

445 Nierhaus 1999, S. 60f.

Lebensweise des rassisch auserwählten Volkes; sie bildete den Kern der nationalen Mobilisierung, und sie war die Festung, die bis zum Untergang des Volkes vor Feinden geschützt werden musste. Die Nazis hatten die Heimat in die Politisierung gezogen, und das konnte nur gelingen, indem sie die Bedeutungsgrenzen des Begriffs unscharf werden ließen und erweiterten. Er wurde bald mit ‚Nation' deckungsgleich. Nur so konnten Heimatgefühle zur Antriebskraft eines übersteigerten Nationalismus werden."[446]

Wer zum „gesunden Volkskörper" gehörte und wer nicht, das wurde im Nationalsozialismus auch im öffentlichen Raum deutlich demonstriert. Exemplarisch seien hier nur die öffentlichen Bücherverbrennungen und die „Reichsprogromnacht" genannt, die in ihrer Machtdemonstration auch als Exklusionsmechanismen zu interpretieren sind.

Den Nationalsozialisten galt der öffentliche Raum ohnedies stets als Kulisse für Machtdemonstrationen und auch der Städtebau ist ihnen als Mittel ihrer Machtdokumentation sehr bewusst. Bei der Siedlungsplanung etwa ging es vor allem um die „Festigung der neuen Ordnung der Gemeinschaft der Volksgenossen (als klassenvereinigendes Konzept) unter nationalsozialistischer Führung."[447]

Dazu gehörten:

- ein organisches Stadtbild als Ausdruck eines hierarchischen Aufbaus der „neuen" Gesellschaft, in deren Mittelpunkt die NSDAP-Gemeinschaftshäuser stehen sollten,
- eine funktionale Gliederung im Sinne des autoritären Charakters der Grundsätze der Charta von Athen (Le Corbusier) mit einer Trennung von Wohn- und Industriegebieten und eine Ausklammerung der Verkehre aus den Wohngebieten,[448]
- eine Auflockerung der Stadtgebiete bzw. die Gestaltung der Stadt als Stadtlandschaft und
- eine Zeilenbebauung, die durch die Besonnung zur Gesundheit beitragen soll.[449]

Dieses aus der Ära des Nationalsozialismus bekannte Ordnungsmuster für den Städtebau rekonstruieren die Wohnbausiedlungen der Wiederaufbauzeit in den Jahren 1945 bis 1955, ohne jedoch dessen autoritären Charakter in den Vordergrund zu stellen:

„Die Wohnung sei dem ‚deutschen Menschen die Heimat', in der er sich ‚geborgen fühlt' und die ‚ihn nicht abschließt von der Gemeinschaft, sondern ihm stets zum Bewusstsein bringt, dass er ein Glied der Kampf- und Schicksalsgemeinschaft seines Volkes ist.' Die Kleinsiedlungen, die als Wohngemeinschaften zu-

---

446 Schmidt 1999, S. 44f.
447 Rodenstein 1992, S. 57
448 Johansson 2000
449 Rodenstein 1992, S. 57f.

sammengenommen die Stadt bilden, erlauben eine Zentrierung der Bevölkerung, ohne das gefürchtete Risiko einer unkontrollierten Zusammenballung (...) einzugehen."[450]
Ziel der Baustrategien war die exemplarische Erzeugung von Heimatgefühlen und „sozialer Gesundung", so dass ein kulturelles Universum entstehen sollte, um nachbarschaftliche Strukturen gezielt fördern und der Atomisierung der Bevölkerung entgegenwirken zu können: Kindergärten und Schulen wurden in die Siedlungsareale genauso integriert wie Volks- und Altersheime. Diese Bauweise sollte den Nachbarschaftsgedanken fördern und zementierte die Hoffnung, über die Architektur ein nachbarschaftliches Verhalten herstellen zu können und um soziale Kontrolle zu erhöhen, so dass zugleich ein Zugriffspfad der Allgemeinheit auf die Einzelwohnung erfolgen sollte. Auch war das Nachbarschaftsmodell dadurch motiviert, dass die Bevölkerung durch die Einbindung in überschaubare Gruppen selbst überschaubar blieb.

3.4 Makrosoziologische Perspektive: Urbanität und Stadtraum

3.4.1 Stadt als Raum – Klassische Perspektiven

Zentraler Ausgangspunkt für Stadtanalysen (und damit auch für Raumanalysen) ist bei Karl Marx die historische Trennung von Stadt und Land als Ausdruck von Arbeitsteilung, wie sie seit der Antike beobachtbar war. Der Unterschied zwischen der antiken Stadt und der modernen Industriestadt liegt dabei in seiner dialektischen Perspektive: Die antike Stadt entwickelte zwar städtische Formen, beruhte aber auf der ökonomischen Grundlage von Grundeigentum und Agrikultur, während sich die Industriestadt um die Manifakturen entwickelte, die sich zuvor aufgrund ihrer Verdrängung aus den ständisch organisierten Stadträumen in der ländlichen Umgebung niedergelassen hatten.
Dominant in der marxistischen Perspektive ist daher die Dimension räumlicher Strukturen als Ausdruck von gesellschaftlichen Bedingungen, insbesondere den ihr immanenten Eigentumsverhältnissen und der Arbeitsteilung. Städte sind daher in der marxistischen Sichtweise zentrale Motoren für die Herausbildung des städtischen Proletariats als einer eigenständigen Klasse; deren Konzentration im städtischen Umfeld führt laut Marx zu einem wachsenden Klas-senbewusstsein:
„Die großen Städte sind der Herd der Arbeiterbewegung, in ihnen haben die Arbeiter zuerst angefangen, über ihre Lage nachzudenken und gegen sie anzukämpfen, in ihnen kam der Gegensatz zwischen Proletariat und Bourgeoisie zuerst zur Erscheinung."[451]

---

450 Nierhaus 1999, S. 73f.
451 MEW 2, S. 349

Es sei, so die Überzeugung von Karl Marx, dem Kapitalismus und nicht der Urbanisierung inhärent, eine solche Entwicklung der Zustände hervorzubringen. Bei Marx ist die Stadt weder Hauptursache noch bloße Erscheinung des ihr zugrunde liegenden gesellschaftlichen Antagonismus zwischen Kapital und Arbeit; Raum wird bei ihm daher nicht als Analyseobjekt, sondern als räumliche Erscheinungsform betrachtet, die fundamentale gesellschaftliche Bedingungen zum Ausdruck bringt.
Dem marxistischen Ansatz steht die Analyse Max Webers gegenüber: Er will nicht die gesellschaftliche Totalität erklären, sondern hält vielmehr partielle Erklärungen für möglich, was sich auch in seiner Analyse zum (städtischen) Raum widerspiegelt. Als Grundlage der Definition von Räumen lehnt er das Kriterium „Größe" ab und stellt stattdessen die ökonomische und politische Organisation als bedeutsamen Aspekt, etwa die Existenz eines etablierten Marktsystems oder die partielle politische Autonomie, vor.
Idealtypisch unterscheidet Weber Städte in Konsumenten-, Produzenten und Handelsstädte, geht empirisch aber von einer Mischform aus.[452] Sein Forschungsinteresse liegt im Aufzeigen der Bedeutung der mittelalterlichen Stadt Europas und ihrer Relevanz für die Entwicklung eines westlichen Kapitalismus.
Auch für Max Weber ist die Stadt kein eigenständiges Phänomen; wie Marx betrachtet er lediglich die Epoche des Mittelalters aufgrund ihrer ökonomischen und politischen Strukturen (Zunftwesen, Gilden, Bürgerschaft) als bedeutsame Untersuchungsphase.
Die besondere Relevanz sozialräumlicher Kontexte, insbesondere die Innenperspektive der modernen Großstadt auf der Mikroebene, hat allerdings *Georg Simmel*[453] in seinem erstmals 1903 erschienen Essay über *„Die Großstadt und das Geistesleben"* belegt. Seine großstädtischen Binnenperspektiven werden vor allem dann relevant, wenn ihre Strukturen und die in sie eingebetteten sozialen Gruppen vor dem Hintergrund sozialen Handelns, sozialer Kontakte und Prozesse berücksichtigt werden: Die Stadt ist hier nicht die Summe äußerer Randbedingungen, die auf das individuelle Selbstverständnis und die Form sozialer Gebilde wirkt, -vielmehr bezeichnet „Stadt" eine Lebensform, wobei die materiale Stadt als Ausdruck dieser Lebensform verstanden wird. Simmel ging es weniger um den harmonischen Part des städtischen Zusammenlebens, sondern vielmehr um die Schwierigkeit, an der Reizflut des städtischen Lebens nicht zugrunde zu gehen. Mit Georg Simmel lässt sich dementsprechend behaupten, dass die Stadt somit nicht eine räumliche Tatsache mit soziologischen Wirkungen ist, sondern eine soziologische Tatsache, die sich räumlich formt.[454]

---

452 Weber 1976, S. 727 f.

453 Wie Häußermann (1995) in der Analyse von Simmels Raumkonzept veranschaulicht, fußt dessen kultursoziologische Perspektive auf einem sozialkonstruktivistischen Fundament.

454 Simmel 1983

Seine Aufmerksamkeit galt nicht nur *Stilisierungsfragen*, sondern auch ökonomischen Aspekten. Geldökonomie ist für ihn sowohl Ursprung als auch Ausdruck *der großstädtischen Rationalität* und des Intellektualismus. Daher resultieren die grundlegenden Dilemmata des sozialen Lebens in der Großstadt als einer großen menschlichen Agglomeration – je größer die Gruppe, um so eingeschränkter das Individuum und um so unpersönlicher die Interaktion.[455]
Eines der von Simmel beobachteten Phänomene, die das Großstadtleben prägen, ist die „Sachlichkeit"[456] sozialer Beziehungen und ihr „intellektualistischer Charakter".[457] Dies wiederum führt Simmel - ganz im Sinne seiner Philosophie des Geldes - auf die zunehmende Geldwirtschaft zurück, die in einem interdependenten Bedingungsverhältnis zur „rechnerischen Exaktheit des praktischen Lebens"[458] steht. Der Zusammenhang zwischen Warenform und Denkform ist in dieser Analyse charakteristisch für das urbane Leben. Zwischen den ökonomischen Erfordernissen der Homogenisierung zeit-räumlicher Verhältnisse unter den Bedingungen fortgeschrittener Arbeitsteilungsprozesse und der Wirkung der Geldwirtschaft sieht er einen funktionalistischen Zusammenhang: Sowohl Geldwirtschaft wie auch Verstandesherrschaft als Entpersönlichung sozialer Beziehungen werden bei ihm über den Markt als Verbindung zwischen Produzenten und Konsumenten hergestellt.
Persönliche Erfahrungen und Erkenntnisse über Gesellschaft stellen sich gegen die Homogenisierung der Erlebnisqualität der modernen Produktionsweisen. Diese organisieren sich als Routinen und erzeugen Entfremdung. Die Persönlichkeit und die Geselligkeit bieten jedoch auch Refugien für die Aufrechterhaltung des Wahrnehmungspotentials in einer auf Zirkularität und Monetarisierung beruhenden Wirtschaftsmoderne: Der einzelne Mensch besteht nicht in Reinform, als authentisch in seiner Ursprünglichkeit, sondern ist vielmehr auf die Gesellschaft in seiner Masse angewiesen.[459]
Der urbane Charakter der Stadt ergibt sich also aus ihrer Heterogenität; idealtypisch existieren in der Stadt multiple Lebensweisen, Anschauungen und Kulturen nebeneinander; die in einen produktiven Austausch miteinander treten können, ohne sich dabei gegenseitig zur Anpassung zu zwingen. Die „Blasiertheit", die von Simmel als Ausdruck der Unfähigkeit zu angemessener sozialer Interaktion charakterisiert wird, korrespondiert dabei mit der Reserviertheit und Aversion zur Wahrung sozialer Distanz.
„Was in der großstädtischen Lebensgestaltung unmittelbar als Dissoziierung erscheint, ist so in Wirklichkeit nur eine ihrer elementaren Sozialisierungsformen und damit die Form ‚persönlicher Freiheit, zu (der) es in anderen Verhältnissen

---

455 Häußermann 2000
456 Simmel 1995, S.118f.
457 Simmel 1995, S. 117
458 Simmel 1995, S. 119
459 Eckardt 2004, S. 16

gar keine Analogie gibt. (...) Zwar ist bei Simmel die Stadt keine Gruppe, aber die entindividualisierenden Momente kleinstädtischer Lebens(zwangs)zusammenhänge unterscheiden sich dennoch deutlich von jener Freiheit des Menschen in der Großstadt, der zwar die versachlichten Beziehungen und die Berechenbarkeit einen äußeren Zwang auferlegen, innerhalb dessen sie sich aber mittels sozialer Distanz gerade entfalten kann."[460]

Simmel überspitzt das Argument der sozialen Dichte noch dahingehend, dass er daraus sogar einen Zwang zur Distinktion ableitet: Reizüberflutung führt zu Reserviertheit, Distanzierung, Blasierung und Anonymität. Gleichzeitig betont er, dass gegen die gesellschaftliche Nivellierung durch die räumliche Großstadtarchitektur ein überzogener Subjektivismus entsteht, der der Persönlichkeit gegenüber den Formungen des Gemeinschaftslebens keine Chance lässt.

„Das Beziehungsgeflecht zwischen multipler Raumaneignung und Wahrnehmung konstituiert die Wechselwirkung zwischen den Individuen."[461]

Simmels Betonung des fragmentarischen Charakteristikums großstädtischer Urbanität eignete sich durchaus als Blaupause für die Analyse moderner Gesellschaften.

Seine Thesen zur Abwehrhaltung des Städters gegen die Außenwelt als Form der Ambivalenz zwischen Vertrautheit und Distanzierung fanden schließlich Eingang in die *Chicago School* als erster Schule moderner Stadtsoziologie insbesondere bei Robert Park und Louis Wirth.

Ihr Ansatz galt nicht nur der Übersetzungsleistung, das „Geistesleben der Großstadt" auf konkrete Tatsachen zu übertragen, Segregation als *Konzentration* bestimmter Gruppen in spezifischen Stadtvierteln wurde auch vor dem Hintergrund von Mobilität und Migrationsbewegungen untersucht. Jede der damals entstehenden Arbeiten untersuchte eine andere Facette: Das Spektrum reichte von Kriminalität, abweichendem Verhalten über ethnische Differenzierungen oder Rassismus, Stratifikation bis hin zu kollektivem Handeln.[462]

Der Schlüssel zum Verständnis großer Agglomerationen schien, so die Chicago School, *in deren erheblicher Dichte* zu liegen. Menschenmasse können nicht mit Gemeinschaft gleichgesetzt werden – die Stadt als Ort der Konzentration, der Mannigfaltigkeit fördert und begünstigt soziales Leben,[463] zugleich wachsen in ihr aber auch Formen devianten Verhaltens:[464]

---

460 Krämer-Badoni 1992, S. 14

461 Eckardt 2004, S. 15

462 Eckardt 2004, S. 22.

463 Sennett 1994b, S. 165ff.

464 Von der zunächst formulierten Annahme, deviantes Verhalten - genannt werden in diesem Zusammenhang Kriminalität, Prostitution und psychische Erkrankungen - könne sich durch die Außenorientierung im großstädtischen Leben eher als in der Kleinstadt entwickeln, rückten sie später ab.

In der Chicago School wird die Stadt zu einem Mosaik von „*Communities*" als Agglomeration von ethnischen Kolonien, deren Voraussetzung die Entwicklung von Segregation, Aufteilung, Trennung und Separierung der Bevölkerung nach Kultur, Lebensstil, Herkunft oder Tradition ist. Diese sind allerdings stets von der latenten Gefahr bedroht, dass die Menschen, die in ihnen leben, in der Neuen Welt einen Orientierungsverlust erleiden.

Die Bildung von räumlich konzentrierten Wert- und Kontrollgemeinschaften oder Nachbarschaften als geschlossene Kreise birgt daher auch die Funktion, interne Werte und Normen zu verfestigen und die erst durch die Dichte der Agglomeration mögliche soziale Kontrolle weiter zu vermitteln. Diese Form der sozialen Kontrolle generiert damit auch (lokale) Kommunikation – etwa zwischen den Generationen. Nachbarschaften sind so immer auch *Kommunikationszirkel und -kreise.*[465]

Folglich wurden unterschiedliche Merkmale der Bodennutzung und Bevölkerung in den Studien der Chicago School kartiert und zu einem mosaikähnlichen Raumbild mit in sich relativ geschlossenen Raumeinheiten, den „natural areas", zusammengefügt. Das berühmt gewordenen Prozessmodell konzentrischer Zonen, das Ernest W. Burgess für Chicago entwickelte, zeigt dies in anschaulicher Weise:

- Im *Zentrum* des städtischen Kerne wurde der zentrale Geschäfts- und Verwaltungsbereich (*Central Business District*) angesiedelt. Hier befinden sich große Kaufhäuser, Hotels, Banken und Versicherungsgebäude; entsprechend hoch sind daher auch die Bodenpreise. Wohnbevölkerung findet sich hier kaum oder fehlt ganz.
- In einer *Übergangszone* rund um den zentralen Kern, der „*zone in transition*", befinden sich Leichtindustrie, Handwerk, kleinere Geschäfte und Vergnügungsbetriebe als zweite Zone; hauptsächlich handelt es sich hier vor allem um Wohngebiete einer jüngeren, eher in der Unterschicht anzusiedelnden Wohnbevölkerung, zu der auch Studierende und Angehörige ethnischer Minderheiten gehören. Scheidungs-, Kriminalitäts- und Prostitutionsrate sind hoch. Zugleich tendiert der zentrale Business District dazu, sich in diese Zone auszuweiten.
- Rund um die Übergangszone herum liegen in einer dritten konzentrischen Zone die *Arbeiterwohngebiete*, die „*zone of working men's homes*", in der vor allem die Facharbeiter in mehrgeschossigen Wohnhäusern zur Miete wohnen.
- Erst der vierte Ring bildet die *Zone der besseren Wohngebiete*, der „*zone of better residences*", in der die wohlhabendere Mittel- und Oberschicht zu Hause ist. Die Bebauung besteht zumeist aus Einfamilienhäusern auf großen Grundstücken oder aus modernen Apartmentwohnungen.

---

[465] Häußermann 2000, S. 60f.

- Die letzte Zone schließlich, die *Pendlerzone (commuter zone)* bildet die Neubausiedlung am Stadtrand. Die Wohnbevölkerung besteht überwiegend aus jüngeren Familien mit kleinen Kindern.[466]

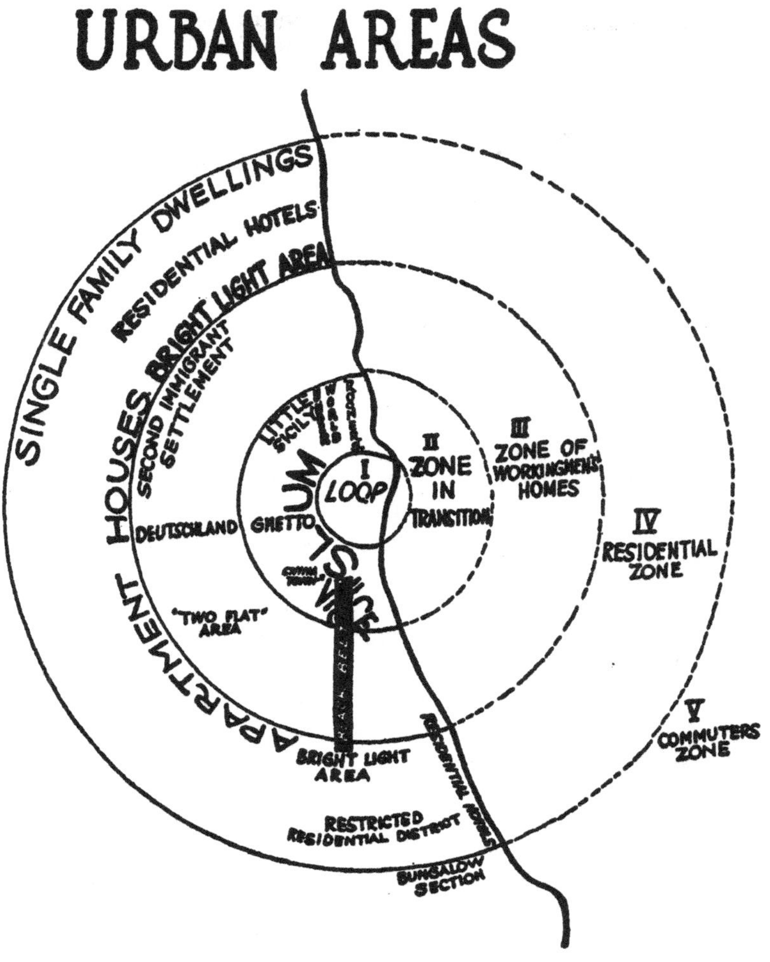

Abbildung 8: Das Modell der konzentrischen Zonen[467]

466 Hamm/Neumann 1996, S. 184 f.

467 Hamm/Neumann 1996, S. 186: "Die klassische Darstellung des Burgess-Modells zeigt am Beispiel von Chicago die fünf konzentrischen Zonen."

Konzentrische Zonen lassen sich auch bei anderen Agglomerationen nachzeichnen. So beobachtet Pierre Bourdieu für die Stadt Paris ähnliche konzentrische Bereiche, die sozialen Demarkationslinien entsprechen. Im Verhältnis zur „Provinz" (Province) stellt die Hauptstadt, die „Kapitale", den Ort des Kapitals dar. Hier sind diejenigen AkteurInnen versammelt, die eine herrschende gesellschaftliche Position innehaben. Trennlinien und -zonen lassen sich auch innerhalb der Stadt selbst wiedererfinden.

Exemplarisch steht für dieses *Segregationsmodell* die Aufteilung der Stadt Paris in verschiedene „Arrondissements", wobei zwischen den Stadtteilen links und denen rechts der Seine große Unterschiede bestehen: Gilt die „Rive Gauche" als Ort der Intellektuellen, so ist die „Rive Droite" Zentrum der (kommerziellen) Macht. Beispielhaft seien hier die Quartiers des Zentrums skizziert:

Rechts der Seine befinden sich im Ersten Arrondissement Palais de Justice und Conciergerie. Auch der erste Königspalast in Paris, der Palais de Justice, sowie der Palais Royal und der letzte Königssitz, der Louvre, befinden sich ebenso in diesem Stadtteil wie die Bourse du Commerce und das Forum des Halles.

Das 2. Arrondissement stellte bis zum 17. Jh. das Zentrum der Pariser Unterwelt dar und wurde auch „Cour des Miracles" – Hof der Wunder genannt. Durch den Einsatz Ludwigs XIV. und später des Seine-Präfekten Baron Haussman verdrängten die neuen Institutionen die in Victor Hugos Roman „Notre Dame de Paris" beschriebenen BettlerInnen und Prostituierten. Im zweiten Arrondissement befindet sich das heutige französische Finanzzentrum: die Börse von Paris.

Das 3. Arrondissement, das „Marais", war bis ins Mittelalter ein Sumpfgebiet. König Heinrich IV. machte mit der Einrichtung des Place de Vosges dieses Gebiet „hoffähig". Viele Adlige bauten hier ihre Privatpaläste, die sogenannten Hôtels. Im 18. Jh. wurde der Faubourg St-Germain zum Modeviertel und die Hôtels im Marais wurden den Handwerkern und Gewerbetreibenden überlassen.

Im 4. Arrondissement befindet sich mit dem Rathaus, dem Hôtel de Ville, das Verwaltungszentrum der Stadt.

Ganz anders hingegen sind die Quartiers links der Seine strukturiert:

Das 5. Arrondissement, das „Quartier Latin", erlebte seine Blütezeit im Mittelalter mit der Gründung der Sorbonne. Im Quartier Latin befindet sich ebenfalls das renommierte Collège de France. Nach und nach zogen Studenten und Professoren hierher. Die Umgangssprache war Latein; so kam das Viertel um die Universität zu seinem Namen. Inzwischen sind die Preise im Quartier Latin jedoch so hoch, dass sich Studierende die Mieten hier kaum leisten können.

Das 6. Arrondissement gilt als Viertel der Wissenschaft und der Intellektuellen. Hier befinden sich bedeutende Kulturplätze von Paris, so etwa das Institut de France, das Théâtre de l'Odéon und die Kunstakademie. Eine besondere Stellung hat der Boulevard St-Germain mit seinen berühmten Cafés (Les Deux Magots sowie das Café Le Flore), wo die intellektuelle Elite der 50er Jahre ihre Nächte verbrachte.

Montparnasse, das 14. Arrondissement, wurde noch bis ins 19. Jh. landwirtschaftlich genutzt. Hier befindet sich bspw. das Observatorium aus der Zeit Ludwigs XIV, in Frankreich die älteste wissenschaftliche Institution auf diesem Gebiet. Die Schule des Klosters Port-Royal, die sich ebensfall im „Quatorzième“ befindet, prägte ganze Generationen von Philosophen.[468]
Gerade in einer Stadt wie Paris kommt man also nicht um die Erkenntnis herum, dass sich eine soziale Schichtung eben auch urbanistisch niederschlägt:
„So manifestiert sich etwa im Raum der Stadt Paris neben den vorrangigen ökonomischen (und wirtschaftlichen) Unterschieden in Form der räumlichen Verteilung der Wohnungen zwischen den zentralen Vierteln und denen an der Peripherie und an der Banlieue ein sekundärer, aber sehr ausgeprägter Gegensatz zwischen der ‚Rive gauche' und der ‚Rive droite', der der fundamentalen Teilung des Macht-Feldes zwischen, grosso modo, Kunst und Geschäft entspricht.“[469]
In diesem gängigen theoretischen Ansatz der Stadt- und Wohnsoziologie wird jedoch den Geschlechterverhältnissen ein wenn nur geringer Stellenwert beigemessen.[470] Im Zentrum der modellhaften Stadt mit ihren konzentrischen Kreisen befindet sich der Geschäftsbereich mit Banken, Kaufhäusern, Bürotürmen, Museen, Verwaltungsgebäuden (Rathaus) und Bahnhöfe. Zwar entspricht dieses Modell der Struktur zahlreicher Städte und lässt auch Rückschlüsse auf deren Dynamik zu, gleichwohl vernachlässigt es aber die ökonomische und soziale Relevanz der gebrauchswirtschaftlichen Arbeit für die Stadtentwicklung; die primären Arbeitsbereiche der weiblichen Bevölkerung geraten so in Vergessenheit:
„Beispielsweise wird eine städtische Zone als ‚Zone of Workingmen's Homes' bezeichnet. (...) Die Frage ist: Wo ist die Mutter? Sie erledigt in der ‚Zone of Workingmen's Homes' die Hausarbeit. Die indirekte, vom väterlichen Stand in der Erwerbswirtschaft abgeleiteten Zonen-Bezeichnung ‚Arbeiterwohnviertel' verleugnet, was die Funktion der Zone in erster Linie bestimmt: die Gebrauchswirtschaft.“[471]

---

468 Pinçon / Pinçon-Charlot 2005
In zahlreichen Werken haben sich Michel Pinçon und Monique Pinçon-Charlot – beide sind ForschungsleiterInnen am staatlichen Forschungsinstitut CNRS - seit Ende der 80er Jahre mit diversen Aspekten des Großbürgertums befasst. Ausgangspunkt für das Interesse an diesem zahlenmäßig kleinen, an diversen (ökonomischen, sozialen, kulturellen) Kapitalformen jedoch reich gesegneten Milieu war die Beschäftigung der beiden AutorInnen mit städtischen Segregations- und Aggregationsphänomenen (Pinçon/ Pinçon-Charlot 2001 sowie 2003).

469 Bourdieu 1991, S. 27

470 Terlinden 1990

471 Terlinden 1990, S. 34

Patriarchale Geschlechterrollen, die den Mann als Werktätigen an einem Arbeitsplatz außer Haus und die Frau als Reprodukteurin seiner Arbeitskraft im „wohligen" Heim am grünen Stadtrand sahen, bildeten dabei unreflektiert die Basis dieses Denk- und Planungsmodells. Die planerische Reduktion weiblicher Lebensentwürfe auf die private Reproduktionsarbeit beschränkte den Lebensraum von Frauen auf ein abgegrenztes räumliches Gebiet:

„Mit der Ausgrenzung der Frauen von aktiver eigener Produktion, die frühere weibliche Produktion wird zunehmend von Maschinen übernommen und damit in männliche Regie überführt, verändert sich der Inhalt von Frauenarbeit grundlegend. Die neuen Aufgabenfelder oder besser Ideale für die von produktiver Tätigkeit Stück für Stück entlasteten Frauen bestehen nun darin, ihrem jeweiligen Mann eine treusorgende, dienende und liebende Frau zu sein. Die mit dieser Funktionszuweisung (...) einhergehende Begrenzung auf die familiäre, häusliche Sphäre schließt mit ein, dass auch der Zugriff auf die außerhäusigen städtischen Freiräume begrenzt ist."[472]

Die geschlechtsspezifische Arbeitsteilung hat nicht nur Konsequenzen für den Zugang zur Öffentlichkeit, sondern berührt auch den Bereich *der Mobilität* von Frauen. Reduzierte Mobilitätschancen gelten als Ausfluss einer funktionellen Trennung von Arbeiten und Wohnen. In der postfordistischen Stadtorganisation, die vorrangig Güterproduktion und Erwerbsarbeit berücksichtigt, spiegelt sich dies in der sozial-räumlichen Segregation und in den historisch gewachsenen Erschließungssystemen wider. Marianne Rodenstein entlarvt Le Corbusiers utopische Stadtbilder sowie deren Konkretisierungen für Paris („Plan Voisin", 1925) und Moskau („Die strahlende Stadt", 1930) als autoritäre Modelle.

„Schachbrettartig angeordnet befindet sich in der Mitte der Stadt ein Hochhauszentrum, in dem die Büros der großen Gesellschaften untergebracht sind. Es ist der Sitz der Macht, das ‚Befehlszentrum' (...). Um die Bürotürme herum beginnt dann eine Zone reinen Wohnens mit Hochhäusern aus doppelstöckigen Wohnzellen, ausgestattet mit einem Hoteldienst, in denen die großbürgerliche Führungsschicht wohnt. Die Schicht der ‚Hilfskräfte' dieser Führer wohnt dann als Pendler mit ihren Familien in Gartenstädten, die eigentlich bereits außerhalb seines Stadtkonzeptes liegen. (...) Die Wohnviertel sollen (...) der täglichen Reizüberflutung eine reizarme und gesunde Feierabendwelt entgegensetzen, die ganz den patriarchalen Blick seiner Zeit widerspiegelt, der die Arbeit der Frauen draußen am Stadtrand souverän übersieht."[473]

Die neuen Wohnviertel sollten Kompensationsräume für die moderne Arbeit sein, deren höhere Intensität neue Bedingungen für die Erholung verlangte. Die Wohnviertel sollten daher der täglichen Reizüberflutung eine „reizarme und gesunde Feierabendwelt entgegensetzen, die ganz den patriarchalen Blick seiner

472 Spitthöver 1989, S. 8f.
473 Rodenstein 1992, S. 53 f.

Zeit widerspiegelt, der die Arbeit der Frauen draußen am Stadtrand souverän übersieht."[474]
Diese funktionalistische Trennung setzte auf zunehmenden Autoverkehr und verbannte die Wohnansiedlungen als „Kompensationsräume für die moderne Arbeit"[475] an den Stadtrand: Aktuelle Probleme städtischer Entwicklung, wie etwa die Verdichtung des Verkehrs und die Landschaftszersiedlung, lassen sich ursächlich auf diese Trennung von Arbeitsfunktionen zurückführen.[476] Verstärkt wurde diese Tendenz durch die massive Motorisierung und das damit in Zusammenhang stehende Leitbild einer „automobilen" Stadt.[477]
Lefèbvre hingegen verweist in seinen Analysen auf die hierarchische Struktur der Städte. So verkörpert etwa die oberste Ebene als globale Ebene die institutionelle Macht des Staates.[478] Für diese Institutionen ist Stadt nicht Ziel, sondern Mittel und Schauplatz von Interessen; insbesondere die Industrialisierung hat Städte hervorgebracht, die ganz und gar dem wirtschaftlichen Zweckrationalismus unterworfen sind. In dieser Ebene ist Stadt als „Fabrik" organisiert - wie die von Engels beschriebenen Städte des Ruhrgebiets oder Manchesters. Da der Industrialisierung vom Staat freie Hand gelassen wird, fällt die Stadt den Industrialisierungsprozessen zum Opfer.
Aktuell setzt sich dieser Prozess als Verfeinerung fort: Die Entwicklung der Städte verläuft in Analogie zu der des Kapitals, das sich neue Märkte außerhalb der eigentlichen Industrieproduktion erschließt, so dass stets wachsende Bereiche des Lebens und der Städte der Logik der Profitmaximierung unterstellt werden. Dies drückt sich beispielhaft in der Blockierung des Straßenraums durch die Ware Automobil, durch Gentrifikationsprozesse oder die Privatisierung ehemals öffentlicher Räume aus.
Weder in der Perspektive Le Corbusiers noch in den Leitbildern einer verkehrsfreundlichen Stadt spielte die dezentral stattfindende Reproduktionsarbeit von Frauen mehr als eine periphere Rolle. Durch die Trennung einer männlich dominierten Arbeitswelt von einer als privat deklarierten Sphäre (als weiblichem Wirkungsbereich) wurde zwar die Auflösung der Haushaltsökonomie[479] forciert. Als primäres Ziel galt ihm jedoch, bei der Gestaltung der räumlichen Umwelt Ordnung in das Chaos von Wohnen und Arbeiten zu bringen. Diese unterschiedlichen Bereiche sollten durch Erschließungssysteme und Wegenetze zeitsparend miteinander verbunden werden. Im Vordergrund standen Werte des Beherr-

---

474 Rodenstein 1992, S. 54
475 Rodenstein 1992, S. 54
476 ebenda
477 Steierwald 2000, S. 146
478 Diese Einrichtungen sind entweder Geschichte und überholt, wie etwa Kirche und Kirchenstaat oder das Modell "politische Stadt" der Griechen, oder sie stehen dem städtischen Leben feindlich gegenüber.
479 Terlinden 1990

schens, der Geometrie und Symmetrie als Planungsprinzipien. Kreativität hingegen wurde mit Unordnung, die es zu beherrschen galt, gleichgesetzt.
Hinzukommen verschärfte Moralcodes, die das Verhalten von Frauen in der Öffentlichkeit reglementieren und zusätzlich einschränken. So zeichnet sich eine geschlechtsspezifische Scherenentwicklung ab, bei der sich die Potentiale zur Raumaneignung von Männern tendenziell erweitern, während sich die für Frauen eher verengten. So wird der Straßenraum wesentlich häufiger und intensiver (schon aufgrund der PKW-Nutzung) von Männern in Anspruch genommen, von einer nächtlichen Nutzung des öffentlichen Raumes durch Frauen einmal ganz abgesehen.
Auch wenn städtische Leitbilder, die einseitig auf Zeitakkumulation durch individuellen Personenverkehr setzen, aufgrund von ökonomischen, ökologischen und ästhetischen Erwägungen heute als überholt gelten, zeitigen diese Planungsmuster einer automobilen Gesellschaft weiterhin Folgen für das Erwerbsverhalten von Frauen. Eines der Auswahlkriterien für den Arbeitsplatz von Frauen ist die Nähe zur Wohnung. Die Verfügung eines eigenen PKW ist jedoch bei Frauen weitaus geringer als bei Männern. Dies erschwert die Möglichkeit, größere Distanzen zwischen Wohnung und Arbeitsplatz zurücklegen zu können und verweist Frauen stärker als Männer auf öffentliche Verkehrssysteme wie Bus und Bahn.
„Das Verkehrssystem in der BRD (und anderen hoch-industrialisierten Staaten) ist auf die Bedürfnisse des ganztägig berufstätigen, zwischen Wohnung und Arbeitsplatz pendelnden, überwiegend autofahrenden Mannes ausgerichtet, nicht aber auf die (zusätzlich) in Reproduktionsarbeit eingebundene, eine Vielzahl unterschiedlicher Orte (Läden, Kindergärten, Schule, Ärzte, Behörden, Freizeiteinrichtungen und auch noch einen Erwerbsarbeitsplatz) aufsuchende, sich häufig mit Kindern bewegende, Waren transportierende und meist auf öffentliche Verkehrsmittel (oder die eigene Beinkraft) angewiesene Frau. Wegen dieser beschränkten Mobilitätschancen sind Frauen gezwungen, in überteuerten Läden einzukaufen, unterqualifiziert und schlecht bezahlte Arbeitsplätze in Wohnortnähe anzunehmen, Kontakt zu Freunden und Verwandten auf ein Minimum zu beschränken und täglich eine Entscheidung zwischen der 'Sorge um ihre Kinder oder zeitlicher und körperlicher Beanspruchung' (durch Begleitung und Beaufsichtigung von Kindern) zu fällen."[480]
Es ist jedoch auch festzustellen, dass bis Mitte der 90er Jahre die Zahl der männlichen Autokäufer sehr viel höher war: Männer legten rund zwei Drittel ihrer Wege mittels PKW zurück, bei den Frauen betraf dies lediglich ein Drittel der Wege. Rund 12 % erledigten sie dabei als Mitfahrerinnen. Paralellel zum Anstieg weiblicher Berufstätigkeit stieg aber auch ihr Erwerb von Autos. Neben der schnelleren Zurücklegung von Wegstrecken gibt es allerdings für Frauen noch

---

480 Becker/Neusel 1997, S. 218

einen weiteren Grund, sich einen Pkw anzuschaffen. Ihre Mobilität – dies gilt im übrigen auch für Kinder und ältere Menschen – ist durch die Angst eingeschränkt, Opfer (sexueller) Gewalt und Kriminalität werden zu können.[481]
In diesen Kontext betten sich die Forderungen nach einer *„Stadt der kurzen Wege*“ ein, die sowohl Wohnen und Erwerbsarbeit ohne größeren Zeitverlust, die wohnungsnahe Versorgung von Kinderbetreuungseinrichtungen als auch die geringe Distanz zu Naherholungsgebieten ermöglichen bzw. herstellen sollte. Auf dem Hintergrund aktueller Debatten um Umsetzung der lokalen Agenda 21 erlangen diese Leitbilder neue Bedeutung.[482]

3.4.2 Raumaneignung, Kommunikation und Geschlecht

Die Aneignung der Öffentlichkeit, sei es in Form der symbolischen Aneignung und Besetzung von Straßen und Plätzen oder durch die Gewinnung der öffentlichen Meinung, galt sowohl als emanzipatives *Ziel* wie auch als *Mittel* der Ermächtigung von Frauen. So waren beispielswei-se der Kampf um das Frauenwahlrecht und die Bekämpfung des § 218 StGB stets Anliegen, die von den Frauenbewegungen in Form von öffentlichen Demonstrationen „auf die Straße” bzw. in die Öffentlichkeit getragen wurden: Die Frauenbewegung ist nicht lediglich unter die „neuen“ sozialen Bewegungen zu subsumieren; vielmehr kann auf die lange Tradition von Aufbrüchen und Verwahrungen gegen hierarchisch strukturierte Rollenkonzepte von Frauen zu verwiesen werden.[483]

---

481 Dörhöfer /Terlinden1998, S. 175f.

482 Zum Konzept der lokalen Agenda 21 im feministischen Nachhaltigkeitsdiskurs vgl. Claren / De Ridder / Holste / Manz-Keinke / Meyer-Thaut et al. 2001; Schachtner 2001 sowie Weller/ Hoffmann/ Hofmeister 1999
Diese Leitlinien für Wohnungsplanungen gehören inzwischen auch zu den offiziellen Verlautbarungen des Bundesministeriums für Raumordnung, Bauwesen und Städtebau. Noch fehlen allerdings Untersuchungen, die einen Zusammenhang zwischen dem Prozess der Agenda 21 und der Kapital- und Habitustheorie von Pierre Bourdieu herstellen, obgleich beide Ansätze von einer Integration ökonomischer, sozialer und kultureller Dimensionen ausgehen.

483 Bührmann 2000, Hausen 1993, Costas 1992, De Ridder 1990, Frevert 1989
Auch sind die Arbeits- und Lebensbedingungen von Frauen und deren unzureichende Beteiligung an politischen Entscheidungsprozessen bereits Gegenstand der ersten deutschen Frauenbewegung gewesen. 1848 erschien die erste Frauenzeitschrift „Dem Reich der Freiheit werb ich Bürgerinnen” unter der Ägide von Luise Otto Peters, wenngleich deren Publikation nach dem Scheitern der Revolution verboten wurde. Dennoch ist es nicht zuletzt dem Mut und der Hartnäckigkeit der Aktiven der ersten Frauenbewegung, trotz allen Konkurrenzgebarens und auch gegenseitiger Behinderung, zu verdanken, dass schließlich ab 1900 (in Baden, 1903 in Bayern und 1908 in Preußen) die Zulassung zum Hochschulstudium und 1918 das Wahlrecht für Frauen errungen werden konnte

Die räumliche Dichotomie im Geschlechterverhältnis, angesiedelt zwischen Privatheit und Öffentlichkeit, korrespondiert mit den eingeschränkten Rechten von Frauen: Frauen verfügten in Deutschland bis zum Ersten Weltkrieg weder über das aktive noch über das passive Wahlrecht,[484] sie waren zum Studium nicht zugelassen und im Bereich der Massenmedien fand man sie lediglich im Feuilleton. Frauen, so könnte angenommen werden, hatten demnach an der Entstehung der bürgerlichen Öffentlichkeit keinen Anteil, ihr marginaler Status darin kennzeichnet diese Öffentlichkeit als Männeröffentlichkeit.[485]
Als Gegenkultur zur Männeröffentlichkeit bildete sich jedoch eine weibliche Gegenöffentlichkeit aus, die sich, eng verknüpft mit den Emanzipationsbewegungen von Frauen, beispielsweise in literarischen Salons des 18. Jahrhunderts, Organisationsstrukturen der alten und neuen Frauenbewegung und ihren Publikationsorganen artikulierte. Unter diesem Blickwinkel kann für einen veränderten Öffentlichkeitsbegriff plädiert werden, der mit der *patriarchalen Konnotation von getrennten Sphären* bricht und statt dessen *Öffentlichkeit als Prozess* begreift, in dem gesellschaftliche Übereinkünfte erzielt werden. Zu deren Rahmenbedingungen gehören all jene alltäglichen und informellen Gesprächsformen und –foren, in denen Verständigung über akzeptierte und akzeptable Verhaltensmuster stattfindet und in denen traditionelle Haltungen gefestigt oder gelockert, bestärkt oder verworfen werden:
„Der Raum, in dem Frauenöffentlichkeit sich konstituiert, ist, im Unterschied zum herkömmlichen Verständnis von Öffentlichkeit als ‚Diskurssphäre des Staatsbürgers' nicht eingrenzbar. Es gibt kein Frauenforum, das dem des Parlaments, des Gerichtssaals, der Massenmedien entsprechen könnte. Frauenöffentlichkeit ist an solche ‚spezifischen Orte' nicht gebunden. Zur Kommunikation eignet sich der Park ebenso gut wie das Café, der Arbeitsplatz wie der Hausflur. Ob es sich bei den hierbei stattfindenden Gesprächen um Öffentlichkeit handelt, wird (...) dadurch bestimmt, ob den Gesprächsinhalten eine normgebende, moralsetzende und kulturbeeinflussende Wirkung zukommt."[486]
Damit bieten sich für Frauen andere Formen kultureller Kommunikation im Sinne einer rhetorischen Gegenkultur, bei der direkte kommunikative *Nähe* durch körperliche Anwesenheit, *Ruhe* als Fähigkeit des sich gegenseitigen Einlassens

---

Die weibliche „Hälfte der Menschheit", so eine Redewendung, die in der Zeit der Französischen Revolution aufkam, artikulierte ihre Forderungen nach einer gleichberechtigten Teilhabe aller Bereiche des öffentlichen Lebens ja nicht erst mit dem Auszug der Frauen aus dem Sozialistischen Deutschen Studentenbund (SDS), der sich im Zuge der Studentenunruhen der 60er Jahre dieses Jahrhunderts zum Wortführer der Protestbewegung entwickelt hatte. (Gerhard 1995; Nave-Herz 1997, S. 54)

484 In der Schweiz erhielten die Frauen das Wahlrecht sogar noch später: Im Kanton Ury dürfen Frauen erst seit 1984 wählen.

485 Klaus 1994, S. 73

486 ebenda, S. 80f.

in eine kommunikative Interaktion sowie *Intimität* in Form des sich An-Vertrauens zu den grundlegenden Prämissen von Gegenerfahrung und Gegenwissen gehören.[487] Frauenöffentlichkeit trägt aber vor allem durch ihre Ventilfunktion affirmative und eben nicht emanzipative Züge; innerhalb der geschlechtshomogenen Gruppe wird der Lebensort durch den Austausch lediglich erträglicher, was schließlich männliche Dominanz eher absichert, als dass es diese in Frage stellt.

Dem Begriff der Frauenöffentlichkeit stelle ich nun den einer *feministischen Öffentlichkeit* gegenüber, in der zwar *auch* aber eben *nicht nur* Häuslichkeit, Familie und private Beziehungen thematisiert werden. Hier geht es vorrangig um Selbstfindung und Selbstvergewisserung durch Fremdakzeptanz:

„Feministische Öffentlichkeit war dort am wirksamsten, wo sie die ideologischen Mauern zwischen Privatheit und Öffentlichkeit, Gesellschaft und Familie durchlässiger gemacht hat; wo sie einerseits bislang Verschwiegenes, in der häuslichen Intimität Verborgenes, publik gemacht und andererseits das vermeintlich objektive oder zweckrationale Handeln gesellschaftlicher Institutionen als Mythos offengelegt hat."[488]

Es ist jedoch anzumerken, dass schon das Aufkündigen der Verheimlichungsprozesse von Frauen und ihren Lebensrealitäten durch die Artikulation und die Kommunikation der eigenen Anliegen begegnet werden kann und starre Weiblichkeitsmythen damit diskursiv dekonstru-iert werden können.[489] Allerdings soll keineswegs geleugnet werden, dass gesellschaftliche Machtpositionen bisher keinem geschlechtsegalitären Verteilungsmuster entsprechen, vielmehr sind Frauen nach wie vor aus wichtigen gesellschaftlichen Positionen ausgeschlossen. Die Beanspruchung öffentlicher Räume birgt für Frauen dabei immer auch die Erfahrung, nicht über die „richtige" Geschlechtszugehörigkeit zu verfügen, so dass sie sich als nicht „zugehörigig" erleben und sich bei Durchbrechen solcher räumlichen Grenzen eher den Status von Grenzgängerinnen attestieren:

„Bei der Aneignung neuer Räume müssen Frauen nicht nur ihre Verunsicherung durch das Neue und Unbekannte meistern, sondern zudem noch damit umgehen, diesen Raum mit dem ‚unpassenden' Geschlecht zu betreten. Der erste Schritt in fremde Räume, noch dazu solche, die nicht für die eigene Person bestimmt sind, macht beklommen und eine neue Orientierung und Balance zwischen Angst und Wagemut notwendig. Von den Räumen selbst geht dabei eine Dynamik aus, die direkt ins Unbewusste trifft (...)."[490]

Ähnlich argumentiert *Seyla Benhabib* in einer kritischen Würdigung des Begriffs des öffentlichen Raumes bei der Philosophin *Hannah Arendt*. Deren

---

487 Modelmog 1991
488 ebenda, S. 92
489 Hanson/Pratt 1995, 157ff.
490 Brückner 1994, S. 34

Skepsis gegenüber Frauen in politischen Führungsrollen und ihre Opposition „gegen die sozialen Dimensionen der Frauenbewegung"[491] schließt sie die Frage an, ob der Feminismus selber mit dem „Versuch, das Private zu ‚politisieren"[492] einem kategorialen Fehler aufsitze, da die Politisierung des Privaten nicht nur zur Emanzipation von Frauen, sondern auch zur „Beseitigung der letzten Spuren menschlicher Freiheit in der modernen Welt"[493] durch eine neue Version autoritärer Politik führen könne: Während Hannah Arendt den Prozess der Sphärentrennung als Ausdifferenzierung eines politischen und eines familialen privaten Bereichs in moderen Gesellschaften beschreibt und „die wirtschaftlichen Abläufe aus dem verborgenen Bereich des Haushalts, auf den sie bislang begrenzt waren"[494] als moderenen Transformationsprozess skizziert, ist ihr Öffentlichkeitsbegriff vor allem auf dem Hintergrund ihrer Theorie des Totalitarismus zu interpretieren.[495]
Arendt hat hier die Begriffe des „agonalen Raums" und des „Assoziationsraums" geprägt: Während der agonale Raum denjenigen Raum darstellt, der durch seinen ausschließenden Charakter, eher auf Wettbewerb beruhend, moralische und politische Größe offenbart, ist der Assoziationsraum als Ort des Handelns eng mit männlichem Einverständnis, Freiheit, Zugehörigkeits- und Loyalitätskriterien verbunden. Dieser Raum ist dabei nicht zwingend topographisch verortet: Orte des Handelns können sowohl das eigene Wohnzimmer als Treffpunkt politischer Zirkel wie auch das Rathaus oder der städtische Platz sein.
„Während jede wirkliche Politik und Machtbeziehung eine agonale Dimension haben, in dem Sinne, dass es dabei um einen Wettstreit um Unverwechselbarkeit und Auszeichnung geht, ist mit agonaler Politik immer auch eine assoziative Dimension verbunden, die auf der Macht der Überzeugung und des Konsens beruht. In dieser Hinsicht muss die Unterscheidung zwischen den beiden Modellen weniger scharf gefasst werden. Aber der agonale Raum hat einen weniger freundlichen Aspekt, der viele Feministinnen veranlaßt, ihn als Ausdruck der vorherrschenden männlichen Todeserfahrung durch Krieg und Behrrschung anzuprangern."[496]
Hannah Arendt hat damit nicht nur eine Theorie des politischen Handelns und politischer Öffentlichkeit entwickelt, sie hat diese auch in einen sozialräumlichen Kontext eingebettet:

---

491 Young Bruehl zit. nach Benhabib 1994, S. 273
492 Benhabib 1994, S. 273
493 ebenda
494 Benhabib1994, S. 277
495 Braun 2002, S. 143 f.
496 Benhabib 1994, S. 281

„Das Handeln konstituiert den öffentlichen Raum und sichert seinen Bestand und der öffentliche Raum wiederum bildet zusammen mit den Dingen des Herstellens einen wesentlichen Bestandteil der Welt."[497]

Seyla Benhabib folgt dieser Trennlinie nicht ganz so scharf; vielmehr versucht sie Hannah Arendts Ansatz feministisch zu interpretieren:

„Während Hannah Arendts agonales Modell des öffentlichen Raumes der gesellschaftlichen Realität der Moderne ebenso widerstreitet wie den moderenen politischen Kämpfen um Gerechtigkeit, könnte ihr Assoziations-Modell des öffentlichen Raums ein wesentlicher Ausgangspunkt für eine feministische Kritik an der Umwandlung des öffentlichen Lebens im Spätkapitalismus sein. Feministische Politik (...) hat zu dem Prozess beigetragen, durch den die Sphäre des Öffentlichen sich ausgedehnt hat, während zugleich deren Einfluss und Legitimität geschrumpft sind."[498]

In Hannah Arendts Begriffsbildung wird einerseits zwischen Privatheit als Intimität, Gebor-genheit, Schutz vor der Öffentlichkeit sowie Verborgenheit und andererseits zwischen Gesell- schaft und Politik als Raum politischen Lebens differenziert. Nicht verkannt werden sollte m. E. jedoch, dass der private Raum selbst auch durch Macht- und Herrschaftsstrukturen geprägt wird. Auch wenn die Staatsfreiheit des Privaten häufig als „herausragende liberal-bürgerliche Errungenschaft hervorgehoben"[499] wird, bleibt sie ein Mythos.[500]

Gleichwohl deckt sich die Interpration des Privatraumes als geschützter Raum mit der Wahrnehmung vieler Frauen. Zudem geht auch in wohlfahrtsstaatlichen Gesellschaften die Ver-Öffentlichung „reproduktiver" Tätigkeiten wie Pflege und Erziehung mit einem Prozess der Bürokratisierung einher. Ich plädiere daher für einen positiven Begriff von Privatheit, der die Ausklammerung von staalichem Autoritarismus impliziert.

Die „feministische Politik" ist aus meiner Sicht dabei längst nicht mehr eine nur von „autonomen" Frauen getragene Bewegung, sondern wird in ihren Errungenschaften von zahlreichen Frauen genutzt, die vermutlich weit davon entfernt wären, sich selbst als „Feministinnen" zu bezeichnen: Das moderne Versprechen

---

497 Braun 2002, S. 149

498 Benhabib 1994, S. 295f.

499 Berghahn 1997, S. 205

500 Sabine Berghahn verweist in diesem Zusammenhang auf Reformen im Straf- und Familienrecht, die eine Erleichterung im Scheidungsrecht (1977) und die Aufhebung der Paragraphen zu Ehebruch und Kuppelei (1969 bzw. 1973) erbrachten sowie die Entkriminalisierung der Homosexualität (endgültig erst 1994). Unter Bezugnahme auf die staatliche Unterstützung der Heterosexualität, die Benachteiligung von Homosexualität, die Reglementierung von Prostitution und Schwangerschaftsabbrüchen entwickelt die Politikwissenschaftlerin *Birgit Sauer* die folgende Formulierung: „Nichts ist mehr privat, nichts ist mehr intim. (...) Alles, was staatliche Institutionen aufgrund hegemonialer Verhältnisse nicht regeln wollen, wird als privat definiert." (Sauer 1997, S. 38)

gleicher Partizipation in Öffentlichkeit und Politik ist für die Veränderung patriarchaler Gesellschaftsstrukturen von besonderem Interesse. Frauen in demokratischen Bewegungen und Frauenbewegungen haben sich stets darauf berufen, damit der Kampf um Geschlechtergerechtigkeit aus der Privatsphäre hinter den Kulissen auch auf die Bühnen der Öffentlichkeit getragen wird.[501]
Die Kritik an einer Dichotomisierung von Privatheit und Öffentlichkeit ist aus feministischer Perspektive nicht neu.[502]
„Soziale Breitenwirkung und persönlicher Veränderungswille haben Frauen auch innerhalb von traditionellen Institutionen zu Feministinnen gemacht. In zahlreichen kulturellen und öko- nomischen Bereichen sind Projekte und Ideen der Frauenbewegung fest etabliert. Ihre Themen haben, mal mehr mal weniger, Konjunktur. Eine Professionalisierung von Frauenpolitik ist unübersehbar."[503]
Neben dem öffentlichen ist jedoch auch der private Raum politisch geprägt und beeinflussbar, was die Notwendigkeit einer Ver-Öffentlichung von Fraueninteressen und die Öffnung geschlossener Räume als Sichtbarmachung des Privaten im Öffentlichen allerdings umso mehr betont. In diesem Zusammenhang lässt sich die Frage aufwerfen, ob diese räumliche Dichotomisierung, wie sie vielfach in sozialwissenschaftlichen Publikationen zu finden ist, nicht schon aufgrund der Forderung ‚Das Private ist politisch!' hinterfragt werden muss: Zwar lässt die berufliche Teilhabe von Frauen an der Berufswelt den Schluss zu, dass die Nutzung öffentlicher Räume durch Frauen erst dann selbstverständlich werde, wenn „Not am Mann" besteht,[504] dennoch ist die Ausklammerung des Öffentlichkeitsbegriffes in der Frauenforschung bei der Kategorisierung von Räumen erklärungsbedürftig.[505]
Auf dem Hintergrund einer Erweiterung des Arbeitsbegriffes, wie er durch virtuelle Formen des Arbeitens wie etwa der Telearbeit zu diskutieren ist, kann allerdings diese Losung variiert werden: Das Private ist demnach nicht nur politisch, sondern darüber hinaus auch ökonomisch relevant: Die emotionale Erweiterung des Arbeitsbegriffes und die Erneuerung der Ökonomie ergänzen sich gegenseitig.[506]

---

501 Kröhnert-Orthmann / Lenz 2002, S. 175f.
502 Cohen 1994, S. 303
503 Meyer 1994, S. 388
504 Nissen 1998, S. 141ff.
505 Zu den zentralen Themen der Frauenforschung gehört die berufliche und politische Partizipation von Frauen, wenn auch nicht immer in Bezugnahme auf die Dichotomie von Öffentlichkeit und Privatheit. Zahlreiche Publikationen widerlegen, dass eine Reduktion von Frauen auf den häuslichen Bereich, wie dies dem bürgerlichen Ideal des 19. Jahrhunderts entsprach, tatsächlich stattgefunden hat.
506 Hesse 2003, S. 105

3.4.3 Die Privatisierung des öffentlichen Raumes

Räumliche Segregation manifestiert sich u. a. als Verteilung von Wohnstandorten unterschiedlicher sozialer Gruppen. Als Ausdruck sozialer Ungleichheit im Bereich der Produktions- und Reproduktionssphäre sowie der Konsumtion gehört sie zu den zentralen Forschungsfeldern der Stadt- und Wohnsoziologie. Merkmale wie Klasse/Status, Geschlecht, Haushalts-form, soziales Milieu oder Lebensstile finden dabei zunehmend Berücksichtigung:
„Die Bedeutung dieser Dimensionen wird insbesondere in der Nutzung von Wohnraum – dem zentralen Träger der Aspekte räumlicher Ungleichheit – deutlich: Die ökonomische Position, aber auch kulturelles und soziales Kapital (...) bestimmen ebenso wie Diskriminierungen über askriptive Merkmale die Zugangschancen zum Wohnungsmarkt respektive zu einzelnen Segmenten. Wohnungen sind der Ort der Reproduktion (...). Die Geschlechterrollen bestimmen den Haushaltstypus und damit auch die erstrebte Zentralität des Wohnstandortes. Die Konsumtion von Wohnraum besteht zum einen in einem Mengeneffekt (Wohnfläche pro Person), zum anderen in der zunehmenden demonstrativen Stilisierung des Wo- und Wie-Wohnens (symbolisch-distinktiver Effekt).“[507]
Die Zunahme an Komplexität im städtischen Raum und dessen Segregation, wie von Simmel, und der Chicago School beschrieben,[508] sind ebenfalls Thema der Studien des US-amerikani-schen Soziologen *Richard Sennett.*[509] Als Tour d'horizon von der Antike bis heute beleuchtet er Formen und Verlaufsprozesse eines Verfalles öffentlicher Lebenswelten im Kontext aktueller Industriegesellschaften. Ein besonderes Augenmerk legt er dabei auf die Fragestellung, welche Folgewirkungen aus der Abkoppelung von privatem Raum und Öffentlichkeit als Er-fahrungsforen von Gemeinwesen resultieren. Er kritisiert, dass zeitgenössische Urbanisie-rungskonzepte die Hoffnung auf eine umfassende, die Stadt als Ganzes einzubeziehende Planung zugunsten begrenzter Gemeinschaftsformen

---

507 Dangschat 1998, S. 33f.

508 In der Stadtsoziologie ist dieser kultursoziologische Ansatz zuerst von den Vertretern der Chicagoer Schule, insbesondere bei Louis Wirth, aufgenommen worden; ihre Arbeit wird weitestgehend als Fortführung der Simmelschen Untersuchungen betrachtet. Die Stadt erscheint dabei zugleich als Ort auf der Landkarte, als kulturelle Tatsache wie auch als moralische Ordnung, die in einem direkten Zusammenhang mit bestimmten Lebensweisen steht. Personale und soziale Identität der Individuen manifestieren sich in der spezifischen Form des urbanen Erfahrungsraumes.

509 Die Stadtsoziologie Richard Sennetts versteht sich als Nachfolger der Chicagoer Schule; jedoch ist Sennett -anders als seine Vorläufer -in einem weit größerem Umfang zu kulturellen Relativierungen bereit. Während Louis Wirth etwa in den Handlungssubjekten noch eine "feste Größe" sieht, wird bei Sennett die Form des individuellen Selbstverständnisses zu einem kontingenten Ereignis abendländischer Kulturentwicklung. Damit schließt Sennett wiederum den Bogen zur Soziologie Simmels.

weitestgehend aufgegeben hätten. Einer „*Tyrannei der Intimität*“[510] wird damit Vorschub geleistet; die Stadt entwickelt sich zum entfremdeten, atomisierten Bereich, bei dem die Überlagerung mehrerer Funktionen auf einem Territorium diese zu einem komplexen Erfahrungsraum gedeihen lässt. Diese Atomisierung der Städte kann jedoch nicht ohne Folgen für das soziale Gefüge bleiben:
„Zu den Kosten, die diese Zerstörung des öffentlichen Raums letztlich verursacht, gehört auch die paradoxe Hervorhebung des Werts der Gemeinschaft. Denn mit der Atomisierung der Stadt, die es etwa für Väter und Mütter schwierig macht, bei der Arbeit das Spiel ihrer Kinder zu beaufsichtigen, nimmt das Verlangen nach Kontakt mit anderen Menschen zu. In den amerikanischen Vorstädten befriedigen vor allem Vereine auf freiwilliger Basis dieses Verlangen; im Namen irgendeiner gemeinsamen Aufgabe oder eines gemeinsamen Vorsatzes kommen die Leute dort zusammen, um für die Verwundungen, die ihrer Lebenswelt durch die Stadtplaner zugefügt wurden, einen Ausgleich zu finden.“[511]
Die Logik der Gemeinschaften tendiert zu einer immer stärkeren Einengung und Lokalisierung. Diese wird zugleich mit dem Charakter eines emotionalen Residuums sowie einer territorialen Barrikade innerhalb der Stadt verknüpft. Die Konflikte zwischen menschlicher Psyche und Gesellschaft haben damit eine geografische Dimension erhalten, bei der das Gemeinschaftliche gegen das Urbane, das Territorium warmherziger Gefühle gegen das Territorium anonymer Leere steht.[512]
Die Projektion eines individuellen Selbstverwirklichungsstrebens färbt auf den urbanen Raum ab, städtischer Raum wird damit zum Spiegel neuer narzisstischer Verhaltensstandards, die sich u.a. in Form von

- prestigefördernder Oberflächengestaltung,
- der Heraushebung gegenüber angrenzenden Räumen,
- der Betonung von emotionaler Erlebnisqualität
- der Offenheit bzw. Abgrenzung von sozialen Gruppen

niederschlägt.
Auch die Erfahrung des Scheiterns der Selbstrepräsentation gehören zum urbanen öffentlichen Raum etwa durch

- den Verlust sozialer Bindungen,
- heftige Schwankungen des Selbstwertes zwischen Festivalisierung[513] und Marginalisierung oder
- eine ausgeprägte Abwehr gegen soziale Randgruppen.

---

510 so der Untertitel seines Hauptwerkes

511 Sennett 1994a, S. 375f.

512 ebenda, S. 379

513 Für den Freizeitforscher Opaschowski ist Urbanität immer auch mit inszenierter Erlebniskultur und der Festivalisierung des Stadtraumes verknüpft, ohne dass dies stets negativ bewertet werden muss. (Opaschowski 2000, S. 14)

Stadtplanung und -entwicklung sind folglich dazu aufgefordert, die Begabung der Menschen zum Gruppenleben auch unter Bedingungen großer Bevölkerungsdichte zu berücksichtigen:
„Die Kunst, Städte zu bauen, ist keine Geheimwissenschaft. Jahrhundertlang wurde sie mit großem Erfolg geübt, zumeist von Architekten, die über keine formale Ausbildung verfügten. Historisch betrachtet sind das Absterben des öffentlichen Raums und die Pervertierung des Gemeinschaftslebens, an denen die bürgerliche Gesellschaft des Westens krankt, Anomalien. (...) Kurzum, wenn die Stadtplanung die Qualität des Lebens dadurch verbessern will, dass sie es intimer gestaltet, dann erzeugt ihre vermeintliche Menschenfreundlichkeit eben jene Sterilität, die sie eigentlich beheben will."[514]
Neuere bauliche Konzepte scheinen dies zu bestätigen: Für den US-amerikanischen Soziologen *George Ritzer*, der eine zunehmende *„McDonaldisierung"* der Gesellschaft kritisiert, steht das Fast-Food-Unternehmen nicht nur für die Form einer neuen Esskultur. Vielmehr ist sie durch die Faktoren Effizienz, Berechenbarkeit, Vorhersagbarkeit und eine verstärkte Kontrolle typisch für Trends in allen anderen Lebensbereichen. Menschliche Arbeitskraft wird durch nichtmenschliche Technologie ersetzt.[515]
Am Beispiel der nach ihrem Bauherrn Levitt benannten Fertigbausiedlung Levittown, das im Staat New York Anfang der 50er Jahre entstand, zeigt Ritzer auf, dass die McDonaldisierung als tiefgreifender Prozess verstanden werden muss. Die auf der „grünen Wiese" aus Fertigbauteilen zusammengesetzte Wohnsiedlung am Stadtrand zwang die BewohnerInnen zur stetigen Benutzung eines eigenen Fahrzeuges, wodurch einem entsprechenden Konsumverhalten, so etwa auch der Nutzung von Fast-Food-Restaurants, Vorschub geleistet wurde. Die Arbeit der Bauarbeiter, deren Belieferung durch die am Rande der Wohnanlage angesiedelten Lagerhallen, Holz- und Installationswerkstätten, Sand-, Kies- und Zementfabrik erfolgte, wurde nach fordistischem Muster durchgeplant und umgesetzt. So entstanden denn auch eine Reihe fast gleichartig aussehender Häuser, deren Baukonzept später in den USA zahlreiche Nachahmer fand, wenn auch das Wohnen in den annähernd identischen Häusern und stark rationalisierten Siedlungen kritisch hinterfragt wurde. Gleichwohl nutzten die FabrikarbeiterInnen und BewohnerInnen der Siedlung ihr Auto nicht nur, um zur Arbeit oder zu ihrem Zuhause zu gelangen, sondern eben auch zu den Fast-Food-Restaurants, zu deren größter Klientelgruppe sie folglich wurden.[516]
Ein weiteres Element dieser baulichen Strukturen liegt in der Entstehung überdachter Einkaufspassagen, die zwar zunächst im Europa des vergangenen Jahr-

---

514 Sennett 1994a, S. 393

515 Ritzer 1997, S. 15ff; vgl. auch Széll 2005, S. 59.

516 ebenda, S. 55ff.

hunderts entstanden, aber im Rahmen einer zunehmend auf den PKW verwiesenen Gesellschaft ein neues Gesicht erhielten:
„Einerseits bieten die Einkaufspassagen solchen Ketten (wie McDonalds, A. d. V.) einen vorhersagbaren, gleichförmigen und gewinnträchtigen Ansiedlungsort. Wo eine neue Passage gebaut wird, reißen sich die Ketten um die Ladenlokale. Andererseits könnten die Passagen viele Flächen nicht vermieten und deshalb nicht existieren, wenn es die Ketten nicht gäbe. Kettenläden und Einkaufspassagen sind also aufeinander angewiesen. Sie sind zwei Parallelprodukte des schnelllebigen Automobilzeitalters, die voneinander leben und dabei die McDonaldisierung weiter vorantreiben."[517]
Folgerichtig entstand die so beschriebene McDonaldisierung nicht in einem historischen Vakuum, sondern bezog historische Vorläufer mit ein, deren Grundlagen (Fließbandarbeit, Rationalisierung, Bürokratie und Managementkonzepte etc.) sie sich zunutze machen konnte.
„The McDonaldisation of the world is also a form of cultural globalisation, because food and drinks are one of the most specific traits of a culture (...). It does not include only the production of a 'World product' (...) including its marketing and a special global divison of labour, but also a form of cultural Globalization, for eating and drinking are some of the most specific characteristics of a culture. However, the cultural industry in its classical sense was since ever been characterized by precarious and bad working conditions."[518]
Kriterien wie Kostensenkung, Kontrolle und Lagerbestand führten auch zu Formen des Versandhandels und des Tele-Shoppings, die ja bekanntlich kein rein US-amerikanisches Phänomen mehr sind.
Auch der *Freizeitsektor* wird augenscheinlich zunehmend durch ähnliche Prinzipien beeinflusst. So entstanden im Zuge der Fitness-Welle nicht nur neue Marktsegmente wie bspw. die Fitnesscenter, sondern im Sinne einer „effizienteren" Freizeitgestaltung ganze Erlebnis- und Vergnügungsparks, für das beispielhaft *Disneyworld* und dessen europäisches Pendant *Euro Disney* in der Nähe von Paris zu nennen wären, das aus der Sicht des Konzerns durchaus auch dem europäischen, stark kommerzialisierten Massengeschmack zu korrespondieren scheint. Disney gewinnt damit nicht nur sein Image als Produzent von Trick- und Spielfilmen als „Kreuzungspunkt des US-amerikanischen Weltgeschmackskonzentrats",[519] sondern plastifiziert zugleich ein Stück ihrer Heilen-Welt-Ideologie in seinen Vergnügungsparks.
„Zeichentrick und Kinderzimmer geben den Transformationsrahmen für die nostalgische Infantilisierung ab. Das in die freie Luft gesetzte, überdimensionierte Interieur wuchert zur autoritär-didaktischen Bilderbuchlandschaft. In seiner un-

517 ebenda, S. 59
518 Széll 2005, S. 59
519 Brinkemper et al. 1994, S. 33

wahrscheinlichen Raumstruktur wird der Park zur Startrampe der Globalisierungsstrategie, mit der Disney die Freizeit- und Medienmärkte in Europa und in aller Welt erobert hat. Die kleine Micky-Maus – das bist du. Für den mausifizierten Betrachter wird der Trickfilm zur ideologischen Wahrnehmungskrücke, die die Prothesenwelt zusammenhält."[520]

Gerade aber das Beispiel Euro Disney zeigt deutlich, wie begrenzt die Vereinheitlichung hin zu einer globalen (hier kommerzialisierten) Kultur denn doch sein kann. Euro Disney machte nicht nur nicht in den Anfangsjahren vor allem dadurch Schlagzeilen, wie wenig die von der Konzernspitze erwarteten Gewinne tatsächlich erzielt werden konnten - und dies trotz des Ganges an die Börse und massiver Eingriffe in die Präsentation von Printmedien und öffentlich-rechtlichen Sendern, wie beispielsweise bei der Gestaltung des ehemals von der ARD ausgestrahlten Kindersendung Disney Club -, das Management war schließlich gezwungen, sein Vergnügungsparkkonzept zu „europäisieren", wollte es erfolgreich werden.

Ein weiteres Beispiel ist die Schaffung der für Außenstehende hermetisch verriegelten Stadt *Celebration* in Florida, ein Produkt des Disney-Konzerns: Der Bezug der 350 Häuser der 1995 fertiggestellten Disney-Siedlung musste unter 5000 BewerberInnen ausgelost werden. Dabei stellt Celebration City ein denkbar einfaches Konzept dar, das vermutlich vor allem dadurch besticht, dass es der US-amerikanischen Mittelklasse entsprechen dürfte:

„Was sie wollten, als sie nach Celebration zogen, war eine Stadt, in der man sich zu Hause fühlen kann, statt in ihr nur eine Adresse zu haben. Eine Stadt, in der man kein schlechtes Gewissen haben muss, weil man von Obdachlosen und Schnorrern umzingelt wird, und in der man kein frostiges Gesicht aufsetzen muss, um nicht dumm angequatscht zu werden. Genau so eine Stadt will Celebration sein, überschaubar und heimelig, im Winter nach Lebkuchen riechend statt nach Armut und im Sommer nach unschuldigem Vergnügen und nicht wie ein Hexenkessel. So hat es Disney versprochen, und wenn Disney dergleichen verspricht, kann man es getrost glauben. Niemand hat mehr Erfahrung im Errichten von Idealwelten."[521]

Wer in Celebretion City leben will, muss sich der Hausmacht und -ordnung des Konzerns, die schon bei der Auswahl der angebotenen vier Fertigbautypen beginnt,[522] gänzlich unterwerfen.[523] Unterstützt wird das Konzept durch private Sicherheitsdienste und einen Bürgermeister, der die Richtlinien des Konzerns als

---

520 ebenda, S. 34

521 Praschl 1998, S. 241

522 Variabilität besteht lediglich bei den Fassadentypen. Hier können die KundInnen zwischen „classical", „victorian", „colonial revival", „costal", „french" „mediterranean" und „craftsmen" wählen. Dies zeigt m. E. eine deutliche Restandardisierung von Wohnstilen. (Vgl. Roost 2000, S. 67ff.)

523 Maak 1999, Süddeutsche Zeitung vom 16./17.01.1999

Kontrolleur wie ein Blockwart umsetzt. In seinen Augen dürfte schon ein nicht gemähter Rasen Anlass zu einer ersten Abmahnung der BewohnerInnen geben. So wird Celebration City zu einem idealen, fast spirituell anmutenden Wohnort, in dem soziale Probleme dank des durch die Konzernspitze geregelten Zuzugs und einer durch sie kontrollierten Infrastruktur von Geschäften und Schulen gar nicht erst entstehen sollen. Die gespenstisch saubere Stadt geriert als Ordnungsfantasma zu einer Traumwelt, in deren Areal weder Platz für Unrat, Armut noch Delinquenz ist.
Zumindest für den Disney-Konzern birgt dieses Modell den Vorteil, den öffentlichen Raum so behandeln zu können, als wäre er privater Besitz des Unternehmens - die Okkupation des öffentlichen Raumes hat damit längst begonnen.
Das Modell dieses Disney-City-Plots profitiert von der Angst vor Kriminalität ihrer BewohnerInnen, die diese bisher eher in die „gated communities" der Vorstädte trieb. Auch diese elitäre „Wohnfestungen"[524] grenzen sich mit einer ausgeklügelten Verteidigungsapparatur vom städtischen Raum ab, privatisieren ursprünglich öffentliche Funktionsbereiche und versprechen Schutz vor sozialen Konflikten.
Shopping Malls, Passagen und Atrien prägten in den letzten Jahren zunehmend auch das bundesdeutsche Stadtbild. Peter Noller[525] schreibt diese Entwicklung dem US-amerikanischen Vorbild zu, da hier in den fünfziger Jahren im kalten Norden und im heißen Süden die „Markthalle" als wohltemperiertes Einkaufszentrum entdeckt worden sei. Anders als in den USA werde aber in Europa durch die Malls der Versuch gestartet, das Städtische ins Zentrum zurückzuholen, statt es an den Stadtrand auszugliedern. Vor allem solle die Ästhetik des Raumes und die theatralische Inszenierung des Urbanen im Inneren der Malls und Passagen demonstriert werden. *Richtig* ist aber vielmehr, dass die Vorbilder der „reurbanisierten" Innenstädte auf wesentlich ältere Konzepte zurückgehen: Die *Galerie Saint-Hubert in Brüssel* entstand als erste überdachte Ladengalerie Europas bereits 1846/1847. Um die Jahrhundertwende wurden zudem in Frankreich und Belgien große überdachte Galerien und Kaufhäuser als „shops in the shop" gebaut, so bspw. die bekannte Galeries Lafayette, die u. a. den PlanerInnen beim Postdamer Platz in Berlin Mitte Modell stand.
Celebration City und andere gated communities zeigen schon heute Konsequenzen für Konzepte der Urbanität und städtischen Lebens, die die sozialen Demarkationslinien noch deutlicher als bisher hervortreten lassen. Kulturkritisch lässt sich daher das folgende Szenario entwerfen:[526] In den US-amerikanischen Großstädten gleichen die Stadtviertel der Gutsituierten immer mehr Hochsicherheitstrakten, die zu nächtlichen Zeiten dank Sensorensteuerung taghell erleuchtet

---

524 Maak 1999

525 Noller 1999, S. 159

526 Unter Bezugnahme auf *Mark Davis* „City of Quartz", 1994

werden können - Festungsstädte, in denen Sicherheit zum Statussymbol werde. In den „Edge Cities“[527] herrrschen eigene Regeln, die nicht durch demokratische Legitimationsprozesse abgesichert sind, sondern durch eine regulierte Kontrolle (Polizei, Verträge) sowie durch Abschottung nach außen (Mauern, Alarmanlagen, Wachdienste) durchgesetzt werden.
Für *Mike Davis* stellt die postmoderen Stadt damit eine post-liberale Stadt dar: Der fragmentierte Stadtraum verhindert das Entstehen von Gemeinschaften; die Menschen suchten daher ihr Heil in den *Theme parks*, leichtvermarktbare und vorgeprägte Orte, die die Fantasien eines sorgenfreien, suburbanen Lebens bedienen sollen,[528] während die fehlende Verbundenheit mit der Außenwelt durch eine simulierte Gemeinschaft anhand von Informations- und Kommunikationstechnologien kompensiert und neu erschaffen werden kann. Die veränderten Arbeitsbedingungen, die IT-Revolution und die Globalisierung hätten demnach eine kapitalistische Stadt hervorgebracht, in der die Orte flexibilisiert und deren BewohnerInnen durch kulturelle Homogenisierung und neue soziale Trennlinien bedroht werden.[529]
Fraglich ist jedoch, ob ein solches Wohnkonzept, in Europa ähnlich erfolgreich wäre, wie es in den USA zu sein scheint:
Man kann darin eine Pervertierung des von Foucault beschriebenen Panoptikums erkennen: Während früher die Außenwelt ausgeschlossen wurde, sind es heute die Edelghettos, in denen die Innenwelt eingeschlossen wird, während das Bedrohende nicht mehr in Gefängnissen, Anstalten und anderen Institutionen eingeschlossen, sondern ihm der Zutritt verwehrt wird - eine seltsame Umkehrung.
Zugleich zeigt sich darin die Konzentration des Bodenbesitzes in der Hand Weniger. Betretenverboten-Schilder an privaten Grundstücken machen jenen Apartheidcharakter deutlich, der sich zu einem heimlichen und lautlosen Krieg auswachsen und der Gesellschaft fast unmerklich eine neue Geografie verpassen kann.
„Der öffentliche Stadtraum wird schleichend, aber unaufhaltsam privat okkupiert, und die Menschen, die nicht zu den „happy few“ gehören, werden aus ihm ausgegrenzt und ausgeschlossen. Dass Shopping Malls nur durch die Parkgarage erreichbar sind, ist schon der erste Selektionsmechanismus (...). Überwacht werden sollen nicht diejenigen, die eine Bedrohung darstellen, sondern das panoptische Auge bildet einen Schutzschild der Privilegierten, die unter ihresgleichen bleiben, so wie die „gated communities“ zu Wohlstandsinseln, aber eigentlich eher Wohlstandsghettos werden, wo niemand mehr weiß, wer nun ein- und wer ausgeschlossen ist. Die Wohlhabenden in ihren geschützten Siedlungen schlie-

---

527 Garreau 1991

528 Davis 1994 und 1999

529 Soja 2000

ßen sich ein, sie machen sich selbst zu Gefangenen, auch wenn ihnen, weil das Leben draußen von Mal zu Mal gefährlicher wird, keine andere Wahl bleibt."[530]
Zeitgleich entwickelten sich in den Städten des sog. „Nordens" Armen- und Fremdenghettos, in den Ländern des „Südens" hingegen entstehen luxuriöse Feriensiedlungen mit Ghettocharakter, eine Landnahme, die wiederum für die dortige Bevölkerung in die Verarmung führt bzw. Arme produziert. Das Land wird besetzt und die Menschen durch ihre Verarmung überflüssig gemacht.
„In den USA existieren Großstädte nur mehr als ‚metropolitain areas', als immer weiter verkommende, sich selbst überlassene Innenstadt mit prosperierenden ‚Suburbias'. Die Mittelklasse ist geflohen aus jener, Gewalt und Dreck verheißenden *downtown*; anstelle des Kunstmuseums und der Bibliothek tritt der *shopping mall*: der künstliche ‚Erlebnis'-Raum statt des eigentlichen Erlebens."[531]
Die „Sozial-Utopie-Manager"[532] des Disney-Konzerns haben just dieses Sicherheits- und Erlebnisbedürfnis aufgegriffen und mit der Glücksverheißung einer „front-door-friendlyness" verknüpft, die die Rückkehr ins grüne Wohnparadies verspricht. Intimität verläuft nach der Richtschnur der Lokalisierung menschlicher Erfahrungen, bei der die Stadt zum Instrument nichtpersonalen Lebens und zum Angstraum vor Anonymität verkommt:
„Celebration wird zur urbanen Arche Noah, deren vorpatiniertes Lebensgefühl dem stadtmüden Besserverdiener Zuflucht vor einer haltlosen Gegenwart bietet. Celebration ist eine Wiedergeburt der Idealstadt aus dem Geist der Kulissenarchitektur. (...) Disneys Idealstadt ist eine All-American-Town, ein ästhetischer Universalcode, dessen Botschaft überall im Land verstanden wird. Schon das verbindet die Stadt zeitgleich mit amerikanischen Filmen und Comics. (...) So, wie Mia Farrow in ‚Purple Rose of Cairo' aus dem Zuschauerraum in die Leinwand steigt, macht der realitätsmüde Großstädter hier das eigene Leben zum Film."[533]
Diese Analyse bietet Anlass, in einem weiteren Arbeitsschritt nach der Qualität des Urbanen zu fragen.

3.4.4 Orte und Nicht-Orte: Urbanität, städtische Lebensqualität und Zivilgesellschaft

Wenn wir den Blick auf die Qualität des Urbanen richten, treten einzelne angesprochene Aspekte noch deutlicher hervor. Worin etwa liegt die viel beschworene Aura des Urbanen? Was macht die „Erotik" des Städtischen[534] aus? Welche

---

530 Schmidt 1998, S. 58
531 Hesse in Süddeutsche Zeitung 24.6.1997
532 Maak 1999
533 Maak 1999
534 Rodenstein 1994; Mersch 2000

gesellschaftlichen Konstrukte manifestieren sich in der Ordnung und der Struktur der Städte? Oder unterliegt „Stadt“ nicht vielmehr einer Verklärung oder zumindest einer Überzeichung?
Folgt man neueren Diskursen zu städtischen Räumen, kommt man unweigerlich zu dem Schluss, dass die Stadt mit ihren (imaginären) Räumen mystisch überzeichnet und nicht nur medial inszeniert ist. Es bietet sich daher an, die Urbanität des Städtischen als „Erotik der Stadt“ zu spezifizieren und greifbar zu machen.
„Systematisch scheinen sich die Städte der Rede zu entziehen, die sie erfindet und in eine Sukzession unterschiedlicher Zugänge verwandelt: jede für sich gleichermaßen Mystifikation wie Verfehlung. Die Stadt zeigt sich, sie scheint sich dem Betrachter unverhüllt zu präsentieren: Ort der Öffentlichkeit par excellence im Sinne der Unverborgenheit, der Offenbarmachung, solange man ihren Zeichen und ihrem dichten Gewebe aus Knoten, Schnittpunkten und Linien nachgeht; und doch, man besucht sie, man lebt in ihr und verlässt sie wieder (...), ohne je erfahren zu haben, wie sie wirklich ist.“[535]
Das erotische Moment des Städtischen liegt – anders als in den Topoi des 19. oder zu Beginn des 20. Jahrhunderts[536] – nicht in der uferlosen Expandierung der Städte; ihr Flair liegt vielmehr in der von ihnen hervorgebrachten Atmosphäre, zu der Sehnsüchte und Nostalgien ebenso gehören wie ihre Freiräume oder Toleranz und Offenheit – bevorzugt an Orten, die, wie *Roland Barthes* hervorgehoben hat,[537] an denen sich Jugendliche aufhalten.
Stadt, das ist immer auch ein Nebeneinander und eine Überlagerung von Substädten, gleich einem Palimpsest; ihre Attraktivität resultiert aus ihrer Heterogenität, der Simultanität der asynchronen Prozesse, die sich in ihr abspielen, für die sie aber nicht nur Kulisse, sondern im Sinne Lefèbvres, auch Erzeugerin sozialer Strukturen ist. Dazu gehören gleichsam Spannung, Nischen, Leerstellen, Fremdheit, Sehnsüchte und Nostalgie, mit denen die Städte konstruiert, wahrgenommen oder auch imaginiert werden. Zu ihnen gehören Offenheit und Toleranz, ebenfalls Ordnung, Fragmentierung oder Zersplitterung.
Gerade in dieser Vielfältigkeit erweist sich der Charakter des Urbanen der Stadt, die sich in das Gedächtnis ihrer BewohnerInnen und BesucherInnen einschreibt.
Damit entzieht sich „Stadt“ jedoch auch einer Definition oder einer klaren selbstverständlichen Formulierung dessen, was Urbanität ausmacht. Eine Annäherung an den Urbanitätscharakter der Stadt kann m. E. noch am ehesten über ihre Funktion gewonnen werden.
Mit Lefèbvre lassen sich drei Grundformen unterscheiden:

- die politische Stadt,

535 Mersch 2000, S. 192
536 Erinnert sei hier beispielsweise an Fritz Langs Film „Metropolis“.
537 Barthes 1988, S. 208

- die Handelsstadt und
- die Industriestadt,

die je nach epochalem Wandel zwischen Antike und bürgerlichen Gesellschaft ein sehr differenziertes Bild mit eigenem Gepräge gezeigt hat.[538] Folgt die Handelsstadt seit der späten Renaissance in ihrer Topografie eher der repräsentativen Ordnung von Kirche, Rathaus oder Marktplatz, um die herum sich die Bürgerhäuser gruppierten, so sprengt der Reichtum der Industriestädte dieses Bild fast gänzlich. Industrielle Revolution, Bevölkerungswachstum sowie Expansion in die Fläche und mit ihnen das automobile Verkehrswegesystem bringen eine gänzlich andere Stadt hervor als die Polis der Antike. Ähnlich birgt der Niedergang des Kohlebergbaus eine Pauperisierung ganzer Stadtlandschaften, so bspw. im Ruhrgebiet oder in der belgischen Wallonie.

Für Lefèbvre liegt das Wesen der modernen Städte in ihrer Verdichtung und der Ansammlung von Dingen aller Art, Zusammenballungen von Menschenmassen ebenso wie Waren und Produkte. Die Öffnung des Raumes ist dabei die zentrale Voraussetzung für den Prozess der Öko-nomisierung. In Abhängigkeit zu diesen wird die Stadt durch eine weniger an der Topografie als an den Warenflüssen orientiertes Netz durchzogen, gehorcht den Gesetzen der (ökonomischen) Effizienz und richtet das urbane Geschehen auf Verbrauch und Zirkulation aus. In einem ersten Zyklus (bspw. orientiert an der Automobilindustrie) finden primäre Wirtschaftsprozesse als Produktion, Verkauf, Investitionen etc. statt; in einem zweiten Zyklus wird in der Immobilienwirtschaft die Kapitalverwertung mit einer eigenen sozialen Interaktion und einem spezifischen Raumverhalten erschlossen, so dass in einem dritten Zyklus unterschiedliche Stadtbilder generiert werden.

In diesem Sinne gestaltet sich Urbanität als spezifische Schaffung und Aneignung von Raumstrukturen durch ein differentes Raumverhalten.

Bezugssystem seiner strukturalistischen Stadtanalyse stellen ökonomische Begriffe wie Kapitalinvestitionen, Profit, Mehrwert, Löhne und ungleiche Entwicklung dar, die er um eine Theorie der Zirkulation der Kapitalakkumulation erweitert.[539] Von ökonomischen Prozessen getrieben, entwickelt sich das urbane Leben in der benötigten infrastrukturellen Ausstattung der Orte, an denen die Kapitalakkumulation vorangetrieben wird.

Ähnlich, wenn auch in kritischer Abgrenzung zu Lefèbvre,[540] äußert sich Manuel Castells, der eine soziologische Problematisierung des Urbanen als Organisations- und Entwicklungsprozess begreift, in den sich die Beziehungen zwischen den Produktivkräften, den sozialen Klassen und den sozialen Formen eingeschrieben haben - eng verbunden mit der industriellen Revolution und der Ent-

---

538 Lefèbvre 1990

539 Eckardt 2004, S. 25

540 Castells 1977, S. 76ff.

wicklung der kapitalistischen Produktionsweise.[541] In diesem Kontext sieht er das Urbane in Gestalt der Agglomeration als eine besondere Form der Inbesitznahme des Raumes durch eine Bevölkerung, die insbesondere durch eine starke Konzentration und durch eine erhebliche Dichte gekennzeichnet wird und die zugleich mit einem hohen Grad funktioneller und sozialer Dichte korrespondieren.[542] Urbane Gesellschaft bedeutet daher als *Stadtgesellschaft*[543] nie ausschließlich eine Raumformation, sondern stets auch ihre kulturelle Prägung, ihr gesamtes Wertesystem und ihre Normen sowie ihre Gesellschaftsverhältnisse.
Allerdings haben der unbestreitbare technische Fortschritt und die Entwicklung des industriellen Kapitalismus nicht zu einer Stärkung der Städte geführt, sondern vielmehr zu ihrem „fast völligen Verschwinden als relativ autonomen institutionellen und sozialem System".[544]
„In der Tat führen die Herausbildung der Ware als Hauptantriebskraft des ökonomischen Systems, die technische und gesellschaftliche Arbeitsteilung, die Ausbreitung ökonomischer und gesellschaftlicher Interessen auf einen größeren Raum und in die Vereinheitlichung des institutionellen Systems zu einer Sprengung der Beziehungen zwischen einer räumlichen Form, der Stadt, und der Sphäre der gesellschaftlichen Vorherrschaft einer bestimmten Klasse, der Bourgeoisie."[545]
Mehr noch: Mit neuen Informations- und Kommunikationstechnologien lösen sich zugleich die Grenzen zwischen Arbeit und Freizeit zunehmend auf: „Any time/any place" wird schnell zu „every time/every place".[546] Durch Telearbeit müssen ArbeitnehmerInnen in ihrem Zuhause nicht nur permanent erreichbar sein, auch ihre Freizeit wird immer stärker von Arbeit durchsetzt. Häufig ist dann die Telearbeit zur in die Freizeit ausgelagerten Arbeit geworden, andererseits aber sind auch die im Betrieb geleisteten Arbeitszeiten immer stärker durchsetzt mit Tätigkeiten, die früher stärker in der Freizeit ausgeübt wurden (z. B. Internetrecherchen zu persönlich interessierenden Themen, Online-Banking, Wertpapierhandel). Damit stellt Telearbeit zunächst eine (partielle) Rückverlagerung von Erwerbsarbeit in den privaten Bereich dar; dies erscheint als nicht unproblematisch, da Erwerbsarbeit und Reproduktionsbereich nur schwer voneinander separiert werden können.
Für Frauen gestaltet sich dieses Verhältnis sehr ambivalent, da die Telearbeit zugleich Chancen und neue Risiken birgt: Auf dem Hintergrund knapper Zeitressourcen verspricht sie eine Erleichterung bei der Vereinbarkeit zwischen Beruf und Familie. Just dies könnte aber zu einer Zementierung spezifischer Ge-

---

541 ebenda, S. 17
542 ebenda, S. 19
543 ebenda, S. 79
544 ebenda, S. 25
545 ebenda, S. 25
546 „Work is what you do, not where you go.", bestätigt Charles Handy (1995).

schlechterrollen beitragen. Da Frauen stärker als Männer Haus- und Familienarbeit verrichten, müsste das Ausgreifen der Erwerbsarbeit auf den häuslichen Bereich der Telearbeit insbesondere Auswirkungen auf die Raumaneignung von Frauen und auf die sich damit manifestierenden Machtverhältnisse haben. Neben reduzierten Bewegungschancen im öffentlichen Raum machen sich, wie viele Untersuchungen belegen, vor allem die Verluste an persönlichen Kontakten und Kommunikation bemerkbar; um so geringer die Chance die Arbeitsformen alternieren zu können, um so größer ist damit auch der Verlust an sozialem und kulturellem Kapital.

Weibliche Vergesellschaftung weist neben den materiell-ökonomischen Implikationen und ideologisch-herrschaftlichen Strukturen auch Formen „innerer Vergesellschaftung" auf.[547] Frauen sind jedoch nicht einfach nur Opfer unterschiedlicher Unterdrückungsstrukturen; die Sozialisation des weiblichen Geschlechts ist vor allem durch ihre Widersprüchlichkeit geprägt, denn in der doppelten Vergesellschaftung von Frauen gibt es keine Partizipation ohne Deklassierung, keine Integration ohne Segregation, keine Ausgrenzung aus einem gesellschaftlichen Bereich ohne Vereinnahmung in einem anderen.[548] Geschlechterverhältnisse und ihre Hierarchien sind demnach nicht als statisch zu betrachten; Beziehungen und Beziehungsgeflechte zwischen Frauen und Mädchen einerseits und Jungen und Männern andererseits werden stetig neu definiert und ausgehandelt. Die zunehmende Aufmerksamkeit auf den interaktiven Herstellungsmodus von Geschlecht und Geschlechterdifferenzen lässt vermuten, dass soziale Herstellungsprozesse und soziale Konstruktionen wandelbar und damit sowohl de-konstruierbar als auch rekonstruierbar seien.[549]

Tatsächlich müssten jedoch (männliche) Dominanz-, Macht- und Herrschaftsmechanismen Kerndiskussionen des gesellschaftlichen Wandels bleiben, auch wenn der Begriff des „Patriarchats" selbst zwischenzeitlich von mancher Autorin als museal, erkenntnisleer, pauschalisierend oder normativ[550] bezeichnet wird. Wenn diese Geschlechterdifferenz im Rahmen symbolischer Ordnung als Konstruktion verstanden werden kann, wäre diese auf dem Hintergrund von sozialen und politischen Wirklichkeiten von Frauen als Subjekte und Konstrukteurinnen auch veränderbar. Zudem bleibt zu berücksichtigen, dass ausschließlich Familie als Institution und in ihr die Frauen als zuständig für die Schaffung eines heimeligen Raumes zur individuellen physischen und kulturellen Reproduk-

---

547 Regina Becker-Schmidt erweitert hier den Begriff der „Sozialisation" und weist auf die Übermacht gesellschaftlicher Strukturen in Bezug sowohl auf die Sozialisationsinstanzen als auch auf die Strukturen des Individuums hin: Weibliche Sozialisation beinhaltet eben mehr als einen bloßen Anpassungsprozess.

548 Becker-Schmidt 1991, S. 394

549 Pasero 1995, S. 59 f.

550 Kurz-Adam 1994, S.202

tion galten,[551] wodurch die Verantwortung für die Lebensqualität der Einzelnen weitgehend von der Organisation von Gesamtgesellschaft abgetrennt werden konnte.[552]
Die gegenwärtige Problematik besteht nun darin, dass das Familienernährermodell als Grundlage der politischen Regulierung erhalten bleibt, obwohl die ökonomischen und sozialen Verhältnisse, zu deren Regulierung es erschaffen und durchgesetzt wurde, sich in rasanter Auflösung befinden. Man mag hierin bereits die Krise des Patriarchalismus sehen, der eine tiefgreifende Neudefinition von Familie, Geschlechterverhältnissen oder Sexualität zugrunde liegen,[553] der Utilisierung der modernen Städte jedoch widerspricht dies nicht, zumal, wie wir gesehen haben, Männer nicht zwingend Gewinner der zunehmenden Globalisierungs- und Internationalisierungsentwicklungen sein müssen:[554] Städte werden zunehmend zu Arenen einer erhöhten und effizienten Form der Profitmaximierung durch eine beschleunigte Kapitalzirkulation. Die Urbanisierung des Kapitals verstädtert sich dabei insbesondere durch die Auseinandersetzung mit dem Faktor „Arbeit“, während die Klassenkonflikte das urbane Leben prägen und urbane Orte vorwiegend durch den Interessenskonflikt zwischen Kapitaleigentum und ArbeiterInnen (bzw. den VertreterInnen der sozialen Bewegungen) gekennzeichnet sind.[555]
Aus „kulturpessimistischer“ Perspektive lässt sich daraus schlussfolgern, dass sich das Überleben der urbanen Zentren nur sichern lässt, wenn sich diese gegen die zersetzende Kraft der globalen Wirtschaft wehren: Die wichtigsten Finanzentscheidungen werden heute in Metropolen wie New York, London oder Tokio getroffen; die Existenz der Entscheidungszen-tren und ihrer Führungseliten zeigt sich zunehmend in den Metropolen, den „Kapitalen“ (Bourdieu). Somit wird die Abtrennung der internationalen Netze von städtischen und regionalen Wirtschaftsformen auch geografisch sichtbar. Der Entstehung von Vierteln der „Superreichen“, die häufig von privaten Sicherheitskräften geschützt werden, folgen die an der Peripherie dominierenden Arbeitsstädten mit fortschrittlicher Technik und Einfamilienhäusern - ein Phänomen, dass sich nicht nur in den Metropolen Nord- und Südamerikas beobachten lässt, sondern sich auch in Europa abzuzeichnen beginnt. Die

---

551 Vgl. Kap. III. 2

552 Lohnarbeit wurde fortan kulturell als männlich konstruiert, während die Lohnarbeiter in die Familie und hier insbesondere in die Zuständigkeit „ihrer“ Frauen weitgehend die Befriedigung ihrer Bedürfnisse nach zwischenmenschlichen Beziehungen und selbstbestimmter persönlicher Entfaltung hineinprojizieren sollten und dies auch tun.

553 Castells 2003b, S. 399

554 Mersch 2000, S. 201

555 Harvey 1985; Castells 1983

Konsequenzen für die städtischen Strukturen, so Alain Touraine,[556] sind unverkennbar:

„Mit der außerstädtischen Entwicklung geht der Niedergang der Vorstadtgebiete einher. Es kommt zur Trennung zwischen den Führungseliten und der *service class* auf der einen Seite und der traditionellen Mittelschicht und den unteren Volksschichten auf der anderen.

Hinzu kommt, daß ein Teil dieser unteren Volksschichten in eine prekäre Lage gerät; sie gleiten ab in völlige Armut, Unsicherheit und schließlich die Marginalität. Muß man da nicht von einem Verschwinden der Städte sprechen?"![557]

Der Abspaltung der „Superreichen", die sich der Kommunikation mit dem „einfachen Volk" entziehen und sich statt dessen in neue globale Netze integrieren, folgt das Ende der Urbanität, das eine neue Gesellschaft als strukturelle Heterogenität hervorbringt: Handels-gesellschaften ersetzen die Industriegesellschaft; folglich splittert sich die Gesellschaft in internationalisierte Eliten, eine bedeutende Gruppe von Informationstechnikern, eine schwindende Klasse von Beamten, Angestellten und ArbeiterInnen in gesicherten beruflichen Positionen und eine wachsende Gruppe von prekär Beschäftigten auf.

„Eine solche Entwicklung führt zum Niedergang des städtischen und des politischen Lebens. Die Führungselite interessiert sich immer weniger für die Politik, die sich ihrerseits der Ent-städterung, Unsicherheit, Gewalt, ethnischen Konflikte und Armut immer weniger annimmt. So driften mit den Menschen auch zwei Entscheidungssysteme auseinander: dasjenige, das den Fluß von Kapital, Handel und Information regelt, und jenes, das *panem et circenses* verteilt, das Beistand gewährt und soziale Kontrolle ausübt."[558]

Zwar begünstigt eine solche Entwicklung die städtischen Eliten, die Identifikation mit der Stadt fördert der Zerfall aber keineswegs, was am Rückzug ganzer Bevölkerungsschichten vom gesellschaftlichen Leben zu beobachten sei. So identifizierten sich etwa junge *beurs*, Franzosen algerischen Ursprungs, weder mit Frankreich noch mit Algerien; bestenfalls, so Alain

---

[556] In seinen frühen Schriften knüpft Alain Touraine an Marx an , wobei er sich insbesondere mit den Beziehungen zwischen industriellen Arbeitsbedingungen und subjektiven Einstellungen bei ArbeiterInnen befasste. „Arbeit" wurde daher zu einer seiner grundlegenden Kategorien. Dabei hielt er jedoch eine gewisse Distanz zu einem kollektivistischen Verständnis der Arbeiterklasse, bei dem die Existenz der Klasse aus ihrer objektiven ökonomischen Stellung in kapitalistischen Produktionsverhältnissen abgeleitet wird. Modernes Klassenbewusstsein darf nach Touraine also keineswegs mit einem proletarischen Ausbeutungs- und Entfremdungsbewusstsein verwechselt werden. (Vgl. Peter 2004, S. 139ff.)

[557] Touraine 1996

[558] Touraine 1996

Touraine, sei bei Befragungen eine Identifikation mit der Stadt, dem Viertel oder der Siedlung erkennbar gewesen. Im Extremfall, fühlten sie sich nur als Mitglieder einer Gruppe bzw. einer Gang, die sich durch Andersartigkeit oder Rivalität zu anderen Banden definiere. Zwischen den Gesellschaftsschichten finde sich die (untere) Mittelschicht, die in ihren Ein- oder Mehrfamilienhäusern wohne, sich auf Massenkonsum beschränke und sich am städtischen Leben weder durch kulturelle Gewohnheiten noch durch politische Arbeit beteilige.

In seinem „Loblied auf die Zivilgesellschaft"[559] plädiert er für eine kritische Sichtweise auf die aktuelle Wirtschaftsgesellschaft und betont die Notwendigkeiten demokratischer Gepflo-genheiten:

„Wir leben in einer kapitalistischen Wirtschaftsgesellschaft, die sich schleichend ihrer demokratischen Kontrolle entzieht - und zugleich leben wir in zunehmend demokratischen Kulturmilieus. (...) Die Wirtschaft wirkt weltweit. Der Staat wird europäisch. Die Demokratie ist vor allem national. Und viele Forderungen sind lokal. Das heißt: Trotz der Globalisierung werden die nationalen Demokratien auch in Zukunft eine zentrale Rolle spielen. Sie bleiben Hauptvermittler zwischen einer internationalisierten Wirtschaft und der Politik, zwischen dem Globalen und dem Lokalen."[560]

Interessant ist dabei, dass „Europäische Stadt" und „Zivilgesellschaft" als Begriffspaar in den aktuellen Diskursen über Stadtentwicklung häufig in einen gemeinsamen Zusammenhang gestellt werden. Dies gilt seit den 1980er Jahren insbesondere für die Thematisierung von Krisen des Städtischen, wobei die Europäische Stadt als Leitbild charakterisiert und die Zivilgesellschaft als Handlungsmaxime eingefordert werden. Dass die traditionelle Stadt und urbane Lebensstile als Lebensweisen, Wirtschaftsformen und Kultur an Bedeutung verlieren, wird dabei bedauernd festge-stellt. So entstehen neue Formen des agglomerierten Lebens, die qua Raumnutzungsformen, raumübergreifender Technik und entsprechender Kommunikationsformen zu einer Grenzen überschreitenden regionalen Netzstadt führen, die weit über die traditionellen Territorialgren-zen hinausreicht.

Dabei stellt sich die Frage, ob die Konzepte einer „europäischen Stadt" und die der „Zivilgesellschaft" brauchbare Ansätze liefern, um Inhalte dahingehend zu beeinflussen, dass die zivilgesellschaftlich basierten Formen (z. B. Gouvernance) sie so prägen könnten, wie dies dem aktuellen globalen Entwicklungsstand entspräche.

Folgt man einem positiven Alltagsbild, so beinhaltet der Zusammenhang von Zivilgesellschaft und urbanem Leben stets auch die Idee einer umfassenden Freiheit städtischer Lebensart und –kultur, wenngleich die Begriffe wenig definitorische Trennschärfe aufweisen:

---

559 Touraine 1999

560 ebenda

„Obwohl sie einigermaßen unscharf sind und auf eine ungesicherte Weise, d. h. ohne eine die Alltagssprache überschreitende Vereinbarung über ihren Bedeutungsgehalt, genutzt werden, erweisen sich die Begriffe als erstaunlich eingängige Elemente von Konzepten und Planungen, die nicht nur in der Ursprungsregion Europa, sondern auch außerhalb dieser vertreten werden.“[561]
Knorr-Siedow etwa bezeichnet den Begriff der Zivilgesellschaft als „Modebegriff“, der den politischen Diskurs in der Debatte um den Abbau sozialstaatlicher Regulierungen als gesellschaftlichen „Alleskleber“ bestimmt und sowohl bei konservativen wie auch liberalen und progressiven Kräften Verwendung gefunden habe. So habe etwa die europäische Sozialdemokratie mit dem Blair-Schröder-Papier[562] die Entwicklung einer freien und konkurrenzfähigen Gesellschaft auf die bestehende und handlungsfähige traditionelle Zivilgesellschaft aufbauen wollen, um einen an der Wende zur Postindustrialisierung stehenden Gesellschaftsentwurf als politisches Zukunftsprojekt zu reformulieren.
Aktuelle Spielarten der bürgerlichen Gesellschaftskonzepte fußen jedoch u. a. auf jenen des anglo-amerikanischen Raumes, so etwa bei Etzioni,[563] der bereits 1968 von der Notwendigkeit und der Möglichkeit einer „aktiven Gesellschaft“ sprach.[564]
Wie auch Hannah Arendt in ihren Überlegungen zur Vita activa[565] beruft sich Etzioni auf die Bedeutung der Öffentlichkeit für die Entfaltung einer eigenständigen sozialen Welt. Die Bereitstellung von Raum und Ressourcen sowie von Wissen über Wirkungsweisen bürgerschaftlichen Handelns und deren Prozesse sind dabei eine conditio sine qua non.

---

561 Knorr-Siedow 2001, S. 61

562 Schröder / Blair 1999

563 Amitai Etzioni gilt als führender Kopf der kommunitaristischen Bewegung als kapitalismus- bzw. liberalismuskritische Strömung. So entwirft er in seinem Gesellschaftsmodell eine makrosoziologische Theorie politischer und gesellschaftlicher Prozesse, die inhaltlich durch ein theoretisches Plädoyer für die gesellschaftliche Selbstregulierung durch die Aktiven und ihr engagiertes selbstbestimmtes Handeln in der Gesellschaft (als „Responsivität“) von unten her („societal guidance“) geprägt ist. In der Gemeinschaft herrschen bestimmte, gemeinsam geteilte Wert- und Moralvorstellungen sowie Traditionen vor. Nur auf der Basis dieser gemeinsamen Wertvorstellungen, vor allem auf der Grundlage einer gemeinschaftlichen Konzeption des Guten, könne sinnvoll über die Grundsätze der Gerechtigkeit verhandelt werden.
Der Mensch gehöre einer Gemeinschaft nicht durch Vernunft und freiwillige Zustimmung an - beides Kriterien für die Teilhabe an der liberalen Gesellschaft -, sondern er wird in sie hineingeboren. Der Einzelne sei damit von der Gemeinschaft abhängig, was in scharfem Gegensatz zu bestimmten liberalen Anschauungen stehe, bei der die Menschen als isoliertes Individuum betrachtet werden. Solange sie sozial verträglich bleibe, sei daher auch die freie Entfaltung der Einzelnen zu fördern.
Vgl . Etzioni 1997 sowie Etzioni 1998

564 Knorr-Siedow 2001, S. 72

565 Ahrendt 1981

Überträgt man diesen Diskurs auf die europäischen Städte, erscheinen zivilgesellschaftliche Rhetorik, Politik und sozio-ökonomische Wirklichkeit als Gegensatz, der bislang nur zaghaft durchbrochen wurde. So baut der implizierte Freiheitsbegriff auf der Vorstellung auf, dass sich eine produktive Entwicklung durch Interdependenz zwischen Raum und Stadt über einen langen Zeitraum hinweg entwickelt habe, so dass sich Gesellschaft und gebaute Umwelt positiv verstärkten. Dies gilt sowohl für die sozialen Beziehungen in diesem Kontext wie auch für die bauliche Entwicklung, etwa in Bezug auf wirtschaftliche und kulturelle Produktivität oder soziale und kulturelle Integrations- und Absorptionskräfte und damit einhergehend das Potential einer umfassenden Krisenbewältigung sowie die Chancen zu einer nachhaltigen und integrativen Entwicklung.
Die Hoffnung besteht darin, dass bürgerschaftliche und zivilgesellschaftliche Assoziationen die räumliche Planung beeinflussen können, damit eine soziale Polarisierung in den Städten vermieden werden und die Qualität der „europäischen Stadt" als Vernetzung unterschiedlicher sozialer Schichten zum gegenseitigen Nutzen erhalten bleiben kann.
In der Tat könnten bauliche Elemente der Stadt ihre Nutzung im Alltag erheblich erleichtern, etwa durch die relative Kleinteiligkeit abwechselnder Bebauungsformen, die relative Beschränkung von Höhe auf eine überblickbare Distanz oder die Durchmischung verschiedener Nutzungen in der Nachbarschaft.
Erst seit Ende der 1990er Jahre findet sich eine ernsthafte Berücksichtigung zivilgesellschaftlicher Ansätze in Programmen wie die der „sozialen Stadt"; jedoch unterliegt deren Umsetzung, so kritisiert Knorr-Siedow zu recht, einem ressortorientierten Verwaltungshandeln, „das allenfalls durch öffentlich-private Partnerschaften, vorzüglich mit Investoren, zunehmend aber auch mit Bürgerorganisationen, erweitert wird", während auf lokaler Ebene eine bür-gerliche Kraft der Nachbarschaftlichkeit in den Städten kaum zum Tragen kommt. Statt einer Diversifizierung und eines Verteilungsprozesses „von unten" ist bei den öffentlichen Bodengeschäften eher ein Konzentrationsprozess mit bürokratischen Machtverhältnissen erkennbar. Andererseits könnten in einer Kleinteiligkeit von Wohnstrukturen beispielsweise die zwischen Menschen erbrachten nichtmonetären Dienstleistungen eine wachsende Bedeutung erhalten, - dann nämlich wenn weitere Rationalisierungsschübe in der Produktion von Waren und Dienstleistungen zu einer weiteren Vermehrung von Handlungschancen aufgrund von Freizeit oder „Freisetzung" führen.[566]
Ähnlich kritisch äußert sich auch Alain Touraine: Die alte Verfechterin von gesellschaftlicher Integration und nationaler Einheit, die traditionelle republikanische Demokratie, werde von dieser Entwicklung zusehends geschwächt. Von außen sei sie durch Finanznetze und transnationale Unternehmen bedroht, im Inneren führe eine individualistische Kultur zu

---

566 Knorr-Siedow 2001, S. 73

geistiger Leere. Die gewohnten Formen republikanischer Politik wirkten erschöpft.

Wenn also nicht alles täuscht, ist es allein die liberale Demokratie - die Demokratie des Individuums mit ihrem starken Einsatz für die menschlichen Grundrechte -, die die klassischen Institutionen noch einmal mit neuem Leben erfüllen kann. Folgt man Touraine, so droht dieser liberalen Demokratie vor allem Gefahr von außen: von jenem Kriegszustand, der zur Marktwirtschaft genauso gehört wie zu autoritären Regimen.

Die integrative Funktion der Stadt stellt Touraine dabei allerdings deutlich in Frage, in seiner kulturkritischen Sicht erkennt er eine stärkere soziale Dualisierung. Er geht davon aus, dass die längst noch nicht vollständig entfaltete postindustrielle Gesellschaft sich nicht als Totalität formiert, sondern diese durch eine wachsende Heterogenität sozialer und kultureller Konflikte gekennzeichnet ist,[567] bei der das Subjekt nun einen Kampf an zwei Fronten führe muss: zum einen den gegen den Druck des modernen Rationalismus, zum anderen jenen gegen die Vereinnahmung durch normative Zwänge als Ergebnis sozialer Rollenzuweisung, was insbesondere für den kulturellen Integrismus und den erstarkten Fundamentalismus[568] gelte:

„Die Stadt ist keine Gesellschaft im kleinen mehr. Das Auseinanderfallen des wirtschaftlichen Austausches und der sozialen Gruppen hat die städtische Gesellschaft zum Verschwinden gebracht. So ist die Stadt zum Problem und die Integration nur mehr ein Ziel geworden - anstatt eines realistischen Modells für gesellschaftliche Organisation. (...) Es wird zwar allgemein anerkannt, daß sich die Probleme der Stadt verschärfen, weil so viele junge Menschen keine Arbeit und kein Einkommen haben und dies auch Familien weiter zerrüttet. Gleichzeitig können sich die jungen Leute aber immer weniger über den Beruf oder den Zugang zum Massenkonsum integrieren: Wer keine Arbeit hat, definiert sich nicht über das, was er tut, sondern über das, was er ist - also durch örtliche Gruppen, denen er primär angehört, oder durch ethnische oder nationale Gemeinschaften.“[569]

Wer, wie Alain Touraine, die Funktion der Stadt vor allem in ihrer Inegration sieht, muss zwangsläufig zu dem Schluss kommen, dass die beschriebene Entwicklung durch ihre verstärkte soziale Dualisierung das Ende des „Urbanen“ darstellt. Diese Sichtweise wird gerade im Zusammenhang mit der Zunahme der Kommunikations- und Informationstechnologien vielfach bestätigt. Allerdings sind dies keine neuen Untertöne im sozialwissenschaftlichen Diskurs: Bereits 1967 fokussiert Heide Berndt mit dem Titel „Der Verlust der Urbanität im Städ-

567 Peter 2004, S. 158f.

568 Peter 2004, S. 163

569 ebenda

tebau"[570] auf eine Perspektive, die bereits in diese Richtung weist. Für sie ist „Urbanität" nicht nur ein populäres Schlagwort, die antiurbanen Neigungen, die bis zu jener Zeit das Definitionsmonopol des Stadtdiskurses besaßen, führte sie auf das Unbehagen gegenüber der kapitalistischen Verstädterung zurück, die sich von der ersten industriellen Revolution bis an die Schwelle des 20. Jahrhunderts in Europa entwickelte. Diese waren demnach Bestandteil der antikapitalistischen Kritik seit dem utopischen Sozialismus und gleichsam für bürgerlich-konservative Lebenshaltungen elementar.[571]

Die Idee der Urbanität prägte zudem zahlreiche Architekturprogramme und Stadtutopien zu Beginn des 20. Jahrhunderts: Hier sei beispielsweise auf Ebenezer Howard und seine sozialreformerische Idee der Gartenstadt verwiesen. In Amerika bildeten sie in den Zwanziger Jahren den Ausgangspunkt der seitens der Vorreiter der Dezentralisierung vertretenen Auffassungen, so etwa bei Lewis Mumford. Auch in Deutschland wurde die Idee der Gartenstadt propagiert, aufgenommen und weitergeführt. In den Architekturvisionen der Expressionisten begegnet uns noch unmittelbar nach dem Ersten Weltkrieg. Prägend war sie insbesondere für die Architekturprojekte Bruno Tauts und Schütte-Lihotzkys:

„Die Auflösung der Städte - die Erde eine gute Wohnung, so war bezeichnenderweise Bruno Tauts Architekturprojekt von 1920 überschrieben, das eine Siedlungsform in kleinen, dezentralen, weitgehend selbstversorgenden, dorfartigen Einheiten vorsah. Ein wichtiges Merkmal von Tauts utopischem Projekt war das außergewöhnlich hohe Niveau der technischen Ausstattung dieser Einheiten, das über die vorhandenen Möglichkeiten der Zeit weit hinausging."[572]

Anklänge an die Gartenstadt finden sich ebenfalls in den Entwürfen von Kasimir Malewitsch, dessen „Planiten" hochtechnisierte fliegende Häuser waren, die sich im ortlosen Raum bewegten und uneingeschränkte Mobilität versprachen.

Die Forderung Friedrich Engels nach Aufhebung des Gegensatzes zwischen Stadt und Land durch Errichtung von zahlreichen kleinen Siedlungen leitete kurze Zeit später das Programm von Okchitowitsch und seine Projekte zum De-Urbanismus. Seiner Siedlungsplanung entsprach der Bau von Privathäusern in Leichtbauweise, die man in die weite russische Landschaft hineinwerfen könne.

Ähnliche Utopien beflügelten auch die westliche Stadtentwicklung: Der Internationale Kongress für Neues Bauen (CIAM)[573] propagiert 1933 die funktionelle Stadt als Auflösung der traditionellen europäischen Stadt. Nicht mehr die zentrale Organisation der Lebensabläufe im urbanen Organismus und damit identifi-

---

570 unter Bezugnahme auf Jane Jacobs und deren Publikation „Tod und Leben der großen amerikanischen Städte"

571 Berndt 1967

572 Georgiadis 1996

573 Die CIAM (Congrès Internationaux D' Architecture Moderne) wurden 1928 gegründet und erarbeiteten bereits 19929 Grundrissvorschläge für die sog. „Wohnung für das Existensminimum". (Vgl. Weresch 2005, S. 110)

zierbare, aus Plätzen, Straßen und Blocks bestehende Stadträume sollten im internationalen Kontext konkrete Form gewinnen; vielmehr sollten die funktionalen Bereiche von Arbeiten, Wohnen und Reproduktion getrennt und in ein einheitliches Verkehrsnetz eingebunden werden. Dies war die Geburtsstunde eines Stadtmodells, das sich universal umsetzen ließ und keine Rücksichten auf lokale natürliche, soziale oder kulturelle Gegebenheiten nehmen musste. Damit einher ging die Vorstellung von der Aufhebung des städtischen Raumes, die bis lange nach dem 2. Weltkrieg städteplanerisch und –baulich erhebliche Auswirkungen hatte. Man denke hier an das Leitbild einer durchgrünten, aufgelockerten, vor allem aber autogerechten Stadt, die ihren Ursprung sicherlich der Reaktion auf die Missstände der industriellen Stadt verdanken. Zudem spiegeln die genannten Utopien auch die Strukturmerkmale der industriellen Stadt selbst.

Die „Schnittmenge“ zwischen Utopie und Umsetzung zeigt sich darin, dass die moderne Entzauberung der Welt und der Stadt als Ort traditioneller Lebensformen und –zusammenhänge zeitgleich verlaufen und dies trotz einer rasch fortschreitenden Verstädterung im Zuge der Industrialisierungsprozesse. Die Folge war eine Fragmentierung der Stadt in ihre funktionalen Einzelbereiche. Paradoxerweise entstand so eine Situation zeitgleicher Verdichtung und Entfaltung „von starken, die Monofokalität verhindernden Zentrifugalkräften“.[574]

Zugleich verlor die Stadt damit ihre vormoderne, die geistliche oder weltliche Gewalt repräsentierende Mitte, den symbolischen aber auch den organisierenden Kern der städtischen Gemeinschaft und des städtischen Lebens.

„Die Moderne legt ein gewaltiges Netz über die Stadt, um ihre permanenten Entgrenzungen in Zaum zu halten, die sich an den Rändern und in den Zwischenräumen einnisten und Subkulturen oder Hybride ausbilden. Mit anderen Worten: die Arbeit der modernen Architektur dient der Totalisierung des Urbanen. Darin zeigt sie ihr Janusgesicht. Die Konstruktion des Raumes, die der Rekonstruktion des Städtischen genügen sollte, richtet diesen zu und schlägt damit in Gewalt zurück, die das einstige Anliegen konterkariert. Indem sie der Erosion der Städte mittels rationaler Urbanisierung Einhalt gebieten wollte, forciert sie erst recht deren Auflösung.“[575]

Die einstige Mitte löst sich in eine Reihe von Spektren auf, die überkreuzende oder auch separate Zentrierungen, Verdichtungen und Entzerrungen erlauben, zu den Kennzeichen der modernen Stadt gehört die Kernlosigkeit bzw. die Vielkernigkeit, die Anfangs- und Endlosigkeit, die Ununterscheidbarkeit von Innen und Außen[576] – eine Entwicklung, die nicht unproblematisch ist: Landflucht, Städte- und Bevölkerungswachstum sowie Wanderungsbewegungen haben zeitgleich zu einer Verkleinerung von verfügbaren Räumen geführt, die sich in der Ausdeh-

---

574 Georgiadis 1996
575 Mersch 2000, S. 200
576 Mersch 2000, S. 199

nung der Stadtrandansiedlungen widerspiegelten. Diese Wohngebiete sind durch eine wachsende Entfernung zwischen Wohnort und Arbeitsplatz sowie durch beengte Wohnverhältnisse geprägt. Eine solche Entwicklung kann, so der französische Anthropologe und Ethnologe Marc Augé, nicht ohne Folgen für das soziale Gefüge im Modernisierungsprozess bleiben, denn „Raum" ist stets der Aneignung, Wahrnehmung und Interpretation sozialer AkteurInnen unterworfen (Lefèbvre) und wird kulturell und sozial kodiert: Augé entwirft ein Bild der Stadt, die in *Orte und Nicht-Orte* geteilt ist und kritisiert in diesem Zusammenhang die Überfülle und Atomisierung städtischer Räume, die mit einem übermäßigen Raumkonsum einhergeht.[577]

Als Nicht-Ort definiert er den Raum, in dem sich weder Identitäten, Beziehungen noch Geschichte ablesen lassen, etwa die Räume des Verkehrs, der Kommunikation und des Konsums: Sie werden hauptsächlich von einsamen und schweigenden Individuen frequentiert. Nicht-Orte[579] werden immer selbstverständlicher und gleichen sich weltweit.

Auch Vorstädte und Peripherien werden zu Nicht-Orten und erscheinen als Anti-Urbanität. Stadt werde so als Fiktion zum Spektakel.

„Von einem engeren geografischen Standpunkt aus gesehen, definiert sich ein Ort durch seine Außengrenze und durch seine inneren Begrenzungen. (...) Ein Nicht-Ort hingegen ist ein Raum, aus welchem weder Identitäten noch Beziehungen noch Geschichte ablesbar sind. (...) Der Gegensatz zwischen Ort und Nicht-Ort ist jedoch relativ, und man kann ihn nicht nur mit empirisch räumlichen Termini konstruieren."[580]

---

577 Augé hat in seiner Analyse den Befunden der UN-Konferenz Habitat II vorgegriffen, die im Juni 1996 in Istanbul stattfand: Nach Schätzungen der Vereinten Nationen soll es bis zum Jahr 2025 weltweit mehr als hundert städtische Agglomerationen mit mehr als fünf Millionen EinwohnerInnen geben. Im Mittelpunkt der UN-Konferenz stand daher die Frage, wie solche Boom-Towns von der Größe Tokios, Bangkoks, Buenos Aires, Kairos und Bombays noch verwaltet werden können. Zudem gehörte zu einem der zentralen Konferenzziele die Entwicklung von Konzeptionen eines „sustainable development", das inzwischen als „nachhaltige Entwicklung" im Sinne einer ressourcenschonenden Kreislaufwirtschaft auch in der bundesdeutschen Debatte für Aufsehen gesorgt hat: Beim Klimagipfel in Rio de Janeiro wurde 1992 eine Umwelt-Charta, die Agenda 21, verabschiedet. Jede Infrastrukturentscheidung und jede kommunale Investition müsste folglich den Kriterien der „Nachhaltigkeit" entsprechen. Insbesondere sollten Auswirkungen auf Energieverbrauch und Entwicklung von Verkehrsströmen geprüft werden. Ferner sollen mit der Agenda 21 BürgerInnen mehr Mitspracherechte in ihrem unmittelbaren Lebensraum erhalten, so dass die Identifikation mit „ihrer" Stadt gestärkt werden kann: Der Globalisierung des Lebens sollte eine identifikatorische Lokalisierung folgen.

578 Augé 2000, S. 179

579 z.B. Disneyland und Center Parks

580 Augé 1997, S. 15

So entstehen Räume ohne Identitäten und Geschichte; als Transiträume nehmen sie dennoch einen wesentlichen Platz in der sozialen Existenz ein. Schnellstraßen, Autobahnen, Flughäfen, Hotelketten, Feriendörfer, Slums oder Freizeitparks bilden Transitzonen, in denen die Person von ihrer üblichen Rolle befreit wird: Aus der Rolle der Eltern, KollegInnen oder NachbarInnen werden Passagiere, AutofahrerInnen oder BenutzerInnen.
Inszenierte Räume funktionieren so vor allem in der Marktgesellschaft, da sie an die Imagination von Stadt und an die Träume ihrer BesucherInnen anknüpfen können. Die Festivalisierung des öffentlichen Raumes, die bis ins Mittelalter hinein fast ausschließlich Privileg der Kirche war und nach der Französischen Revolution seitens des Staates inszeniert wurde, ist heute stark individualisiert und kommerzialisiert: Individuelles Erleben soll durch Inszenierung und Dramaturgie hergestellt werden.
In der Eventkultur der Love Parades und City-Marathons übernehmen die Straßen und Plätze die Funktion von Bühnen und Podesten und verleihen dem urbanen Raum scheinbar das Flair der Außeralltäglichkeit und des Besonderen. Just daraus schöpfen Wohn- und Erlebnisparks ihren Profit: Während der Marktplatz in seiner klassischen Form in europäischen Ansiedlungen das städtische Zentrum bildete, sind z. B. die postmodernen Shopping Malls zu Marktplätzen einer privat kontrollierten Öffentlichkeit geworden. Mit dieser Ausweitung privater Kontrolle- etwa durch Installation von Überwachungsmonitoren und durch Einstellung von privatem Wachpersonal, das sich deutlich sichtbar im Eingangsbereich der Malls postiert - wird der Zugang zu bestimmten Bereichen des öffentlichen Raumes eingeschränkt, so dass hier eine wesentliche Bedeutung der öffentlichen Plätze verloren geht:
„Die Städte füllen sich mit mehr oder weniger ‚entwurzelten Elementen', wie man so sagt, die dort die materiellen und symbolischen Mittel zum Überleben finden müssen; die Bilder der Moderne, die um so faszinierender sind, als sie unentzifferbar und unfassbar bleiben, dringen zu den entlegensten Orten vor, und dies im selben Augenblick, da diese Orte sich im Zuge derselben Entwicklung entvölkern. Von daher ist die Krise der kollektiven Identität unlösbar mit der Krise der individuellen Identität verbunden; sie löst jenes Bild auf, wonach das Individuum wesentlich durch ein Netz sozialer Beziehungen bestimmt ist, das sich am Kreuzungspunkt von Abstammungslinien und Heiratsallianzen befindet, die durch eine lokale Norm streng definiert und codiert werden."[581]
Der öffentliche Raum hat immer auch eine politische Funktion, nämlich als Ort des (politischen) Räsonierens, als Präsentations- und Demonstrationsraum politischer Positionen bzw. als Versammlungsort einer kritischen Öffentlichkeit. In den inszenierten Räumen jedoch findet keine Aneignung, sondern eine Enteig-

---

581 Augé 1994, S. 39

nung des öffentlichen Raumes statt, was sie als Nicht-Orte erscheinen lässt. Kollektive Identitäten lösen sich im Modernisierungsprozess auf.

Aus diesen Szenarien lässt sich folgendes Modell ableiten:[582]

„Europäische Stadt“	Stadt der Zukunft
Kompakt	Verstreut
Dauerhafte Struktur	Flüchtige Struktur, Ephemerisierung
Physikalische Grenzen und Strukturen mit primärer Realität	Ohne physikalische Grenzen, mit imaginären Strukturen und sekundärer Realität
Stabile Bevölkerung	Veränderliche Bevölkerung
Präzise (Orts)Identität	Wandelbare Identität
ProduzentInnendominiert	KonsumentInnendominiert
Hoher Immobilienwert	Niedriger Immobilienwert

Es wird von einer reduzierten Raumbindung der Individuen ausgegangen, deren Bindung an einzelne öffentliche Räume zugunsten einer verstärkten Ausrichtung auf einen wachsenden Aktionsradius scheinbar geringer wird.
„Die Festsetzung einer Priorität der Zeit gegenüber dem Raum ist nicht grundsätzlich verkehrt, vielmehr spiegelt sie in wichtigen Aspekten die Evolution sozialer Praxen.“[583]
Insbesondere der öffentliche Raum verliere, so eine der zentralen Thesen in der kontrovers geführten Debatte, dadurch seine Einheitlichkeit für soziale Lebenszusammenhänge. Zudem bestehe ein immer geringerer Kontrast zwischen den einzelnen öffentlichen (Stadt)Räumen: Wenn sich durch Individualisierungsprozesse die Abhängigkeit von nahräumlichen Beziehungsgeflechten für das Individuum verringere, sei auch vom Verlust einer (konstanten) Lokalisierung der Wohn- und Arbeitsbereiche auszugehen.
Dennoch bleibt „Raum” neben der Kategorie „Zeit”, deren Relevanz als zentrales Thema der Zukunftsgestaltung zunehmend an Bedeutung gewinnt, ein wesentliches Moment der sozialen Wirklichkeit.
Wie wir gesehen haben, gilt als Raum nicht nur der „homogene“ oder „leere“ Raum oder das Objekt „Gebäude“, sondern auch das allgemeinere Beziehungsnetz eines sozialen Gefüges, das Orte und Territorien ausbildet, die sich nicht einmal ausschließlich baulich manifestieren müssen.[584] Raumkonzepte lassen sich weder von historischen Zeitabläufen loslösen, noch von ihren räumlichen Bezugspunkten und Verflechtungen. Dies gilt selbst dann, wenn die Kategorie „Raum“ aufgrund technologischer Möglichkeiten einer „Raumüberwindungstechnologie“ (Läpple) in immer kürzere „Zeiträume“ fragmentiert werden kann:

---

582 Pawley 2000, S. 165ff.
583 Harvey 1991, S. 159
584 Nierhaus 1999, S. 19

Während *Jules Verne* seinen Helden Phileas Fogg noch in achtzig Tagen um die Welt reisen lassen musste und dies als wahres Abenteuer darstellen konnte, scheint nun auch das kleinste Dorf via Internet in Sekundenschnelle mit Metropolen wie New York, Paris oder Tokio erreichbar zu sein, wenn die primäre Voraussetzung, der Zugang zum Internet, erfüllt ist.
Allerdings sind die neuen kommunikativen Infrastrukturen nicht überall und für Jede/n verfügbar. Schon deshalb bleiben die Städte trotz der neuen Entwicklung in ihren elementaren Kernbereichen erhalten: Städte werden ja nicht einfach elektronisch substituiert, sondern lediglich unter telekommunikativen Aspekten neu definiert. Sie sind damit mehr als nur Knotenpunkte in einer virtuellen elektronischen Landschaft.
Zudem sind Städte immer auch Orte der Erinnerung und des individuellen Erlebens, die Geschichte der Stadt ist zugleich auch individuelle Geschichte, die mit der räumlichen Aneignung des Städtischen einhergeht: Spaziergänge, der Weg zur Arbeit, das Flanieren in der städtischen Fußgängerzone,[585] die Konsumtion in einem Straßencafé, ja auch die Teilnahme an (Protest)Demonstrationen und Kundgebungen markieren die individuelle Erinnerung an spezifische städtische Orte:
„Man begegnet der Stadt so wie man einem Menschen begegnet. Man erkennt sie, verliert sie aus den Augen, und findet sie wieder.(...) Man kann der Stadt begegnen, weil sie ein Raum der Begegnung ist."[586]
Somit haben die gesellschaftlichen (Rahmen-)Bedingungen für eine Stadt – zumindest in sozialer und kultureller Hinsicht – einen höheren konstitutiven Stellenwert als Technologien, auch wenn sie die Informationstransfers erheblich verändern.[587]
Die Stadt bleibt somit nach wie vor auch Ort sozialer Beziehungen, sozialer Intensität. Dies bestätigt sich schon darin, dass unsere Vorstellungen von Stadt stets durch Assoziationen zwischen dem Namen der Städte, ihrer Geschichte und dem Flair, das sie für uns ausstrahlen, angereichert sind:

- Paris als Stadt der Liebenden, in Verbindung mit Mai '68 aber zugleich auch Ort studentischer Unruhen,
- Berlin mit dem Mauerfall 1989,
- New York mit dem Attentat am 11. September 2001,
- Tokio, Hongkong und Frankfurt als Kapitalen der Ökonomie,
- San Francisco als Zentrum der „Hippie"-Ära der späten 60er Jahre,
- Los Angeles mit den „Riots" 1992,
- Rom, die ewige Stadt.

---

585 Heute insbesondere für Frauen
586 Augé 2000, S. 181
587 Böhme 2000, S. 15

Gleichwohl muss sich „Stadt“ m. E. zwangsweise neu konstituieren; ein bestimmender Faktor für die Konstitution der Stadt ist die Erinnerung und die Besinnung ihrer BewohnerInnen auf die erlernte und erlebte räumliche Dichte. Dies wird durchaus Einfluss auf die künftige Gestaltung von Städten haben; ob sich dabei polyzentristische oder amorphe Tendenzen durchsetzen werden, bleibt jedoch abzuwarten.
Dies evoziert auch die Frage nach Macht- und Herrschaftsverhältnissen in der telekommunikativen Stadtgesellschaft, zumal diese nicht ausschließlich als Resultate technologischer Sachzwänge zu begreifen sind; vielmehr ist stets auf ihre soziokulturellen, politischen und nicht zuletzt auch auf ihre ökonomischen Implikationen zu verweisen. So ist zu befürchten, dass unter den Bedingungen des Neoliberalismus und der Deregulierung der Märkte soziale Zielsetzungen auf der Strecke bleiben könnten.

3.5 Diskussion: Produktion des Raumes

Folgt man Pierre Bourdieu und Henri Lefèbvre, so bewegen sich menschliche Wesen nicht nur in einem virtuellen sozialen Raum, der durch Distinktion bestimmt, soziale Strukturen erkennbar werden lässt, sondern ebenso in einem realen physischen bzw. architektonischen Raum. Dabei sind anhand der Stellung innerhalb des physischen Raumes Machtpositionen lokalisierbar, die mit symbolischer, nicht wahrgenommener Gewalt durchgesetzt werden: Die Platzierung im sozialen Raum spiegelt dabei die individuelle Fähigkeit, auch den physisch-architektonischen Raum zu dominieren und bildet somit die Verteilung von ökonomischem, kulturellem und sozialem Kapital ab. Die Kategorie Raum ist dabei stets mit Alltagshandeln und Lebensräumen, Dimensionen sozialer Ungleichheit und ihrer Manifestierung im städtischen Rahmen verbunden.
‚Raum' ist also als soziales Produkt aufzufassen, das aufgrund seiner Materialität alltägliches soziales Leben generiert, strukturiert und konturiert, wobei dieses keineswegs unabhängig von den sozialen Verhältnissen verstanden werden kann: Räumliche und soziale Praktiken sind nicht separierbar. Der soziale Raum inkorporiert die Aktivitäten der Subjekte, deren soziale Reproduktionsverhältnisse (Geschlechterverhältnisse, Familien, etc.), so wie die realen Produktionsverhältnisse, die arbeitsteilig durchorganisiert sind.
Herrschaft über den Raum hingegen bildet eine der augenscheinlichsten Formen von Herrschaftsausübung; zugleich manifestieren sich Machtmechanismen über den sozial segregierten Raum. So dient der eingenommene Ort, die Lokalisation des Individuums im Raum als Indikator für seine Platzierung im sozialen Raum, da sowohl der real-physische als auch der soziale Raum Ausdruck von Hierarchien und sozialen Distanzen sind: Macht über den Raum und Kapitalbesitz äußern sich im angeeigneten physischen Raum einerseits als spezifische Beziehung zwischen der räumlichen Struktur der AkteurInnen und andererseits der Verteilung von Gütern und Dienstleistungen. Dabei überlagern sich die ver-

schiedenen physischen und objektivierten sozialen Räume, so dass sich an bestimmten Orten des physischen Raumes sowohl seltene Güter als auch deren BesitzerInnen wiederfinden lassen. Die Macht über den Raum steht in enger Beziehung zur materiellen und symbolischen Aneignung dieser seltenen Güter, die sich in diesem Raum verteilen. Nähe im physikalischen Raum erlaubt damit auch Nähe im Sozialraum, etwa durch das Nutzen wohlfrequentierter Orte und der daraus resultierenden Akkumulation sozialen Kapitals.
Räume, Orte und Plätze des verdinglichten Sozialraumes sind zudem Gegenstand von Kämpfen innerhalb der verschiedenen Machtfelder: Als intra- oder intergenerationelle räumliche Mobilität können diese Kämpfe um die Aneignung des Raumes eine individuelle Form annehmen; bei Ortswechseln ließe sich soziale Mobilität dann auch als räumliche Mobilität nachvollziehen. Ökonomisches, soziales und kulturelles Kapital zeigen sich daher nicht nur an den Orten (der Stadt), sondern auch an den Ortswechseln und der Mobilität im Raum. Raum jedoch nur als materielles Produkt aufzufassen, griffe zu kurz: Bei Henri Lefèbvre umfasst der soziale Raum neben den materiellen Produkten vielmehr deren Beziehungen zueinander und strukturiert somit die Rahmenbedingungen für weitere soziale Aktivitäten im Kontext von Produktion und Konsumtion als Verknüpfung von Praktiken der AkteurInnen, deren Repräsentation und deren gelebter Erfahrung im Raum. Damit wird der Raum zu einem von sozialen AkteurInnen produzierten sozialen Produkt.
Lefèbvre, der als einer der ersten die Frage der Produktion des Raumes aufgegriffen hat, will den Raum nicht nur in seiner dinglichen Gestalt betrachten, sondern stellt ihn in den Kontext gesellschaftlicher Produktionsprozesse; seine Raumauffassung impliziert eine Kritik des vorherrschende Diskurses des Raumes, indem er sich sowohl gegen rein gedankliche Konzeptionen des Raumes wendet, die diesen mathematisch definieren, als auch gegen ausschließlich philosophische Perspektiven über den Raum. Auch ist der Raum für ihn keine bloße ästhetische Kategorie. Vielmehr ist „Raum" in seinem Sinne zugleich Vorbedingung und Resultat sozialer Strukturen, zugleich Werk und Produkt, d. h. einerseits Produzent von gesellschaftlicher Realität und anderseits Produkt gesellschaftlicher Praxis: Der „Raum" stellt in seiner Materialität gleichzeitig strukturelle Notwendigkeit dar und dient den sozialen Handlungen als Vehikel.
Analog zur marxistischen Analyse der Warenproduktion entwickelt er seine Theorie der Produktion des Raumes. Raum besitzt für ihn nicht nur einen ähnlichen Status innerhalb der Produktionsweisen, wie dies für Kapital und Arbeit gilt, sondern ist zugleich Ergebnis historisch gewachsener Prozesse. Lefèbvre versteht die Erforschung des Raumes unabdingbar als Ausweitung und Aktualisierung des marxistischen Projektes. Dabei versucht er, den Produktionsprozess von Raum in einer historischen Perspektive nachzuvollziehen und in seinen jeweiligen Ausprägungen zu erfassen, so dass aus seiner Perspektive Raum zum konstitutiven Element unterschiedlicher Gesellschaftsformationen geriert. So

betont er, dass jede gesellschaftspolitische Macht ihren jeweils spezifischen Raum erschafft und erfasst. Sowohl Dinge und Waren müssten ebenso wie der Diskurs über den Raum als Zeugnisse dieses produktiven Prozesses interpretiert werden: Anders als die Fabrik oder die Suburbia, wo die Homogenisierung des Raumes erfolgreich vollzogen werden konnte, bleibt die Stadt in der Logik Lefèbvres aufgrund ihrer sozialen, historischen und ökonomischen Diversität ein „differentieller Raum".

Seinen Begriff des Raumes möchte ich hier als *„absolute Entfremdung"* bezeichnen: Lefèbvre teilte die Diagnose, dass mit dem modernen Kapitalismus die Herrschaft des Raumes über die Zeit angebrochen sei. Zugleich ist Lefèbvres Raumbegriff an eine spezifische Lokalität gebunden; der „soziale Raum" ist zeit-, orts- sowie kontextgebunden und entsteht aus der Interaktion verschiedener sozialer Gruppen an spezifischen Orten zu spezifischen Zeitpunkten. Die Aufhebung von traditionellen räumlichen Strukturdualismen wie global versus lokal, Stadt versus Land oder Zentrum versus Peripherie führt bei Lefèbvre zur Betrachtung vielschichtiger Urbanisationsprozesse, die er universeller als soziale Raumproduktion versteht: Im Verhältnis zur „Province" stellt die Hauptstadt, die „Kapitale", den Ort des Kapitals dar (Bourdieu).

Die Perspektive einer fast gänzlichen Verschiebung vom Ländlichen zum Urbanen erlaubt ihm zudem den Hinweis, dass das Alltagsleben und dessen Ort, der soziale Raum, einer kapitalistischen Ordnung unterworfen ist. Damit wird die Stadt für Lefèbvre zur geplanten Umwelt jenseits natürlicher Entwicklungen. Vielmehr wird gesellschaftlicher Raum für ihn klassenspezifisch zugeteilt, während die gesellschaftliche Planung die Klassenstruktur reproduziert. Hintergrund ist dabei die Situation, dass Reiche über zu viel, Arme hingegen über zu wenig Raum verfügen, während auch die Qualität von Orten über deren jeweilige Klassenstruktur entscheide. Somit garantiert die Raumstruktur gesellschaftliche Kontinuität, produziert und reproduziert die jeweilige Gesellschaftsformation und damit spezifische Räume und die ihr immanenten gesellschaftlichen Verhältnisse in zirkulärer Weise.

Entscheidend für Lefèbvres Raumbegriff ist ferner, dass Raum nicht ohne die Körperlichkeit der sozialen AkteurInnen entstehen kann: Raum bleibt abstrakt, wenn er nicht mit den Subjekten und den individuellen Mitgliedern einer sozialen Gruppe verknüpft wird.

Folgen wir Lefèbvre in seiner Annahme zur Verknüpfung von Raum und sozialem Handeln, lässt sich die Kategorie „Raum" auch mit der der „Lebenswelt" und des „Alltags" im Sinne einer umfassenden theoretischen Analyse verbinden, anhand derer deutlich werden kann, auf welch verschiedene Weise der Mensch die Welt bewohnt und „wohnbar" macht.

In diesem Kontext geriert der Raum zu gebauter Umwelt, zu Räumen des Alltagslebens; ökonomische, politische und soziale Rahmenbedingungen bestimmen daher nicht nur den physisch-architektonischen Raum und dessen Veränderungen, sondern auch die Formen seiner Aneignung, Wahrnehmung und Nutzung: Räumliche Gestaltung ist daher stets mit gesellschaftlicher Macht verknüpft. Aneignung von Raum oder Räumen als Produkt von Vergesellschaftungsprozessen kann somit als ein Erschließen von Räumen verstanden werden, das Orientierung, Handlungsentwürfe und deren Realisierung erlaubt. Gelebte Räume sind zugleich auch Räume des möglichen Widerstands und möglicher Kämpfe der räumlichen Aneignung.

Mit dem von mir aufgegriffenen Aspekt der „Raumaneignung" treten auch die Begriffe *Personalisierung* und *Territorium* hervor: Die Intimität des eigenen Wohnraumes etwa soll die Herstellung von Identität ermöglichen und als Ausdruck eigener Autonomie äußere Manipula-tionen ausschließen. Wohnen gestaltet den Raum des Alltags, während das Verhältnis zwi-schen Wohnen und Wohnung durch eine komplexe Beziehung zwischen den Wohnenden und dem Gehalt der Wohnung bestimmt wird. Wohnungen bieten damit zugleich Gestaltungsmöglichkeiten persönlicher Vorlieben und Einrichtungsstile, werden zum Raum von Schutz, Abschottung nach außen, Intimität und Privatheit; das Wohnerleben wird zum Ausdruck des eigenen Selbst. Orte, die der Ortidentität dienen, werden zu Räumen, die nicht nur für die jeweilige Person mit Erinnerungen, vergangenen und aktuellen Handlungsvollzügen, Vorstellungen, Wahrnehmungen verbunden sind; auch die Person selbst wird für andere identifizierbar.

Im Unterschied zum persönlichen Raum verweist der Begriff des *Territoriums* auf den nicht körperzentrierten, immobilen Raum, der jederzeit verlassen werden kann, aber durch wahrnehmbare Zeichen markiert ist und damit zum Träger von Herrschaft über den Raum wird. Die Fragmentierung, Polarisierung und Homogenisierung des (Stadt-)Raumes ergreift also auch den Körper. Nicht nur ist der Raum ohne Körper, ohne Leiblichkeit nicht erfahrbar, darüber hinaus ist der Körper selbst ein erfahrener Raum, der als Erfahrungsschatz und Grundlage für alle weiteren Raumerfahrungen dient und daher mehr ist als nur ein bloßes *Instrument* zur Raumaneignung. Zugleich wird der Raum als Stimmungs-, Handlungs- und Anschauungsraum konstituiert.

Für Lefèbvre ist eine Verknüpfung des Raumes mit den Subjekten allerdings nur dann gewährleistet, wenn der praktische Gebrauch des Körpers und seine Platzierung im Raum ins Zentrum theoretischer Überlegungen gerückt wird. Sein Raumbegriff ist an die Erfahrung der eigenen Leiblichkeit im Umgang mit anderen physischen Gegebenheiten geknüpft.

Es liegt daher nahe, sich dabei auch mit dem Geschlechtskörper auseinander zu setzen: Zu einem der Sozialisationsziele gehört nach patriarchalen Ordnungsprinzipien die Befassung mit dem eigenen (weiblichen oder männlichen) Körper und die damit einhergehende Verhinderung einer Ausdehnung territorialer Macht von Frauen.Nicht nur die Leiblichkeit des Menschen variiert in Größe, Form und Volumen und bestimmt damit das Verhältnis zum Raum, sondern auch durch Nähe und Distanzen, die er/sie in sozialen Situationen zu anderen hält. Auch können wir feststellen, dass in unserer Gesellschaft Frauen ganz allgemein über weniger und weniger begehrten Raum verfügen als Männer. Männer haben meistens einen höheren sozialen Status und damit einhergehend jene Räume, die ein höherer Status eben verschafft – geräumige Büros, geheime Schlupfwinkel, größeren Besitz. Frauen verfügen - *schon aufgrund ihres geringeren Zugangs zu ökonomischem Kapital* - über weniger Raum und weniger kostspieliges Mobiliar.

Bei der Betrachtung von Zugängen zum Raum und Raumaneignungen ist also neben ökonomischen Gesichtspunkten, - als kulturelle Logik eines Spätkapitalismus oder als Ausdruck flexibler Akkumulation,[588] - vor allem zu berücksichtigen, welchem Geschlecht Individuen angehören. Auch eine kapitalismuskritische Perspektive bleibt reduktionistisch, wenn sie die AkteurInnen nicht unter diesem Blickwinkel betrachtet.

In diesem Kontext steht auch die Bindung von Frauen und Mädchen an den privaten Raum. Daher erstaunt es nicht, dass sich beispielsweise das Freizeitverhalten von Mädchen weniger raumgreifend vollzieht als das ihrer männlichen Altersgenossen, was sich u. a. an der Wahl von sportlichen Aktivitäten erkennen lässt. Während Mädchen und junge Frauen vor allem solche Sportarten präferieren, die mit ästhetischer Präsentation verknüpft sind, bevorzugen Jungen eher jene Aktivitäten, die mit einem erheblichen Raumbedarf einhergehen. Dies wirkt sich nicht zuletzt auch auf städtische Planung aus. So verfügt bspw. jede Kommune über einen Bolz- bzw. Fußballplatz,[589] während ein Äquivalent für Mädchen in dieser Größenordnung gänzlich fehlt.

Konstruktionen von Männlichkeit gehen folglich mit einer verstärkten Raumbeanspruchung einher, wobei sich die Verankerung des männlichen Körpers als sozialer Prozess im Sinne eines Gender-Habitus fortwährend durch Handlungen und Interaktion vollzieht. Gleichwohl ist auch der männliche Körper, dies soll hier nicht geleugnet werden, unterschiedlichen Disziplinierungspraktiken unterworfen.[590]

M. E. spiegeln jedoch die geschlechtsspezifischen Formen der Aneignung des Raumes ein eher als Geschlechterdifferenz angelegtes Verhältnis. Während

---

588 Deutsche 2000, S. 137.

589 Flade 1993

590 Michel Foucault beschreibt in „Überwachen und Strafen“ die Disziplinierung des männlichen Körpers durch Militär, Fabrik und Sport. Foucault selbst hat die Kategorie Geschlecht in seinen Arbeiten nicht systematisch berücksichtigt; methodologische Anregungen stecken für die Geschlechterforschung allerdings in seinem diskurs- und machtanalytischen Konzept und könnten entsprechend übertragen werden. (Althoff/Bereswill/ Riegraf 2001, S. 236)
Zu Foucaults Beitrag zu einer Gesellschaftstheorie der Geschlechterverhältnisse vgl. Bublitz 2002, S. 254ff.

Jungen besonders dann Anerkennung erhalten,[591] wenn sie ihre territoriale Macht ausdehnen, wird Mädchen ge-sellschaftliche Anerkennung nur dann zuteil, wenn die Disziplinierung ihres Körpers ima-ginären Schönheitsidealen entspricht. Konsequenterweise hat dies Folgen für das Verhältnis von Frauen und Mädchen zum Raum:

„Raumeinnehmendes Verhalten von Frauen und damit eine Positionierung in der Gesellschaft wird nicht durch Verbote verhindert, sondern durch die Sexualisierung des weiblichen Körpers. Bewegung im Raum wird dadurch eingeschränkt, dass die weiblichen Geschlechts-teile versteckt werden müssen (...) oder sexuelle Übergriffe durch Fremde stets heraufbe-schworen werden und auch tatsächlich passieren – in der Regel jedoch von nahen Bezugs-personen.“[592]

Raum- und Körperaneignungsprozesse von Mädchen und Frauen vollziehen sich daher stets in einem eher ambivalenten Spannungsverhältnis. Wenn physische Attraktivität zwar einer-seits zu Anerkennung verhilft, andererseits aber mit Ängsten verknüpft wird, sexuell nicht allzu attraktiv werden zu dürfen, um Übergriffe auf den eigenen Körper zu verhindern, kann ein positives Verhältnis zu Körper und Raum nur schwer gelingen.

Als subtile Mechanismen wirken nicht zuletzt solche impliziten Weiblichkeitsbilder, die Frauen zwischen mystifizierten Gegenpolen von „Heiligen“ und „Huren“ plazieren. So lernen bereits sehr junge Mädchen, dass die „tugendhafte“ Frau[593] ihren Wirkungskreis eher im häuslichen Bereich bzw. in geschlossenen Privaträumen finden sollte, ein Relikt bürgerlicher Erziehungskodices.

Die symbolische Raumaneignung von Straßen und Plätzen gelingt schon deshalb nur unter erschwerten Bedingungen, weil der Aufenthalt in der Öffentlichkeit immer auch als mögliche Gefährdung von Frauen betrachtet wird. Der öffentliche Raum wird so zur zeitweiligen Tabuzone für Frauen, während die Aneignung dieses Raumes stets mit der öffentlichen Preisgabe des Körpers in Verbindung gebracht wird.

Diese Ortsbestimmung findet insbesondere in der weiblichen Prostitution[594] ihre Entspre-chung und stellt eine Fortsetzung von bürgerlichen Frauenidealen des vorvergangenen Jahr-hunderts dar: Frauen ohne männliche Begleitung, die sich in der Öffentlichkeit bewegten, galten entweder als sozial Deklassierte und Unterprivilegierte oder als Prostituierte.[595] So verweisen bspw. die im 19.

---

591 etwa in ihrer Peergroup

592 Löw 1994, S. 67f

593 Hier findet die bürgerliche Ideologie des 19. Jahrhunderts ihre Fortsetzung.

594 De Ridder/Jostock 1995

595 Walkowitz 1994; S. 419ff.
Handbücher zu Verhaltendscodes in der Öffentlichkeit wie das *Manuel du Bon Ton et de la Politesse française: Nouveau Guide pour se condouire dans le Monde*, das 1853 von *Louis Verardi* herausgegeben wurde, machten Schule und zeigten deutlich, welches

Jahrhundert üblichen Begriffe von „Straßenmädchen", „Strassendirne", „Straßenstrich" und „Rotlichtmilieu" auf die Verortung der Prostitution im öffentlichen Raum. Während der „Straßenjunge" eher als „Streuner" gilt, der den öffentlichen Raum durch seine Streifzüge kennenlernt und aneignet, ist das „Straßenmädchen" ein „gefallenes" Mädchen, dass sich nicht gemäß der gesellschaftlichen Konventionen verhalten hat und sich nunmehr an Orten aufhalten muss, die eigentlich für das weibliche Geschlecht als „unwürdig" gelten. Zudem verfügt die „Dirne" nicht einmal mehr über ihren eigenen Körper, da sie diesen nunmehr, auf der Straße zur Schau gestellt, dem männlichen Freier anbieten muss. Die Prostituierte wird damit zur „öffentlichen Frau".
Stattdessen werden Frauen weit mehr als Männer auf die private Wohnung verwiesen. Für beide Geschlechter jedoch werden diese im Sinne Goffmans zu „Hinterbühnen",[596] zu Bühnen für Generalproben mit der Chance zur Aneignung, Erweiterung und Überprüfung von Rollen, bevor Menschen sich mit den dort geprobten Rollen in die Öffentlichkeit wagen (dürfen).
Neben dem Ort der Ruhe, der Muße, der Regeneration sind Wohnungen zugleich auch Räume für in der Öffentlichkeit als deviantes Verhalten Betrachtetes wie ungeniertes Rülpsen, Pfurzen oder Formen der Körperentleerung oder (diverse Formen der) Sexualität.[597]
Private Wohnungen stellen allerdings zugleich Orte von Gewalt, beispielsweise von Kindesmisshandlung, Missbrauch oder Vergewaltigung dar.[598] Privatheit ist daher nicht mit Autonomie oder Selbstbestimmung zu verwechseln. Vielmehr zeigen sich hier durch die Einschränkungen von territorialer Verfügungsmacht und einem beschränkten Aktionsradius auch sichtbare Herrschaftsmechanismen. Die geschlechtsspezifischen Unterschiede der Verfügbarkeit und Erschließung von Räumen manifestieren sich in ihren ungleichen Zugriffschancen als Ausdruck von Macht über den Raum: Die soziale, ökonomische und politische Vorrangstellung ist gekoppelt an die Macht und die Verfügungsgewalt über Räume, ob als Wohnraum, Freiraum, Freizeit-Raum oder Reiseraum.[599] So ist zu kritisieren, dass sich feministische Stadt- und Regionalforschung in der Vergangenheit häufig mit kleinen, lokal begrenzten und empirisch wenig fundierten Analysen befassten, deren Ergebnisse eher zur Modernisierung patriarchaler Gesellschaftsmuster, nicht aber zwingend zu ihrem Abbau Anlass gegeben haben. Der Kritik einer geringen Sichtbarkeit von Frauen in der Stadt- und Regionalforschung, die „Frauen" als eine besondere Bevölkerungsgruppe mit besonderen

---

die Verhaltensweisen waren, die man von bürgerlichen Frauen erwartete: Frauen, die in der Öffentlichkeit lächelten, so Verardi, sollten nicht darüber verwundert sein, wenn dies als unanständige Einladung verstanden werde (Parsons 1997, S. 65ff.)

596 Goffman 1969

597 Hamm/Neumann 1996, S. 239 f.

598 Benard/Schlaffer 1980, Heiliger/Hoffmann 1998

599 Spitthöver 1989, S. 33

Bedürfnissen und Lebensbedingungen kennzeichnete, folgten in der gängigen Planung kaum Konzepte, die Arbeitswege, Einkaufsmöglichkeiten, Versorgungs- und Verkehrsinfrastruktur, Wohnbedürfnisse, Wohnstandorte und Lebensstilisierungen als planerische Prämissen integrierten.
Raumbezogene Frauenforschung steckt allerdings in einem Dilemma, das bereits bei der Kritik an Schütte-Lihotzkys Küchenplanung auftrat: zum einen den Abbau patriarchaler Strukturen zu propagieren und wissenschaftlich zu unterstützen, zum anderen in der aktuellen Situation auf verbesserte Lebensbedingungen von (Haus-)Frauen hin zu wirken, auch wenn dies stets mit dem Risiko verbunden ist, gängige und tradierte Rollencodes zwischen den Geschlechtern durch Modernisierung zu zementieren.
Vielmehr wird die geschlechtsspezifische Segmentierung der Hausarbeit unterstützt und räumlich tradiert: Form follows function! Dieses Bauhaus-Prinzip korrespondiert mit der traditionellen innerfamilialen Arbeitsteilung. Nicht selten gilt die private Wohnung dabei idealtypischerweise als zentraler Lebens- und Arbeitsort von Frauen: Im Prozess der Sphärentrennung zwischen Privatleben und Öffentlichkeit, die für moderne Gesellschaftsformationen charakteristisch sind, wurden Frauen und Männern nicht nur nicht unterschiedliche Orte und Territorien zugewiesen, sondern weibliche und männliche Lebenswelten auch als unpolitisch versus politisch klassifiziert. In Übereinstimmung mit bürgerlichen Familienideologien und den daraus abgeleiteten Geschlechterrollen werden dem Wohnen neue Aufgaben zugeteilt, so etwa die Konstruktion des Privaten als Gegenpart zur bürgerlichen Öffentlichkeit. Diese Sphärentrennung entspricht zugleich einer Geschlechterstruktur, bei der dem bürgerlichen Mann der öffentliche Raum und die Kontrolle des Privaten zugesprochen wird und in der die bürgerliche Frau zu agieren, nicht aber zu entscheiden hat. Die bürgerliche Wohnung ist zugleich realer und imaginierter Raum des bürgerlichen Subjekts mit den zu entwickelnden bürgerlichen Affinitäten und Tugenden.
Die Separierung von öffentlichem Raum als Außenwelt einerseits und der Privatheit der eigenen Wohnung andererseits zementiert in geschlechtsspezifischer Form eine Pädagogisierung des Alltags und verfestigt die Rollen, die Männer und Frauen in einer geschlechtsspezifisch segmentierten Gesellschaft einzunehmen haben; zugleich intensiviert die innere Ordnung der Wohnung just dieses Rollengefüge.
Frauen fällt qua Sozialisation, Rollenzuständigkeit und –verordnung die Aufgabe zu, Kreativität und Selbstverwirklichung in diesem festgesteckten Rahmen zu entfalten; gleichwohl ist gerade für Frauen der private Raum auch Ort der Hausarbeit, zumal sich Männer nach wie vor nur wenig als zuverlässige Partner in punkto privater Arbeitsteilung erwiesen haben. Die geschlechtsspezifische Arbeitsteilung hat nicht nur Konsequenzen für den Zugang zur Öffentlichkeit, sondern berührt auch den Bereich der Mobilität von Frauen. Reduzierte Mobilitätschancen gelten als Ausfluss einer funktionellen Trennung von Arbeiten und

Wohnen: Die Wohnviertel sollten Kompensationsräume für die moderne Arbeit sein, deren höhere Intensität neue Bedingungen für die Erholung verlangte. Verstärkt wurde diese Tendenz durch die massive Motorisierung und das damit in Zusammenhang stehende Leitbild einer „automobilen" Stadt.
In gängigen theoretischen Ansätze der Stadt- und Wohnsoziologie, etwa dem der Chicago School mit dem Modell konzentrischer Zonen - wird den Geschlechterverhältnissen ein nur geringer Stellenwert beigemessen. Zwar entspricht dieses Modell der Struktur zahlreicher Städte und lässt auch Rückschlüsse auf deren Dynamik zu, gleichwohl vernachlässigt es aber die ökonomische und soziale Relevanz der gebrauchswirtschaftlichen Arbeit für die Stadtentwicklung; die primären Arbeitsbereiche der weiblichen Bevölkerung geraten so in Vergessenheit.
Auch hier ist der Verweis auf Henri Lefèbvres Ansatz zur Produktion des Raumes hilfreich: So verweist er in seinen Analysen auf die hierachische Struktur der Städte. Aktuell setzt sich dieser Prozess als Verfeinerung fort: Die Entwicklung der Städte verläuft in Analogie zu der des Kapitals, das sich neue Märkte außerhalb der eigentlichen Industrieproduktion erschließt, so dass stets wachsende Bereiche des Lebens und der Städte der Logik der Profitmaximierung unterstellt werden. Die Folge war eine Fragmentierung der Stadt in ihre funktionalen Einzelbereiche. Zugleich verliert die Stadt damit ihre vormoderne, die geistliche oder weltliche Gewalt repräsentierende Mitte, den symbolischen aber auch den organisierenden Kern der städtischen Gemeinschaft und des städti-schen Lebens. Zugleich manifestiert sich die räumliche Segregation als Vertei-lung von Wohnstandorten unterschiedlicher sozialer Gruppen. Beispielhaft sei hier darauf verwiesen, dass für wohlhabende soziale Gruppen die Projektion ei-nes individuellen Selbstverwirklichungsstrebens auf den urbanen Raum abfärbt und städtischer Raum damit zum Spiegel neuer narzistischer Verhaltensstan-dards wird. Die Utilisierung der modernen Städte ist demnach für ihre Struktu-ren formgebend: Städte werden so zu Arenen einer erhöhten und effizienten Form der Gewinnmaximierung durch eine beschleunigte Kapitalzirkulation.
Die Hoffnung besteht nun darin, dass bürgerschaftliche und zivilgesellschaftliche Assoziationen die räumliche Planung beeinflussen können (Touraine), damit eine soziale Polarisierung in den Städten vermieden werden und die Qualität der „europäischen Stadt" als Vernetzung unterschiedlicher sozialer Schichten zum gegenseitigen Nutzen erhalten bleiben kann.
Die „Schnittmenge" zwischen Utopie und Umsetzung zeigt sich beispielsweise darin, dass die moderne Entzauberung der Welt und der Stadt als Ort traditioneller Lebensformen und -zu-sammenhänge zeitgleich verlaufen - trotz einer rasch fortschreitenden Verstädterung im Zuge der Industrialisierungsprozesse: Der öffentliche Raum hat immer auch eine politische Funktion, nämlich als Ort des (politischen) Räsonierens, als Präsentations- und Demonstrationsraum politischer Positionen bzw. als Versammlungsort einer kritischen Öffentlichkeit. In

den inszenierten Räumen jedoch findet keine Aneignung, sondern eine Enteignung des öffentlichen Raumes statt, was sie als Nicht-Orte (Augé) erscheinen lässt.
Als Stadt-Raum gilt jedoch nicht nur der „homogene“ oder „leere“ Raum oder das Objekt „Gebäude“, sondern auch das allgemeinere Beziehungsnetz eines sozialen Gefüges, das Orte und Territorien ausbildet, die sich nicht einmal ausschließlich baulich manifestieren müssen. Zudem sind Städte immer auch Orte der Erinnerung und des individuellen Erlebens, die Geschichte der Stadt ist zugleich auch individuelle Geschichte, die mit der räumlichen Aneignung des Städtischen einhergeht: Spaziergänge, der Weg zur Arbeit, das Flanieren in der städtischen Fußgängerzone, die Nutzung von Straßencafés, sogar die Teilnahme an öffentlichen Demonstrationen, Straßenprotesten und Kundgebungen markieren die individuelle Erinnerung an spezifische städtische Orte: Die Stadt bleibt somit nach wie vor auch Ort sozialer Beziehungen, sozialer Intensität.

4 Vom urbanen Raum zur telekommunikativen Stadtgesellschaft

Bei den sozialwissenschaftlichen Klassikern werden Raum und Stadt häufig als Synonyme gebraucht; daraus lässt sich schließen, dass sie Raum nicht für ein eigenständiges Untersuchungsfeld hielten, sondern anhand von Untersuchungen über städtische Strukturen zu generellen Aussagen über die Gesellschaft kommen wollten. Dies gilt sowohl für Karl Marx wie auch für Georg Simmel oder Max Weber.

Raum manifestierte sich überwiegend an urbanen Strukturen. Dabei können Städte als soziale Konstrukt, als Plattform wie auch als Ausdruck und Folge von gesellschaftlichen Prozessen und kulturellen Konfigurationen gesehen werden. In Anbetracht einer fast vollständigen Verstädterung der Gesellschaft bildet nach Henri Lefèbvre nicht mehr das Industrielle – anders als bei Karl Marx -, sondern das Urbane, das Alltagsleben in der verstädterten Gesellschaft ein erkenntnisreiches Untersuchungsfeld, anhand dessen sich ergründen lässt, inwieweit die gesellschaftliche Produktion des Raumes stattfindet. Unter Rekurs auf die „Kritik der politischen Ökonomie" von Marx erweitert er seine sozialkritische Analyse um die einer „Kritik des Alltagslebens".[600] Der Raum der sozialen Praxis wird damit als menschliches Handeln zu einer Verknüpfung von Alltagsrealität und Realität der Städte, beobachtbar etwa an der Verwendung von Zeit im städtischen Kontext, an städtischer Infrastruktur, Arbeits- und Freizeitorten oder Räumen von Konsum und Dienstleistungen.

Städtische Gesellschaften sind somit zugleich Konglomerat verschiedener Kulturen als auch kulturelle Äußerungen von Zeitgeist. Damit unterliegen sie den Strömungen der jeweils aktuellen Moden und Geisteshaltungen, ganz gleich ob als dominante oder als facettenreiches Nebeneinander mehrerer (minoritärer) Weltanschauungen.

Der urbane Raum, dessen Strukturen zu einem Großteil erst parallel zur Industrialisierung entstand, ist zunehmend in spezialisierte Teile fragmentiert, polarisiert durch eine zunehmende soziale Segregation und homogenisiert in einen indifferenten Formenbrei.[601] Nach diesem Bild wird die Stadt zu einem strategischen Schachbrett, das von ökonomischen und technologischen Kräften ‚vitalisiert' wird.

Zeitgeist und Weltanschauung lassen sich folglich stets am städtischen Raum ablesen, sei es als Äußerung in Straßengrundrissen, als zu Stein gewordene Architektur und Marktstruktur, in der strukturellen und funktionalen Gliederung der Stadt, in Gebäudenutzungen oder in der Ausgestaltung und Nutzung des öffentlichen Raums und seiner Abgrenzung zu privaten Räumen. Zeitgeist und

---

600 Lefèbvre 1972a

601 Soja 1989, Davis 1989

Weltanschauung zeigen sich ferner im in die Stadt eingebetteten Alltagshandeln, von Lebensstilen und –milieus, ob als Wohn-, Produktions- oder Arbeitsmilieus. Städtische Milieus sind dabei keineswegs von ihrem sozialen Gefüge bzw. vom sozialen Raum zu trennen.
Der soziale Raum bestimmt sich dabei durch

- den Grad der gegenseitigen Überlagerungen unterschiedlicher räumlicher Strukturen (z. B. als Übereinstimmung in der Verteilung von geografischen, demografischen oder kulturellen, ökonomischen und religiösen Merkmalen – je höher die Übereinstimmung, um so eher korrespondiert der geografische Stadtraum mit dem sozialen Raum),
- die Entwicklung der räumlichen Verteilungen auf dem Hintergrund historischer Prozesse (z. B. ablesbar am Wandel von Wohnformen, an ökonomischen und technischen Strukturen) und durch
- die Verhältnisse der materiellen Gesellschaftsausstattung und ihrer kollektiven Repräsentation (z. B. bei quartiersbezogenen Schließungsmechanismen).

Deren Dichte[602] und Heterogenität, Vielfalt und Kohäsion, ihre Handlungsweisen und Nutzungen sind charakteristische Merkmale von Urbanität. Urbanität ist somit keineswegs statisch – sie verändert sich mit dem Zeitgeist, den Weltanschauungen und den Kulturen, Strukturen, Funktionen und Nutzungen, die diese hervorbringen: Vergangenes hinterlässt Spuren in der Stadt, und diese Spuren wiederum sind es, die Städten zu ihrem (vermeintlich) spezifischen, vielleicht sogar unverwechselbaren Image verhelfen.
Untersucht man städtische Strukturen in Hinblick auf ihre Machtmechanismen, dann lässt sich feststellen, dass sie stets in kapitalistischen und digitalisierten Strukturen als Filiale gesellschaftlicher Interessen gewirkt haben. Zugleich sind sie Impuls, Ausdruck und Barriere gesellschaftlicher Entwicklungen. Raumanalytisch lassen sich dabei zwei zeitgleiche Strömungen ausmachen: einerseits die Privatisierung von öffentlichen Räumen, andererseits die Veröffentli-chung von privaten Räumen in Form von Rückverlagerungen der Erwerbsarbeit in den Privatbereich anhand der Telearbeit.
Die elektronische Informationsumwelt ersetzt allerdings nur scheinbar den öffentlichen städtischen Raum, wenngleich mit den globalen Netzen eine neue Form der Öffentlichkeit entsteht. Durch zunehmende Digitalisierungen verändert sich der öffentliche Raum; so entstehen neue Formen der Kommunikation, die mitunter auch andere Lebensstile zur Konsequenz haben oder die Verände-

---

602 Unter Dichte verstehe ich nicht nur eine quantitative Dimension, etwa die Zahl der Einwohner je qm im Raum, sondern in Anlehnung an Louis Wirth auch eine qualitative Perspektive, die eine physisch-reale Struktur (z. B. im Bereich der technologische Entwicklung, der ökologische Ordnung), ein soziales Ordnungssystem mit seinen gesellschaftlichen Beziehungen und den ihnen inhärenten Haltungen und Mentalitäten als kollektives Verhalten berücksichtigt.

rung der Alltagswelten der StadtbewohnerInnen induzieren. Ist dabei zu befürchten, dass der öffentliche Raum zur Bedeutungslosigkeit verdammt ist und dass „Nicht-Orte“ (Augé) entstehen, die des öffentlichen Raumes innerhalb der Stadt nicht mehr bedürfen und an keinen konkreten Ort mehr angebunden sind?
Im Zeichen von Digitalisation, Telematik, Netzwerk, Satelliten und Computern braucht die Kommunikation, insbesondere in Bezug auf Arbeits- und Produktionsprozesse, scheinbar keinen städtischen Ort mehr. Vielmehr wird die städtische Welt zunehmend an einem begrifflichen Konkurrenzmodell der „urban places“ versus „urban electronic spaces“ orientiert.
Stellt man nun also den Begriff der *Kommunikation* ins Zentrum stadtbegründender Elemente, wird deutlich, dass die Minimierung von Zeitverlusten aufgrund der Dichte des Raumes einen der entscheidenden Aspekte der Stadt darstellt: Stadt ersetzt demnach die Zeitdifferenz durch Kommunikation und überwindet so zeitliche Distanz durch räumliche Dichte im virtuellen Raum: Die Distanz wird durch die verdichtete Existenz an einem Platz minimiert. Mehr noch: Zusammenkünfte und (Informations-)Austauschmöglichkeiten an einem Ort sind stadtbegründend: Marktplatz, Rathaus, Kirche, Häuser sind die konstitutiven Elemente der realen Stadt. Nicht die Raumverdichtung wird zentral, sondern die Beschleunigung von Zeit, Mobilität und Zirkulation.[603]
Diagnosen und Analysen verweisen seit Ende der 70er Jahre auf die Abstraktheit und die zunehmende Bedeutungslosigkeit eines häufig diffusen Raumbezuges: Raum wird in Bezug auf die Zeit definiert, die damit auf der Diskursebene zur zentralen Bedeutungsträgerin wächst:[604]
Ein Begründungsmuster liegt in der Debatte um elektronische Kommunikationstechnologien und der daraus resultierenden Veränderungen zur Betrachtung von Raum und Zeit.[605]
Im Gegensatz zum alten Stadttypus wäre die telekommunikative Stadt nicht mehr raum-, sondern zeitverdichtet; Raumgegebenheiten wären damit nicht mehr räumlich kommunikativ, sondern via Satellit und Daten-Autobahn durch Zeitminimierung zu überwinden. Während der reale städtische Raum als Ort durch Wohnen und Arbeiten in der scheinbaren Dichotomie von Öffentlichkeit und Privatheit widerspiegelt, ist der virtuelle städtische Raum durch multimediale Telekommunikation gerade nicht durch den Ort, sondern durch die Allgegenwärtigkeit von Information und Kommunikation geprägt und verspricht, die Distanz aufzuheben und den Raum zu überwinden.
Neben der Position einer fast restlosen Überwindung des Raumes entwickelte sich aber auch die gegensätzliche Argumentation, die die Bedeutung der Raumressourcen als Sediment von Macht begreift. Insbesondere die letztgenannte Per-

---

603 Böhme 2000 S. 15
604 Massey 1993, S. 119
605 etwa bei Castells 1977, S. 31f.

spektive verdient eine hohe Aufmerksamkeit, zumal da sie vor allem darauf verweist, dass Raum und Zeit auch Kategorien der Wahrnehmung sind, mit denen äußerst unterschiedliche Vorstellungen verknüpft werden können.
Dieser Frage soll im folgenden Kapitel unter Rekurs auf klassische wie auch auf zeitgenössische soziologische Konzepte nachgegangen werden. Dabei gilt es zu berücksichtigen, dass sich Frauen aufgrund spezifischer Sozialisationsbedingungen den (Stadt-)Raum anders aneignen als Männer, da ihnen traditioneller Weise Haus- und Reproduktionsarbeit zugewiesen werden.
Einbezogen wird dabei eine Perspektive veränderter Arbeitsprozesse in der telekommunikativen Stadtgesellschaft, ihre Entstehungs- und Entwicklungsprozesse als Folge technologischer Kommunikationsentwicklungen (Internet) sowie die daraus abzuleitenden Konsequenzen für Geschlechterverhältnisse.
Ein Blickwinkel ausschließlich auf die europäische Stadt erscheint dabei allerdings aufgrund der zunehmend vernetzten Strukturen nicht ausreichend, so dass hier auch Hinweise auf Globalisierungsprozesse und ihre Veränderungspotentiale für städtische (also regionale und lokale) Zusammenhänge unumgänglich erscheinen. So gewinnen zum einen Arbeitsformen wie die der Telearbeit, die ich insbesondere unter genderspezifischen Gesichtspunkten analysiere, als auch die Folgen von Weltmarktpolitiken an Bedeutung. Auch hier gilt es, geschlechtsspezifische Entwicklungen auszumachen.

4.1 Wandel von Arbeitsprozessen in der telekommunikativen Stadtgesellschaft

Noch in den 80er Jahren des letzten Jahrhunderts kontrovers diskutiert, hat sich Telearbeit und Telekooperation zu Begin des neuen Jahrtausends zu einem konkreten Phänomen in vielen Unternehmen und Verwaltungen in Deutschland, der industrialisierten Welt und den industriellen Schwellenländern entwickelt. Telearbeit steht als zentrale Arbeitsform der Informationsgesellschaft zweifellos erst am Anfang ihrer flächendeckenden Entfaltung, aber die aktuellen Anwendungen im aufkommenden E-Commerce und E-Business lassen die sich abzeichnenden Chancen und Risiken für Unternehmen, Verwaltungen, ArbeitnehmerInnen, Gesellschaft und Politik bereits erahnen.
Die in der „Old Economy“ geltende feste Bindung von Arbeit an einen festen Punkt, den Arbeitsplatz in Unternehmen oder Verwaltung hatte seine Ursache in der Schwierigkeit, die zielgerichtete Zusammenarbeit von ArbeitspartnerInnen ohne unmittelbare Nähe zu organisieren. In der „New Economy“ kann der Aspekt der räumlichen Nähe durch die EDV-gerechte Beschreibung und Abbildung von Geschäftsprozessen mit Hilfe von IT-Systemen vielerorts ersetzt werden. Damit zeichnet sich insbesondere im Kontext der Dynamisierung von Dienstleistungsprozessen ein erheblicher gesellschaftlicher Veränderungsschub ab: Der Charakter gesellschaftlicher Arbeit verändert sich qualitativ in Erstel-

lung, Produktion und Nutzung seiner „Produkte". Ein weitgehender Wandel der Konstitution der Arbeitsverhältnisse ist in Zeithorizont und –organisation, in biografischen Mustern und nicht zuletzt über Generationen- und Geschlechterverhältnisse hinweg zu beobachten.

„Die Anziehungskraft der ‚multimedialen Revolution' mit ihrem Versprechen, Körper, Zeit und Ort auf der Suche nach neuen elektronischen Welten und Gemeinschaften hinter sich zu lassen, hat wiederum viel mit den ökonomischen, politischen und sozialen Krisenerscheinungen in den hochindustriellen Staaten zu tun (...). In der postmodernen Industriegesellschaft, der zum Teil dank der profitorientierten Rationalisierung qua Computertechnik die Arbeit ‚ausgeht', dreht sich einer der zentralen Verständigungsdiskurse um die Abgrenzung von Arbeitszeit und Freizeit, von Arbeitsort und Freizeitstätte."[606]

Auf dem Hintergrund einer sich ausbreitenden Informations- und Kommunikationstechnologie und einer *Globalisierung von Wirtschaftsbeziehungen* scheinen räumliche Kriterien als Standortfragen zunächst in den Hintergrund zu treten. Das Spannungsverhältnis von Öffentlichkeit und Privatheit als Nutzungsraum hingegen erfährt einen Bedeutungsgewinn. In diesem Kontext heißt „Telearbeit" eines der Zauberwörter, das die Dissonanz zwischen Familien- und Erwerbsarbeit auflösen soll.

4.1.1 Historischer Rekurs und Perspektiven

„Ich habe das Internet erfunden", versicherte zwar der US-amerikanische Ex-Vizepräsident Al Gore bekanntlich gern,[607] in Wahrheit ist diese Technologie als auch der dazugehörige Diskurs schon einige Jahrzehnte älter. Seit den 50er Jahren verheißt der Fortschritt der Informations- und Kommunikationstechnologie das Ende der Industriegesellschaft wie der Ideologien. Schon damals hieß es, dass über kurz oder lang Kommunikation und Information über Macht und Einfluss entscheiden und dass die Zukunft der Demokratie und dem freien Markt gehören werde. Was aber verbirgt sich hinter dem Begriff eines „digitalisierten Informationszeitalters"? Welche Analysen liegen einem solchen Labeling zugrunde?

Bereits 1960 veröffentlichte *Daniel Bell* sein Werk „The End of Ideology": Im Rahmen der Kommission der American Academy of Arts and Sciences, die Perspektiven für das kommende Jahrhundert entwickeln sollte, erarbeitete er ab Mitte der 60er Jahre des vergangenen Jahrhunderts das Konzept der „nachindustriellen Gesellschaft". In seinem 1973 erschienenen Buch „The Coming of Post-Industrial Society" verband Bell seine frühere These vom Ende der Ideologie mit dem Konzept der „nachindustriellen Gesellschaft". Letztere, auch *Informati-*

---

606 Klaus/Pater/ Schmidt 1997, S. 806f.

607 Die Metaphern von „Datenautobahn" und des „Infohighway" gehen auf eine seiner Regierungserklärungen zurück. (Bühl 1996, S. 13)

ons- oder Wissensgesellschaft genannt, kenne keine Ideologie mehr: Die Macht der aufsteigenden neuen Eliten beruht nach Bell auf einer neuen, der Entscheidungsfindung zugewandten „geistigen Technologie".

„Das zentrale Problem der post-industriellen Gesellschaft ist die Versorgung mit ihren wichtigsten Ressourcen: kodifiziertes theoretisches Wissen, wie es vor allem von der reinen (im Gegensatz zur angewandten) Forschung bereitgestellt wird, und ausgebildete Menschen bzw. Humankapital."[608]

Zukünftig werde vermehrt die „Wissenschaftsgemeinschaft" tonangebend sein; diese bilde eine „charismatische Gemeinschaft", die, universalistisch orientiert, sich weder Interessen noch Ideologien verpflichtet fühle und rational entscheide. Regulierend und steuernd greife der Wohlfahrtsstaat in die Planung des technologischen Wandels ein und begleite ihn durch ständiges „*monitorings*" und „*assessments*".[609]

Die post-industrielle Gesellschaft erfordert nach Bell zunehmend Projektion und Planung technologischer Entwicklungen und eine stärkere Ausrichtung auf Zukunftsperspektiven. Ungewollte Nebeneffekte des technischen Fortschritts – etwa die Umweltverschmutzung -müssen durch eine konsequente Technikfolgenabschätzung vermieden oder ggf. reguliert werden.

In der Folgezeit verfestigte sich die Vorstellung, es gebe objektive Methoden zur Erforschung der Zukunft. Doch schon bald wurden diese Hypothesen durch das nachlassende Wirtschaftswachstum und die Krise der Regierbarkeit in den westlichen Demokratien erschüttert. Der Annahme jedoch, dass Organisationslehren in einer derart funktionell gegliederten Gesellschaft die Politik ablösen würden, konnte die offenkundige Widerlegung durch die Wirklichkeit indes nichts anhaben. Vielmehr erlebte die Erstellung von Zukunftsszenarien einen regelrechten Boom und entwickelte sich so zu einem florierenden Geschäft, das zahlungsbereite Unternehmen und Regierungen gerne in Anspruch nahmen. Auf diesem Umweg machte nun auch die breite Öffentlichkeit Bekanntschaft mit dem neuen techno-informationellen Zeitalter.

Hermann Kahn etwa wagte im Rahmen der von Bell geleiteten Jahr-2000-Kommission die Prognose, in der nachindustriellen Gesellschaft, in der Mangel und Knappheit der Vergangenheit angehörten, würden die Menschen nur noch fünf bis sieben Stunden am Tag arbeiten - und zwar vier Tage in der Woche und 39 Wochen im Jahr.[610]

---

608 Steinbicker 2001, S. 59

609 Bell 1996 und Bell 2001
Mattelart 2001b: „Die hierarchisch und zentralistisch strukturierte Gesellschaft will von Netzwerken und „partizipativer Demokratie" nichts wissen, und die Wirtschaft sei bei stetigem, exponentiellem Wachstum zunehmend von „technischen Dienstleistungen und Expertentätigkeit" geprägt."
(Bell 1996 und Bell 2001)

610 Gruen 1984

Erinnert sei auch an Alvin Toffler,[611] der den *Futurismus* popularisierte. Das Credo des ehemaligen Marxisten lautete: Um das „Trauma des Zukunftsschocks" zu vermeiden, müsse man den Bürgern *Lust auf die Zukunft* vermitteln. Den Erwartungshorizont spannt er deshalb zwischen interaktiver Demokratie, Individualisierung der Medien, Konsumfreiheit, Pluralismus, Vollbeschäftigung und Flexibilität auf.[612]
Auch der *geopolitische Ausbau* einer globalen Informationsgesellschaft erfolgte bereits Ende der sechziger Jahre. Zbigniew Brzezinski, Kommunismus-Experte und späterer Sicherheitsberater von US-Präsident Jimmy Carter, stellte auf dem Hintergrund seiner Analysen zu den internationalen Folgewirkungen der Konvergenz von Datenverarbeitung und Telekommunikation die These auf, die USA seien dank ihrer Kontrolle über die internationalen Daten- und Informationsnetze die „erste globale Gesellschaft der Geschichte". Die neuen Werte (der Kommunikation) würden unweigerlich in alle Welt ausstrahlen und Fantasie und Nachahmungsfreude der gesamten Menschheit beflügeln, was den Schluss zuließe, dass die Zeit der „Kanonenboot-Diplomatie" vorbei sei: Begriffe wie Imperialismus, Amerikanisierung und Pax americana hätten zugunsten einer „Netz-Diplomatie" ausgedient.[613]
Sehr ähnlich klingt auch das, was rund drei Jahrzehnte später die Berater der Clinton-Administration Joseph Nye und William A Owens[614] verkündeten, als sie „soft power" zur Grundlage der neuen „globalen Sicherheit" erklärten:
„Mehr denn je ist Wissen heute Macht. Das einzige Land, das in der Lage ist, die Informationsrevolution konsequent zu Ende zu führen, sind die Vereinigten Staaten. (...) Als Multiplikator der amerikanischen Diplomatie üben die Informa-

---

611 Alvin Toffler war selbständiger Berater und Autor der Bestseller „Der Zukunftsschock" (1970 / 1983) und „Die dritte Welle" (1979 / 1987): In seiner Drei-Wellen-Theorie unterscheidet Toffler die Agrargesellschaft, die Industriegesellschaft und die Informationsgesellschaft. Letztere werde u. a. durch die Auflösung der Trennung von Arbeitsplatz und Wohnung charakterisiert; die Wohnung, so Toffler, wird der zentrale räumliche Mittelpunkt, das elektronische Heim des Individuums, von dem aus produziert, konsumiert und kommuniziert werden könne. Während die Produktion auch von zu Hause aus stattfinden könne, seien die Individuen auch in einen weltweiten Verbund virtueller Firmen eingebunden. (Vgl. Bühl 1996, S. 203)

612 Toffler 1994
In den „Denkfabriken" verstand man damals unter „interaktiver Demokratie" ausgearbeitete Projekte verkabelter Städte, die sich schon bald zum Experimentierfeld der techno-kommunitaristischen Ideologie entwickelten.
Es verwundert daher nicht, dass nun auch der Cyber-Prophet Nicholas Negroponte, Autor von „Total digital" an derartigen Städtevisionen arbeitete. (Mattelart 2001b)

613 Mattelart 2001b

614 Joseph S. Nye war Politologe, William A. Owens Admiral.

tionstechnologien sanfte Macht aus - die Macht der Verführung durch amerikanische Demokratie und freie Märkte."[615]
In der „postkapitalistischen Gesellschaft" heißt der Slogan seither „*Westernization*": Nach Peter Drucker wird der gebildete Mensch von morgen sich darauf vorbereiten müssen, in einer globalisierten, das heißt verwestlichten Welt zu leben.[616]
Auch die These des Mediensoziologen Marshall McLuhan, dass technologischer Fortschritt die Welt zu einem riesigen Dorf, zu einem *global village* umgestalten könne, ist bereits mehr als dreißig Jahre alt.
„Wir leben in einer brandneuen Welt der Gleichzeitigkeit. Die Zeit hat aufgehört, der Raum ist dahingeschwunden."[617]
Für McLuhan, der mit der These „The medium is the message" populär geworden ist, liegt das Wesentliche des Mediums in seiner Form und nicht in dem vom Medium übermittelte Inhalt. Seine Grundannahmen basieren auf einem sehr weit gefassten Medienbegriff: Weniger als die aus dem Inhalt zu entschlüsselnde Botschaft, sondern die aus dem Medium heraus entstehende Wirkung ist für seine Medientheorie relevant. Die Erfindung des Buchdrucks und die hieraus resultierende massenhafte Produktion von Büchern führte, so McLuhan, zu einem enormen Bildungsschub in allen gesellschaftlichen Schichten - die lateinische Sprache wurde in Westeuropa durch Nationalsprachen abgelöst. Für ihn ist die Botschaft des Buchs also nicht, was es ded LeserInnen inhaltlich vermittelt, sondern welche Auswirkungen es auf Individuum und Gesellschaft hat. So betrachtet er Veränderungen von Medientechnologien als eine der zentralen Ursachen für soziale Veränderungsprozesse; damit räumt er Medien eine enorme Macht im gesellschaftlichen Gesamtkontext ein.
Da Elektrizität weder politische noch geografische Hindernisse kenne, könne sie Grenzen und Kontinente überwinden. Aufgrund einer neuen Welt der Gleichzeitigkeit könnten Menschen dichter zusammenrücken, während das globale Dorf zeitgleiche Happenings ermögliche. Die Folge sei, so McLuhan, eine wachsende Vernetzung zu verwandten Informationen, Quellen und Personen.[618]
Und in der Tat können heute die UserInnen der Netze rund um den Globus miteinander kommunizieren, Daten austauschen oder sich virtuell im Chatroom verabreden und treffen.
„Innerhalb eines unvorstellbar kurzen Zeitraums haben sich Millionen von Menschen in das Netzwerk begeben. Und zwar nicht, weil es besonders anwenderfreundlich gewesen wäre, - das war es auf keinen Fall -, sondern weil ein kaum fassbarer Reiz von ihm auszugehen schien, der dem modernen Leben abhanden

---

615 Nye / Owens zitiert nach Mattelart 2001b
616 Drucker 1993, vgl. auch Steinbicker 2001
617 McLuhan / Fiore 1984, S. 63
618 McLuhan 1971

gekommen war. Im krassen Gegensatz zur Entfremdung durch uniforme Massenmedien, eine sterile Massenkultur und die weit reichende Anonymität bürokratischer Verwaltungen, verband das Internet Leute miteinander und bot einen Raum, in dem das Gespräch der Menschen untereinander eine rasante Renaissance erleben sollte.“[619]

Die Ortsgebundenheit scheint damit überwunden.[620] Die Annahme McLuhans jedoch, dass die neuen Informations- und Kommunikationstechnologien alle sozialen, kulturellen und politischen (oder gar ökonomischen) Barrieren überwinden könnten, hat sich retrospektiv betrachtet als Illusion erwiesen. Zwar hat die Computertechnologie tiefgreifende gesellschaftliche Veränderungen bewirkt und sicherlich auch eine neue (virtuelle) Kultur hervorgebracht, die aktuelle Entwicklung jedoch ist vor allem durch ihre Vielfältigkeit aber auch durch ihre Widersprüchlichkeit geprägt.

So beeinflussen nach Manuel Castells drei voneinander unabhängige Prozesse die gesellschaftliche Entwicklung seit der Jahrtausendwende. Es sind dies

- die informationstechnologische Revolution,
- die wirtschaftliche Krise sowohl des Kapitalismus wie auch des Etatismus und ihrer Neustrukturierungen und
- das Aufblühen kultureller sozialer Bewegungen wie etwa der libertären Bewegung, der Bewegung für Menschenrechte, des Feminismus und der Umweltbewegung.[621]

Im Ineinanderfließen dieser drei Prozesse ist die Genese einer neuen dominierenden Sozialstruktur zu erkennen, die in die *Netzwerkgesellschaft* mit neuen Wirtschaftsformen, einer informationellen und globalen Ökonomie und einer neuen Kultur des Virtuellen einmündet.

Die Logik dieser neuen Gesellschaftsformation liege dem sozialen Handeln und den Institutionen in der gesamten interdependenten Welt zugrunde.[622]

Was aber ist so neu an der Netzwerk- oder der Informationsgesellschaft?[623]

In den kapitalistischen Volkswirtschaften ergriffen ab Mitte der 70er Jahre Unternehmen und Regierungen eine Reihe von Maßnahmen und politischen Strategien, die gemeinsam zu einer neuen Form des Kapitalismus geführt haben; diese

---

619 Levine/Locke/Searls/Weinberger 2000, S. 29

620 Heuser 1996

621 Castells 2003a, Castells 2003b

622 Castells 2003b, S. 386

623 Nach *Achim Bühl*, Soziologe und Computerwissenschaftler, ist der Begriff der *Cybersociety* der angemessene Terminus für jene Gesellschaft, in der sich zwischen den vernetzten Computern der virtuelle Raum erstreckt, in dem immer mehr Funktionen abwandern und der sich zu einer neuen Lebenswelt entwickelt. Metaphern wie *Datenautobahn, globales Dorf, Cyberspace, digitale Stadt oder Telepolis, Robotik, künstliche Intelligenz* und der *Informationsgesellschaft* werden hierbei miteinander in Bezug gesetzt. (Bühl 1996, Bühl 2000)

ist durch Globalisierung der wirtschaftlichen Kernaktivitäten, Flexibilität von Arbeit und Organisation, Machtzuwachs des Managements, Konkurrenzdruck und eine Schwächung der organisierten Arbeiterbewegung, also durch die trinitarische Formel *Deregulierung, Privatisierung* und *Freihandel* gekennzeichnet. Bei der Einschränkung des „Wohlfahrtstaates" spielen laut Castells dabei die Informationstechnologien eine zentrale Rolle, da sie als Werkzeuge für Vernetzung, Kommunikation (selbst über weite Entfernungen), für die Speicherung und Verarbeitung von Informationen, die koordinierte Individualisierung der Arbeit sowie eine gleichzeitige Konzentration und Dezentralisierung der betrieblichen Entscheidungsfindungsprozesse eingesetzt werden konnten.[624]

„Das ist die neue Gesellschaftsstruktur des Informationszeitalters, die ich Netzwerkgesellschaft nenne, weil sie aus Netzwerken von Produktion, Macht und Erfahrung besteht, die eine Kultur der Virtualität in den globalen Strömen konstruieren, die Zeit und Raum überschreiten. Nicht alle Dimensionen und Institutionen der Gesellschaft folgen der Logik der Netzwerkgesellschaft (...) aber alle Gesellschaften sind im Informationszeitalter sehr wohl, wenn auch mit unterschiedlicher Intensität von der allgegenwärtigen Logik der Netzwerkgesellschaft durchdrungen, deren dynamische Expansion allmählich die zuvor bestehenden gesellschaftlichen Formen absorbiert und sich unterwirft."[625]

Immer mehr Bereiche des sozialen Lebens verlagern sich in vom realen physischen Raum in den virtuellen; dies gilt gleichermaßen für Produktions-, Distributions- und Kommunikationsprozesse:

„Der virtuelle Raum stellt ein strukturierendes Gravitationszentrum mit Auswirkungen auf alle gesellschaftlichen Bereiche dar, eine computergenerierte Entwicklungsumgebung, die zu einer neuen Form der Soziabilität führt. Der virtuelle Raum konstituiert einen virtuellen Produktionstypus, etabliert virtuelle Klassen- und sozialstrukturelle Beziehungen, bewirkt einen qualitativen Strukturwandel der Öffentlichkeit und verändert die Parameter von Macht und Herrschaft grundlegend."[626]

In der telekommunikativen Stadtgesellschaft verändern sich durch die Virtualisierung auch die Produktionsweisen und –typen, was zu einer Auflösung klassischer Betriebs- und Organisationsstrukturen führt. Zugunsten von virtuellen Firmen- und Verwaltungsstrukturen mit virtuellen Büros und Telearbeit werden die zentralisierten Produktionsstätten des fordistischen Produktionsprozesses abgelöst. Die Geschichte des Automobilkonzerns „Ford" steht dabei als Metapher für eine Gesellschaftstheorie, die gesellschaftliche Prozesse mit der Logik der ökonomischen Verwertungsprozesse in einen Zusammenhang verknüpfen möchte: Fließbandproduktion als Effizienzfaktor in der Automobilherstellung,

---

624 Castells 2003b, S. 387

625 Castells 2003b, S. 401f.

626 Bühl 1998, S. 361

die dann als Akkumulationsregime auch auf soziale Prozesse übertragen werden soll. Mit der fordistischen Phase der Stadtentwicklung wird also auch für die Stadtentwicklung eine Periode bezeichnet, in der ein auf Massenproduktion ausgerichtetes Unternehmen dominierte. Dazu gehörte auch die Ansiedlung von Zulieferunternehmen sowie die sich heute als durchaus problematisch erweisenden Wohngegenden mit Hochhausbauten („Banlieue", „Platte") als Produkte einer Übertragung der forditischen Produktionslogik auf die individuelle Privatsphäre.[627]
Dies führt zu neuen Organisationsformen und –strukturen mit weltweit verteilten Arbeitsteams, von denen angenommen wird, dass ihre lokale Verortung wie Arbeits– und Wohnsitz nur noch eine sekundäre Rolle spielt – ein Prozess, den multinationale Unternehmen im durch die Globalisierung verschärften Konkurrenzkampf für sich zu nutzen wissen.
Ich möchte die im folgenden Abschnitt am Beispiel der Telearbeit und ihrer geschlechtsspezifischen Implikationen verdeutlichen.

4.1.2 Das Beispiel Telearbeit

Für die Telearbeit sind Arbeitsort, eingesetzte Technik, Arbeitszeit und die rechtliche Form der Arbeitsverhältnisse bestimmende Faktoren: Unter Telearbeit verstehe ich jede auf Informations- und Kommunikationstechnik gestützte Tätigkeit, die ausschließlich oder zeitweise an einem außerhalb der zentralen Betriebsstätte liegenden Arbeitsplatz verrichtet wird. Dieser Arbeitsplatz ist mit der zentralen Betriebsstätte durch elektronische Kommunikationsmittel verbunden.
Telearbeit tritt in verschiedenen Formen auf. Sie kann z. B. in der Wohnung der MitarbeiterInnen (heimbasierte Telearbeit, [628] Telearbeit ausschließlich zu Hause,[629] als supplementäre häusliche Telearbeit bzw. als alternierende Telearbeit[630])

---

627 Eckardt 2004, S. 61ff.

628 Der Begriff der heimbasierten Telearbeit bezeichnet alle Formen der Telearbeit am häuslichen Arbeitsplatz der MitarbeiterInnen bzw. der AuftragnehmerInnen.

629 Bei dieser Tätigkeitsform steht den Telearbeitenden kein Arbeitsplatz bei ArbeitgeberInnen oder AuftraggeberInnen (mehr) zur Verfügung. Stattdessen erfolgt die Arbeitsverrichtung ausschließlich in der privaten Wohnung der MitarbeiterInnen oder AuftragnehmerInnen. Im heimischen Arbeitsbereich verfügen die TelearbeiterInnen über einen Arbeitsplatz, der mit PC und entsprechender Vernetzungstechnologie ausgestattet ist, anhand derer zu Arbeit- oder AuftraggeberInen durch elektronische Dokumententransfers, E-Mails, Videokonferenzen oder auch per Telefon Kontakt aufgenommen und der Austausch der Arbeitsergebnisse hergestellt werden kann.

630 Bei dieser Form der Telearbeit verfügen die ArbeitnehmerInnen sowohl über einen Arbeitsplatz im Unternehmen /in der Verwaltung und einen in der Privatwohnung, wobei zwischen diesen Arbeitsplätzen hin- und hergewechselt wird.
Im Gegensatz zur ausschließlich zu Hause ausgeübten Telearbeit bleibt hier der persönliche Kontakt zu Vorgesetzten oder KollegInnen erhalten. Um diese sozialen Bindungen aufrecht erhalten zu können, wird in der Regel die alternierende Telearbeit an maximal

oder auch unterwegs (mobile Telearbeit) erbracht werden. Ebenso setzen manche ArbeitgeberInnen ihre MitarbeiterInnen bei ihren KundInnen ein, wobei die gesamte Ausstattung, mit der diese Arbeiten verrichtet werden, den ArbeitgeberInnen gehört (On-Site-Telearbeit). Schließlich kann Telearbeit auch ausgeführt werden, indem Telearbeitsplätze in Telecentern gebündelt werden.[631]

Bei Telearbeit handelt es sich also um Tätigkeiten, die an einem oder mehreren von TelearbeitgeberInnen oder -auftraggeberInnen räumlich getrennten Arbeitsorten und anhand von Geräten der Elektronischen Datenverarbeitung (EDV) geleistet werden. Der Arbeitsplatz sowie Arbeit- oder AuftraggeberInnen, KollegInnen, GeschäftspartnerInnen und andere Informationsquellen sind durch moderne Informations- und Kommunikationstechnologie (IuK) miteinander verbunden. Neu ist vor allem die Art und Weise wie Arbeitsvorgaben und Arbeitsergebnisse ihren Weg von Arbeit-/AuftraggeberInnen zu den ArbeitnehmerInnen und wieder zurück nehmen. Telearbeit kann auf der Grundlage von Werk-, Dienst- oder Werklieferverträgen in freier Mitarbeit, als Heimarbeit oder in einem abhängigen Arbeitsverhältnis durchgeführt werden.

Bei den Tätigkeiten handelt es sich vorwiegend um solche Arbeitsfelder, die ein hohes Maß an Selbständigkeit und Eigenverantwortung beinhalten. Dies sind u. a. typische Managementtätigkeiten aber auch Schreibarbeiten, Sachbearbeitung und Programmiertätigkeiten. Ferner können wissenschaftliche und künstlerische Tätigkeiten als Telearbeit ausgeführt werden.

Die Arbeitszeit wird dabei weitgehend von den Telearbeitenden selbst bestimmt.[632]

---

drei Wochentagen und an nicht mehr als zwei aufeinander folgenden Telearbeitstagen ausgeübt.

In vielen Unternehmen behalten die Telearbeitenden einen angestammten Schreibtisch in uneingeschränktem Maße. Es ist aber auch denkbar, dass ArbeitnehmerInnen ihre Arbeitsplätze mit anderen teilen: An den Tagen, an denen die MitarbeiterInnen nicht an ihrem Firmen-Arbeitsplatz arbeiten, können andere KollegInnen an diesem Schreibtisch tätig werden.

631 Schmeisser / Boden 2003, S. S. 7ff.

632 Glaser/ Glaser bestätigen die Effizienzsteigerung durch eine Studie, die zwischen 12/92 und 2/93 im Auftrag der IBM-Deutschland an 38 Telearbeiterinnen und 47 Vorgesetzten des Konzerns durchgeführt wurde. So konnten durchweg gute Ergebnisse ermittelt und fünf Bedingungen abgeleitet werden, die für einen Erfolg der Umwandlung erfüllt sein müssen: Auswahl von selbständigen und emotional stabilen MitarbeiterInnen; eine geeignete Arbeit, die eine Outputbewertung ermöglicht; geeignete IuK-Technik, damit auch die Kommunikation reibungslos funktioniert; teamzentrierte Arbeitsweise; „Management by Objectives“ und kooperative Führungsstile. (Glaser/Glaser 2000 sowie Glaser /Glaser 1995)

Das Niedersächsische Innenministerium nennt für sein im Rahmen der Verwaltungsreform durchgeführtes Pilotprojekt folgende *Ausschlusskriterien*: Absprachen, die nicht über Kommunikationsmedien möglich sind; auf ständigen persönlichen Kontakten basierende Arbeit; kurzfristige persönliche Verfügbarkeit in der Dienststelle; permanenter

Die Telearbeitenden haben häufig keine direkte Berührung mit KollegInnen mehr und treten mit den Vorgesetzten nur selten in persönlichen Kontakt.[633]
Wird die bezahlte Arbeit nur an vereinzelten Stunden, nicht aber an einem oder mehreren ganzen Arbeitstagen von zu Hause erledigt, spricht man von supplementärer häuslicher Telearbeit als

- Telearbeit in Wohnortnähe (Nachbarschafts- und Satellitenbüros, Tele(service)-Centern)
- Selbständige Telearbeit in Kleinstbüros /SOHOs[634]

Hiermit sind Arbeitsformen von FreelancerInnen oder anderen Selbständigen gemeint, die per Internet mit KundInnen, KooperationspartnerInnen sowie AuftraggeberInnen verbunden sind.
Derzeit ist das Interesse an Telearbeit recht groß. Jede Firma, die etwas auf sich hält, beschäftigt sich mit dieser Arbeitsform, denn Telearbeit liegt im Trend. Rund ein Drittel aller deutschen Unternehmen sollen bereits mit Telearbeit experimentieren oder beschäftigen sich mit ihrer Einführung. Viele Unternehmen werben nach außen mit der Einführung dieser dezentralen Arbeitsmöglichkeit. Die nackten Zahlen sind aber, gemessen an der Gesamtbelegschaft, noch immer recht bescheiden.[635]
Telecenter, häufig von Kommunen in strukturschwachen Regionen ins Leben gerufen und mit neuester Telekommunikationstechnologie ausgestattet, bilden

---

Zugriff auf benötigte nichtelektronische Unterlagen. (Niedersächsisches Innenministerium 2001, S. 28)

633 Bisherige Erfahrungen zeigen, daß diese Form der Telearbeit aufgrund mangelnder persönlicher Kontakte und der damit möglicherweise verbundenen sozialen Isolation oftmals abgelehnt wird.

634 SOHO steht als Abkürzung für „Small Offices" und „Home Offices"; Kategorien in Anlehnung an MFJFFG /NRW (o. J.)

635 Zu den großen Unternehmen mit Telearbeitserfahrung zählt bspw. *Hewlett-Packard,* wo bereits mehr als 10% der Beschäftigten in Form von Teleworking arbeiten. Andere Konzerne in dieser Größenordnung wie etwa *BMW (Vgl.* Niggl/ Edfelder/ Kraupa 2000) *und Siemens*, praktizieren Telearbeit in vergleichbarem Umfang und verfolgen eine ähnliche Strategie.
Herauszuheben ist jedoch die von Siemens eingesetzte *off-shore-Telearbeit,* bei der mehrere Hundert indische ProgrammiererInnen beschäftigt werden.
Eine große Ausnahme stellt zudem *IBM* dar, die in Deutschland etwa 3000 TelearbeiterInnen beschäf-tigen und in den USA mobile Telearbeit bei 90% der AußenmitarbeiterInnen einsetzen.
Auch große Versicherungsfirmen haben bereits Erfahrungen mit Teleworking, etwa die *Württembergische Versicherungsgruppe* (Stuttgart), die als einer der ersten Versicherer Müttern während der Elternzeit alternierende Telearbeit angeboten hat - zunächst in Form einer Pilotphase, inzwischen regulär, da die Erfahrungen auf beiden Seiten positiv waren. Die *Volksfürsorge Hamburg* hat ihre SchadensgutachterInnen nach Hause ausgelagert und ist mit den Ergebnissen sehr zufrieden, denn die Bearbeitungszeit eines Falles hat sich bei den TelearbeiterInnen um die Hälfte reduziert.

ein weiteres Segment der Telearbeit. Sie werden Telearbeitenden zur Verfügung gestellt, die bei diesen *Telehäusern* festangestellt sind und für verschiedene AuftraggeberInnen arbeiten. Im Rahmen der *Bayern-Online-Initiative der bayrischen Staatsregierung* bspw. sind zahlreiche dieser Telehäuser gegründet worden. Diese müssen sich nach Auslaufen der Anfangssubventionen selbständig am Markt behaupten, z. B. indem sie ausgelagerte Kundendienste übernehmen. Besonders interessant sind diese neuen Einrichtungen auch für kleine Firmen, die so auf ein fremdes Sekretariat zurückgreifen können, das sehr kostengünstig arbeitet. Auch große Versandhäuser haben mit Hilfe von Tele- und Callcentern einen 24-Stunden-Service für Bestellungen einrichten können.

Die folgende Tabelle zeigt den Verbreitungsgrad von Telearbeit in der BRD

Organisationsform	**Telearbeit (TA) in % der Erwerbstätigen** 1999	2002	**Wachstum/Anno in % (Durchschnitt)**
Permanente u. alternierende TA	**1,5**	**1,6**	**1**
Supplementäre TA	**1,6**	**6,3**	**58**
Mobile TA	**1,5**	**5,7**	**57**
TA in SOHOs	**1,5**	**5,2**	**50**
TA insgesamt	**6,0**	**16,6**	**40**

Telearbeitskategorien in der Bundesrepublik[636]

Einen enormen Anstieg hat in den vergangenen Jahren nicht etwa die klassische Organisationsform der häuslichen Telearbeit erfahren, sondern vorwiegend die mobile Telearbeit, die Telearbeit von Selbständigen und die sog. supplementäre Telearbeit, während die Verbreitung der alternierenden und permanenten häuslichen Arbeitsform eher zu stagnieren scheint.[637] Der Anteil der Telearbeitenden liegt mit 16,6% in der Bundesrepublik im EU-Vergleich im vorderen Mittelfeld.[638]

---

636 Quelle: Empirica 2002

637 Empirica 2002

638 Zum Vergleich: Vorreiterrollen übernehmen die Niederlande mit 26,4% sowie Finnland (21,8%) und Dänemark (21,5%). Im vorderen Mittelfeld dominieren Schweden (18,7%) und Großbritannien (17,3%), gefolgt von der BRD und Österreich (13,8%), während Griechenland (11,1%), Irland (10,9%) und Belgien (10,6%) das hintere Mittelfeld anführen, bilden Italien (9,5%), Frankreich (6,3%), Luxemburg (5,6%), Spanien (4,9%), und Portugal (3,4%) die Gruppe der Nachzügler.
Der EU-Durchschnitt liegt bei 13%.
Ähnlich deutlich wie zu den Niederlanden und zu den skandinavischen Ländern fällt der Kontrast zu den Telearbeitsplätzen in den USA aus: Hier liegt der Verbreitungsgrad bei rund 20%. (Vgl. European Commission 2003)

Seitens der Erwerbstätigen genießt die Telearbeit nach wie vor ein sehr großes Interesse: Annähernd zwei Drittel der Erwerbstätigen bekunden ihr Interesse. Zudem sind 30% der Er-werbstätigen der Auffassung, ihre berufliche Tätigkeit sei für Telearbeit geeignet.[639]
So darf vermutet werden, dass sich die Diffusion der Technik schneller vollzieht als die Anpassung der unternehmerischen Führungsstile. Daher gibt es bereits heute viele Telearbeitsplätze im technischen Sinne, jedoch nur eine relativ geringe Zahl abhängig Beschäftigter, die mindestens einen ganzen Wochentag zu Hause arbeiten.
TeleworkerInnen, virtuelle Firmen und telefähige Arbeitsplätze sind ein zentraler Faktor für betriebliche Kostensenkungen: Insbesondere hohe Lohn- und Lohnnebenkosten werden genutzt, um eine weitgehende Flexibilisierung der Arbeitsverhältnisse umzusetzen. Ein wesentliches Moment in der Zielsetzung des Managements ist dabei die Reduzierung der Stammbelegschaften.[640] Die Bedeutung der Telearbeit resultiert damit vor allem aus dem Kontext betrieblicher Rationalisierungsverfahren. Noch ist offen, welche Sozialstandards in den virtuellen Räumen des Internets zum Maßstab erhoben werden, gleichwohl verdeutlicht die Telearbeit auch die Grenzen eines nationalstaatlichen Arbeits- und Sozialrechtes.
Zumindest in den Branchen, in deren Zentrum der Austausch von Daten und Informationen steht, sind gewaltige ökonomische Verschiebungen bis hin zu einem globalen Outsourcing zu erwarten. Die Virtualisierung von Ökonomie, Produktion, Distribution, Kommunikation und Verwaltung – auch im Dienstleistungsbereich – lässt eine Erosion der Arbeitsverhältnisse und -beziehungen wahrscheinlich werden.

4.1.2.1 Unternehmerische Perspektiven

Für Unternehmen liegt eine der wesentlichen Herausforderungen bei der Einführung von Telearbeit und Telekooperationen in der Umstellung der Managementmethoden: Das konventionelle Präsenzmanagement, die direkte persönliche Führung von MitarbeiterInnen durch Vorgesetzte, muss durch moderne Führungsmethoden ersetzt werden, um die positiven Potentiale der Telearbeit für MitarbeiterInnen, Unternehmen und Verwaltungen nutzbar zu machen. Eine stetig wachsende KundInnenorientierung und die Anforderungserfüllung zur Auftragsabwicklung erfordern einen immer ausgeprägteren Projektcharakter der

---

639 Nach Auffassung des Telearbeitsexperten Norbert Kordey zeigen die aktuellen Zahlen, dass die Unternehmen zwar zusehends ihre Computersysteme für den Fernzugriff durch Beschäftigte öffnen (Remote access), weiterhin aber zögern, MitarbeiterInnen zu gestatten, ganze Tage von zu Hause zu arbeiten und dem Arbeitsplatz in Unternehmen oder Büro fern zu bleiben. (Vgl. European Commission 2003)
640 Bühl 1998, S. 362

Erwerbsarbeit, was die Umstellung der Führung von MitarbeiterInnen durch Zielvorgaben stark vereinfacht.[641]
Dies verspricht flexible und hierarchisch flache Einheiten, die mit modernen Mitteln der Informations- und Kommunikationstechnik ausgestattet sind. Ob die Teile dieser Einheiten aus einem oder mehreren Unternehmen stammen, spielt aus unternehmerischer Sicht ebenso wenig eine Rolle wie der Ort, an dem die Arbeit verrichtet wird. Zielorientiert geführt werden diese Einheiten in einer bisher ungekannten Effizienz; im Vordergrund steht dabei das Erreichen eines bestimmten Projektziels, weniger die Arbeitszeit.
Nicht mehr die bloße Verfügbarkeit einer qualifizierten Ressource an einem Ort soll damit über den Einsatz und die Beschäftigung entscheiden, sondern die Qualifikation zur Ausführung einer bestimmten Tätigkeit. Kurz: die beste Frau oder der beste Mann sollen zur Ausführung einer bestimmten Tätigkeit ortsunabhängig eingesetzt werden.
Aus der Dezentralisierung ergibt sich für die Unternehmen die Notwendigkeit, die gängige Unterbringung der Beschäftigten in großen Bürokomplexen an zentralen Standorten, - meist in Ballungsräumen - neu zu überdenken: Aus unternehmerischer Sicht stellt sich die Frage, ob die Gestaltung von Arbeitsplätzen (und damit von Bürogebäuden) noch den aktuellen und zukünftigen Anforderungen beim Übergang zur Informationsgesellschaft gerecht werden.
In dieser Perspektive ist die klare Trennung von Arbeits- und Lebensumfeld, die durch die räumliche Trennung von Arbeitswelt und Privatheit bedingt war, nicht mehr erforderlich: Mit den kostengünstigen Mitteln der modernen Informations- und Kommunikationstechnologie (IuK) wird Arbeit in der Informationsgesellschaft für eine große Zahl von Tätigkeiten *an jedem Ort zu jeder Zeit* möglich.
Dies trifft vor allem auf selbstbestimmte und eigenverantwortliche Tätigkeiten zu, wie sie von *qualifizierten Fach- und Führungskräften* großer (und zunehmend auch mittelständischer und kleinerer) Unternehmen verrichtet wird.
Aus unternehmerischer Sicht liegen die Vorteile der Telearbeit insbesondere in den Bereichen

- Kostendämpfung, höhere Leistung und steigende Produktivität durch höhere Motivation bei selbstbestimmter Tätigkeit[642]

---

641 Boes /Braukwitz 2002
Aufträge sollen zur Abwicklung interdisziplinären Projektteams zugewiesen werden, die für die erfolgreiche Erfüllung sowohl der einzelnen Tätigkeiten wie auch des Gesamtauftrages - dem eigentlichen Projekt - verantwortlich sind.

642 Nach der Einführung der Telearbeit wurde in manchen Fällen von einer Produktivitätssteigerung von bis zu 40% berichtet: Die Telearbeitenden vermeiden bspw. die Fahrtzeit und die in einer Büroumgebung unvermeidlichen Unterbrechungen. Die Reduktion von Störungen führt zu einer höheren Konzentration bei der Tätigkeit, was die Fehlerrate minimiert und so zur Produktivitätssteigerung beiträgt.

- Flexibilität bei Führung und Zusammenarbeit, bessere Bindung qualifizierter MitarbeiterInnen, Personalerhaltung und Vereinbarkeit von Familie und Beruf,[643] Flexibilität und Verfügbarkeit fast rund um die Uhr,[644]
- Reduzierung von Personal- und Infrastrukturkosten,[645]
- Beschleunigung von Dienstleistungs-, Geschäfts- und Entwicklungsprozessen[646] und in der
- Verbesserung der Produkt- und Prozessqualität sowie einer geringeren Störungsanfälligkeit.[647]

Bei erfolgreichen Telearbeitsprogrammen reagieren ArbeitnehmerInnen sehr positiv auf das in sie gesezte Vertrauen, selbständig und unabhängig arbeiten zu dürfen. Ihre Arbeitsmotivation ist entsprechend hoch.

643 ArbeitnehmerInnen, die aufgrund eines arbeitsbedingten Umzugs eines anderen Familienmitglieds ihren eigenen Beruf nicht weiter ausüben können, erhalten durch Telearbeit die Chance, weiterhin im Berufsleben zu bleiben. ArbeitnehmerInnen, die aufgrund von „Elternzeit" nicht länger arbeiten können, erhalten die Möglichkeit, Arbeitsaufgaben von zu Hause zu erledigen.
Ferner liegt ein Vorteil vor allem darin, dass nach Rückkehr zur Vollbeschäftigung kein erneutes Einführungstraining benötigt wird.

644 Im Zuge von Umstrukturierung und Neuorganisation können ArbeitnehmerInnen ohne Störung ihres Privatlebens weiterarbeiten. TelearbeiterInnen in lockeren Arbeitsgemeinschaften können ohne größere Anstrengungen den Bedürfnissen von Unternehmen und Verwaltungen zu neuen Teams zusammengestellt werden.
Spezifisch qualifizierte ArbeitnehmerInnen wiederum können orts- und zeitzonenunabhägig in einem Team zusammengefasst und mit spezifischen Arbeitsaufgaben betraut werden.
Mit Telearbeit verfügen die Unternehmen über die Möglichkeit, schnell auf viele Arbeitskräfte zurückgreifen zu können. Andererseits können in Phasen wirtschaftlicher Flauten auch weniger ArbeitnehmerInnen beschäftigt werden.

645 Grundstückseinsparungen sowie Bürokosten machen einen großen Teil der Kosten und somit im Fall von Telearbeit den größten Teil der Einsparung aus. Bei Firmen, die Telearbeit eingeführt haben, macht sich durch *Office- bzw. Desk-Sharing* ein deutlicher Rückgang der Büronutzung bemerkbar.
Wenn Unternehmen und Verwaltungen ein vollständig flexibles Arbeitssystem benutzen, lassen sich zudem die Kosten für die Umsiedlung der ArbeitnehmerInnen einsparen, etwa durch effektivere Nutzung der Arbeitsplätze mit geringer Auslastung (z. B. bei Tätigkeiten, die nur stundenweise benötigt werden), durch die Gewinnung weiterer räumlicher Kapazitäten oder aufgrund einer effizienteren Auslastung.

646 Die Arbeit kann an die „Orte" gebracht werden, wo die erforderten Fähigkeiten und die optimale Mischung von Kosten und anderen Faktoren vorhanden sind.

647 Unternehmen, die auf Telearbeit basieren, sind unabhängiger von äußeren Störfaktoren: Ein Streik der öffentlichen Verkehrsmittel muss sich zum Beispiel nicht störend auf die Arbeitsprozesse auswirken.

4.1.2.2 Perspektiven von Telebeschäftigten

Auch für Telearbeitende birgt die flexible Gestaltung des Arbeitsortes viele Vorteile, da die Möglichkeiten eines individuell aufgabenabhängigen Wechsels zwischen den Präsenzphasen am Arbeitsplatz und den Heimarbeitsphasen das Gefühl einer höheren Lebensqualität entstehen lassen. Viele Telearbeiterinnen schildern in diesem Zusammenhang auch eine höhere Effektivität bei der Aufgabenbearbeitung durch ungestörtes Arbeiten in den Phasen der heimischen Tätigkeit. Im Einzelnen lassen sich die Vorteile für die TelearbeiterInnen wie folgt darstellen:

- *Bessere Vereinbarkeit von Familie und Beruf durch freiere Zeiteinteilung:* Obgleich ArbeitnehmerInnen mehr Zeit in effektive Arbeit investieren können, bietet sich ihnen die Möglichkeit, verstärkt zu Hause zu sein und so am Familienleben teilzunehmen. Der Wunsch nach einer besseren Vereinbarkeit kann dabei auch die Pflege von Angehörigen umfassen.
- *Einsparung von Fahrtzeit und Fahrtkosten sowie geringere Pendelzeiten:* Ein wesentlicher Vorteil besteht in der Einsparung von morgendlichen und abendlichen Pendelfahrten. Dies betrifft sowohl ihre Kosten als auch den zeitlichen Faktor.
- *Einfacherer Wiedereinstieg in das Berufsleben nach Elternzeit:* In der Tat ist der Einstieg nach einer familiär bedingten Arbeitspause schwer zu realisieren, da sich in der Zwischenzeit Unternehmensumfeld, Arbeitsanforderungen und Arbeitsweise stark verändert haben können. Telearbeit bietet dabei die Möglichkeit, mit dem Arbeitgeber in Kontakt zu bleiben, um mögliche Veränderungen mitzuerleben und zu gestalten.
- *Weniger Störungen des Privatlebens:* Ein ausgeprägtes Telearbeitsprogramm verringert bswp. die Notwendigkeit umzuziehen, so dass entsprechende Störungen des Familien- und Privatlebens ausgeschaltet werden können.
- *Bessere Arbeitsmöglichkeiten:* Der Wert einer Arbeitsstelle ist nicht mehr primär abhängig von der Entfernung, die man zurücklegen muss, um sie zu erreichen. So lässt sich auch die Suche nach einer Arbeitsstelle optimieren.
- *Flexible Arbeitszeiten und Stressreduktion:* Arbeitszeiten können weitgehend auf den individuellen Tagesrhythmus abgestimmt werden. Der Bürostress, Störungen durch KollegInnen, Vorgesetzte oder durch die Verteilung von ad-hoc-Aufgaben entfallen.

Allerdings lassen sich für ArbeitnehmerInnen auch folgende *Nachteile* ausmachen:

- Aufgrund geringerer Kontaktmöglichkeiten wird der spontane *Austausch mit KollegInnen und Vorgesetzten* erschwert. In den Heimarbeitsphasen entsteht daher ein höherer *Abstimmungsaufwand* mit KollegInnen und Vorgesetzten.

- Vielfach werden auch *verminderte Aufstiegschancen* befürchtet.[648]
- Nicht zu unterschätzen ist die *Gefahr der Selbstausbeutung*, da sich für Telearbeitende der Arbeitsplatz quasi „nebenan" befindet und damit stets die Möglichkeit besteht, Ideen zu entwickeln, diese direkt umzusetzen, Informationen abzusetzen oder sonstige Aufgaben zu erledigen.

Ferner unterliegen viele Beschäftigte - insbesondere in der Anfangsphase - einem Rechtfertigungszwang, was sie zwingt, eine hohe Arbeitsqualität mit hoher Verdichtung zu leisten und besonders termintreu zu arbeiten. Daraus erwächst der Druck, mehr zu arbeiten, als eigentlich erwartet wird.

Durch den Wegfall der Pendelzeiten wird es zwar möglich, besser auf die familiären und privaten Belange einzugehen, einen *Verzicht auf außerhäusliche Kinderbetreuung* bietet Telearbeit aber *keineswegs*.

Zur Bewertung der *Familienfreundlichkeit* von Telearbeit ist es daher nicht ausreichend, ausschließlich die erweiterten Partizipationschancen am Arbeitsmarkt zu rühmen.

Es besteht noch keine Herstellung von Chancengleichheit, wenn, wie Mischke-Collande/ Blechner/Schweitzer behaupten, die Vereinbarkeit von Familie und Beruf „in hervorragender Weise realisiert werden konnte", wenn sich für „welchen Partner auch immer" die Möglichkeit eröffnet, im Berufsleben zu verbleiben oder sich reintegrieren zu können, gleichzeitig aber festgestellt werden muss, dass die Aufteilung der häuslichen Arbeitszeit „Unstimmigkeiten" produziert.[649]

In der Folge der Einführung von Telearbeit verändern sich Arbeitsprozesse und –strukturen ganz maßgeblich. Damit ist die Gefahr; kurzfristig erwerbslos werden zu können, stets virulent. Mit anderen Worten: Betroffene befinden sich stets im Vorzimmer der Arbeitslosigkeit. Die betriebswirtschaftliche Manipulationsmacht hingegen wächst parallel zur Entwicklung der Flexibilisierung, des Niedriglohnsektors und der neuen Armut, was vielfach in Bereiche unterschlagener Wirklichkeit abgedrängt wird.[650]

Die neuen Kommunikations- und Informationsverarbeitungssysteme, insbesondere das Internet, ermöglichen es zwar, mehr Arbeit in kürzerer Zeit zu erledigen. Wie aufgezeigt, erlauben sie einen direkteren und schnelleren Kontakt zu KundInnen oder NutzerInnen. Voraussetzung hierfür ist jedoch, dass die personelle Ausstattung stimmt.

Die Nutzung neuen Technologien erfordert zudem vielfältige Kompetenzen, Eigeninitiative, Gruppenarbeit und vor allem genügend Zeit, um die wiederholt auftretenden Pannen zu beheben. Dies setzt allerdings auch voraus, dass die Be-

---

648 Nach dem Motto „Aus den Augen, aus dem Sinn..."

649 Collande/Blechner/Schweitzer 2000, S. 117f.

650 Negt 2003, S. 14 f.

schäftigten hinreichend ausgebildet sein müssen und genügend Zeit zur Verfügung haben, um die eingehenden Anfragen angemessen beantworten zu können. Häufig jedoch leiden die Menschen weniger unter den Anforderungen als unter der Behinderung ihrer Arbeit: Frustration und Stress sind die Folge, denn die KundInnen erwarten die Antwort, die Lieferung oder die Dienstleistung in immer kürzeren Fristen. Autoritäre Anweisungen durch die Unternehmensleitungen gehen tendenziell zurück, während der Erwartungsdruck der KundInnen stetig zunimmt: Produkt dieser Zerstückelung der Arbeitsaufgaben ist eine sich abzeichnende „*Gesellschaft der Dringlichkeit*" mit atypischen Arbeitszeiten und komplexen Flexibilisierungsmaßnahmen.

„Re-aktiv sein, lautet die Devise, zu jeder Zeit, an jedem Ort."[651]

Gleichwohl können die Informations- und Kommunikationstechnologie auch innerbetrieblich zur Verbreitung von Informationen dienen und damit einen internen Demokratisierungsprozess unterstützen. Persönliche Kontakte und gemeinsame Versammlungen lassen sich durch das Inter- oder Intranet zwar nicht ersetzen, aber sie ermöglichen es, dass fragwürdige Entscheidungen der Unternehmensleitung ohne Zeitverlust bekannt gemacht, die Konsequenzen analysiert, gemeinsam über Gegenreaktionen nachgedacht und dadurch gestärkt in die Verhandlungen gegangen werden kann.

Regelrecht destabilisierend auswirken können sich jedoch ganz andere Aspekte der digitalen Informationsnetze:

„Mit den neuen Kommunikationsmitteln erwartet man von ihnen (den Beschäftigten, A. d. V.) ständige Erreichbarkeit. Jede E-Mail-Nachricht gilt ipso facto als angekommen, während ein Brief verspätet eintreffen, ein Fax im Betriebsablauf untergehen, das Telefon umsonst klingeln kann. Ein leitender Angestellter erhält am Tag durchschnittlich 80 E-Mails. Nimmt man die Voicemail (digitaler Anrufbeantworter) hinzu, so benötigt er jeden Morgen 20 bis 30 Minuten, um die eingegangenen Nachrichten zur Kenntnis zu nehmen und zu sichten. Wer nicht in seinen Briefkasten schaut, macht sich von vornherein schuldig. Der Druck kommt von drei Seiten: Die Vorgesetzten gehen davon aus, dass jede Anweisung augenblicklich ihren Adressaten erreicht; die Kunden denken, dass jeder Auftrag sogleich bearbeitet wird; und die Untergebenen rühren keinen Finger mehr, ohne zuvor den Chef zu ‚informieren', der bei eventuellen Fehlern im Regen steht, wenn er die Nachricht nicht rechtzeitig gelesen hat."[652]

Diese Praktiken können die Unternehmensorganisation weitaus mehr destabilisieren als jede Form des horizontalen Informationsaustausches, der die Autoritätsstrukturen unterläuft. Zwar verfügen prinzipiell alle Beschäftigten über die Möglichkeit, via Internet eigene Vorschläge und Forderungen an den Vorgesetzten vorbei direkt an die Unternehmensleitung zu richten. So könnten etwa alle

---

651 Linhart zitiert nach Bulard 2000, S. 22
652 Bulard 2000, S. 23

KollegInnen über die Kritik an absurden Entscheidungen ohne größeren Aufwand informiert werden; allerdings scheint die Infragestellung der Unternehmenshierarchie mit solchen Methoden eher selten zu sein. Ganz offensichtlich ist es sogar eher so, dass in vielen Unternehmen diese Kritik erwünscht ist, bietet sie der Direktion doch die Gelegenheit, ältere Führungskräfte loszuwerden und organisatorische Veränderungen zu beschleunigen.

4.2 Geschlechtsspezifische Implikationen: Work-Life-Balance durch Telearbeit?

„*Work-Life-Balance*" heißt das aktuelle und gern gebrauchte Schlagwort in den Personalabteilungen der Unternehmen: Wie können betriebliche und private Interessen in ein Gleichgewicht gebracht werden?

Vor allem die MitarbeiterInnen in Führungspositionen gestalten ihre Tagesabläufe häufig unter dem Vorrang beruflicher Ziele. „Zunächst die Kundschaft, dann die Firma und alles andere zuletzt" lautet für viele die sehr fragwürdige Maxime. Sensibilisierte PersonalentwicklerInnen aber schlagen längst Alarm, weil sie vermehrt registrieren müssen, dass sich bei zahlreichen Beschäftigten die Balance zwischen Berufs- und Privatleben keineswegs in einem harmonischen Verhältnis befindet. Die Folge sind Bourn-out-Syndrome, - Erscheinungen, denen die Unternehmen schon deshalb begegnen müssen, weil die Leistungseinbußen ihrer MitarbeiterInnen mit erheblichen Kosten verbunden sind, während sich eine hohe Arbeitszufriedenheit positiv auf die Produktivität des Unternehmens auswirkt.

Dauerbelastung im Beruf, Erfolgsdruck und Karrierestreben sorgen, wenn sie lange anhalten und Entspannung kaum möglich ist, für erhebliche körperliche und psychische Belastungen. Die Weltgesundheitsorganisation WHO schätzt, dass in 20 Jahren Angstneurosen und Depressionen nach Herz-Kreislauf-Erkrankungen die häufigste Ursache für Arbeitsunfähigkeit sein werden.

Was aber bedeutet in diesem Kontext „Work- Life Balance"?[653]

---

653 Hier die Definition der TUI, die sich in ihrer Personalentwicklung unter dem Motto „Work-Life Balance Arbeitswelten und Freizeitwelten in Einklang bringen" dem Konzept verschrieben hat:
„Wer den ganzen Tag daran arbeitet, für andere Personen die schönste Zeit des Jahres zu gestalten, der entwickelt natürlich auch selbst Urlaubssehnsüchte. Was kann es für ein Unternehmen Besseres geben, als wenn sich die Mitarbeiterinnen und Mitarbeiter aus vollem Herzen mit dem Produkt identifizieren? Urlaub und Freizeit sind die Zeiten unserer Kunden, auf denen wir unseren Geschäftserfolg aufbauen. Gleichzeitig wissen wir, dass gerade in einem solchen Unternehmensumfeld auch für die ‚interne Seite' Urlaub und Freizeit von besonderer Bedeutung sind. Deshalb setzen wir alles daran, dass unsere Mitarbeiterinnen und Mitarbeiter im Sinne der *Work-Life-Balance* ihr berufliches Engagement mit einem erfüllten Privatleben in Einklang bringen können. Viele Wege führen nach Rom, und so definiert jeder das Thema Work-Life-Balance für sich anders.

Ein besonderer Stellenwert wird vor allem der Flexibilisierung von Arbeitszeiten und -modellen zugeschrieben; als prototypisch gilt dabei insbesondere die *Telearbeit*. So heißt es bspw. bei dem bekannten Reiseunternehmen TUI:
„Klar, dass flexible Arbeitszeiten im Mittelpunkt der Work-Life-Balance stehen. Neben den zeitlichen Variationsmöglichkeiten gewinnt jedoch auch die räumliche Flexibilität zunehmend an Bedeutung. Von Telearbeitsplätzen bis hin zu international standortübergreifenden Abteilungen verfügt die World of TUI über ein breites Repertoire, um den Mitarbeiterbedürfnissen bestmöglich gerecht zu werden.“[654]
Die schlichte Gleichung „Arbeitszufriedenheit = hohe Produktivität“ ist Grundlage für Konzepte einer „individualisierten Personalentwicklung“, die zu einer Balance zwischen Arbeitszeit und Privatleben (als „Reproduktionsphase“) beitragen soll. Dazu kann auch das Angebot gehören, einen Teil der Erwerbstätigkeit in Form von „alternierender Telearbeit“ am heimischen PC-Arbeitsplatz zu verrichten. Gestützt durch erheblich gesunkene Kommunikationskosten wird mit der Telearbeit die Entgrenzung von (digitaler) Erwerbsarbeit und Privatleben forciert. Für den Gewinn an Freiheitsgraden bei der autonomen Ausgestaltung der Arbeitszeiten wird ein hoher Preis gezahlt, da der „Dienst für die Firma“ nie zu Ende geht. Darin offenbart sich die Janusköpfigkeit der Telearbeit als Neuauflage alter Risiken, die Frauen in besonderer Weise betrifft: Aus der „Arbeit aus Liebe“ für die Familie wird die „Arbeit aus Pflichtgefühl“ für das familial wirkende Unternehmen.
Kann also mit der Durchsetzung von flexiblen Erwerbsarbeitsformen und –modellen eine Veränderung der innerfamilialen Arbeitsteilung erreicht werden? Gibt es geschlechtstypische Motive für die Verlagerung der Erwerbsarbeit in den privaten Bereich und welchen Beitrag könnte die Telearbeit zu einer verbesserten Vereinbarkeitssituation beitragen? Bietet Telearbeit eine Chance für neue Verteilungsmuster der Haus- und Familienarbeit oder zementiert sie diese und perpetuiert gar tradierte Modelle?

Der eine bezieht seine ganze Kraft aus einem erfolgreichen Arbeitsleben und steckt seine gesamte Energie in den Beruf, der andere möchte eher das Familienleben in den Vordergrund stellen und ein überschaubares Arbeitsfeld auf Teilzeitbasis erfahren. (...)
„Enjoying Life“ haben wir im Hinblick auf unsere internen und externen Kunden zu einem von drei Unternehmenswerten gemacht. Nur wer selbst fröhlich und ausgeglichen das Leben und seine Arbeit erlebt, kann auch andere mit einem Lächeln anstecken. Die TUI AG hat es sich zur Aufgabe gemacht, im gesamten Konzern eine Arbeitsatmosphäre zum Wohlfühlen zu fördern.“
(Vgl. http://www.tui.com/de/jobkarriere/work_life_balance/)

654 ebenda

Von öffentlicher und betrieblicher Seite wird immer wieder auf die Vereinbarkeitsthematik hingewiesen, wenn um Formen der Telearbeit geworben wird. Die Appelle richten sich dabei überwiegend an Frauen. [655]
„Die neuen Organisationsformen, insbesondere in den virtuellen Organisationen, kommen Frauen entgegen, weil sie eine hohe Zeitflexibilität anbieten – bis hin zu Telearbeit und pha-senweisen Projekten. Die Kinderfrage muss weder ausgeblendet werden noch ein Karrierehindernis darstellen. Ganz im Gegenteil: Moderne Frauen haben heute Muster zur Verfügung (*life designs*), die Karriere und Familie vereinbaren lassen – bei entsprechender Organisation des Familienprozesses (...) oder *non-family-relationships*."[656]
Sind Frauen Adressatinnen dieser Werbekampagnen, steht die Vereinbarkeitsthematik als Motiv stets im Vordergrund.[657] Gleichwohl ist Telearbeit nachweislich eine *Männerdomäne* - 19% der Telearbeitenden sind Frauen, 81% Männer.[658]
Auch *Eltern* sind unter den Telearbeitenden insgesamt *keineswegs überdurchschnittlich* vertreten: Rund die Hälfte der telearbeitenden Frauen (46%) hat kleine Kinder im Alter unter 6 Jahren; bei den Männern liegt der Anteil bei lediglich 16%.[659] Geht man davon aus, dass insbesondere hochqualifizierten Führungskräften[660] diese Form der selbständigen Arbeit angeboten wird und dieses Angebot als Vergünstigung und Vertrauensbeweis erlebt wird, darf dieser Befund nicht überraschen.
Während in den 1980er und zu Beginn der 1990er Jahre starke Befürchtungen mit der Telearbeit verbunden waren, dass vor allem niedrig qualifizierte Tätigkeiten aus dem Bereich der Daten- und Texterfassung von Frauen zu Hause ausgeführt werden sollten, so hat sich diese Tendenz grundlegend gewandelt.[661] So zeigt sich, dass die Vereinbarkeit von Beruf und Familie nur ein Motiv unter vielen ist, eine Telearbeit aufzunehmen. Männer möchten vor allem ihre langen Anfahrtswege und –zeiten reduzieren.[662] Weitere Motive sind die Reduktion von Störungen im Arbeitsprozess und die bessere Konzentration.

---

655 z. B. der Siemens-Internetauftritt
656 Priddat 2004, S. 167
657 Garhammer 1997, S. 234
658 Kordey /Schubert 2001, S. 102
659 Kordey /Schubert 2001, S. 106
660 Der Bildungsstand der weiblichen Telearbeitenden ist sogar noch höher als der der Männer. EU-weite Studien zeigen, dass telearbeitende Frauen zu 65,3%, Männer hingegen zu 55,2%% zum hohen Bildungsstand gehören, während lediglich 7,8% der telearbeitenden Männer und 5,4% der telearbeitenden Frauen zum niedrigen Bildungsstand zählen. (Kordey/Schubert 2001, S. 108)
661 Maus/Wink 2001, S. 27
662 Kordey / Schubert 2001

Alternierende Telearbeitende im Angestelltenverhältnis bescheinigen der Telearbeit aufgrund einer höheren Zeitflexibilität eine ausgeprägte Familienfreundlichkeit. Als Vorteile werden hier die Anpassung an den eigenen Rhythmus und ein höheres Zeitkontingent für die Kinderbetreuung genannt.[663] Um die Kinder beaufsichtigen zu können, legen Teleheimarbeitende in der „Elternzeit" ihre Erwerbsarbeitszeit gerne gegenläufig zu der ihrer PartnerInnen.[664] Allerdings bedeuten unregelmäßige Arbeitszeiten des Partners (bspw. aufgrund von Schichtdiensten) dann eine erneute und zusätzliche Anpassungsleistung, da Mütter häufig ihre Arbeitszeiten auf den frühen Morgen, den späten Abend und die Wochenenden legen, um sich im Verlauf der Woche um ihre Kinder kümmern zu können. Dies bedeutet dann, dass Erholungsphasen erheblich reduziert werden müssen.

Voraussetzung für einen konzentrierten Arbeitsprozess ist zunächst einmal ein separates Arbeitszimmer.[665] Dies scheint insbesondere bei besserverdienenden weiblichen und männlichen Telearbeiterenden auch gegeben zu sein.[666]

Darüber hinaus bestehen offensichtlich in einigen Familien von Telebeschäftigten restriktive Zutrittsregelungen zu den entsprechenden Arbeitsräumen für die jeweils anderen Familienmitglieder.[667]

Frauen scheinen zudem von den durch Familienmitglieder hervorgerufenen Störungen stärker beeinträchtigt zu sein als Männer. Bei Befragungen gaben Frauen dreimal so häufig wie die Männer der Vergleichsgruppe an, von ihren Kindern bei der Arbeit unterbrochen zu werden, wohingegen Männer eher angaben, von Freunden bei der Arbeit unterbrochen zu werden, was auch ein Hinweis dafür sein könnte, dass telearbeitende Männer mehr Zeit für ihr soziales Leben investieren können.[668]

Auch wird die Arbeit unter Rücksichtnahme auf die Familienbelange bei Müttern häufig in die Abend- oder Nachtstunden und Wochenenden verlegt.[669]

Elisabeth Ficze und *Jochen Back* kommen in ihrer qualitativen Befragung mit freiberuflichen GrafikerInnen und TexterInnen zu dem Ergebnis, dass sich diese Überlagerung von privater und Arbeitswelt im familiären Kontext insbesondere für Frauen, die Beruf und Kinderbetreuung vereinbaren müssen, als schwierig darstellt:

---

663 Garhammer 1995, S. 76ff.

664 Büssing/Kunst/Michel 1996, S. 22

665 Huws 2001, S. 129

666 Die Verfügbarkeit über ein eigenes Zimmer steht in unmittelbarem Zusammenhang mit der Einkommenshöhe und sollte daher als Klassenunterschied verstanden werden. (Huws 1996, S. 41f. und Huws 2001, S. 130)

667 Ahrentzen 1990, S. 741

668 Huws 2001, S. 131

669 Maus/Winker 2001, S. 41 ff.

„Um allzu häufige Unterbrechungen bei der Arbeit zu vermeiden, wird üblicherweise eine Abgrenzung für notwendig erachtet. In der Regel wird versucht, die Kinder dahin zu erziehen, nicht bei der Arbeit zu stören. (...) Insgesamt betrachtet gestaltet sich die Vereinbarkeit von Familien bzw. Kindern und Beruf aufgrund erheblicher Abgrenzungsprobleme schwieriger als in der Literatur üblicherweise dargestellt.“[670]

Die Probleme der Vereinbarkeit manifestieren sich dann beispielsweise darin, dass telearbeitende Mütter ihre Arbeitszeiten stark an den Bedürfnissen und am Tagesablauf ihrer Kinder ausrichten: Sie arbeiten vorwiegend dann, wenn ihre Kinder außer Haus oder im Bett sind.

Ferner zeigen einzelne Forschungsergebnisse, dass es einigen Telebeschäftigten schwerfällt, die Arbeit abends zu beenden. Dies gilt insbesondere für hochqualifiziert Beschäftigte, die sich stark mit ihrer Arbeit identifizieren. Damit birgt Telearbeit die Gefahr verdeckter Mehrarbeit.[671]

Teleheimarbeit kann das Familienleben demnach erheblich beeinträchtigen. Nach den aktuell vorliegenden Untersuchungen[672] war dies immer dann der Fall, wenn sich das Rollenverständnis der männlichen Partner nicht mit dem der Frauen in Bezug auf deren Erwerbstätigkeit deckte und diese bevorzugten, dass ihre Frauen sich ausschließlich Familie und Haushalt widmen sollten.

Für Männer scheint Teleheimarbeit vor allem mit dem Wunsch nach einer Zunahme an freier Zeit für Hobbies und Sport verbunden zu sein, jedoch kann der häufig genannte Vorteil der Telearbeit, die freie Zeiteinteilung, von vielen nicht realisiert werden. Nur 31% der TA-Beschäftigten gaben an, dann zu arbeiten, wenn es ihrer Stimmung entsprach. Berücksichtigt man dabei die Geschlechterverteilung, fällt der Unterschied noch gravierender aus: Gaben 43 % der befragten Männer an, die Freiheit der Arbeitseinteilung zu nutzen, so waren es bei den Frauen nur 23%.[673]

Monika Goldmann und Gudrun Richter verwiesen in ihrer Studie von 1987 noch darauf, dass Teleheimarbeiterinnen weiterhin alleine für Familien- und Hausarbeit zuständig sind,[674] während Kinder von telearbeitenden Vätern eher von ihren Müttern daran gehindert werden, ihre Väter bei der Arbeit zu stören. Ob sich die Verteilungsmuster von Haus- und Familienarbeit ändern, wenn beide PartnerInnen ihrer Erwerbsarbeit ganz oder zum Teil zu Hause nachgehen, wurde bisher noch nicht ausreichend untersucht.[675] Bettina Maus und Gabriele Wink bestätigen in ihrer Untersuchung jedoch die größere Beteiligung der Männer an

---

670 Ficze/Back 1998, S. 5

671 Grantham/Paul 1995, S. 228 und Olson/Primps 1984

672 Maus/Winker 2001; Büssing 2001; Kordey/Schubert 2001; Huws 2001

673 Maus/Wink 2001, S: 43

674 Goldmann/Richter 1987, S. 21

675 Allerdings wächst bei 44% der Telebeschäftigten – unabhängig von ihrem Geschlecht – die Bereitschaft zur Übernahme von Haushaltstätigkeiten (Vgl. Ahrentzen 1990, S. 745)

Kinderbetreuungsaufgaben bei den Telearbeit-Beschäftigten.[676] Welche Haushaltstätigkeiten jedoch von welche/r/m der PartnerInnen übernommen wurde, bleibt unerwähnt, obgleich hinlänglich bekannt ist, dass Haushaltstätigkeiten innerfamilial einer geschlechtsspezifischen Arbeitsteilung unterliegen.[677]
Entspannte Mütter und Väter also mit ihren vergnügten Kleinkindern auf dem Schoß, die gleichzeitig mit KundInnen telefonieren und am PC arbeiten können? Mitnichten, denn der Realitätsgehalt solcher Szenen, wie man sie auf zahlreichen Internetauftritten findet, die Telearbeit propagieren, ist für telearbeitende Eltern und insbesondere Mütter eher geringer und vielschichtiger:[678] Die Passung von Beruf und Familienleben wird teuer erkauft, denn dieser stehen eine Reihe von Risiken gegenüber. Sie reichen von der stetigen Verfügbarkeit und einem daraus resultierenden Verzicht auf Privatleben bis hin zur Gefahr der Selbstausbeutung. Obwohl Telearbeit ein Mehr an Autonomie verspricht, scheint sie in realita durch die stetige Präsenz der Arbeit kein Plus an frei verfügbarer Zeit anzubieten. Die zu erledigende Arbeit geht vielmehr zu Lasten der Pausen, die mit der Familie verbracht werden könnten.[679]
Versuche seitens der Arbeitgeber, mit Hilfe der Telearbeit Gewinn aus der Vermischung von Privatsphäre und Arbeitszwang zu schlagen, wirft somit ein erhellendes Licht auf deren eigentlichen Zweck: Wie schon bei der tayloristischen Bändigung der Körper zur Fließbandarbeit geht es dem Grunde nach nicht nur um die sichtbaren Formen des Verkaufs der Arbeitskraft, sondern darum, die faszinierenden Handlungsfähigkeiten des Menschen an ihrer kreativen Quelle selbst in den Griff zu bekommen und sie zum Zwecke der Wertschöpfung in ökonomische Bahnen zu lenken. Um sich diese Arbeit anzueignen, muss man inzwischen in das Reich der Familie eindringen. Einzelne Dienstvereinbarungen zur Telearbeit machen dies in aller Klarheit deutlich: Telearbeitende müssen ihre Tätigkeit in einem Teil ihrer Wohnung ausüben, der dem Arbeitgeber – wenn auch nur zur technischen Wartung - offen steht.[680]
Im folgenden Abschnitt wird daher nach den sozialen Implikationen veränderter Arbeitsprozesse in der telekommunikativen Stadtgesellschaft gefragt.

---

676 Maus/Wink 2001, S. 48

677 Kritisch anzumerken ist auch, dass die positiven Effekte einer Koppelung von Familien- und Telearbeit nur wenig untersucht sind, so etwa in Bezug auf die emotionale Unterstützung durch Kinder und Lebensgefährten, die u. U. zu einer höheren Arbeitsproduktivität beitragen können. Auch kann angenommen werden, dass sich die Beziehungen zwischen telearbeitenden Männern und ihren Kindern durch die größere Häufigkeit des Kontaktes verbessern ließe.

678 Büssing 2001, S. 84

679 Huws 2001, S. 136

680 so z. B. in der Dienstvereinbarung der Stiftung Fachhochschule Osnabrück festgehalten

4.2.1. Stadt und Kommunikation im Wandel

Mit dem Aufkommen des abstrakten virtuellen Raumes (des Informationsraumes), scheinen sich Städte in globale Dörfer (global villages) aufzulösen und durch Hypermobilität, Telepräsenz und Komfort entsteht der Eindruck, die physische Präsenz und Erfahrung unserer Körper wäre zweitrangig. Ob und wie verändern neue Formen der Kommunikation „Stadt"? Wie lässt sich in diesem Kontext „Öffentlichkeit" definieren?

War in der bisherigen Stadtgesellschaft Kommunikation per Post, Telefon oder telegrafischen Systemen mit analoger Technik organisiert, werden diese in einer *technizistischen Perspektive* nun zugunsten einer neuen Entwicklungsform vernachlässigbar: Unterstützt durch die digitale Revolution breitet sich eine Informationsinfrastruktur aus, die eine wechselseitige Durchdringung von Telekommunikationsdiensten und Massenkultur begünstigt. Datenverarbeitung, Telefonieren und Fernsehen verschmelzen zu einer multimedialen Einheit, während das noch vor zehn Jahren weitgehend unbekannte Internet den Kommunikationssektor revolutioniert.

Durch die neuen Kommunikationstechnologien verändern sich die bisherigen Technologien bezüglich ihrer Funktion und Auswirkung auf die Stadt grundlegend. So werden bspw. aus nationalen Postmonopolen weltweit operierende Dienste, die für die Stadt und deren Entwicklung substantiell an Bedeutung gewinnen. Damit vollzieht sich eine zweigleisige aber synchrone Entwicklung einer zweigeteilten Stadtgesellschaft:

„Städtisch realer und elektronisch virtueller Raum definieren sich demnach grundsätzlich konträr: der eine begreift und realisiert Stadt als Ort, wo sich Wohnen und Arbeiten, Bürokratie und Konflikt, Politik und Kultur, Verweilen und soziale Kontrolle auf einem verdichteten ‚Platz', notwendig an einem Ort, realisieren und der sich in der Stadt als spannungsgeladener, öffentlich-privater Raum darstellt, sich als selbstverantwortlich und schutzbietend definiert, während der andere Begriff von Stadt als multimediale Telekommunikation gerade nicht der Ort ist, sondern durch die Allgegenwärtigkeit von Information und Kommunikation stetig die Chance hat, Distanz aufzuheben, den bedingenden Raum zu überwinden. Damit wird es nicht mehr notwendig, Raum zu verdichten, sondern Zeit, Mobilität zu beschleunigen, Zirkulation zu forcieren."[681]

Daraus folgt, dass die *Bedeutung der Kommunikation* eine elementare Komponente für die Konstituierung der Stadt darstellt: Städtische Kommunikation im herkömmlichen Sinn findet raumverdichtend statt, während sich die telekommunikative Stadt eher raumlos bzw. ortlos oder an allen Orten zugleich präsentiert, dafür aber zeitverdichtend.

Durch die Allgegenwärtigkeit von Information und Kommunikation können physische Distanzen aufgehoben und bedingende Räume überwunden werden;

---

681 Böhme 2000, S. 15f.

im Gegensatz zur realen Stadt wäre die telekommunikative Stadt dann nicht raum-, sondern zeitverdichtend, während die Bedingung der Überwindung von Distanz nicht mehr an die Verdichtung realer Räume, sondern an die Komprimierung von Zeit gebunden ist. Damit ist „Stadt“ nicht mehr notwendigerweise ein topographisch fixierter Ort für Kommunikation; die einzige Bedingung der virtuellen Stadt ist die Teilhabe in einem „global telecommunication system“.
Jenseits politisch-ökonomischer Beschreibungen liefert uns der Medienphilosoph Vilém Flusser[682] andere anschauliche Modelle für die Räume der telekommunikativen Stadtgesellschaft: Er führt deren Erscheinungsformen auf die zunehmende Entgrenzung ihrer Einzelräume zurück, die durch neue Informationstechnologien hervorgerufen wird. Dabei überlagert eine neue Logik von Netzwerken heute die traditionelle Logik von Form und Funktion und „verwirrt“ damit das traditionelle Bild der Stadt, die aus Häusern (privaten Räumen), Marktplätzen (ökonomischen Räumen), Tempeln (heiligen Räumen) und Plätzen/Parks (öffentlichen Räumen) besteht. Dabei durchmischen sich traditionelle Räume und fließen ineinander, etwa wenn die Straßen und Plätze der Stadt aus der Privatheit des Automobils erlebt werden oder die Öffentlichkeit bürgerlicher Parks durch mobile Telefone durchdrungen wird.
Weitere neue Dimensionen der Durchdringung und Entgrenzung entstehen z.B. durch LAN-Netzwerke (Wi-Fi) in Hochschulen, Cafés oder inzwischen auch in Privathaushalten.
Wie wir bereits gesehen haben, ermöglichen es die neuen kooperativen Arbeitsmittel im Netz, am internationalen ökonomischen Leben von zu Hause oder von lokalen Zentren aus teilzunehmen. Überdies ist es für eine große Zahl von Tätigkeiten nicht mehr notwendig, sich körperlich fortzubewegen. Es gibt, wie ich dargestellt habe, zahlreiche Vorteile: Reduktion der überfüllten und verstopften Städte, eine bessere Verteilung der Bevölkerung im Raum, die Hoffnung, Gebiete, die zu verwüsten drohen und von Massenarbeitslosigkeit gezeichnet sind, wieder zu beleben, und nicht zuletzt die Verbesserung der Lebensqualität.
Eine grundlegende ökonomische Berechnung zeigt zudem, dass die globalen gesellschaftlichen Kosten der Telekonferenz niedriger sind als die von Reisen, dass Telearbeitsplätze weniger kostspielig sind als entsprechende Quadratmeter Bürofläche in der Innenstadt.
„Zeichnet sich die klassische Industriegesellschaft weitgehend durch Massenproduktion, durch zentralisierte Produktionsstätten und einen fordistischen Produktionstypus aus, so ist für die virtuelle Gesellschaft die Existenz virtueller Firmenstrukturen, virtueller Büros und die Dominanz der Telearbeit bestimmend. (...) Die Arbeit ist zunehmend nicht mehr ortsgebunden, sie findet im virtuellen Raum statt. Die realen Arbeits- und Wohnsitze der Mitarbeiter, die sich in unterschiedlichen Gegenden, ja Kontinenten befinden können, werden auf

---

682 Flusser 1991

diese Weise zu einer virtuellen Organisationsstruktur miteinander verbunden. Der reale Raum erfährt eine Abwertung, es dominiert der virtuelle Raum, dessen Kostenvorteile multinationale Unternehmen im Konkurrenzkampf nutzen."[683]

In einem Globalisierungsdiskurs zwischen Skepsis und Euphorie macht sich jedoch eine zunehmende Verunsicherung breit: *Telearbeit* evoziert als „heimbasierte" Arbeitsform, bei der den ArbeitnehmerInnen kein Arbeitsplatz im Betrieb mehr zur Verfügung steht, aber auch die „alternierende" Telearbeit, bei der zwischen einem heimischen und einem betrieblichen Arbeitsplatz hin- und hergewechselt werden soll,[684] die Frage nach der *(Un)Möglichkeit einer räumlichen Trennung von privater und öffentlicher Arbeitswelt.*

„Im Zeitalter des Teleworking, der Vernetzung von Heim und Arbeitsplatz, der Integration des Alltags in die Produktion, verwischen die Grenzen von Arbeit und Freizeit. Existierte bis vor kurzem noch die klassische Trennlinie von entfremdeter Arbeit und glücklicher Freizeit, so verwandelt sich nicht nur unsere Freizeit über leistungsbezogene Aktivitäten zunehmend in Arbeit. Vielmehr gehen die beiden Bereiche ineinander über, indem sich der Arbeitsbegriff totalisiert."[685]

Die von der bürgerlichen Gesellschaft hervorgebrachte Trennung von Arbeitsbereich und Freizeitsektor, von Privatheit und Öffentlichkeit verschwindet zunehmend zugunsten einer „Amalgamierung" (Meschnig) beider Bereiche, während Arbeit als intellektuelle, affektiv-emotionale und technowissenschaftliche Tätigkeit einen zunehmend immateriellen Charakter erhält.[686]

Wahrnehmungs- und Bewertungsprozesse der Tele-Arbeit in Home-Offices hängen demnach, neben der Schwierigkeit der eigenen Zeitstrukturierung und der Befürchtung sozialer Isolation, stark von der Einschätzung ab, ob der Umgang der betroffenen Personen mit der Vermischung der beiden Lebensbereiche „Arbeiten" und „Freizeit/Wohnen" gelingt.

Ortssouveränität scheint es dabei allenfalls bedingt und keineswegs unabhängig von traditionellen Modellen geschlechtsspezifischer Arbeitsteilung zu geben. Bestärkt wird dieser Eindruck durch die Befunde zur aktuellen Verkehrsentwicklung:

Die Zunahme der Fortbewegung in der europäischen Stadt ist in den vergangenen 15 Jahren durchschnittlich um 30 % gestiegen, was primär durch die kontinuierliche Zunahme der Automobilisierung des Personenverkehrs bedingt ist. Eine wesentliche Rolle spielen dabei insbesondere die „Planungsparadigmen der Nachkriegszeit zur autogerechten und aufgelockerten Stadt"[687], aber auch die

---

683 Bühl 1998, S. 361

684 BMAS/BMWI/BMBWFT 1998, S. 10f

685 Meschnig 2003, S. 29

686 Negri/Hardt 1997, S. 14

687 Paravicini 2000, S. 118

damit einhergehende Wechselwirkung zwischen Straßenbau, Autoindustrie und ihrer Lobby sowie einer Zunahme der Motorisierung.[688]
Hinsichtlich der Hoffnungen, die in einer auf Telearbeit und des Distance Learning beruhenden „Organisation des Territoriums" gesehen werden, sind die Phänomene der durch den wachsenden Gebrauch des Cyberspace bewirkten Ortlosigkeit ambivalent. Die Loslösung von Standorten kann beispielsweise zugunsten von europäischen Regionen erfolgen, die vom Niedergang der Industrie oder der Auswanderung vom Land betroffen sind, aber sie können genauso gut die Phänomene der Verwüstung dieser Regionen zugunsten von neuen Ländern beschleunigen, in denen die Arbeitskosten geringer sind und die Sozialgesetzgebung weniger einengend ist.
Zuallererst zeigt die Betrachtung der bisherigen Befunde, dass die Entwicklung der Telekommunikationsmittel parallel zu der des materiellen Verkehrs verläuft: zwischen beiden gibt es eine direkte und keine inverse Relation von Substitutionen; diese entfalten eine Dynamik der globalen Zunahme von Interaktionen und Beziehungen aller Art, so dass man schließlich mehr und mehr reist und die durchschnittliche Reiseentfernung ansteigt. In Arbeitsprozessen gilt dies insbesondere für Führungskräfte.
„Die räumliche Zerteilung der Entwicklungs- und Produktionsvorgänge erzeugt eine noch größere Reisefrequenz der Führungsschichten, die in neuen, quasi öffentlichen Räumen in den Flughafenwartebereichen, im ICE-Restaurant, beim Tagungsbuffet und am Messestand auf die Bühne treten. Der technologisch möglichen Dezentralisierung der Arbeitsplätze wirkt die Verbesserung der regionalen Verkehrsverbindungen entgegen, die durch die Reduzierung des Reisewiderstandes die räumliche Konzentration von Arbeitskräften, die im immer weiteren Umfeld wohnen, ermöglicht. So spreizt sich z. B. die alltägliche Lebenswelt einer wachsenden Zahl von Fernpendlern zwischen Einfamilienhaus, ICE oder Pkw und Arbeitsplatz im Zentrum der 100 km entfernten Metropole."[689]
Was die Aussicht angeht, auf dem Land zu leben und zu arbeiten, so muss man bemerken, dass die zunehmende Ablösung der ökonomischen Transaktionen von einem Ort aus parallel zu einer internationalen Zunahme der Wanderungsbewegungen verläuft. Die Mobilität der ökonomischen Transaktionen und die der Menschen ist demnach Teil der selben sozio-historischen Entwicklung einer *Deterritorialisierung*.
Andererseits aber werden traditionelle Formen städtischer Kommunikation und Teilhabe am öffentlichen Leben völlig aufgelöst: Der Quartiersbezug ist keineswegs obsolet, wenn man der großen Zahl von Straßen- und Stadtteilfesten

---

688 Kuhm hebt hervor, dass der Erfolg des Automobils auch auf Individualisierungseffekte beschleunigend gewirkt habe. (Kuhm 1997)

689 Bott 2000, S. 108

trauen kann; auch Kindergärten und Grundschulen haben immer noch ihren Stadtteilbezug. Erwarten manche von der zunehmenden Benutzung des Internet eine Entlastung des Verkehrs, weil durch virtuelle Firmen, Telearbeit oder virtuelle Konferenzen das Verkehrsaufkommen im wirklichen Raum zurückgehen könnte, so scheint der Trend nachgerade umgekehrt zu sein: Gerechnet wird mit einem Anstieg des Privatverkehrs um 30 % sowie des Frachtverkehrs um 50 %. *Virtualisierung* könnte damit auch heißen, dass durch Dezentralisierung zwar die Telekommunikation steigt, zeitgleich aber auch der Verkehr über größere Regionen, die dichter vernetzt sind, ausgedehnt wird. Was man möglicherweise an Fahrten zum Arbeitsplatz einsparen könnte, wird dann in der Freizeit oder im Urlaub kompensiert.

Daher gilt: Je mehr man kommuniziert, desto mehr reist man.[690]

Dabei sind Geschäftsleute, Führungskräfte, WissenschaftlerInnen und unabhängige Intellektuelle heute die vorherrschenden TelearbeiterInnen. Sie reisen noch mehr, als ihnen gefällt - dank den Möglichkeiten des Cyberspace und der ihnen zur Verfügung stehenden Mittel zur Kommunikation und zum nomadischen Leben,[691] während sie permanent mit ihren Büros, Laboratorien, KundInnen oder AuftraggeberInnen in Verbindung stehen.

Ein dauerhaftes Zuhause kennt die so geprägte Fach- und Führungskraft nicht, während sich zu den LebensabschnittspartnerInnen auch der Lebensabschnittsjob gesellt.

Neuere Studienergebnisse des BAT-Freizeitforschungsinstituts unter der Leitung von Horst W. Opaschowski belegen jedoch, dass nahezu drei von vier Befragten so arbeiten möchten wie ihre Eltern: in Festanstellung, mit geregeltem Feierabend und möglichst *ohne viele Ortswechsel*; das Modell der WanderarbeiterInnen jedenfalls findet kaum AnhängerInnen, weil auch JobnomadInnen mittelfristig sesshaft werden wollen. *Deutsche* MitarbeiterInnen sind dabei offenbar konventioneller und bodenständiger als vermutet - und längst nicht so flexibel, wie sich Unternehmen dies wünschen.[692]

Gleichwohl gilt die Vorstellung vom hoch motivierten Jobnomaden seit Jahren irrtümlicherweise als realitätsnah: Menschen, die der Karriere wegen ständig umdenken und umziehen.

Tatsächlich sehnt sich die Mehrheit deutscher ArbeitnehmerInnen jedoch nach Sicherheit und Beständigkeit und dies ist keineswegs nur eine Generationenfrage. Nachvollziehbar ist, dass mit zunehmendem Alter die Lust an ungeregelten Arbeitszeiten und -verträgen nachlässt und so überrascht es keineswegs, dass

---

690 Der einzige (vorübergehende) Rückgang im Gebrauch von Transportmitteln, der in den letzten Jahren beobachtet wurde, hatte nichts mit dem exponentiellen Wachstum des Internets zu tun. Er war vielmehr eine Folge des 11. September 2001 und der Zerstörung der New Yorker World Trade Centers sowie Teilen des Pentagons.

691 Zum Mythos über Jobnomaden vgl. Englisch 2003

692 Opaschowski 2003 und 2004

bereits zwei Drittel der 18- bis 34-Jährigen lieber konventionell arbeiten wollen und nur jeder Dritte dieser Altersgruppe sich für flexible Arbeitsformen und Mobilität im Berufsleben begeistern kann.[693]
Die Divergenzen zwischen den Wünschen der ArbeitnehmerInnen und den Anforderungen eines globalisierten Arbeitsmarktes erscheinen damit stark ausgeprägt. Es bleibt daher zu fragen, welche ökonomischen, sozialen und kulturellen Prozesse sich daraus auf einer makrosoziologischen Ebene für die telekommunikative Stadtgesellschaft im Zeichen von Globalisierung und Internationalisierung ergeben.

4.3 Globalisierung und Stadtgesellschaft

4.3.1 Ökonomische, soziale und kulturelle Prozesse als Kommunikationsgerechtigkeit

Die Informations- und Kommunikationstechnologien (IuK-Technologien) eröffnen nicht nur eine neue Phase der wirtschaftlichen Entwicklung, sondern generieren einen epochalen Wandel. Sie führen, wie die erste Industrialisierung, zu deutlich sichtbaren Veränderungen der Wertschöpfungskette; insbesondere verlagert sich der Akzent von der Produktion zur Kommunikation. Die IuK-Technologien verändern aber genauso die gemeinschaftlichen Gefüge, in denen Menschen zusammenleben: Gemeinschaften in global verteilten Medien ergänzen die traditionellen Formen wie Familien, Firmen oder Staaten. Neue Dienste und wachsende Dienstleistungsindustrien begleiten diesen Wandel.
In der Tat sind die Veränderungsprozesse, die mit der Digitalisierung verbunden sind, immens: Historische Kompromisse zwischen Kapital und Arbeit werden im (kapitalistischen) Globalisierungsprozess aufgekündigt und Kräfte neoliberaler Weltvergesellschaftung in Gang gesetzt, wobei die im Fordismus ausgebildeten Sozial- und Wohlfahrtsstaaten grundlegenden Transformationen unterworfen sind. Diese gerieren zu „nationalen Wettbewerbsstaaten“,[694] in denen die gesamten politischen und gesellschaftlichen Rahmenbedingungen transformiert werden. Zudem wird deutlich, dass damit auch eine Verschleierung von Macht- und Herrschaftsverhältnissen einhergeht, bei der die intensive Verzahnung von Ökonomie und Politik verdeckt wird.[695]
Das originär Politische und Soziale hat in dieser durch Digitalisierung geprägten automatisierten Welt nur noch wenig Raum. Ignacio Ramonet vergleicht die globale Informationsgesellschaft mit einem riesigen Spinnennetz, das sich über den Globus der „World Culture“ spannt:

---

693 Briefe Arbeit und Ökologie 2003,
694 Hirsch 2002
695 Röttger 1998, S. 334f.

„Drei Zeichensysteme stehen uns für unsere Kommunikation zur Verfügung: Schrift, Ton und Bild. Jedes hat seine eigene Technik, sein eigenes System hervorgebracht: Aus der Schrift ergaben sich das Verlagswesen, Buch und Zeitung, Satz und Druck, die Schreibmaschine; aus dem Ton entstanden die Sprache, Telefon und Radio, Tonband und Schallplatte, das Bild brachte Malerei und Gravur, Fotografie und Comics, Film, Fernsehen und Video hervor.
Mit der industriellen Revolution gegen Ende des 18. Jahrhunderts übernahm die Dampfmaschine, was bis dahin von menschlicher Muskelarbeit und Körperkraft geleistet worden war; mit dem technologischen Wandel von heute werden Funktionen nicht der Muskeln, sondern des Gehirns ersetzt. Im Zuge der digitalen Revolution konvergieren die drei Zeichensysteme zu einer Einheit: Schrift, Ton und Bild finden ihren gemeinsamen Ausdruck im Bit. Nullen und Einsen transportieren unterschiedslos Text, Ton und Bild über ein System, das mit Lichtgeschwindigkeit arbeitet. Dadurch wurde der Medien- und Unterhaltungssektor von Grund auf verändert und eine beispiellose Fusions- und Konzentrationswelle ausgelöst.“[696]

In der Folge dieser Entwicklungsprozesse schlossen sich Elektronikhersteller mit Telefongesellschaften, Kabelnetzbetreibern und Verlagshäuser zu integrierten Mediengiganten zusammen, in der Absicht durch diese Megaunternehmen der Computer-, Telefon- und Fernsehindustrie in der Digitaltechnologie fantastische Gewinnchancen erwarten zu können. Dabei bahnt sich eine neue Entwicklung an: Die Telefongesellschaft will ins Film- und Fernsehgeschäft einsteigen, der Datenverarbeiter möchte Videospiele produzieren, der Wasserversorger Mobiltelefonnetze betreiben, verschlüsseltes Privatfernsehen anbieten, Musik vermarkten.

Welche Rolle spielt dabei nun die Kategorie *„Lokalität“* vor dem Hintergrund einer „globalisierten Weltgesellschaft“ (Beck)? Können die Erfahrung des Raumes und der Raumbezogenheit sozialen Handelns vernachlässigt werden, und welche Bedeutung hat dann der soziale Ort?

Mit Pierre Bourdieu kann auf der Basis der Diskussion um eine „zweite Moderne“ (Beck) als Verabschiedung von der Postmoderne nach *Systemveränderungen gesellschaftlicher Ordnungen*, nach deren AkteurInnen und deren Territorialität mit ökonomischen, sozialen und kulturellen Dimensionen bzw. nach einer Auflösung einer Raum-Zeit-Fixierung und der damit verknüpften Herstellung einer Gesellschaft als „Weltgesellschaft“ gefragt werden.[697]

„Dem globalen Kapitalismus entspricht ein Prozess kultureller und politischer Globalisierung, der das Ordnungsprinzip territorialer Vergesellschaftung *und*

---

[696] Ramonet 2002, S. 17

[697] Der Begriff der „Weltgesellschaft“ meint damit jenseits eines auf Nationalstaaten beschränkten Gesellschaftsbegriffes eher den *Zustand* der globalen Vernetzung, während unter dem Begriff „Globalisierung“ das *Prozesshafte* dieses Umstandes beschrieben werden soll (Vgl. Richter 1997, S. 185)

des kulturellen Wissens, auf denen die vertrauten Selbst- und Weltbilder beruhen, aus den Fugen geraten lässt. Globalisierung, so verstanden und entschlüsselt, meint nicht nur (wirtschaftliche) Internationalisierung, Verdichtung oder transnationale Verflechtungen und Netzwerke. Sie eröffnet viel weitgehender ein sozialräumliches, sozusagen ‚dreidimensionales' Gesellschaftsbild, das nicht lokal, nicht national und nicht territorial fixiert ist."[698]
Hinter dieser Formulierung steckt zugleich die Hinterfragung einer territorialen Fixiertheit des Sozialen. Sie geht mit dem *Prozess kultureller und politischer Globalisierung* einher, wobei die Vorstellung, in abgeschlossenen Räumen zu leben und zu denken, fiktiv geworden ist: Die räumliche Einheit „Stadt" wird nicht mehr im Gegensatz zu „Land", sondern im Verhältnis zum Nationalstaat gesehen.
„Der nationale Staat erfüllt die räumliche Fassung von Gesellschaft, ist mit ihr im Grunde eins, unterhalb der nationalstaatlichen Integrationsebene werden räumliche Unterscheidungen irrelevant. Raum hat zwar keine generell gültige, kausale Auswirkung auf die Gesellschaft, ist aber in ein Koordinatennetz von Zeit und sozialen Objekten eingetragen und entfaltet dort seine Beziehungen."[699]
So wird nicht nur für eine Sichtweise plädiert, die weltweite Globalisierungstendenzen nicht nur unter dem Blickwinkel eines Primats ökonomischer Prozesse zu diskutieren hat, sondern zugleich für eine Betrachtungsweise geworben, die kulturelle und (sozial)politische Effekte mit in den Blick nimmt.[700] Zur Differenzierung zwischen den unterschiedlichen diskursiven Perspektiven wird der Begriff der „Globalität" als neoliberale Ideologie der Weltmarktherrschaft eingeführt, den Ulrich Beck sowohl von „Globalisierung" wie auch „Internationalisierung" abgegrenzt wissen will:
„Überall wird (...) Globalisierung mit Internationalisierung verwechselt, wobei Internationalisierung zunächst heißt, dass sich die Austauschprozesse weitgehend innerhalb homogener Regionen der Welt stattfinden. (...) Die Konfusion ist so groß, dass ich mich damit begnügen möchte, eine Unterscheidung vorzuschlagen, die vielleicht den Bedeutungsdschungel etwas lichten hilft. Es ist die Unterscheidung zwischen *Globalismus* einerseits und *Globalisierung und Globalität* andererseits (...). Globalismus meint die Ideologie des Neoliberalismus, die Ideologie der Weltmarktherrschaft. Sie wird als monokausal ökonomistisch unterstellt. Dadurch wird die Vierdimensionalität der Globalisierungsfragen auf eine Dimension, nämlich die wirtschaftliche Dimension, die auch noch linear gedacht wird, also im Sinne einer immer weiteren Steigerung der Abhängigkeiten. Alle anderen Dimensionen – ökologische, kulturelle und politische Globali-

698 kursiv im Original, Beck 1998a, S. 17f.
699 Eckardt 2004, S. 54
700 Beck 2002

sierung, werden nur, wenn überhaupt, in der unterstellten Dominanz der wirtschaftlichen Globalisierung thematisiert."[701]

Als „*Glokalisierung*" bezeichnet Beck daher die aktuellen Strategien der Unternehmenspolitik: Ziel der aktuellen Managementlehre sei es nicht (mehr), möglichst zahlreiche Aufgaben zu einem Unternehmen zusammenzufassen, sondern wenige Schlüsselkompetenzen zum Kern einer weltweiten Spezialisierung oder gar einem Monopol zu machen, so dass Kompetenzen, Produkte und Dienstleistungen im großen Stil weltweit umgesetzt und angeboten werden können. Trifft die globale, mit weltweit operierenden Netzwerken ausgestattete Unternehmensstrategie auf interne Grenzen und Widersprüche, weil sie die neue kulturelle oder politische Autonomie und die Bedeutung des Ortes missachtet hat, verweist sie möglichst viele Aufgaben an regionale ManagerInnen, die diese an Ort und Stelle unter Rekurs auf ihre Kenntnisse der lokalen Märkte und Konkurrenzen zu bewältigen haben. Diese „Glokalisierungsstrategien" eröffnen den Unternehmen einen kosmopolitischen Erfahrungsraum: globales Lernen aufgrund von lokalen Erfahrungen. Die permanenten Abstimmungsmöglichkeiten qua Videokonferenz oder Email-Korrespondenz zeigen, dass diese Entwicklung ohne die neuen Informationstechnologien nicht möglich gewesen wäre.[702]

Weltweite Kommunikationsstrukturen sind allerdings nicht, auch wenn sie zunächst so erscheinen, zwingend ein Indiz für eine weltumfassende Kulturverschmelzung, bei der es keinerlei kritische Grenzen mehr geben könnte. Selbst wenn weltweit agierende Konzerne wie McDonalds und Disney ihren Einfluss aus ökonomischen Gewinnerwägungen nicht zuletzt auch medial geltend machen und nach einer verstärkten politischen Bedeutung trachten, so kann dies als globalisierte Kultur nur dann erscheinen, wenn in den Chor einer weltweiten Medienkultur eingestimmt werden soll.

Es ist ohne Zweifel richtig, dass die Kommerzialisierung von Kultur als „Kulturindustrie"[703] durch einen rein kapitalistischen Überbau wenig wünschenswert erscheint, zumal wenn durch die Kontrolle der Massenmedien auch Einfluss auf politische Entscheidungsprozesse und politisches Interesse genommen werden soll,[704] wie beispielsweise das aufwendige und kostenintensive Medienspektakel um die US-amerikanischen Präsidentschafts- und die deutschen Bundestagswahlen regelmäßig beweisen.

Gleichwohl ist von kulturellen Grenzen und damit auch von einer begrenzten Wirksamkeit eines medialen Einflusses auszugehen. So ist Castells zu folgen, der „kulturelle Schlachten" als Schlachten um die Macht im Informationszeitalter betrachtet, die insbesondere in den Medien ausgefochten werden:

---

701 Beck 1997c, S. 3f.; Hervorhebung durch die Verfasserin

702 Beck 2002, S. 213ff.

703 Horkheimer /Adorno 1944/1986

704 Pöttker 1988, Harbeck 1994, Bühl 1998

„Macht als die Fähigkeit, Verhalten zu erzwingen, liegt in den Netzwerken des Informations-austauschs und der Symbolmanipulation, die soziale Akteure, Institutionen und kulturelle Bewegungen durch Ikonen, Sprecher sowie intellektuelle Verstärker miteinander in Beziehung setzen. Langfristig ist es nicht wirklich wichtig, wer an der Macht ist, weil die Verteilung politischer Rollen sich stark ausbreitet und rotiert. Es gibt keine stabilen Machteliten mehr. Es gibt jedoch von Macht abgeleitete Eliten; das sind Eliten, die sich während ihrer in der Regel kurzen Zeit als Machthaber gebildet haben, wenn sie ihre privilegierte politische Position nutzen, um dauerhafteren Zugang zu materiellen Ressourcen und gesellschaftlichen Verbindungen zu gewinnen. Kultur als Quelle von Macht und Macht als Quelle von Kapital liegen der neuen gesellschaftlichen Hierarchie im Informationszeitalter zugrunde."[705]

Auch verweisen Unterschiede in der TV-Rezeption nicht nur auf geschlechts- und generationsspezifische sowie ethnische Unterschiede, sondern auch innerhalb einer nationalen Gemeinschaft auf singuläre Familien- und Wertesysteme.[706] Allerdings ist m. E. vor allem der Begriff von Kultur weiter zu fassen, als die Reduktion auf Fernsehkonsum oder andere Populärkulturen. In Bezugnahme auf das Habitus-Konzept Pierre Bourdieus umfasst Kultur sämtliche Lebensbereiche und differenziert sich folglich auf der Grundlage ökonomischen, kulturellen und symbolischen Kapitals in divergierende Lebensstile und Geschmacksausprägungen aus. Nun verdeckt aber der Begriff der „Weltgesellschaft", der ohnedies durch die Dynamisierung der Kapitalmärkte entwickelt wurde und damit das Ende nationaler Grenzziehungen evoziert, dass gleichzeitig damit Verunsicherungen in Bezug auf Identitäten einhergehen, auch wenn der Begriff der Nationalität ohnehin nur ein kartographisches Konstrukt des 19. Jahrhunderts ist, das sich aber bis in unsere Tage fortgesetzt hat und als ideologisches Konstrukt wirkt:

„Die ‚Erfindung der Nation' (...) Ende des 18. Jahrhunderts und die politische Realisierung dieses europäischen Ideenkonstruktes im Verlauf des 19. Jahrhunderts beförderte in rätselhaft kurzer Zeit die Karriere eines neuen Identitätskonzeptes. Identität wurde im Hinblick auf ein kartographisch definiertes Territorium und dessen erfundener, zumindest daraufhin gedeuteter Vergangenheit bestimmt. Vorstellungen von Monokulturalität und Homogenität gingen damit einher, oftmals im Widerspruch zu den wahrnehmbaren Verhältnissen. (...) Grenzlinien bekamen existentielle Bedeutsamkeit. Bürger eines bestimmten Staates zu sein, war plötzlich von sinnstiftender metaphysischer Kraft wie ehedem die religiöse Konfession."[707]

---

705 Castells 2003b, S. 399
706 Breidenbach/Zukrigl 1998
707 Bräunlein/Lauser 1997, S. 2f

Die Sehnsucht nach einer kollektiven Identität, verknüpft mit der Idee von Nationalstaatlichkeit,[708] wie sie sich beispielhaft in der Debatte zur Doppelstaatsangehörigkeit von MigrantInnen in der BRD manifestierte, kaschiert offensichtlich den Wunsch und das Festhalten an einer nicht nur territorialen, sondern auch ökonomischen und kulturellen Grenzziehung, deren Durchlässigkeit „als Attacke gegen die Integrität eigener Identität erlebt"[709] wird – und dies nicht nur an bundesdeutschen Stammtischen. Der Nationalstaat, in seiner politischen Form Produkt des 19. Jahrhunderts, strukturiert den Wirtschaftsraum dahingehend, dass sich die nationale Ökonomie in ihrer Stellung auf dem Weltmarkt entfalten soll; analog zum physikalischen Raumkonzept des „Behälter-Raumes" begreift die Nationalökonomie auch den Wirtschaftsraum als eingegrenztes Gebilde - eine Raumblindheit, die offensichtlich auf der sozialpolitischen Ebene bis ins 21. Jahrhundert fortgesetzt worden ist.

Identitätskonstrukte, die ihre Überhöhung nicht zuletzt in Nationalismus, Rassismus, Chauvinismus und Sexismus gefunden haben, sind offensichtlich langlebiger Natur und durch den bloßen Diskurs kaum dekonstruierbar.[710] Soll Identität als etwas Kollektives, nationale Grenzen Überschreitendes verstanden werden, gehört hierzu auch eine Kritik an kolonialen, rassistischen und sexistischen Denkmustern.

Ist aber unter dem Signum der Globalisierung nicht vielmehr auch die Debatte um einen Abschied von Sozialstaatlichkeit mit dem Hinweis neu entfacht worden, dass es zwar einerseits wohl kaum noch eine Chance auf Vollbeschäftigung geben werde,[711] andererseits die ökonomischen Kosten des Sozialstaates als nicht mehr tragbar eingeschätzt wurden?[712]

---

708 Vgl. auch Kap. III. 3.2

709 Bräunlein/Lauser 1997, S. 2

710 Beck 1997, S. 4: Gleichwohl kritisiert Beck ein Primat der Ökonomie nicht nur als verfehlte Sichtweise neoliberaler Einstellungen, in einem „links-nostalgischen Milieu" glaubt er gar einen „negatorischen Globalismus" und einen „radikalen Globalisierungsskeptizismus" zu erkennen, der die vielfältigen Dimensionen einer ökologischen, kulturellen und politischen Globalisierung verkenne und diese als Fiktion abtut – eine überraschende Perspektive, für die Beck allerdings den empirischen Beleg vermissen lässt.

711 Forrester 1998

712 Harald Schumann, der gemeinsam mit Hans Peter Martin die „Globalisierungsfalle" (1998) skizziert hat, sieht im Bereich der nationalstaatlichen Politik Veränderungsbedarf, zumal vor dem Hintergrund einer nicht ohne Polemik geführten Debatte zur Kostenexplosion des Sozialstaates: „Die Argumente, mit denen gearbeitet wird, um den Sozialstaat abzubauen, die Löhne zu senken oder die Gewerkschaften auseinander zu treiben, sind zum größten Teil reine Propagandalügen. Allenthalben ist in Deutschland von der Kostenexplosion im Sozialstaat die Rede. Man kann sicher über die Reformbedürftigkeit einzelner Regelungen sprechen, aber eine Kostenexplosion im Sozialstaat hat nicht stattgefunden. Der Anteil, den die Sozialtransfers am Bruttoinlandsprodukt einnehmen, ist heute genauso hoch wie 1975. Wir haben eine Finanzierungskrise des

In der Tat sollten die hegemonialen Strukturen kapitalistischer Globalisierung nicht ausschließlich auf der Folie einer „Interaktion kapitalistischer Eliten oder der Ausbildung transnationaler Wertschöpfungsketten in der Weltökonomie und damit also den Kräften einer kapitalistischen Vereinheitlichung interpretiert werden. Vielmehr bedarf es einer integralen Betrachtungsweise der globalen politischen Ökonomie, in der die Verdichtung der weltgesellschaftlichen Totalität auf der Grundlage eines neoliberalen Herrschaftssystems widergespiegelt wird.[713]

Pierre Bourdieu etwa verweist im Kontext neoliberaler Politikfelder auf den semantisch verschleierten Abbau des Sozialstaates, bei dem nicht mehr von „Unternehmern" oder von „Stellenabbau", sondern von lebendigen „Kräften der Nation" oder von „Verschlankung" gesprochen werde:

„Es gibt ein ganzes Spiel mit den Konnotationen und Assoziationen von Wörtern wie Flexibilität, Anpassungsfähigkeit, Deregulierung, das glauben macht, die neoliberale Botschaft sei eine der allgemeinen Befreiung."[714]

Für Bourdieu manifestiert der Diskurs um die „Globalisierung" einen Mythos im starken Wortsinn und impliziert Machtmechanismen, die sich als Waffe der Kämpfe gegen die Errungenschaften des „welfare state" erweisen. So wurden europäische ArbeiterInnen zur Wettbewerbsfähigkeit aufgefordert, indem man sie auf Länder verwiesen habe, in denen es keinen Mindestlohn gebe, dafür aber eine tägliche Arbeitszeit von 12 Stunden, keine Gewerkschaften aber Kinderarbeit. Im Namen solcher Modelle fordere man dann von Arbeitnehmern größere „Flexibilität" als Synonym für Nacht-, Wochenarbeit und Überstunden.

Der dauernde Verweis auf außereuropäische Bedrohungen kaschiert, dass die vielfach beschworene Gefahr der neuen Wirtschaftsordnung vor allem durch Sozialdumping von einem Wettbewerb der europäischen Länder ausgehe: Durch die geringen sozialen Absicherungen und niedrigen Löhne könnten bestimmte Länder ihren Wettbewerbsvorteil nutzen; dabei wird jedoch übersehen, dass dadurch andere zur Preisgabe ihrer sozialen Errungenschaften gezwungen werden. Konsequenter Weise müssten daher hiesige Beschäftigte dafür Sorge tragen, dass ihre eigenen Errungenschaften sich auf weniger entwickelte Länder ausdehnen könnten.[715]

Ähnlich argumentiert auch Manuel Castells, wenn er auf die Gefahren eines informationellen Kapitalismus hinweist. Die Prozesse *sozialer Exklusion*, die ganze Regionen betreffen können, nennt er „schwarze Löcher":

Sozialstaates, die auf die steigende Arbeitslosigkeit zurückgeht, weil die Finanzierung bislang letztlich an die Arbeitsplätze gebunden ist. Deshalb muss man das System zunehmend auf eine Steuerfinanzierung umstellen." (Schumann 1997)

713 Röttger 1998, S. 344

714 Bourdieu 1998, S. 41

715 Bourdieu 1998, S. 43ff; Vgl. auch Chomsky 1999

„Im Extremfall wird der seiner Repräsentativität entleerte Staat wie im Fall einiger afrikanischer oder lateinamerikanischer Staaten zum Räuber am eigenen Volk. Die neuen Informationstechnologien statten diesen globalen Wirbelwind der Akkumulation von Reichtum und der Ausbreitung von Armut mit den notwendigen Werkzeugen aus. Aber in diesem Prozess der gesellschaftlichen Neustrukturierung ist mehr enthalten als nur Ungleichheit und Armut. Da ist auch die Exklusion von Menschen und Territorien, die aus der Perspektive der herrschenden Interessen im globalen, informationellen Kapitalismus in eine Lage struktureller Irrelevanz geraten."[716]
Daher bleibt zu fragen, welchen Stellenwert die einzelnen ökonomischen, kulturellen und politischen Entwicklungsaspekte in der aktuellen Debatte einnehmen, die ja auch in der Bundesrepublik durchaus kontrovers geführt wird. Nicht zuletzt verweisen auch hier die kritischen Stimmen im Kontext einer Diskussion zu disparaten Einkommensverhältnissen, einer hohen Arbeitslosenquote und einem zunehmenden Verlust sozialer Sicherheiten auf die Gefahr eines regressiven staatlichen Einflusses, die durch die neoliberalen Wirtschaftspraktiken, etwa als Standortverlagerungen, Steuerflucht und Schwankungen der internationalen Kapitalmärkte,[717] noch zunehmen könnten, - eine Diskussion, die inzwischen auch die bundesdeutschen Medien erreicht hat und die sie Karl Marx wiederentdecken lässt:
„Die Entwicklung, die den deutschen Arbeitnehmern zu schaffen macht, hat kaum jemand so klar und wortmächtig geschildert wie der deutsche Philosoph Karl Marx. Der Kapitalismus, schrieb er im ‚Kommunistischen Manifest', habe ‚durch die Exploitation des Weltmarktes' der Industrie den ‚nationalen Boden unter den Füßen weggezogen'. Täglich würden die ‚uralten nationalen Industrien verdrängt durch neue Industrien', und an die ‚Stelle der alten lokalen und nationalen Selbstgenügsamkeit' trete ‚ein allseitiger Verkehr, eine allseitige Abhängigkeit der Nationen voneinander.' Was Marx vor 150 Jahren nicht vorsah: Die umstürzlerische Kraft der Globalisierung, die er so prophetisch beschworen hatte, schien für viele Jahrzehnte geradezu im Dienst der deutschen Wirtschaft und der deutschen Arbeitnehmer zu stehen."[718]
Die Gefahr einer Machtkonzentration birgt dabei vor allem die Verquickung von Teleunternehmern und Internet-Providern. So bestehen Parallelen zwischen der Kommunikationsbranche, die sich zu einer Schwerindustrie entwickelte, und der Stahlindustrie in der zweiten Hälfte des 19. Jahrhunderts oder der Automobilindustrie der 1920er-Jahre:
„Sämtliche Netzbetreiber, vor allem die Anbieter von allem, was sich in irgendwelchen Leitungen transportieren lässt - Wasser, Gas, elektrischer Strom,

---

716 Castells 2003b, S. 170f.
717 Breidenbach/Zukrigl 1998, S. 11f.
718 Böhringer et al. 2005, S. 85

Sprach- und Bildimpulse, Eisenbahn- und Straßentransporte -, wollen einen Teil des neuen Eldorados unter ihre Kontrolle bringen."[719]

Die „Warlords" in diesem Krieg um die Netze, die weltbeherrschenden Megakonzerne, sind bekannt:

„AmericaOnline hat Netscape, Intel und Time-Warner-CNN aufgekauft, Vivendi-Universal hat Havas, Canal+, USA Networks und die Seagram-Gruppe übernommen; AT&T ist Weltmarktführer im Telefoniebereich; Microsoft beherrscht die Softwareindustrie und will mit der X-Box den Markt für Spielekonsolen erobern; General Electric übernahm vor Kurzem das Fernsehnetz NBC; NTT beherrscht den japanischen Telefonmarkt; Disney kaufte das Fernsehnetz ABC; Bertelsmann dominiert die Kommunikationsbranche in Deutschland; zum Pearson-Imperium gehören die Financial Times, Penguin Books und BBC Prime; Prisa ist der führende Kommunikationskonzern Spaniens, und dann gibt es natürlich noch IBM, Viacom, Rupert Murdochs News Corporation, Telefónica, France Télécom, Bouygues, die Lyonnaise des Eaux und andere mehr."[720]

Folgt man den Ausführungen von Ignacio Ramonet, [721] dominiert bei jenen kapitalintensiven Transformationsprozessen nicht nur die Logik des Verdichtens, sondern auch die des Vernichtens, bei der die politische Herrschaft über die institutionellen Arrangements der Netze eher dem feudalen Zustand einer Legitimation via Geburt entspricht als einer demokratischen Gesellschaft.[722]

Es geht nicht mehr nur um Bündnisse, sondern um Kontrolle und feindliche Übernahmen: Die Akteure dieses Krieges, die „Content Provider", haben es auf eine spezifische Form des Reichtums abgesehen, so Ramonet, die unaufhörlich anwachsenden Datenströme. Es sind dies Gespräche, Mitteilungen, Texte, Bilder, Musik, Filme, Sendungen, Spektakel, Nachrichten, Börsendaten, Zeichen jedweder Art.

Den „Herren der Netze" gehe es insbesondere darum, sich als alleinige Kommunikationspartner der BürgerInnen zu positionieren, um so Informationen, Unterhaltung, Ablenkung, Sport, Kultur, berufliche Dienstleistungen, Finanzdaten liefern. Anhand aller verfügbaren Mittel, ganz gleich ob Telefon, Handy, Fax, Kabel, Satellitenfernsehen, Computer, E-Mail und Internet sollten sie so in den Zustand allgemeiner Vernetztheit versetzt werden. Um im weltweiten Konkurrenzkampf zu überleben, werden dabei zwei primäre Ziele angepeilt: hinreichende Unternehmensgröße und Diversifizierung. Was diesen neuen „Raubtierkapitalismus", der immer weniger Rücksicht auf geltendes Kartellrecht nehme,

---

719 Ramonet 2002

720 Ramonet 2002, S. 17

721 Ignacio Ramonet ist Direktor der in Paris erscheinenden Monatszeitung für internationale Politik „Le Monde diplomatique" und lehrt das Fach „Theorie der audiovisuellen Kommunikation" an der Universität Denis-Diderot in Paris. Zudem ist er Ehrenpräsident von Attac International

722 Bühl 1998, S. 363

besonders interessiere, ist die Frage, wie viele KundInnen ihr Medienangebot nutzen, wie viele ZuschauerInnen ihr Bezahlfernsehen abonnieren, wie viele SurferInnen das Internet durch ihr Portal betreten:

„Die Menge der ‚User' gilt fortan als der wahre Reichtum eines Mediums, nicht der Inhalt oder das Team, das ihn produziert. Dies ist etwas völlig Neues. Bislang verkauften die Medien Informationen oder Unterhaltung an Bürger. Nun verkaufen sie Verbraucher (Leser, Zuhörer, Zuschauer und Surfer) an Werbetreibende. Je höher dabei die Zahl der (vorzugsweise wohlhabenden) Konsumenten, desto teurer die Anzeigen."[723]

Auf der Grundlage dieser Form des Marketings können Informationen kostenlos angeboten werden. Sie fungieren im Internet gewissermaßen als Lockvogel für das „Eigentliche": die Werbung.

Fragwürdige Fusionen werden mit der Notwendigkeit einer raschen Konvergenz der Telekommunikations- und Medienbranche geschlossen, allerdings auch wie Ex-Vivendi-Chef Jean-Marie Messier ohne Umschweife zugibt, um die Beherrschung der gesamten Verwertungskette in „Inhalt, Produktion, Vertrieb und Abonnement" zu betreiben:

„Eine Firma wie Vivendi (...) gehört den Aktionären und nur den Aktionären. Die Unternehmensleitung macht Vorschläge, der Verwaltungsrat trifft Entscheidungen, doch das letzte Wort hat der Markt, der die Börsenkurse fallen oder steigen lässt."[724]

Treffender lassen sich die machtvollen Ambitionen in der Informationsindustrie wohl kaum formulieren.

Allerdings kalkulieren nicht nur Unternehmen bei der Nutzung der Vernetzungsstrukturen mit der Hoffnung auf Gewinnmaximierung; wie ich im kommenden Abschnitt zeigen werde, entwickeln sich in der Netzkultur einer telekommunikativen Stadtgesellschaft auch optimistische Positionen, die insbesondere das Internet und seine kommunikativen Strukturen als neue Chance für Demokratisierungsprozesse wahrnehmen.

4.3.2 Information + Kommunikation = Partizipation?

Dass zur Beschreibung virtueller Räume *Stadtmetaphern* gebräuchlich sind, was an solchen Termini wie etwa „*Cyber City*" oder „*Telepolis*"[725] deutlich wird, die für neue künstliche Erlebnisräume stehen, mag zunächst überraschen; gleichwohl spiegelt sich hier die Fantasie dessen, was mit Urbanität verknüpft wird. Zum einen stehen diese Metaphern für die Chance den realen Körper, den realen Raum eskapistisch verlassen zu können zugunsten einer „schönen neuen Welt"

---

723 Ramonet 2002, S. 18

724 Ex-Vivendi-Chef Jean-Marie Messier zitiert nach Ramonet 2002, S. 18

725 als Metapher für neue gesellschaftliche Strukturen, die durch neue elektronische Medien entstehen

mit gesteigertem Erlebnischarakter, zum anderen hat der Cyberspace wie auch das Städtische selbst durchaus *militärische Wurzeln*:

„Sie (die virtuelle Stadt, A. d. V.) besitzt Festungsbauten und Stadttore, durch die sich kontrollieren lässt, wer hereinkommt und hinausgeht. Gleichzeitig sind die realen Städte aber auch sichtbarer Ausdruck des Willens ihrer Bewohner, sich eine Existenz aufzubauen. Virtuelle Städte bringen die Dialektik von Verdichtung und Zerstreuung, die reale Städte auszeichnet, auf den Begriff. Städtebauliche Planung und der halluzinatorische Traum von Modernität (...) laufen hier kreuz und quer durcheinander.“[726]

Während mit der Metapher des Städtischen zunächst aktuelle Probleme wie Migration und Segregation, Umwelt- und Verkehrsprobleme, Abschottung, soziale Kontrolle oder Militarisierung des öffentlichen Raumes verknüpft werden, bietet sie sich gleichsam als Interpretationsfolie für das Recht auf freie Meinungsäußerung oder scheinbar neue Gestaltungsmöglichkeiten an, die Machtfantasien bedienen und beflügeln:

„Wenn die Kids der deutschen Planerelite sich am Computerspiel Sim City 2000 ergötzen, mit flotter Mausfahrt Straßen und U-Bahntrassen ziehen, Industriegebiete und Flughäfen herbeiklicken, ahnen sie meist nicht, wie nah die schlichte Programmlogik den Planungsideologien ihrer Eltern ist: Wer nur Wohn-, Dienstleistungs- und Industriegebiete klug miteinander durch Straßen und S-Bahnen verknüpft, für ausreichend Atomstrom sorgt, die Kanalisation in Ordnung hält, Polizeistationen, Krankenhäuser und Schulen nicht vergisst, mit ein paar Parks und Yachthäfen für auskömmlichen Erholungswert sorgt, der kann sehen, wie – scheinbar von Zauberhand – Gebäude wachsen. Die Sim-Population schwillt an, die Steuereinnahmen wachsen, Geld für neue Autobahnen, Fusionsreaktoren und Planierraupen. Ein Wachstumsrausch, bis der letzte Baum gefällt, der Bildschirm bis zum Platzen gefüllt ist mit Gebäuden, Schloten und Fahrzeugen.”[727]

Hier zumindest lehnt sich die Stadtmetapher der „Cyber City“ eng an real erlebte und erlebbare Wahrnehmungsräume an. Der Ort des simulierten virtuellen Geschehens wird zum partiellen *Abbild räumlicher Realität* nach durchaus bekannten Mustern. Allerdings kann im Gegensatz zur virtuellen in der realen Stadt nicht einfach all das, was als störend, problematisch, hinderlich oder befremdlich betrachtet wird, per Mausklick ausgeschaltet werden.[728] Virtuelle Wel-

726 Lovink 1997, S. 55f.

727 Marten 1997, S. 20

728 Mit großer Aufmerksamkeit ist daher zu verfolgen, welche Folgen aus dem Attentat von Erfurt gezogen werden, bei dem der Schüler Robert Steinhäuser im Jahr 2002 an seinem ehemaligen Gymnasium 17 Menschen erschoss, darunter 12 LehrerInnen. Videospiele des Typs „Egoshooter“, etwa „Counterstrike“, das man bei dem Täter fand, stehen seither unter dem „Verdacht der Beihilfe zum Amoklauf“. (Gross 2002)

ten sind damit eben nur eine eingeschränkte Reproduktion der Realität, zumal die Urbanität der realen Städte und deren zivilisatorische Wirkung darauf beruhen, dass ihre Räume nicht hermetisch verriegelt und nicht vollständig sozial kontrolliert werden.[729]

Der „Virtualisierung des Seins“[730] wird im wissenschaftlichen Diskurs allerdings mit starken Kontroversen begegnet: Während die SkeptikerInnen der digitalen Entwicklung wie etwa Jürgen Habermas und Paul Virilio eine wachsende Entsolidarisierung bzw. eine Diffusion von Solidaritäten als Auflösungserscheinung gängiger Formen eines Gemeinschaftswesens befürchten, entwickeln die „Internet-OptimistInnen“ eine hoffnungsvolle Perspektive. So sehen etwa Claus Leggewie und Saskia Sassen in den Informations- und Kommunikationsmedien neue Chancen für Partizipations- und damit auch für Demokratisierungsprozesse, was ich im Folgenden darlegen werde.

Zu verweisen ist bspw. auch auf die niederländischen Medienwissenschaftler Geert Lovink und Patrice Riemens, die die mediale Infrastruktur Amsterdams als demokratischen Findungsprozess beschreiben, bei dem sich die AktivistInnen zwar nicht zwingend einer „politischen Klasse“ zurechnen, gleichwohl aber Demokratisierungsprinzipien pflegen. Beide Autoren zeigen auf, wie individuelle Partizipationsmöglichkeiten bezüglich neuer Medien, ihrer Virtualität und Vernetzungen insbesondere im Hinblick auf die „Digitale Stadt“ aussehen: freier Zugang zum Internet für alle UserInnen, Informationsaustausch und -foren ohne Zensur, keine digitale Überprüfung der NutzerInnen, eine neue Soziabilität durch die virtuelle Gemeinschaft der NutzerInnen.[731]

Bereits seit einem ähnlichen Attentat im US-amerikanischen Littleton 1999 wird akribisch über einen möglichen Zusammenhang von Computerspielen und Gewalt geforscht, genaue Untersuchungsergebnisse liegen aber noch nicht vor.
Der Bielefelder Soziologe Wilhelm Heitmeyer sieht in beiden Attentaten Racheakte: „Rache als Ausdruck von Hass stellt nur ein vordergründiges Motiv für Gewalt dar. Rache ist das letzte Glied in einer langen Ursachenkette. Man hat es mit Anerkennungszerfall zu tun – mit einem Gefühl, das entweder nur befürchtet wird oder sich auf Erfahrungen stützt. (...) Es gibt keinen Automatismus, der in Gewalt gegen andere mündet.“ (Heitmeyer 2002)

729 Wenn auch im Bereich sozialer Interaktion neue Kommunikationsformen und Sozialkontakte wie bspw. das „Chatten" im Internet zunehmend auf Interesse stoßen, so stellen diese nur eine Ergänzung zur alltagsweltlichen Realität dar. Dies wird an jenen Hochzeitspaaren besonders deutlich, die sich zwar per Internetkommunikation kennen gelernt haben, aber die Begegnung in der realen Welt trotz zeitlicher und ökonomischer Aufwendungen nicht scheuen, die eine Beziehung bei großer räumlicher Distanz erfordert – anders als in der virtuellen Welt. Nicht auszuschließen ist jedoch, dass auch in der virtuellen Kommunikationswelt in den Paarbeziehungen Arrangements getroffen werden müssen.

730 Bühl 1998, S. 361

731 Rheingold 1995; Lovink / Riemens 2000

In der digitalen Stadt findet man eine Art Verdopplung der Einrichtungen und Institutionen der klassischen Stadt: Informationen über AnsprechpartnerInnen und Öffnungszeiten der Verwaltung, Kataloge der Bibliotheken usw. Die „BewohnerInnen" haben das Recht, einen „Ort" in der digitalen Stadt kostenfrei einzunehmen. Sie können dabei Informationen verteilen und „elektronische Konferenzen" organisieren, Diskussionsforen animieren oder elektronische Zeitungen betreiben, in der lokalpolitische Fragen behandelt werden. Verkehrssprache ist nicht englisch, sondern niederländisch, was sicherlich einen Teil des Erfolgs und die anfänglich stark wachsende Fan-Gemeinde des Vorhabens ausmachte.

„Während Aktivisten und Gemeinschaften auf der Ebene des Internet als Ganzen wegen des dominierenden Diskurses über E-Commerce und E-Business eine immer unbedeutendere Rolle spielen, nimmt ihre Bedeutung auf der symbolischen Medienebene stetig zu. Gegeninformationen von gesellschaftlichen Bewegungen, Direktaktionsgruppen und lockere Bündnisse von Ravern und Reclaim-the-Street-Aktivisten zirkulieren mit Lichtgeschwindigkeit rund um den Globus. Und Online-Journalisten sind nur allzu bereit, über die Mikrorupturen zu berichten, die diese Aktionen verursachen."[732]

Auch die Autoren des Cluetrain Manifestes und den darin enthalten 95 Thesen „für eine neue Unternehmenskultur im digitalen Zeitalter" sehen dank einer verstärkten Internetkommunikation eine veränderte Marktlandschaft, in der die Unternehmen gänzlich gezwungen sind, ihre Marktstrategien zu verändern und KonsumentInnen als mündige KundInnen zu betrachten:

„Es existieren Millionen ‚roter Fäden' oder ‚Threads'. Doch am Anfang und am Ende eines solchen Threads steht ein Mensch. Dabei spielt es keine Rolle, ob wir in einer elektronischen oder einer digitalen Welt leben. Entscheidend ist allein die Tatsache, dass ein narrativer Raum existiert. Die Geschichte ist von ihren Fesseln befreit. Die Welt der Wirtschaft musste sich auf ihrer Suche plötzlich öffnen und schlug dort Leck, wo sie es am wenigsten vermutet hatte. Die Gefahren der Demokratie verblassen, angesichts der Gefahren, die von einer großen Unzufriedenheit ausgehen. Leben ohne Fesseln, Leben ungeschminkt."[733]

„Menschwerdung im Internet" durch menschliches Wohlwollen also? Ähnlich wie ein Virus, so die optimistische Vision, könnten Wissen und Informationen weitergetragen werden und damit die Bewusstseinsprozesse der Individuen beschleunigen, was zur Folge hätte, dass ideologische Hindernisse rascher überwunden werden könnten.[734]

Ob damit bereits ein „Cyber-Kommunismus" aktiviert wird, wie ihn der britische Medienwissenschaftler Richard Barbrook in seiner Analyse zum Internet[735]

---

732 Lovink 2001, S. 133

733 Levine /Locke/ Searls/ Weinberger 2000, S. 83

734 Rössler 2001

735 Barbrook 2001, S. 85

verheißt, bleibt fraglich. Gefördert durch das Wissenschaftssystem sei die Erfindung des Netzes „die größte Ironie des Kalten Krieges“ gewesen: Auf dem Höhepunkt des Kampfes gegen den stalinistischen Kommunismus und angesichts der Gefahr eines nuklearen Angriffs auf Kommando- und Kontrollstrukturen finanzierten die US-Streitkräfte ohne jede Absicht die Entstehung des Cyberkommunismus. Ohne dies zu ahnen, stellten sie Forschungsfelder für wissenschaftliche Experimente auf dem Gebiete der computergestützten Kommunikation bereit.

Obgleich das Netz ursprünglich für das Militär entwickelt wurde, begannen seine Erfinder rasch, es für ihre eigenen Zwecke zu nutzen. Entscheidend dabei war wohl, dass die Wissenschaftler davon ausgingen, dass sämtliche Informationen kostenlos über ihr neues Kommunikationssystem verteilt werden sollten. Staatliche Subventionen und private Spenden verschafften den Forschern die Unabhängigkeit von kommerziellen Nutzungsinteressen; vielmehr propagierten sie ihre Forschungsergebnisse, wie im wissenschaftlichen Bereich üblich, durch Vorträge und andere Publikationen. Das Zitiertwerden verschaffte ihnen die erhoffte persönliche Anerkennung und die Erhöhung ihrer Karrierechancen innerhalb des Hochschulsystems.

In den Industriestaaten konnte mit dem Aufkommen des Fordismus die Arbeitszeit stets verringert und das Vermögen vergrößert werden, was schließlich – um mit Antonio Negri zu sprechen[736] – dazu geführt hat, dass den ArbeiterInnen heute Ressourcen und Freizeit für den Massenkonsum und für die Bearbeitung eigener Projekte zur Verfügung stehe – eine historische Bedingung für den Cyberkommunismus.[737] Ungeachtet aller utopischen Vorhersagen setze die Konvergenz von Datenverarbeitung, Telekommunikation und Medien zwar als solche keine emanzipatorischen Potentiale frei. Auch werde die Informationsgesellschaft - wie frühere Formen des Kapitalismus auch - weiterhin von den Hierarchien des Marktes und des Staates beherrscht, dennoch versendeten und empfingen die UserInnen der Netze bei der Kommunikation stets Informationen als „Geschenke“. Diese Geschenkkultur,[738] die aus den technologischen Fortschritten erwachse und durch die kapitalistische Modernisierung noch befördert wird, stellt mit den neu entstandenen „Netz-Gemeinschaften“ eine Anpassungsleistung an gesellschaftlichen Überfluss und eben nicht an eine entsprechende Knappheit dar:

„Die Freude daran, Geschenke zu machen und zu erhalten, kann die persönliche Erfahrung kollektiver Arbeit radikal verändern. Im Markt arbeiten die Individuen hauptsächlich durch den unpersönlichen Austausch von Waren zusammen.

---

736 Negri 1988

737 Barbrook 2001, S. 82

738 etwa durch Versenden und Austausch von Texten, Bildern, Animationen, Musik, Spielen oder Software

Käufern und Verkäufern sollte das Schicksal des jeweils anderen gleichgültig sein. Die Zirkulation von Geschenken dagegen fördert die Freundschaft zwischen den Beteiligten. Der Aufbau einer erfolgreichen Netz-Gemeinschaft ist immer ein Werk der Freude.“[739]

Fundamentale Voraussetzung für die Form des „Cyberkommunismus“ ist allerdings die Teil-habe an den Kommunikationsstrukturen, deren freie Zugänglichkeit gesichert sein muss. Selbst dann jedoch bergen Modelle wie „New Amsterdam“ oder „De digitale stad“ die Gefahr, sich zur „athischen Demokratie“ zu entwickeln, bei der nur noch selektierte Gruppen von UserInnen mit (elaborierten) Kenntnissen an der Netzwerkkommunikation partizipieren können.[740] Um zu verhindern, in eine „Telekratie“ einzumünden, muss sich eine digitale Gesellschaft daher auch mit der Frage befassen, wie „Kommunikationsgerechtigkeit“ hergestellt werden kann, selbst auf die Gefahr hin, gegen das von der IT-Branche verordnete *Positiv-Thinking* einer skeptischen Fortschrittsverhinderung zu unterliegen.[741]

Zudem ist die durch das Internet und ihr Primat der Öffentlichkeit gewonnene Freiheit nicht vor Missbrauch gefeit: Gerade die Anonymität der UserInnen sowie der Mangel an Kontrolle und Zensur schaffen einen rechtsfreien Raum, in dem neben rassistischen auch zunehmend sexistische Inhalte und Bilder propagiert werden.[742]

Jürgen Habermas sieht denn auch die Globalisierung eingebettet in einen Diskurs zur Sozialstaatlichkeit, verbunden mit einer Zunahme von Armut und sozialer Unsicherheit sowie wachsender Einkommensdisparitäten. Diese stehe in einem engen Zusammenhang ökonomischer Folgewirkungen und einem höheren Maß an Akzeptanz gegenüber sozialer Ungleichheit seitens neoliberalen Einstellungen einerseits sowie der Gefahr einer Aufweichung sozialer Rechte als Sichtweise „sozialdemokratischer” Strömungen andererseits. Beide Varianten beschrieben dabei in ihren Analysen ein Dilemma auf ähnliche Weise:

„Ihre Diagnosen laufen darauf hinaus, dass die nationalen Regierungen in ein Nullsummenspiel hineingezwungen werden, in dem die unausweichlichen ökonomischen Zielgrößen nur *auf Kosten* sozialer und politischer Ziele erreicht werden können. Im Rahmen einer globalisierten Wirtschaft können Nationalstaaten die internationale Wettbewerbsfähigkeit ihrer ‚Standorte’ allein auf dem Wege einer Selbstbeschränkung staatlicher Gestaltungsmacht verbessern, also mit Hilfe von ‚Abbau’-Politiken, die den sozialen Zusammenhalt beschädigen und die demokratische Stabilität der Gesellschaft auf eine harte Probe stellen.“[743]

---

739 Barbrook 2001, S. 91
740 Lovink / Riemens 2000
741 Glotz 2001
742 Rötzer 2001, S. 160
743 Habermas 1998, S. 69

Die informationstechnologische Entwicklung birgt die Gefahr einer Fragmentierung und Zersplitterung von Solidaritäten und kollektivem Handeln als Resultat einer durch Massenkommunikation segmentierten Öffentlichkeit.[744] Wenn Privatheit nicht mehr aus dem Kontrast zur Öffentlichkeit gewonnen wird, dann kann räumliche Nähe kein vorrangiges Kriterium für die Wahl von Wohn-, Arbeits- oder Infrastrukturstandorten mehr sein.[745]
Durch die Auflösung territorialer Referenzsysteme zugunsten supranationaler Netzwerke wird zudem eine Diffusion von Solidarität befürchtet: In die Stelle globaler Solidaritäten tritt durch eine neue Form der Heimatlosigkeit eine drastische Aufkündigung bisheriger Loyalitäten und das Risiko gesellschaftlicher Desintegration. Der Konsens über Loyalitäts- und Solidaritätsgemeinschaften zerbricht an den Informationseliten, so dass der Wohlfahrtsstaat in Frage gestellt werden kann.[746]
Der französische Medienphilosoph Paul Virilio sieht im Internet darüber hinaus die Gefahr einer Zunahme sozialer Kontrolle und Überwachung durch die Erfassung personenbezogener Daten der unverschlüsselten Kommunikationsform. Dies führe durch die Produktion eines „gläsernen Menschen" zur Herrschaft über die Privatsphäre und die Gedanken der Einzelnen.[747]
Es ist den KritikerInnen wie Virilio darin zuzustimmen, dass es zweifellos Internet-Gewin-nerInnen und -VerliererInnen gibt. Daher ist kritisch zu würdigen, dass nicht nur die Per-spektive „alarmierender Tatbestände und Implikationen der wirtschaftlichen Globalisierung"[748] fehlt, sondern auch stärker als bisher der Blick auf transnationale Weltinnenpolitiken zu lenken ist. Gleichwohl muss auch nach Formen des demokratischen Universalismus gefragt werden, die wirtschaftliche Unabhängigkeit, Forschung, Bildung und Gesundheit sowie gesellschaftliche Solidarität gewährleisten und die Vielfalt von Sprachen, Gesellschaftsformen und Kulturen berücksichtigt. So kann nicht nur auf einen globalisierten Kapitalismus rekurriert werden, sondern auch auf die Entstehung einer

---

744 Die Entwicklung der Massenmedien, insbesondere die neuen Informations- und Kommunikationstechniken haben zweifellos dazu beigetragen, dass sich Funktionen des öffentlichen Raumes in den privaten verlagern. Die Informationsmöglichkeiten und der Erfahrungsaustausch der Agora werden bspw. durch das Fernsehen ersetzt, der Schaufensterbummel durch das Surfing im Internet. Der „Rückzug ins Private" wie ihn bereits Hans-Paul Bahrdt (1974b) angesichts der Schaffung neuer Wohngebiete an der städtischen Peripherie beklagte, schafft zwar neue Kommunikationsformen, er verändert aber auch die Nutzung der urbanen Räume. In diesem Prozess verlassen jedoch auch die Massenmedien den Ort des Privaten, um den urbanen öffentlichen Raum als Kommunikationsort zu nutzen, etwa in Form von Werbetafeln, Schildern, Plakatwerbung. So wird der urbane Raum wiederum zum Informationsträger.

745 Castells 1996

746 Willke 1996, S. 365

747 Virilio 1996, zusammenfassend Bühl 1998

748 ebenda, S. 79

neuen bourgeoisen Klasse, die zur Abstützung neoliberaler Weltmärkte offensichtlich gebraucht wird. Die Erfindung des liberalen Universums hat eine neue Klasse, die der *„Hyperbourgeoisie“* hervorgebracht, wie Denis Duclos behauptet:

„Nun wird aber die Macht nicht mehr mit der Elle der Nationalstaaten gemessen, sondern sie folgt den Vorgaben der multinationalen Gesellschaften. Hinter den abstrakten Geldströmen beginnt sich ein neues Wertesystem abzuzeichnen, das die symbolischen, politischen und gesellschaftlichen Zielsetzungen vorgibt. (...) Für den ‚globalen Kapitalismus' ist es (...) lebenswichtig, dass eine zahlenmäßig der neuen Macht entsprechende Neobourgeoisie heranwächst, die sich mit den anderen Teilkräften ‚ihrer' Welt friedlich und geordnet arrangiert. (...) Die Hyperbourgeoisie zeichnet sich sowohl durch Machtpositionen wie durch Merkmale kultureller Zusammengehörigkeit aus.“[749]

Folgen wir der These der Schaffung einer „Hyperbourgeoisie“, lassen sich auch für den kulturellen Bereich Folgen aufzeigen: Nicht nur sind den ManagerInnen multinationaler Unternehmen die Konsequenzen von Produktion und Aktivitäten ihrer Konzerne fast gänzlich fremd, die Hyperbourgeoisie stellt geradezu einen „antikulturellen“ Faktor dar:

„Weil sie Kapitalbewegungen, die den Wohlstand ganzer Kontinente beeinflussen, den höchsten Wert beimisst, ist die funktionelle Hyperklasse gegen alles, was die Veränderungen des Wertes aufhalten könnte, den die Menschen ihren Dingen beimessen. (...) Aber herrscht im Land der Hyperklasse das Gesetz des Dschungels tatsächlich über alle Bereiche? Die neue Superbourgeoisie gibt sich humanistisch, universalistisch und nicht rassistisch. (...) Ethnische Fragen haben sich für sie angeblich erledigt. Das Thema einer allumfassenden Multikulturalität (...) ist längst zur offiziellen Ideologie erklärt und auf die supranationale Ebene gehoben, als Vorbild für die Nationalstaaten, die wegen ihrer rückschrittlichen, ja rassistischen Werte angeprangert werden. Dieser Pluralismus ermöglicht zwar einige öffentlichkeitswirksame Verbrüderungsfeiern, verläuft sich aber ansonsten in oberflächlichen Querverbindungen und geplanten Begegnungen (...).“[750]

Hinter der postulierten globalen Multikulturalität verbirgt sich, gepaart mit „Autochthonie“, die die Reste einer gemeinsamen Identität in subkulturelle Fragmente aufzusplittern droht, lediglich eine neue Variante der Verachtung:

„Die ‚Globalen' blicken auf die ‚Lokalen' herab, vor allem auf die Bewohner südlicher Länder, woraus sie das Recht ableiten, ihnen ihre paradiesischen Wohnorte wegzunehmen. Aus dieser Sicht besteht kein großer Unterschied zwischen den nordamerikanischen Umweltschutzvereinigungen, die Teile Amazoniens kaufen, den ‚demokratischen' Hollywood-Stars, die einen argentinischen

749 Duclos 1998, S. 10
750 ebenda

See privatisieren, oder Jagd- und Anglergesellschaften, die riesige Waldgebiete in Kastilien, in der Sologne oder im Tarn einzäunen, um liebenswerten Ruheständlern eine angenehme Freizeit zu ermöglichen."[751]

Als Vexierbild erzeugt diese neue Form der Bourgeoisie schließlich eine neue Unterklasse, die sich wie sie, jedoch „nach unten", von den staatlichen Sicherheitsstrukturen abgelöst hat. Diese Unterklasse rekrutiert sich vor allem aus mehr migrierenden als immigrierenden Arbeitskräften, die sich wiederum in den Dienst der Hyperbourgeoisie stellen.

Globalisierung ist mehr als nur ein Marktplatz für Produktion, Distribution und Technologie. Viele der in diesem Sinne geführten Debatten konnten inzwischen als „Globalisierungsmythos" entlarvt werden, bei denen von der irrigen Annahme ausgegangen werde, dass es je eine Welt autonomer Staaten gegeben habe; die „Globalisten" allerdings missbrauchten diese Tatsache:

„Sie sagen, dass es in der Vergangenheit eine Welt getrennter Nationalstaaten gegeben habe und dass diese nun ihrem Ende zugeht und sich auflöst. Diese Inkonsistenz wird dann als der ‚Globalisierungsbeweis' präsentiert. Sie gilt als Wahrheit, die von den Globalisierungsforschern entdeckt wurde. Akademischer Snobismus ist wichtig für die Weiterführung der Globalisierungsforschung, besonders, weil die These auf die Linke und Rechte Eindruck macht. Menschen gelten als dumm, wenn sie nicht an die Globalisierung glauben – oder sie werden ausgeschlossen. (...) Für sie gibt es nur zwei Alternativen: 180 Nationalstaaten oder eine globale Einheit. Sie bemerken Beziehungen zwischen den 180 Nationalstaaten und schließen daraus, dass es Globalisierung gibt."[752]

Auch Formen des transnationalen Handels sind kein Novum, sondern bestehen zwischen den Kontinenten seit Tausenden von Jahren;[753] zwar kann der Handel zwischen Nationen global sein, dies bedeute doch aber noch lange nicht, dass die Nationen sich im Globalisierungsprozess auflösen. Zudem werden globale Prozesse häufig mit der globalen Auflösung nationalstaatlicher Grenzen verwechselt. An die Aufhebung dieser Grenzen hat man allerdings auch schon bei der Einführung der Eisenbahn, des Dampfschiffes, des Radios, der Luftfahrt, des Fernsehens, der Bilder der Erde von Satelliten, des Satellitenfernsehens und des Internets geglaubt.

---

751 ebenda

752 Treanor 1998, S. 3

753 Maria Mies unterscheidet bspw. drei Phasen der Globalisierung beginnend mit der kolonialen Phase, die bis zum 2. Weltkrieg dauerte; die zweite Phase bezeichnet sie als internationalen Arbeitsteilung, die in den frühen siebziger Jahren begann (Verlagerung ganzer Produktionszweige) und der aktuellen dritten Phase, die durch die Abschaffung aller protektionistischen Handelsschranken, der Förderung des Freihandels, der Ausdehnung der Warenproduktion und der Warenkonsumtion gekennzeichnet ist. (Mies 2002, S. 171)

Unter Verkennung historischer Kontexte produziert die Globalisierungsdebatte einen mythosähnlichen Glauben, bei der jedwelcher ‚Beweis' zur Bestätigung herangezogen wird. Gibt es in einer Stadt ein chinesisches Restaurant, zeigt dies die globale Kultur, gibt es keins, so hinkt die Stadt hinter dem Globalisierungsprozess her.[754]
Die grundlegend falsche Logik liegt also in der Annahme, Nationen seien separierte Gebilde, während sie doch in Wirklichkeit eine globale und universelle Struktur als funktionelles Äquivalent einer nationalistischen Weltordnung darstellen. Dabei ist die in den Strukturen des Nationalismus verankerte Idee denkbar einfach: Nationalisten konkurrieren nicht, sie kooperieren.
Die Hoffnung, die etwa Manuel Castells mit der Vereinigung Europas verbindet, - selbst unter Berücksichtigung der schwierigen Entwicklungsprozesse, die kaum auf eine gemeinsame europäische Identität begründet werden können,[755] weisen hier in eine interessante Richtung:
„Es wäre ein Prozess der sozialen Konstruktion notwendig, (...) also ein Plan von sozialen Wertorientierungen und institutionellen Zielsetzungen, die für eine Mehrheit der Bürgerinnen und Bürger attraktiv sind, ohne irgendjemanden prinzipiell auszuschließen. Das war es, was die Demokratie oder der Nationalstaat historisch zu Beginn des Industriezeitalters darstellten. Was könnte der Inhalt eines europäischen Identitätsprojektes im Informationszeitalter sein? (...) Freiheit, Gleichheit, Brüderlichkeit; Verteidigung von Wohlfahrtsstaat und gesellschaftlicher Solidarität, stabilen Beschäftigungsverhältnissen und Rechten der Arbeiterinnen und Arbeiter; Sorge um die universellen Menschenrechte und die Not der Vierten Welt; neuer Nachdruck auf Demokratie und ihre Ausweitung auf Bürgerbeteiligung auf lokaler und regionaler Ebene; die Lebenskraft historisch/territorial verwurzelter Kulturen, die häufig in der Sprache zum Ausdruck kommen und die nicht vor der Kultur der realen Virtualität kapitulieren. Die meisten europäischen Bürgerinnen und Bürger würden diese Werte vermutlich unterschreiben."[756]
Es gilt daher zu fragen, inwieweit Globalisierungsprozesse mit ihrem Veränderungspotential Konsequenzen für Geschlechterverhältnisse aufweisen und welche (geschlechter-)differen-zierenden Auswirkungen diese auf unterschiedliche Lebens- und Arbeitswelten haben.

4.3.3 Demokratisierung versus Feminisierung der Armut?

Es lässt sich also nicht leugnen, dass eine verstärkte Internationalisierung der Märkte stattgefunden hat; dies gilt insbesondere für Finanz-, Arbeits- und Gütermärkte, die durch soziale Probleme wie Massenarbeitslosigkeit, einer Ver-

---

754 Treanor 1998, S. 5
755 zu groß sind die religiösen, ethnischen oder kulturellen Unterschiede
756 Castells 2003b, S. 383

schärfung der Segregation zwischen Arm und Reich und eines Verlustes nationalstaatlicher sozialer Interventionsmacht – hier stimme ich mit *Saskia Sassen* überein - eine besondere Brisanz erfahren.

„Die internationalen Finanzmärkte sind nicht nur Institutionen, die große Macht über Regierungen und einen gewaltigen Einfluss auf sie haben, sondern sie haben aus ihrer Logik eine gewisse Normativität herausgebildet, mittels derer Regierungen dieser Logik unterworfen werden können. Auf unterschiedlichen Weisen sehen sich viele Regierungen (...) einem großen Druck der internationalen Finanzmärkte ausgesetzt, manche Aspekte ihrer Wirtschaftspolitik der Logik des Kapitalmarktes anzupassen. Die Logik des globalen Kapitalmarktes ist nicht nur eine Frage der rohen Macht, sondern sie gewinnt normative Macht."[757]

In einer verbindenden Analyse zwischen den Auswirkungen marktliberaler Umstrukturierungen auf Frauen in den westlichen Industrienationen und in den „Ländern des Südens" bieten sich drei verschiedene Szenarien an:

- Als Folge der weltweiten Auswirkungen der Globalisierungsprozesse auf Frauen nähern sich deren Lebens- und Arbeitswelten trotz unterschiedlicher Nationalitäten und Kulturen weltweit einander an: mehr Beschäftigung, aber überwiegend in niedrig entlohnten, ungesicherten Arbeitsverhältnissen, Zuwachs sozialer Aufgaben, Zunahme von Konkurrenz und sexistischer Gewalt: Neoliberale Wirtschaftskonzepte werden zwar nicht direkt, aber implizit als männliche identifiziert. Der „Raubbauökonomie" und dem „abstrakten" Charakter des „Herzstückes" der Globalisierung, dem Finanz- und Aktienmarkt, als „männlich und weiß" definiert, steht eine konkrete „kultivierende und bewahrende Ökonomie" gegenüber, die Frauen zur Existenzsicherung in den „Nischen des Weltmarktes", vor allem im informellen Sektor, bereits praktizierten.[758]

---

757 Sassen 1998, S. 2f.

758 Vgl. Wichterich 1998
Wichterich bezieht sich auf Maria Mies und Veronika Bennholdt-Thomsen und deren Plädoyer für einen Ausstieg aus der Waren- und Geldwirtschaft sowie für die Abkehr von der Expansionswirtschaft. Diese schlagen ein Alternativmodell vor, welches auf der kleinbäuerlichen Subsistenzwirtschaft beruht, „Frauen als letzte Kolonie" im Zusammenhang eines Lebens des „Lebensnotwendigen" sieht und nicht eines Anhäufens von Kapital.
Allerdings läuft Wichterich wie Mies und Bennholdt-Thomsen mit der These „Selbstversorgung = Machtbildung von unten" Gefahr, Selbstversorgung mit Selbstermächtigung als „Empowerment" gleichzusetzen und mit dieser Fokussierung auf Selbstversorgung das „einfache" und eher ärmliche Leben zu idealisieren.
In entwicklungspolitischen Kontexten werden die innovative Überlebensstrategien, die zumeist aus der Not geborenen sind, als „weiblich codiertes Potenzial für Gegenmacht von unten" (Kron 2003) idealisiert. Aber auch kreatives und ökologisches Armutsmanagement ist kein Empowerment im herrschaftskritischen Sinne, sondern erweitert le-

- Die formelle Ökonomie konzentriert sich auf hochbezahlte Forschungs-, Informations- und Serviceabteilungen, aus denen überwiegend Männer als Gewinner der Globalisierung hervorgehen, während die ortsgebundene Arbeit von unqualifizierten ArbeitnehmerInnen, überwiegend Migrantinnen, in prekären, sozialstaatlich und gewerkschaftlich nicht abgesicherten Arbeitsverhältnissen übernommen wird. Dies entspricht der Kritik Saskia Sassens in ihren Studien über „Global Cities", der Informalisierung verschiedener Wirtschaftssektoren und die Feminisierung der dort angesiedelten Arbeitsbereiche: Eine Gegenstrategie zu dieser Deregulierung sieht sie in der stärkeren Beteiligung von Nichtregierungsorganisationen (NGO), da diese vermehrt auf Verletzung internationaler Menschenrechtskonventionen aufmerksam machen könnten.[759]
- Berücksichtigt man die Konsequenzen dieser Prozesse für Männer und integriert diese Betrachtungen in eine Differenzierung der Kategorien Klasse und Ethnizität,[760] kann im Globalisierungszusammenhang auch Frauen eine mögliche Polarisierung zugeschrieben werden. Zu dieser Dimension gehören der lokale Bezug, der direkte Austausch von Produkten, eine subsistenzorientierte, moralische Ökonomie, die Vorsorgewirtschaft und die Bedarfsorientierung. Die Pression der Globalisierungsprozesse produziert schließlich neue Abhängigkeits- und Ausbeutungsverhältnisse, die auch eine hierarchische Ausdifferenzierung der sozialen Geschlechter verursacht.

In diesem Zusammenhang ist auch ferner zu verweisen, dass auch die Globalisierung die Veränderung von Raum- und Zeitstrukturen impliziert.[761] Damit ist eben nicht nur die Verkürzung von Wegen, „die Perforierung territorialstaatlicher Grenzen und neue geographische Ordnungsmuster",[762] sondern auch die Transformation des räumlichen Nahbereichs gemeint. Während der Markt expandiert, öffentlich-staatliche Räume schrumpfen und zur Unkenntlichkeit privatisiert bzw. dereguliert werden, erleben zugleich Familie und Privatheit eine Entgrenzung (z. B. durch Telearbeit). Daher lässt sich die geschlechtsspezifische Konjugation des aktuellen Restrukturierungsprozesses auch als Paradigmenwechsel in der Grenzziehung zwischen Öffentlichkeit (insbsondere Markt und Politik) einerseits und Familie/Privatheit andererseits fassen.[763]

---

diglich den angestammten Platz von Frauen: die Reproduktionssphäre. (Vgl. Bennholdt-Thomsen / Mies 1997 sowie kritisch dazu Kron 2003)

759 Sassen 1998, S. 202ff.

760 Wichterich 2000

761 Harvey 1989

762 Sauer 1999, o. S.

763 Birgit Sauer verweist darauf, dass dies allesamt zentrale geschlechtsspezifische Institutionen der Moderne sind, war doch hierarchische Zweigeschlechtlichkeit eine Ressour-

Globalisierung dimensioniert aber auch Zeitverhältnisse neu: Die „Raum-Zeit-Kompression", d.h. die Beschleunigung sozialer Interaktionen lässt den „Zeitbesitz" oder den Mangel an Zeit noch deutlicher als Ungerechtigkeitsverhältnis auch zwischen den Geschlechtern zu Buche schlagen. Zeit wird entwertet, wenn es nur noch um Schnelligkeit geht.

4.3.3.1 Frauen als Verliererinnen im Globalisierungsprozess?

Die Herausforderung für eine gendersensible Globalisierungskritik besteht nun darin, sich von der Vorstellung zu lösen, dass Frauen per se Globalisierungsverliererinnen und ihre (Überlebens-)Strategien und Forderungen per se emanzipatorisch sind. Die These, Frauen seien schon aufgrund ihres Geschlechts Verliererinnen der Globalisierungsprozesse, weist Brigitte Young scharf zurück. Sie betont, man müsse vielmehr die Globalisierungsentwicklung mit ihren sozialen Auswirkungen differenzierend für Frauen und Männer betrachten. So will sie die Überlagerung von Klassen- und Geschlechterverhältnissen, von Migration und rassistischer Diskriminierung in der Analyse dieser Prozesse berücksichtigt wissen und dabei die Auswirkun-gen von Frauen und Männern in den Blick nehmen.

Dabei rekurriert Young auf die Ablösung des fordistischen Produktionsmodells und die darin implementierte Vorstellung eines männlichen Versorgers und Hauptemährers sowie der Anbindung der Frauen als Mitversicherte des Mannes. Dieses Genderregime hat Auswirkungen auf die Genderordnung, so dass die Ideale von der Kleinfamilie mit einer scharfen geschlechtsspezifischen Arbeitsteilung - der Mann arbeitet produktiv außer Haus, ernährt die Familie und übernimmt die Rolle des Pater familias als ihr oberster Repräsentant; die „Hausfrau" hingegen ist für die familiale Reproduktion zuständig – in Frage gestellt werden. Der Begriff „Gender" dient dabei nicht nur dazu, herrschaftsförmige soziale Struktur- und Ordnungsprinzipien zu charakterisieren. Mit dem ursprünglich aus der Regulationstheorie stammenden Begriff des „Akkumulationsregimes" lässt sich auch zwischen *Genderregimen* und *Genderordnungen* unterscheiden:

- Genderregime als Geflecht institutionalisierter Geschlechterpraktiken und -formen,
- Genderordnungen als Umfassung dieser institutionalisierten Praktiken auf der symbolischen Ebene.

Diese Genderregime sind keineswegs statisch, sondern bilden ein umkämpftes Terrain, auf dem im Rahmen gesellschaftlicher Transformationsprozesse die Definition des Geschlechterverhältnisses immer wieder neu erschlossen werden muss.[764]

---

ce, um die Trennung zwischen öffentlich und privat historisch durchzusetzen. (Sauer 1999)

[764] Young 1998

Die zunächst paradox und als „notwendige Welträtsel“[765] erscheinenden Zusammenhänge zwischen einer Flexibilisierung der Geschlechterrollen und einer zeitgleichen Zementierung der Geschlechterordnungen sind jedoch evident: Zunächst werden im Neoliberalismus alle Individuen ungeachtet des Geschlechts als UnternehmerInnen ihrer selbst angerufen. Die aktuell propagierte Arbeitsform der „Ich-AG“ ist dafür ein exzellentes Beispiel.[766] Plausibel ist das vor allem in der Welt der Dienstleistungen.
Auch werden die Sorge um Andere sowie die (unbezahlte) Reproduktionsarbeit, die in den Industrienationen durch den Familienlohn des Mannes zumindest indirekt entlohnt wurde, nunmehr in eine indvidualisierte Handlungsrationalität übersetzt und als „feminisierte“ Verantwortung an Frauen übertragen.[767]
Auch männliche Erwerbsbiographien funktionieren zunehmend nach dem Vorbild der weiblichen Beschäftigung.

Obwohl sie die Vieldimensionalität, Widersprüchlichkeiten und Ungleichzeitigkeiten der Globalisierungsprozesse betont, lässt sich Youngs Analyse allerdings dahingehend kritisieren, dass sie die weltweiten Veränderungen der Genderregime und -ordnungen aus der Transformation vom Fordismus zum Postfordismus ableitet. Der Fordismus ist jedoch ein Akkumulationsregime, das in der von ihr beschriebenen Form auf die westeuropäischen und nordamerikanischen Industriestaaten beschränkt blieb. (Kron 2003)

765 Der britische Wirtschaftsphilosoph und Managementexperte Charles Handy geht in seinem Werk „The Age of Paradox“ der These nach, dass der Mensch nicht nur versucht, sich seiner Umwelt anzupassen, sondern auch umgekehrt, die Umwelt seiner Person zu unterwerfen. Als Sozialphilosoph beschreibt Handy den modernen Menschen im Spannungsfeld zwischen Freiheit, Pflicht und Sehnsucht nach Sinn. Dabei macht er für den anglo-amerikanischen Raum im Globalisierungsprozesse diverse scheinbar völlig unvereinbare Paradoxien aus. Intensiv kritisiert er den angloamerikanischen Kapitalismus, da er das. amerikanische Wirtschaftssystem für unghesund hält, da dessen fundamentaler Irrtum in der extremen Orientierung an den kurzfristigen Interessen der Aktionäre liege. Darüber hainaus müssten die MitarbeiterInnen stärker in die Managementprozesse einbezogen werden. (Vgl. Handy 1995)
Die Kapitalisten selbst verlieren nämlich immer mehr Einfluß, weil das wichtigste Produktionsmittel gar nicht mehr ihnen gehört, sondern ihren hochqualifizierten MitarbeiterInnen oder jungen Selbständigen: die Kombination von Ausbildung, Erfahrung und Wissen. Sie ist an Individuen gebunden und kann auch nicht in das Eigentum anderer übergehen. Mitbestimmung unterstützt den Innovationsprozess dabeiauf vielfältige Weise. Handy betontz so etwa die Mitbestimmungsgesetze und den Kündigungsschutz, die zwar die Flexibilität des Managements einschränken, jedoch auch den Gemeinschaftssinn und jenes Sicherheitsgefühl, das Innovationen und Experimentierfreude ermöglicht, erzeugen. Eine wissensbasierte Industriegesellschaft kann nur dann gelingen, so Handy, wenn der Mensch der Ausgangspunkt ist, sowohl als Produzent wie auch als Konsument. (Vgl. Handy 2003)

766 Es überrascht nur wenig, dass überwiegend Frauen für dieses Arbeitsmodell optieren. (Stolz 2003)

767 Hess / Lenz 2001

Ich schlage deshalb eine Perspektive vor, auf die Verschränkungen der hierarchischen Ausdifferenzierungsprozesse zu fokussieren und insbesondere jene Bereiche zu betrachten, die der „Feminisierung der Beschäftigung",[768] - so zum Beispiel die Erwerbsarbeit in „Freien Produktionszonen" – unterliegen:[769]
Hatte man bislang angenommen, dass die dortigen ungesicherten, deregulierten und schlecht bezahlten Jobs ausschließlich von jungen Frauen übernommen würden, verweisen die Recherchen der Soziologin Leslie Salzinger zur *Maquila-Industrie*[770] auf eine ganz andere Realität: Die Maquilas waren schon 1990 so angewachsen, dass die weiblichen Arbeitskräfte nicht mehr ausreichten. Heute ist dort der Anteil von Männern und Frauen etwa gleich hoch.[771] Zwar werden die dort beschäftigten jungen Männer bezüglich Ort und Art der Arbeit, aber auch durch die Farbe ihrer Arbeitsanzüge meist strikt von ihren Kolleginnen separiert; die so verstärkt zwischen den Geschlechtern hervorgehobenen Unterschiede führen trotzdem nicht dazu, dass Männer mehr als Frauen verdienen. Da diese „Gleichbehandlung" die traditionelle maskuline Identität mit dem Mann als Haupternährer in der Familie untergraben könnte, wird sie von vielen der dort beschäftigten Männer als Schande betrachtet.[772]
Während dieses Rollenbild im Norden Mexikos durch die explodierende Entwicklung der Weltmarktfabriken schon seit vielen Jahren jeder Grundlage entbehrt, wurde es von Maquila-Betreibern lange als Begründung für die niedrigen Löhne der weiblichen Beschäftigten angeführt. Diese Abwertung der Frauen wird nun auch noch dadurch verschärft, dass Männer mit ungenügender Arbeitsproduktivität „zur Strafe" in die Frauen-Werkhallen versetzt und damit für alle KollegInnen erkennbar zur Frau „herabgestuft" werden, was in der vom Machismo geprägten mexikanischen Kultur eine öffentliche Demütigung darstellt.
Es ist evident, dass zwischen der eskalierenden Gewalt gegen Frauen und dem Demaskulinisierungsprozess im sozialen Setting der Maquila-Industrie ein enger Zusammenhang besteht, denn die mexikanische Grenzstadt Ciudad Juarez hat inzwischen auch aus einem anderen Grund traurige Berühmtheit erlangt: Seit

768 Als „Feminisierung der Beschäftigung" wurde auf der Weltfrauenkonferenz in Peking (1995) jene Form der Umstrukturierung der Erwerbsarbeit bezeichnet, die die Ausweitung der Frauenerwerbsarbeit mit einer Ausdehnung flexibler Arbeitsstrukturen verbindet.

769 Kron 2003

770 in der mexikanischen Grenzstadt Ciudad Juarez

771 Die meisten von ihnen sind zwischen 16 und 17 Jahren alt, was bedeutet, dass viele der dort beschäftigten Jugendlichen zu den HaupternährerInnen ihrer Familien geworden sind.

772 Fleck 2001

Jahren werden fast wöchentlich ermordete Frauen in der Wüste rund um die Stadt aufgefunden.[773]
Das Beispiel der Maquila Industrie macht deutlich, dass i. d. R. wenig sichtbare Interdependenzen zwischen den Frauenarbeitsplätzen in den Metropolen einerseits und den peripheren Staaten und Schwellenländern andererseits bestehen: Durch die Exportfähigkeit und die Globalisierung von Dienstleistungen werden zwar weltweit neue Erwerbsmöglichkeit von Frauen geschaffen, allerdings handelt es sich dabei durchaus um eher prekäre Beschäftigungsverhältnisse; zum anderen verlieren Frauen in Industriestaaten ihre Arbeitsplätze, bzw. auch sie werden in ungesicherte Arbeitsverhältnisse gedrängt. Darüber hinaus wirken Frauen in Industriestaaten durch ihr Konsumverhalten an den prekären Arbeitsbedingungen mit, durch die die Niedrigpreise von Textil- und Elektronikwaren erst möglich werden.[774] Ob Frauen in peripheren Staaten allerdings nicht lediglich als Akteurinnen eines Lohndumpings wahrgenommen werden und eine weltweite Frauensolidarität als gegenkulturelle Bewegung eine Chance hat, bleibt abzuwarten. Andererseits bleiben Frauen damit auch weiterhin auf die nationale „Solidaritäts- und Schicksalsgemeinschaft" verwiesen. Dies gilt insbesondere für die Sozialstaatlichkeit:
„Es war der Verdienst des Sozialstaates, die arbeitenden Klassen als politische Staatsbürger in den Staat zu integrieren. Der Nationalstaat steckte somit den Horizont der Arbeitsgesellschaft ab. Innerhalb der Grenzen des nationalstaatlichen Raumes wurde die keynesianische, geschlechtsspezifische Vollbeschäftigungsgarantie zum ökonomischen Stabilitätsfaktor und zum Vehikel der Identitätsbildung der BürgerInnen, auch wenn diese bürgerlichen Rechte (...) politische Rechte sind, die eine spezifisch moderne Form von Patriarchat etabliert hat."[775]
Der aktuell geführte Diskurs neoliberaler Provenienz, der die (Re)Privatisierung sozialer und öffentlicher Dienstleistungen forciert, verlagert die Reproduktionsarbeit in den privaten Bereich und weist diese damit erneut vorwiegend Frauen zu – selbst dann, wenn diese sich nicht mehr ausschließlich in der Privatsphäre verankert sehen und die Dynamiken der Geschlechterverhältnisse kaum reversibel erscheinen.

4.3.4 Konsequenzen und Entwicklungen

Die Innovation in der Informations- und Kommunikationstechnologie seit den 80er Jahren ha-ben erheblichen Einfluss auf die aktuellen gesellschaftlichen

---

773 Die Zunahme der Gewalt gegen Frauen im Globalisierungskontext lässt sich plausibler erklären, wenn die Restrukturierungen von Männlichkeiten in die Analyse mit einbezogen werden, auch wenn monokausale Sichtweisen vermieden werden sollten. (Kron 2003)

774 Wichterich 1998

775 Young 1998, S. 192

Rahmenbedingungen; dies gilt insbesondere bezogen auf Raum und Zeit. So scheint es, als eröffneten sich unbegrenzte Horizonte der Kreativität und Kommunikationschancen mit ganz neuen gestalterischen Spielräumen für Stadtentwicklung und –planung, die sich auf dem Hintergrund spezieller ökonomischer, sozialer, politischer und kultureller Konzepte, die diese neuen Technologien hervorgebracht haben, analysieren lassen.
Für Manuel Castells[776] bergen die neuen Kommunikationstechnologien, die großen Einfluss auf die Restrukturierung des Kapitalismus mit seinen ökonomischen und institutionellen Implikationen haben, ein historisches Veränderungspotential ungeahnten Ausmaßes, das die menschlichen Lebensbedingungen grundlegend verändert. Eine eminente Bedeutung erhalten, so Saskia Sassen, dabei jene „Global Cities", die als Knotenpunkte unterschiedlichste materielle und personelle Ströme einer globalisierten Weltökonomie bündeln. So erhalten Städte - obgleich die Globalisierung keineswegs ausschließlich ein (groß-) städtischer Prozess ist, eine neue Prägung. Diese ist zugleich durch neue Probleme und Aufgaben aber auch durch neu Herausforderungen und Chancen gekennzeichnet.
„Großflächige urbane Zonen in der hochentwickelten Welt sind das Terrain, wo eine Vielzahl von Globalisierungsprozessen konkrete, lokalisierte Formen annimmt. Diese lokalisierten Formen sind zu einem guten Teil das, was Globalisierung ausmacht."[777]
In zentralen Städten jener neuen globalisierten Ökonomie entwickelt sich eine internationale Dienstleistungsgesellschaft, für die die städtische Anziehungskraft neben den Gehaltskriterien auch in gewissen Lebensstildistinktionen liegt. Dies umfasst den Freizeitsektor ebenso wie ein spezifisches belohnendes Konsumverhalten. Damit entstehen hier auch Jobs in einem stetig wachsenden Dienstleistungssektor, vornehmlich allerdings im Niedriglohnbereich. Soziale Konsequenz dieser Entwicklung ist die Entstehung einer neuen Form des „*Working Poor*" – neben der Hochlohnklasse nimmt die Zahl der Armen zu - sowie eine wachsende ökonomische Polarisierung und soziale Dualisierung des urbanen Raumes in diesen postindustriellen Zentren. So erzeugen etwa „Gentrifikationsprozesse" zwar eine Aufwertung ehemaliger ArbeiterInnenquartiere und häufig auch eine Revitalisierung der Innenstädte, andererseits beinhalten sie zugleich eine Vertreibungsdynamik in Bezug auf die ehemaligen BewohnerInnengruppen: Weniger finanziell potente BewohnerInnen können dieser „Veredelungsstrategie" nicht folgen und wandern daher oftmals in andere Stadtbereiche oder an die städtische Peripherie ab.
„Besser verdienende Arbeiter und Angestellte finden sich zu einer Stadt zusammen, welche die Kapitalbildung für das Erreichen des Traumes vom eigenen

776 Castells 1989
777 Saassen 1995, S. 173f.

Heim einsetzt. ‚Zuhause-Sein' ist der entscheidende Wert für die Auswahl des Wohnortes, der oftmals wegen geringer Belastung durch Lärm, Kriminalität oder Parkplatzmangel vor der Stadt liegt. (...) Im positiven Selbstverständnis der suburbanen Bewohner ist das Leitbild des stolzen (gewerkschaftlich organisierten) Arbeiters anzutreffen."[778]

In der telekommunikativen Stadtgesellschaft als neue Beziehung zwischen Raum, Produktion und Gesellschaft ergeben sich somit neue Formen der Verortung im Raum. Dabei gilt es zu berücksichtigen, dass neben materiellen Werten Informationen und die Teilhabe an kommunikativen Prozessen zunehmend an Bedeutung gewinnen: War vormals der Produktionsfaktor Energie entscheidend für die Ansiedlung von Produktionsstätten, in deren Nähe dann auch gewohnt wurde, so hat sich dies im Zuge der Innovationsprozesse der IuK-Technologien grundlegend gewandelt.

„Der Raum der Informationsflüsse überlagert den physischen Raum. Die neue Dienstlei-stungsindustrie sucht sich Orte, an denen sich Synergieeffekte ergeben. Die internationale Managerklasse okkupiert Räume, indem sie Teile bestimmter Städte für sich beansprucht. Beide isolieren sich durch ihre Exklusivräume von der restlichen Stadtgesellschaft. Die Netzwerke der informationalen Ökonomie haben sich von den urbanen weitgehend verselbständigt, wodurch sie sich von der Kontrolle von Städten und Staaten befreien, die ihre Macht durch territorial Anbindung ihrer Bürger begründen. In der Konsequenz der lokalen Machtlosigkeit entstehen Ohnmacht und sinnlose Gewalt. (...) Die Welt teilt sich in global Reiche und lokal Arme."[779]

In diesem Kontext muss der von Saskia Sassen und Claus Leggewie[780] geäußerten Hoffnung, im Zuge einer weltweiten Globalisierung ergäben sich neue Demokratisierungschancen durch die Virtualisierung sozialer Netze, mit Skepsis begegnet werden. Das Internet gestattet zwar die schnelle Organisation von politischen Aktionen und bietet zugleich für informelle Gruppen eine Kommunikationsplattform, bei der eine nationalstaatliche Zensur kaum greifen kann.

Ob aber, wie Leggewie betont, das Internet bereits zu einem Instrumentarium direkter und repräsentativer Demokratie geworden ist, bleibt fraglich, obgleich sein libertäres Potential nicht zu verkennen ist. Zum einen wirft die skizzierte Möglichkeit einer weltweiten Vernetzung von NGOs mit der Hoffnung einer darauf gestützten Demokratisierung die Frage nach Gleichheit und Partizipationschancen in den Zugängen zur Kommunikationstechnologie auf. Allerdings lassen die Zugänge von Frauen im Umgang mit Computern eher befürchten, dass sie nicht ohne weiteres zu den Nutznießerinnen der Cyberinformation gehören werden: Zum einen verfügen sie über weniger Geld (ökonomisches Kapital)

---

778 Eckardt 2004, S. 88

779 Eckardt 2004, S. 90f.

780 Leggewie 1997

und Zeit als Männer; zum anderen betrifft der grassierende Analphabetismus und der Mangel an Ausbildungsmöglichkeiten (kulturelles Kapital) in sog. „peripheren Ländern" Frauen noch immer härter.
Gleichwohl bieten auch hier neue Kommunikationstechnologien Formen der Informationswege, die durch Frauen nicht einmal annähernd ausgeschöpft wurden. Wenn auch die Hemmnisse zum Zugang zu neuen Technologien für die BewohnerInnen armer Länder ungleich größer sind, so bietet die Verbreitung von Informationen via Internet auch politische Aktionschancen. Zu deren Mindestvoraussetzungen gehören allerdings kostengünstige offene, d. h. nichtkommerzielle und regierungsunabhängige Netzzugänge, öffentliche Terminals für den Zugriff auf sämtliche im Netz verfügbare Informationen, öffentliche oder gemeinnützige Einrichtungen für die Informationsorganisation sowie eine breit angelegte Bildungs- und Qualifizierungsoffensive zur Vermittlung von Medienkompetenz (z. B. Know-how über existierende Quellen und Softwarekonfiguration und deren Verwendung). Darüber hinaus müssten entsprechende Schulungen zur Vermittlung von Technikkompetenz an die Lebensumstände und das Zeitbudget von Frauen angepasst werden.[781]
„Hierarchische Verhältnisse und soziale Macht schreiben sich auch in die virtuellen Welten entlang der Geschlechterdifferenz ein. Gemeinsam mit den Rezeptionspositionen und Handlungsräumen, wie sie zur Zeit verhandelt werden, relativieren sich die mit dem Netz verbundenen Veränderungspotentiale. Nutzbar erscheinen diese Potentiale nur dann, wenn die ‚neuen Verortungen in telekommunikativ entstandenen Räumen' (...) einhergehen mit Veränderungen im tatsächlichen gesellschaftlichen Machtgefüge."[782]
Eine Technologiepolitik, die Demokratisierungsprozesse stärken will, muss also der politischen Kommunikation Vorrang geben und einer reinen Kommerzialisierung des Internets vorbeugen, damit sein demokratisch-partizipatives Potential genutzt werden kann. Die Implementation des Mediums Internet erfolgt jedoch nicht im luftleeren Politikraum, sondern spiegelt die gesellschaftlichen Rahmenbedingungen wider, bei denen aktuell eher auf Deregulierung denn auf Demokratisierung gesetzt wird: Bürgerliche Partizipation wird unter den Bedingungen des Neoliberalismus eher geschwächt als gestärkt.
Dies bedeutet zwar nicht, dass das Internet per se demokratieavers sein muss, allerdings kann dem Medium damit auch nicht unterstellt werden, ein Patentrezept für Reform und Wiederbelebung anzubieten.
Die interessante Frage, warum, wie im Falle der Telearbeit, eine intensive Offensive für Frauen gestartet, finanziert und unterstützt wird, obgleich es in unserer Gesellschaft kaum üblich ist, Frauen an Politik und Wirtschaft zu beteiligen,

---

781 CeiberWeiber 1998, S. 4f.
782 Klaus/Pater/Schmidt 1997, S. 815

ließe sich recht bündig beantworten, fragt man nach den besonderen Interessen, die die große Aufmerksamkeit auf weibliche Teilhabe richten lässt.
„Ohne Zweifel geht es mit der Computerisierung aller Bereiche, insbesondere seit dem Eindringen der PCs in private Haushalte und entsprechend deren Einbeziehung ins Internet, um eine der Alphabetisierung beinahe vergleichbare kulturelle Revolution; wer da nicht mitkommt, wird langfristig fallen gelassen."[783]
Menschen ohne entsprechendes Know How und ohne Internetanschluss werden zweifellos schon in naher Zukunft schlechtere Berufschancen haben. Da jedoch die Ungleichbehandlung von Frauen in fast allen Bereichen zum gesellschaftlichen Machtsystem gehört, liegt die Vermutung nahe, dass der Bedarf an hochqualifizierten Arbeitskräften in der IT-Branche möglichst schnell und mangels männlicher Arbeitskräfte gefüllt werden muss. Sollen Frauen dabei als „Reservearmee" fungieren, dem Produkt „Computer" einen wachsenden Absatzmarkt bescheren und der Entwicklung des E-Commerce die nötige Kundschaft sichern, da der größte Teil des Konsumbudgets durch Frauenhände geht? Muss folglich sichergestellt werden, dass Frauen sich in den neuen virtuellen Kaufhäusern des Internets bewegen können?
Hinter der hohen Akzeptanz eines weiblichen Nachholbedarfs im IT-Bereich und der politischen Unterstützung zu deren Abbau verbergen sich vorwiegend Markt- und Machtstrategien: Freilich ist es auch ein emanzipatorischer Akt, Frauen zur Aneignung des notwendigen Wissens zu bewegen,[784] wenn sie nicht aus Bildungsmangel zum exkludierten „Rest" zählen sollen. Gleichwohl sind es nicht die „Computer-Führerscheine", derer es für die weibliche Qualifikationsanpassung bedarf: Die Erfahrungen aus den nunmehr seit mehreren Jahren angebotenen Sommerhochschulen für Schülerinnen und Studieninteressierte zur Gewinnung von Studentinnen der IT-Studiengänge zeigen, dass zumindest junge Frauen den Zugang zur Handhabung von Computern bereits problemlos vollzogen haben; es sind jedoch die Zugänge zu den akademisierten Professionen, die nach wie vor über einen ausgesprochen geringen Frauenanteil verfügen.[785]
Dies spricht nicht gegen Zusatzkurse für Frauen in Technik und Naturwissenschaften, eine Computer-Offensive für Frauen müsste sich allerdings wesentlich mehr auf die Zugänge zum Studium sowie auf hochqualifizierte Entwicklung und Forschung beziehen, statt bei der Vermittlung von Computerwissen als Teil der allgemeinen Kulturtechniken zu verharren. Auch wenn die Beteiligung von Mädchen und jungen Frauen in der Schulung zur Handhabung von Computern elementare Voraussetzung für den akademischen Werdegang ist, bedarf es noch ungeahnter Kämpfe sowie ausgeklügelter Strategien, um eine höhere Beteiligung von Frauen in Informatik und Ingenieurwissenschaften zu realisieren.

---

783 Haugg 2001

784 ebenda

785 In der BRD liegt der Frauenenateil in der Informatik immer noch unter 15%.

Zwar schieben sich Computer und Internet auf der subjektiven Bedeutungsebene immer stärker in das Bewusstsein der 12- bis 19-Jährigen, jedoch bleiben auch laut der im Juli 2004 veröffentlichten Studie „JIM 2003 - Jugend, Information, (Multi-)Media“, bei der die Landesanstalt für Kommunikation Baden-Württemberg (LFK), die Landeszentrale für private Rundfunkveranstalter Rheinland-Pfalz (LPR) und der Südwestrundfunk (SWR) kooperiert haben, geschlechtsspezifische Unterschiede weiterhin relevant: Ist für Jungen und junge Männer der Computer (38 %) mittlerweile wichtiger als das Fernsehgerät (31 %), so gaben Mädchen und junge Frauen an, dass ihre Bindung an das Fernsehen (31 %) am stärksten sei, nahezu gleichauf folgen dann das Radio (19 %), Bücher und der Computer (jeweils 17 %).[786]

Das manifeste Engagement für Frauen am Computer und die dazugehörigen Diskurse gehen jedoch in aller Regel über allgemeinen Qualifikationsforderungen hinaus. Mit dem Argument „weiblicher Stärken“, die sich in den sog. „Soft skills“ als Team- und Kommunikationsfähigkeit oder als Problemlösungskompetenz widerspiegeln sollen, und die im Zuge aktueller Veränderungsprozesse bei der Nachfrage auf dem Arbeitsmarkt besonders gefragt sein sollen, werden Frauen besonders große Berufschancen eingeräumt.[787]

Solches erinnert an die Vorstellungen des „weiblichen Arbeitsvermögens“ und die Hoffnung auf den kommunikativen Manager weiblichen Geschlechts, der mit der stärkeren Ausrichtung auf die Bedürfnisse Anderer, einer kommunikationsorientierten Sozialisation und einer eher komplexen Denk- und Vorgehensweise bei Problemlösungen neue Impulse geben können sollte.[788] Frauen werden vor allem dort Chancen eingeräumt, wo sie mit diesen Sozialkompetenzen zwischen Stressresistenz und Frustrationstoleranz zur Füllung von Marktlücken beitragen könnten: in Call-Centern, Vertrieb, Marketing und KundInnendienst.

Damit wird die beschworene Sozialkompetenz auf das Ernstnehmen von KundInnenwünschen und Frauen auf das Etikett reduziert, besser als Männer verkaufen zu können - ein fragwürdiger Gewinn in der Geschlechterdebatte, zum einen, weil Geschlechterkonstruktionen, wie schon im Ansatz des weiblichen Arbeitsvermögens, auf der Grundlage von Sozialisationsunterschieden zementiert werden, statt diese in Frage zu stellen; zum anderen, weil nicht überprüft

---

786 http://www.mpfs.de/studien/jim/jim03.html

787 Eine gleichberechtigte Kommunikation zwischen Männern und Frauen „auf Augenhöhe“ geht in der Tat mit einer (Re-)Aktivierung geschlechtsspezifischer Stereotype einher. Diese Debatte führte schließlich zu der Fragestellung, ob nicht eine neue Generation von ManagerInnen alle diese Aktivitäten – ganz gleich, ob hard oder soft skills - entfalten können müssten, um den vielfältigen Managementaufgaben gerecht werden zu können. Geschlechtsstereotype Codes könnten so zu Kommunikations- und Entscheidungsfähigkeiten umgedeutet und als institutionelle Komptenzdifferenziale aufgewertet werden. (Pasero 2004, S. 144 ff.)

788 Tischer 1998

wird, in welcher Weise die genannten sozialen Kompetenzen in der IT-Branche tatsächlich nachgefragt werden oder ob Frauen nicht wiederum in minderqualifizierte Arbeitsplätze und Karrieren einmünden, vornehmlich im Bereich der Verkaufsförderung tätig sind und somit die geschlechtsspezifische hierarchische Arbeitsteilung unangetastet bleibt.

Hier jedoch steckt der Kern der eigentlichen Machtfrage:

„Immer noch geht es darum, eine Art Alphabetisierung im Computerzeitalter auch für Mädchen durchzusetzen, die noch gar nicht auf der Ebene angekommen ist, auf der es um Gestaltung, gesellschaftliche Eingriffe und Alternativen geht. Und wo dies dennoch behauptet wird, artikuliert es sich innerhalb eines Diskurses, der lange schon darauf verzichtet hat, Fragen nach gesellschaftlicher Macht und Verteilung von Reichtümern, nach Ausbeutung und Gerechtigkeit überhaupt zu stellen.“[789]

Für grundlegende Veränderungsprozesse und einen Gewinn an politischen und ökonomischen Partizipationschancen von Frauen bedarf es dennoch weitaus mehr als den wohlmeinenden Unterrichtsangeboten am Computer. Die bescheidenen Anfänge zur Beteiligung von Frauen an dieser „Alphabetisierungswelle“ dürfen jedoch nicht darüber hinweg täuschen, dass neben den Fragen nach der PC-Bedienung auch die nach neuen Produktionsweisen[790] und, damit verbunden, die Möglichkeit anderer Geschlechterverhältnisse und veränderter Produktionsverhältnisse stehen. Zentral ist dabei ebenfalls die Fragestellung, wer über den Zugang zu diesen neuen Medien verfügt und EigentümerIn dieser Produktionsmittel ist.

Zudem gilt es, private Arbeitsteilungsmuster und ihre geschlechtsspezifische Aufteilung zu verändern. Nicht zuletzt erweist sich die Hoffnung, eine egalitäre Verteilung privater Arbeitsaufgaben könne sich nach der Kleinkindphase (wieder) einstellen, als trügerisch. Daran ändert, wie ich gezeigt habe, ganz offensichtlich auch die Telearbeit nur wenig.[791]

4.4 Diskussion: Stadt als überholter Entwurf?

In früheren Epochen galt der Bau von städtischen Befestigungsanlagen zum Schutze der BewohnerInnen innerhalb der Befestigungsmauern als *standortaufwertende* Maßnahme, während die beschriebenen Disziplinierungsmaßnahmen

---

789 Haug 2001

790 Széll 2003 und 2005

791 Zudem beschränken sich viele Menschen heute nicht mehr auf Ehe und verwandtschaftliche Beziehungen in ihren sozialen Netzwerken, sondern verzichten auf staatlichen oder kirchlichen Segen, so dass es - historisch einmalig - zu ganz unterschiedlichen Lebensformen kommt, ob als nichteheliche Lebensgemeinschaft mit und ohne Kinder, als ‚Patchworkfamilie' mit ‚seinen', ‚ihren' und gemeinsamen Kindern, als Wohn- oder Hausgemeinschaft etc.

als Regulative zur Sicherung der Lebensqualität innerhalb der festgelegten Stadtgrenzen wahrgenommen wurden.
Seitdem in den europäischen Städten des 19. Jahrhunderts diese Befestigungsmauern geschliffen worden sind, entwickeln sich im Städtebau Ideen zur Befreiung der Siedlungsflächen von jedwelcher räumlichen Beschränkung. Gab es zu Beginn des Industriezeitalters rationale Gründe für die Zusammenballung der Städte als Rohstoffreservoir mit Verkehrswegen, zählen heute zu den Steuerungsregelungen im städtischen Kontext vor allem gewerbliche und Infrastrukturinvestitionen im Sinne von Versorgungs-, Verkehrs- und Bildungseinrichtungen und denen dafür ausgewiesenen Flächen. Dabei wurden die herkömmlichen wirtschaftlichen Zwänge, die die Stadtkonzentration forciert haben, längst überholt.
Kann man daraus folgern, dass die Digitalisierung der Städte und die Ausdehnung der Informations- und Kommunikationstechnologien eine gänzlich andere Stadtstruktur hervorgebracht haben, bei denen sich die Städte immer ähnlicher werden und das Kapital ihre Produktionsstätten aufgrund dieser Entwicklung in alle Weltregionen auslagern kann?
Für eine Vielzahl europäischer Städte resultiert der Auflösungsprozess nicht aus einer Armuts-, sondern vielmehr aus einer Wohlstandsökonomie. Ökonomische Prosperität erlaubt die Wahlfreiheit des Wohnortes auch außerhalb der städtischen Zentren in Villenvororten und Siedlungsinseln für „junge Familien" einer kaufkräftigen Mittelschicht, was zu einer „Verländlichung der Städte" beigetragen hat, in der kaum Favelas oder Shanty-Towns zu finden sind. Die Perspektive, der (Industrie)Standort spiele heute in seiner Territorialität keine Rolle mehr, erweist sich jedoch in doppelter Weise als einseitige Perspektive. Zum einen berücksichtigt er lediglich Orte der Produktion – unter Ausblendung der Verortung von Reproduktion (menschlicher Arbeitskraft), die sehr wohl auf Lokalität angewiesen ist; zum anderen entpuppt er sich im weltweiten Vergleich als eurozentristische Optik, die nicht einmal der eige-nen Stadtökonomie gerecht werden kann, denn auch der „neue Markt" ist auf internationale Kommandostellen des Kapitalmarktes und der Finanzindustrie angewiesen. Hinzu kommt ein wachsender Bedarf der „Global Cities" an neuer städtischer Industrie wie Consulting, Kontroll- und Informationsdiensten.
Ist damit ein Modell wie Celebration City, das Privilegierte und Wohlhabende bevorzugt, gegen kulturelle und schichtspezifische Vielfalt Ordnung, Sauberkeit und kontrollierte Sicherheit setzt und diese Sekundärtugenden, wenn sie nicht schon qua Sozialisation internalisiert wurden, zu kulturellen Setzungen erklärt, auch für die Bundesrepublik denkbar?
M. E. lassen sich diese Spannungsverhältnisse als Produkt der Entwicklung der Dienstlei-stungsgesellschaft und als Tertialisierung in einer globalisierten Ökonomie betrachten: Städte werden in diesem Wandlungsprozess zu konkurrenzorientierten Unternehmen, die im Zuge ihrer Umstrukturierung neue Armut

produzieren. Die industrielle Raumstruktur europäischer Städte konnte noch mit den klassischen Standorttheorien von Produktionsbetrieben erklärt werden. Für Wachstumschancen galten die Verfügbarkeit von territorialen sowie personellen Ressourcen, Absatzmärkten und Transportmitteln für Wachstumschancen als elementar.[792] In den Städten der Dienstleistungsgesellschaft hingegen entstehen wachsende Bedürfnisse nach Entwicklungs-, Steuerungs-, Finanzierungs-, Vermarktungs- und Kontrollfunktion.[793] Produk-tionsweisen sind in der Stadt gleichwohl weiterhin präsent; auch stellen diese das Komplement zum Produktionsprozess für die Reproduktion der Arbeitskräfte.
Dieser Prozess lässt sich mit veränderten industriellen Produktionszyklen begründen: Während vormals Rohstoffvorkommen und Transportkostenvorteile als Standortfaktoren relevant waren, werden nun Elektronik, neue Medien sowie Dienstleistungszentren bedeutsamer. Die großräumliche Umstrukturierung und die verschärfte Konkurrenz findet ihre Entsprechung in der sozialräumlichen Polarisierung der Innenstädte. Dies bleibt nicht ohne Konsequenzen für die Wohnbevölkerung: In den vergangenen fünfzig Jahren verdoppelte sich der Anteil der im Dienstleistungsbereich Beschäftigten, während sich die Beschäftigungsquote im industriellen Sektor maßgeblich reduzierte. Zwischen jenen, die mit sicheren Arbeitplätzen ausgestattet sind und damit über eine verlässliche Lebensperspektive verfügen, und jenen, die an den gesellschaftlichen Rand gedrängten wurden, insbesondere AusländerInnen, Arme und dauerhaft Arbeitslose, ist eine deutliche Spaltung auszumachen.[794]
Diese neue Sozialstruktur bringt auch einen veränderten ArbeitnehmerInnentypus hervor:
„Die ‚neue Dienstleistungsklasse' setzt karriereorientierte, gut ausgebildete Menschen voraus, die sowohl im Beruf als auch in ihrer Freizeit unter hohem Effizienzdruck stehen. Das führt zu Haltungen, die mit demonstrativem Konsum, Hedonismus, Individualismus, Flexibilität und Entsolidarisierung beschrieben werden können.“[795]
In der Regel handelt es sich um junge, gutverdienende Führungseliten,[796] die weitgehend abgekoppelt von der übrigen städtischen Gesellschaft und vom politischen Leben der Stadt in einer ästhetisch attraktiven und urbanen Stadtlandschaft leben und arbeiten. Die „urbanen Professionellen“ erhöhen allerdings nicht nur die Nachfrage nach anspruchsvollen Wohnun-gen und

---

792 Häußermann/Siebel 1995, S. 93

793 Jaschke 1997, S. 61ff.

794 Häußermann/Siebel 1987, S. 8

795 Dangschat 1995, S. 52

796 Zugleich wächst auch der Anteil der qualifizierten und erwerbstätigen weiblichen Führungseliten. (Alisch 1993)

Konsumgütern oder Kulturangeboten (Gentrifikation),[797] sondern auch nach arbeits-intensiven Dienstleistungen.[798] Just hier ist die Kehrseite der Entwicklung zu erkennen: Arbeitsplätze am unteren Ende der sozialen und beruflichen Hierarchie gewinnen an Bedeu-tung, so etwa haushaltsbezogene Dienstleistungen wie Reinigungs- und Putztätigkeiten. Diese sind in der Regel aber schlecht bezahlt, keineswegs existenzsichernd und finden fast aus-schließlich als ungeschützte Teilzeitarbeitsverhältnisse statt. Ganz überwiegend sind dies Tätigkeiten, die von Frauen ausgeübt werden. Teilzeitarbeit hat dabei vielfach den Charakter einer Beschäftigungsform, mit der Frauen in der Familienphase Erwerbsarbeit und Famili-enarbeit zu verbinden versuchen.[799] Soziale Polarisierungen[800] sind in diesem städtischen Modell also vorprogrammiert, vor allem drängen die neuen erfolgreichen Dienstleistungs-beschäftigten mit höheren Anforderungen an Qualitätsstandards auf den Wohnungsmarkt.
Der stetige Wandel von städtischen Raumstrukturen beeinflusst folglich das Raumnutzungsgefüge, ob als räumliche Verteilung wirtschaftlicher Aktivitäten durch den Austausch von Personen, Gütern und Informationen oder als soziale Interaktion im Stadtraum. Der Globalisierung dieser Ökonomie entsprechen die Ballungszentren mit ihrer enormen Dichte.
Die Raumnutzung ist damit nicht nur sichtbarer Ausdruck der *Raumstruktur*, vielmehr verdeutlicht der Zustand des Raumes und seine Entwicklungsdynamiken auch naturräumliche, soziale, politische und ökonomische Steuerungsprinzipien.[801]
Mit den veränderten Stadtstrukturen und dem Aufstieg hochbezahlter Dienstleistungsberufe geht zugleich eine massive Abwertung anderer Beschäftigungszweige einher. Auch wenn es sich bei der Gruppe der neuen Eliten um eine relativ kleine soziale Gruppe handelt, so gilt sie doch als soziokulturell und ökonomisch überaus relevante Schicht, die mit ihrem Arbeits- und Konsumhabitus im wesentlichen das Bild und den Diskurs um die Städte beeinflusst. Wurde noch Ende der sechziger Jahre das Ziel verfolgt, soziale und räumliche Disparitäten und Ungleichheiten auszugleichen, so wird seit Mitte der neunziger Jahre durch das Manifest „Rettet die Städte“[802] die Sorge um die Beeinträchtigung des städtischen Images im interna-tionalen Wettbewerb artikuliert, die auf die

---

797 Gentrifikation stellt einen Zusammenhang zwischen der Gebäudemodernisierung innerstädtischer Wohnviertel und der Verdrängung weniger gut verdienender MieterInnen aus diesen Quartieren her.

798 Noller 1999, S. 121

799 Gottschall/ Pfau-Effinger 2002, S. 13

800 Häußermann 1991, S, 93

801 Vogt 1994, S.10ff.

802 Kronawitter 1994

Anwesenheit von Obdachlosen, Armen, Stadt-streichern und Drogenabhängigen im Stadtraum zurückgeführt wird.[803]

„Die preistreibende Wohnraummodernisierung in den Innenstädten führt zur Konzentration der neuen Wohneliten in den besseren Stadtteilen und forciert einen innerstädtischen Verdrängungswettbewerb, der Geringverdiener systematisch in die heruntergekommenen Ecken der Städte verweist."[804]

Während die Stadt zum Schaufenster von Aufwertungsprozessen bestimmter Quartiere wird, erfahren andere Stadtteile durch informelle Schattenökonomie eine Inbesitznahme durch ethnische Minderheiten oder sozial Deklassierte. Damit einher geht die Befürchtung einer nicht mehr möglichen staatlichen Kontrollierbarkeit.[805] Dies hat in den vergangenen Jahren zu einer erheblichen Zunahme repressiver Maßnahmen im städtischen Raum in Form von „privatisierter Sozialkontrolle von urbanen Milieus"[806] geführt:

Zu beobachten ist dabei eine starke Zunahme privater Sicherheitsdienste, deren Größenordnung nahezu die der Polizei erreicht hat. Das weitgehende Eingreifen dieser Sicherheitsdienste in die sozialen, ökonomischen, politischen und kulturellen Belange und Strukturen der Stadt stellt deren öffentlich-räumliche Verfasstheit in Frage. Der öffentliche Raum wird zunehmend zum Austragungsort von Kämpfen zwischen Kapitalinteressen und sozialen Gruppen. Dabei wird suggeriert, dass Kriminalität, vom Handtaschenraub bis zur Anwendung körperlicher Gewalt, das primäre Gesellschaftsproblem ist und bestimmte soziale Gruppen wie Drogenabhängige, AusländerInnen und Jugendgangs die öffentliche Sicherheit gefährden.

Die so geschürten Ängste und Unsicherheitsgefühle werden von ihren Bestimmungsgehalten vollständig abgelöst und umdefiniert: Nicht mehr die Immobilienspekulationen bedrohen die sozialintegrativen Milieus der Stadt, sondern diese als gefährlich deklarierten Gruppen, während „soziale Brennpunkte" als zentrale Gefahrenquelle ausgemacht werden.[807]

In einem Resumé aktueller Beschreibungen zur Zukunft europäischer Stadtentwicklungen lassen sich in der Analyse drei qualitative Aspekte eines Krisenzusammenhangs herauskristallisieren. Es sind dies Hinweise auf

- die Desintegration der Stadtgesellschaft,
- eine Zweckentfremdung des öffentlichen Raumes und
- eine Entzivilisierung des Verhaltens einzelner Menschen und Gruppen.[808]

Konzepte sozial-räumlicher Verortung gewinnen vor diesem Hintergrund gesellschaftlicher Exklusion mit desintegrierenden Effekten bedonders in den

---

803 Noller 1999, S. 122
804 Jaschke 1997, S. 63
805 Mönninger 2000, S. 15
806 Noller 1999, S. 163
807 ebenda
808 Heitmeyer 2000 und Heitmeyer 1998, S. 443

Metropolen neue Bedeutung, zumal vor dem Hintergrund weltweiter Migrationsprozesse.
Wie ich gezeigt habe, wird daher der Telekommunikation als ein Hilfsmittel zur Stabilisierung der städtischen Kommunikationsprozesse besondere Aufmerksamkeit zuteil, da sie es ermöglichen soll, am gleichen Ort - etwa im eigenen Zuhause – Teil verschiedener „Communities" zu sein, zugleich eingebunden in die lokale Nachbarschaft und in den Kontext des Arbeitsteams, dass hunderte von Kilometern weit weg sein kann.
Im Kontext eines zunehmend telekommunikativen Informationszeitalters ist insbesondere darauf zu verweisen, dass auch die Globalisierung die Veränderung von Raum- und Zeitstrukturen impliziert.[809] Damit ist eben nicht nur die Verkürzung von Wegen, „die Perforierung territorialstaatlicher Grenzen und neue geographische Ordnungsmuster",[810] sondern auch die Transformation des räumlichen Nahbereichs gemeint. Während der Markt expandiert, öffentlich-staatliche Räume schrumpfen und zur Unkenntlichkeit privatisiert bzw. dereguliert werden, erleben zugleich Familie und Privatheit eine Entgrenzung. Daher lässt sich die geschlechtsspezifische Konjugation des aktuellen Restrukturierungsprozesses auch als Paradigmenwechsel in der Grenzziehung zwischen Öffentlichkeit (insbesondere Markt und Politik) einerseits und Familie/Pri-vatheit andererseits fassen.[811] Globalisierung dimensioniert aber auch Zeitverhältnisse neu: Die „Raum-Zeit-Kompression", d.h. die Beschleunigung sozialer Interaktionen lässt den „Zeit-Besitz" oder den Mangel an Zeit noch deutlicher als Ungerechtigkeitsverhältnis auch zwischen den Geschlechtern zu Buche schlagen. Zeit wird entwertet, wenn es nur noch um Schnelligkeit geht.
Der Begriff der CyberSociety, mit dem aktuelle Wandlungsprozesse häufig kondensiert werden, birgt m. E. aufgrund eines technizistischen Verständnisses genau diese Gefahr der Eindimensionalität. Selbstverständlich werden *Virtualisierung von Unternehmen und Organisationen* in verstädterten Gesellschaftsstrukturen ebenso zunehmen wie das Ausmaß der Telearbeit und damit neue Formen selbständiger und ungesicherter Arbeit; auch entsteht mit den *globalen Netzen* eine *neue Öffentlichkeit*. Diese ist aber Ergebnis eines langen Prozesses gesellschaftlicher Entwicklung, die von der Verstädterung der Gesellschaft nicht zu trennen ist. Gerade daher optiere ich für den Begriff der *„telekommunikativen Stadtgesellschaft"* und verstehe diese Wortschöpfung so, dass sie unter Rekurs auf Lefèbvres Erklärungsmodell zur Produktion des Raumes Materialität und

809 Harvey 1989
810 Sauer 1999, o. S.
811 Birgit Sauer verweist darauf, dass dies zentrale geschlechtsspezifische Institutionen der Moderne sind; so war die hierarchische Zweigeschlechtlichkeit doch eine der Ressourcen, um die Trennung zwischen öffentlich und privat historisch durchzusetzen. (Sauer 1999)

Virtualität auf dem Hintergrund dieser prozesshaften Entwicklung einer (fast) vollständigen Verstädterung der Gesellschaft begrifflich integriert.[812]

Allerdings, so betont etwa György Széll, müssen wir uns fragen, ob wir tatsächlich bereits die Ablösung von der Industriegesellschaft vollzogen und in der Informationsgesellschaft angekommen sind und ob dieser gesellschaftliche Wandel zu einer Auflösung der Klassengesellschaft geführt hat: Informationen, so sein bitteres Fazit, kann man nicht essen und während die Mehrheit der Menschheit unter Hunger und Armut leidet, kämpft eine wohlhabende Minderheit mit Problemen mit Zivilisationskrankheiten und deren Folgen. Unter diesen Bedingungen von einem Ende der Klassengesellschaft zu sprechen, muss ignorant oder zynisch erscheinen.[813]

Gleichwohl ist dieser gesellschaftliche Strukturwandel hier zentraler Bezugspunkt: Den sozialen Wandel verstehe ich zum einen als einen Prozess der reflexiven Modernisierung,[814] zum anderen als Entwicklung hin zu einer verstädterten, digitalisierten und globalisierten Informationsgesellschaft,[815] hier insbesondere als Vernetzung von Raum und Zeit.

Waren anfänglich die betrachteten Probleme und Konflikte vor allem Wohnungsnot, Arbeitslosigkeit, erzwungene Mobilität oder mangelnde Infrastruktur, während später Begriffe wie „soziale Frage", „soziale Bewegung" und „soziale Politik" als Bekämpfung der sozialen Folgen der Ersten Industriellen Revolution im Zentrum der gesellschaftlichen Auseinandersetzung standen. Gegenwärtig sind es im Zuge von Globalisierungsprozessen eher Themen wie Massenarbeits-

---

812 Je nach Namensgebung verändert sich die Perspektive, aus der wir unsere Gesellschaft betrachten und analysieren; auch setzen wir unterschiedliche Akzente bei der Betrachtung von Strukturen oder Prozessen. Allerdings sollen nicht, wie Adorno zu recht warnt, definitorische Spielereien entwickelt oder allenfalls klassifikatorische Oberbegriffe gewonnen werden: Definition kann nicht heißen, „schlagartig, durch einen Satz, wie man das so mit einem populären Begriff von Prägnanz denkt, einen Begriff aufzuspießen". Als Alternative schlägt Adorno eine andere Herangehensweise vor: Wenn Definitionen „herausspringen aus der Totalität eines sich entfaltenden Denkens, in dem sie ihren Stellenwert gewinnen, ist das etwas entscheidend anderes, als wenn sie atomistisch und mehr oder weniger mechanisch an den Anfang der (...) Reflexion gesetzt werden". (Adorno 1976, S. 22)

813 Széll 2002, S. 1664 sowie Széll / Cella 2001

814 nach Beck 1996a und 1996b

815 Braczyk 2000, Castells 2003
Die Berufung auf die „Informationsgesellschaft" hat sich still und leise in den internationalen Institutionen durchgesetzt. 1975 wurde der Begriff erstmals von der Organisation für Wirtschaftliche Zusammenarbeit und Entwicklung (OECD) gebraucht, in der damals die vierundzwanzig reichsten Länder vertreten waren und die schleunigst den Sachverstand zahlreicher amerikanischer Experten hinzuzog. Vier Jahre später übernahm der Ministerrat der Europäischen Gemeinschaft den Begriff und machte ihn zum Leitmotiv eines auf fünf Jahre angelegten Versuchsprogramms, Forecasting and Assessment in the Field of Science and Technology (Fast). (Vgl. Mattelart 2001a)

losigkeit, soziale Deklassierung und Exklusionsmechanismen oder Fremdenhass – resultierend aus der Dritten Industriellen Revolution, der zunehmenden Digitalisierung und Computerisierung von Lebenswelten. Eine der gegenwärtigen Herausforderungen besteht für die Individuen nun darin, die notwendigen Multi-Mediakompetenzen für die gegenwärtigen und die kommenden Formen des „medialen Kapitalismus" zu erringen. Die soziale Frage stellt sich somit in einer digitalen Gesellschaft als „Kommunikationsgerechtigkeit"[816] neu.

Die Folie, auf der diese Prozesse mit ihrer neuen Gerechtigkeitsfrage gestellt werden müssen, kann in der Analyse auf die Frage nach Machtstrukturen nicht verzichten; die Perspektive, die es dabei einzunehmen gilt, kann nicht nur Klassen-, Schichtungs- oder Milieuunterschiede in den Blick nehmen, sie muss auch die Geschlechterverhältnisse berücksichtigen.

Von zentraler Bedeutung ist daher vor allem, ob dabei *Machtpositionen und – dispositive* konstatiert werden können. Folgt man hier einem erweiterten Raumbegriff, der sowohl real-physische wie auch virtuelle Räume aufnimmt, dann kann man annehmen, dass Machtverhältnisse sich insbesondere in den Aneignungs- und Nutzungsprozessen manifestieren.

Damit treten nicht nur städtische, *sondern auch virtuelle Räume* als Vergesellschaftungsraum ins Zentrum des Interesses, da im Laufe ihrer vielschichtigen Entwicklungsgeschichte nicht nur die realen Städte, sondern auch die virtuellen Welten zu „Orten" wurden, die diese Prozesse widerspiegeln. Richten wir unser Erkenntnisinteresse nun detailliert auf diese Entwicklungsprozesse und betrachten insbesondere ihre gewachsene Reichhaltigkeit und Verwobenheit, können wir zugleich auch die Diffusität und Widersprüchlichkeit dieser Merkmalsdimen-sionen wahrnehmen: In modernen Gesellschaften, so die Diskussion in den 80er und 90er Jahren, verliere der Raum aufgrund neuester technischer Entwicklungen an Bedeutung: Informationstechnologie und Kommunikationstransfer in Form von *Telekommunikation* trügen zu einer *Enträumlichung* bei, die maßgeblichen Einfluss auf das Sozialverhalten habe.[817] So müsse die Standortfrage berücksichtigen, dass Kommunikation über das Netz an mehreren Orten zugleich oder auch ohne dessen Berücksichtigung stattfinden könne.

„Rund um den Globus können Netzreisende miteinander kommunizieren, elektronische Gemeinschaften bilden, sich alle erdenklichen Daten beschaffen. Immer weniger hängen sie von dem Ort ab, an dem sie leben, von lokalen Institutionen und Informationskanälen."[818]

Müssen Wissenschaft und die Öffentlichkeit also ihren nationalstaats-fixierten Blick auf die traditionelle Stadtgesellschaft überwinden und diese Form eines „methodologischen Nationalismus" (Beck) verlassen, um die Potenziale einer

---

816 Glotz 2001

817 Häußermann 2000, S. 63ff.

818 Heuser 1996 zit. nach Bühl 1998, S. 354

globalisierten Stadtgesellschaft erkennen zu können, etwa als Gegenmacht zu Kapitalstrategien?
In der Tat sind mit neuen technologischen Möglichkeiten auch neue Kommunikations- und Informationswege verknüpft, was sich beispielhaft am Medium des World Wide Web aufzeigen lässt: Räumliche Distanz erscheint dank „Datenautobahnen" in kürzesten Zeiträumen überwindbar, der Versand von schriftlichen Mitteilung qua E-Mail rund um den Globus jederzeit möglich; *virtuelle Welten* erlauben ein scheinbar unbegrenztes „Reisen im Cyberspa-ce".[819] Alles hängt mit allem und zu jeder Zeit zusammen.
Zudem verlagern sich stetig mehr Bereiche des sozialen Lebens aus dem physikalischen in den virtuellen Raum; der Sozialwissenschaftler Achim Bühl spricht in diesem Zusammenhang von einer „Virtualisierung des Seins", die Produktions-, Distributions- und Kommunikationsprozesse in den Cyberspace verlege. Dieser wiederum konstituiere einen virtuellen Produktionstypus, etabliere virtuelle Klassen- und sozialstrukturelle Beziehungen, bewirke einen qualitativen Strukturwandel der Öffentlichkeit und verändere damit grundlegend die Parameter von Macht und Herrschaft.[820]
Die Entwicklung einer virtuellen telekommmunikativen „Cyber Society" kann also für die reale Stadtgesellschaft nicht ohne Folgen bleiben. Allerdings ist die Erfassung und Charakterisierung dessen, was heute das Urbane der Städte ausmacht, komplexer.
Wie ich anhand zweier Szenarien skizzieren möchte, zeigen Städte ein eher ambivalentes Bild, das zwischen Desintegration und Weiterentwicklung oszilliert.[821]

- Dysontogenie-Szenario:[822]
  Einkommensbedingte Milieus produzieren je nach Verteilungschancen abgeschlossene Kommunikationsinseln oder Ghettos. Während in den „gated communities" die private Wachtruppe auch über den heimischen Computerarbeitsplatz wacht oder die Privatschulen und Swimming Pools inspiziert, findet Konsumtion immer häufiger in ausgelagerten Dienstleistungszentren statt – bevorzugt in den an Urlaubsregionen erinnernden City Malls - oder wird per Tele- oder Homeshopping bewältigt. In diese modernen Haushalte haben Homebanking und Telearbeitsplätze längst Einzug gehalten.
  Dem gegenüber stehen die vom Sozialstaat in die neue Armut entlassenen Milieus: Aus der staatlichen Fürsorge Entlassene, für die weder Ausbildungs- noch Versorgungsangebote formuliert und in deren Quartieren an-

---

819 Rheingold 1995
820 Bühl 1997 und 1998
821 in Anlehnung an Bott 2000, S. 110ff
822 Der aus der Medizin entlehnte Begriff der Dysontogenie beschreibt eine (organische) Fehlentwicklung.

gesichts steigender Kriminalität und Gewalt auch Polizei und Justiz kapituliert haben.
Statt „Wohnen im Container" bieten die TV-Sender das Programm „Adventure in the Ghetto".

- Weiterentwicklungs-Szenario:
  Die traditionellen Lebenswelten integrieren neue Technologien, Medien und Kommunikationsformen, verändern jedoch ihr äußeres Fortbestehen nicht gravierend:
  Die „Stadtschickeria" entdeckt das „Underdog"-Quartier; Gentrifikation mit explodierenden Mieten, Bodenspekulationen und Verdrängung der bisherigen BewohnerInnen an die Peripherie sind die Folge. Auf der „grünen Wiese" entstehen neben Einkaufszentren und Outlet-Centern neue Wohngebiete für „junge Familien".[823]
  Commuter-Ehen und –Partnerschaften verschaffen der Bundesbahn, die speziell für diese Zielgruppe ein neues Tarifsystem einführt, Jahrhundertgewinne.
  Die neuen Technologien durchdringen alle Lebensbereiche. Dies gilt insbesondere für den Privatbereich, der ähnlich wie die Arbeitswelt nach den Kriterien Beschleunigung, Rationalisierung und Vernetzung organisiert wird. Für die unangenehme Hausarbeit sind der putzende und kochende Roboter Asimo und seine High-Tech-Brüder zuständig.
  Der „intelligente" Kühlschrank kontrolliert eigenständig die Essgewohnheiten seiner HausbewohnerInnen und ordert selbständig den Nachschub, der mitdenkende Kleiderschrank ordnet die Garderobe nach Farben und Saison.
  Hausautomatisierungstechnologien sind miteinander vernetzt: Lichtschalter, Kühlschränke, HiFi-, Computer- und Alarmanlagen, Tür- und Garagenschlösser, Lichtsensoren.[824]
  Zugang in die private Wohnung erhält nur, wer per Daumenabdruck vom Scanner wiedererkannt wird.

Dass dies keineswegs mehr unrealistische Zukunftsszenarien sind, zeigen zwei dpa-Meldungen aus dem Jahr 2003: Am 22. August meldete die Presseagentur, dass der japanische Ministerpräsident Junichiro Koizumi in Prag seinen Amtskollegen Vladimir Spidla damit erfreut habe, dass er zu einem Gala-Diner den menschenähnlichen Roboter ASIMO des Konzerns Honda mitbrachte:

---

823 Ob dieser Trend durch die Pläne zur „Agenda 2010" und den Wegfall der Eigenheim- und PendlerInnenzulagen gebremst wird, bleibt abzuwarten.

824 Meyer / Schulze /Helten/ Fischer 2001

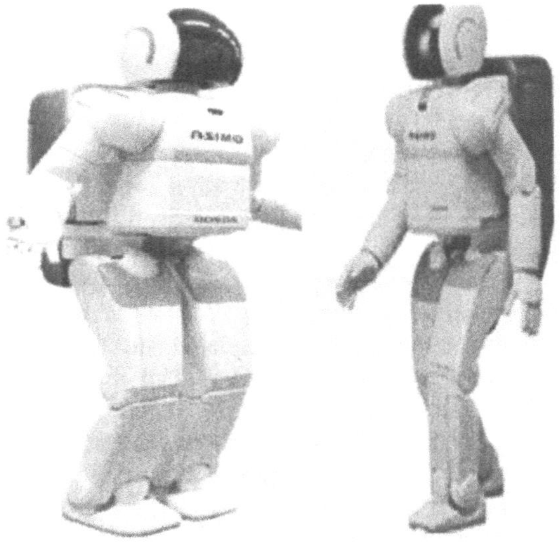

Abbildung 9: Asimo, der lernende Roboter der Firma Honda

„Sehr erfreut, Herr Premier, stoßen wir auf die Freundschaft zwischen Mensch und Roboter an", soll die 1,20 Meter hohe Maschine zur Erheiterung der Gäste dem tschechischen Ministerpräsidenten zugeprostet haben.[825]
Roboter könnten schon längst sehen, hören, greifen oder laufen, hatte dpa zuvor bereits gemeldet und dabei den Bielefelder Neuroinformatiker Jochen Steil zitiert:
„Die große Herausforderung ist aber, diese Fähigkeiten miteinander zu verknüpfen. Die Maschinen sollen aus Fehlern lernen und eigene Entscheidungen treffen können."[826]
Anlass für den Bericht gab die als Fußballmeisterschaft ausgerichtete Hochleistungsschau autonomer Roboter „RoboCup German Open", bei der im Paderborner Heinz Nixdorf MuseumsForum 120 Teams aus elf Ländern um den Sieg rangen. Das niederländische Philips-Team aus Amsterdam trug den Sieg davon. Diese neue Form eines Deus ex machina verrät zugleich die Geisteshaltung seiner Macher:
„Dass Fußball für Roboter ungleich schwieriger ist als Hausarbeit wird durch die Tatsache gestützt, dass es bereits seit längerem Roboter gibt, die Staub saugen oder den Rasen mähen können. Im Oktober gewann der von Lübecker In-

---

825 Honda entwickelt seit 1986 humanoide Roboter; ASIMO (Advanced Step in Innovative Mobility) gehört ungefähr zur 25. Generation. Mit der Serienreife rechnet der Konzern Berichten zufolge in zehn Jahren dpa - Meldung vom 22.08.2003

826 dpa vom 24.04.2003

formatikstudenten entwickelte Fensterputzer „Wictor“ einen internationalen Wettbewerb für künstlich intelligente Haushaltshelfer.“[827]
Wictor allerdings war der dpa keine Meldung wert. Stattdessen erfreut sich die Presseagentur daran, dass es in Japan weitaus weniger Berührungsängste zu den Robotern gäbe, als dies in Europa der Fall sei. Asimo und seine „Brüder“ können sich nicht nur Gesichter merken und Fragen nach dem Wetter beantworten; werden sie bei der Pflege von alten Menschen eingesetzt, so können sie Angehörige verständigen, falls sich ein Fremder in der Wohnung aufhält oder die Betreuten nicht wieder aus dem Badezimmer kommen sollten.
Wie im richtigen Leben, sei auch der RoboCup für die ForscherInnen ein Indiz für die Praktikabilität ihrer Ergebnisse. Der Fußball sei für sie eine gute Möglichkeit, die Fähigkeiten der Maschinen zu testen und weiter zu entwickeln. Ein Nahziel gelte dabei den Rettungseinsätzen, für die die autonomen Roboter trainiert werden sollen, etwa bei der Suche nach Verschütteten bei Erdbeben oder bei der Entwicklung von High-Tech-Prothesen.
In der Tat betrifft eine der häufig verkannten Dimensionen der Globalisierungskontroverse die Frage der *sozio-kulturellen Globalisierung*. Häufig unter Ausblendung realer Menschen, ihrer Alltagspraxen und den darin begründeten kulturellen Unterschieden gilt es, auch die Gefahr einer weltumspannenden kulturellen Gleichmacherei diskutiert, bei der wiederum der Ökonomie eine primäre Rolle zugeordnet und die „*McDonaldisierung*“ der Gesamtgesellschaft kritisiert wird.
Meine Perspektive auf die Veränderungsprozesse in der digitalen Stadtgesellschaft ist insbesondere durch machtsoziologische Aspekte geprägt:

- Fehlt eine sozial- und arbeitsmarktpolitische Gegensteuerung, verfestigt die Virtualisierung bestehende gesellschaftliche Disparitäten. Infolge einer Neuverteilung von Produktivkraftstrukturen kommt es zu globalen Segmentierungen, infolge von Rationalisierungsprozessen zu einer Verschärfung der Krise der Arbeitsgesellschaft, was durch Massenarbeitslosigkeit die soziale Schere auseinander treibt. Gleichwohl wird damit (noch) nicht das *Ende der Arbeitsgesellschaft*[828] eingeleitet, denn zwischen VirtualisierungsgewinnerInnen und –verliererInnen, die nicht zwingend den alten Eliten entsprechen müssen („*Hyperbourgeoisie*“),[829] werden neuartige politische Konfliktlinien und soziale Disparitäten erkennbar.
- Dennoch lässt sich festhalten, dass einer Virtualisierung ökonomischer Flüsse eine Virtualisierung und Ökonomisierung des Sozialen folgt: Diese

---

827 dpa vom 14.04.2003

828 Rifkin 2004

829 Ich verstehe die internationalen Hyperbourgeoisie als Counterpart zum nationalen Kleinbürgertum.

Virtualisierung droht demokratische Prozesse zu konterkarieren, was die Gefahr einer gesellschaftlichen Entsolidarisierung fördert, Fragmentierung provoziert und soziale Konfliktpotentiale verschärft, was zu allererst (aber nicht nur) zu Lasten von Frauen gehen könnte.

- Zugleich formiert sich eine neue Gegnerschaft im Kampf um die Globalisierung (wie z. B. „attac"), die sich in der Austragung ihres Widerstandes so sehr von älteren sozialen Bewegungen nicht zu unterscheiden scheint: Sie trägt den Protest auf die Straße und damit in die Öffentlichkeit.

Gleichwohl ist damit keineswegs ausgeschlossen, dass „soziale Bewegungen" inzwischen eine neue Qualität erhalten haben, etwa dann, wenn sie als Massenproteste den öffentlichen Raum besetzen und damit – zumindest für die Dauer der Protestaktion – die gewohnten städtischen Routinen außer kraft setzen. Beispielhaft sei hier etwa Porto Alegre genannt: In der Stadt fand 2001, 2002, 2003 und im Januar 2005 das Weltsozialforum statt, ein alternatives Gipfeltreffen von Vereinen und NGOs, das sich mit Fragen der Globalisierung, Entschuldung der dritten Welt, sozialen Gerechtigkeit und Umweltschutz befasst („Eine andere Welte ist möglich!"). Das Weltsozialforum verstand sich als offenen Raum der Begegnung zur Vertiefung des Nachdenkens, als Forum für eine demokratische Debatte von Ideen, die Formulierung von Vorschlägen, den freien Austausch von Erfahrungen und den Aufruf zu wirksamen Aktionen. Die auf dem Weltsozialforum vorgeschlagenen Alternativen sollten dabei einem rein Richtig ist ferner, dass die Konzerne sich aus dem sozialstaatlich regulierten Kapitalismus der 70er Jahre mit Hilfe einer *Strategie des Raumes* befreien konnten. So haben sich erfolgreich im transnationalen Raum etabliert, in dem es sich qua Steuerfluchtoasen und dem Ausnützen der Steuerkonkurrenz der Staaten gut verdienen lässt. Derweil kämpfen die Staaten verzweifelt darum, nicht abgekoppelt zu werden vom Weltmarkt. Die Staaten müssen kooperativ werden, um wieder souverän zu sein: die Transnationalisierung erscheint als Machtgewinn, weil nur so die scheinbare grenzenlose Macht des Kapitals gezähmt werden kann.[830] Die territorialen und systemischen Spaltungen des 20. Jahrhunderts scheinen nun, wenn man den Zeitzeichen Glauben schenken mag, von neuen globalen Brüchen ersetzt worden.[831]

---

830 Beispiele für die Transnationalisierung sind die Europäische Union aber auch die neue Afrikanische Union oder verschiedene Überlegungen in Asien, eine solche Union zu gründen. Die „Dritte Welt" hatte sich in mehr oder weniger kompatible kapitalistische Versatzstücke fragmentiert – auf der einen Seite die erfolgreichen Schwellenländer, auf der anderen die von Armut und AIDS verwüsteten Staaten Afrikas.

831 So verkündete George W. Bush nach den Anschlägen von New York und Washington, dass die Staaten der Welt nun in zwei Gruppen zerfielen: die eine sei „mit" den Amerikanern, die andere „gegen" sie. Die Außenposition zu dieser Binnendefinition ist der rechtslose und deterritorialisierte Raum des Terrorismus, gegen den nun ein allgegenwärtiger Krieg geführt wird. Doch nicht nur die politische Rechte reklamiert den Globus

Zu recht weist etwa Ulrich Beck darauf hin, dass ein neuer transnationaler Raum entstanden ist.[832] Leider kann er aber nicht präzise erklären, wie dieser genau beschaffen ist, denn es fehlt ihm der Begriff des sozialen Raums, wie er in Folge der Rezeption Pierre Bourdieus und Henri Lefèbvres diskutiert werden könnte. So spricht Beck von der Abschaffung des Raums durch die Zeit in Anschluss an David Harvey, ohne zu bedenken, dass Raum selbstverständlich nicht abgeschafft werden kann. Es fehlt Beck die klare Unterscheidung von Raumform und konkretem Raumregime, zum Beispiel eben dem des Nationalstaates; er argumentiert hier inkonsistent, wenn er auf der einen Seite das Kapital als vollkommen ortlos darstellt, andererseits aber moniert, dass die Exterritorialität des Kapitals nur die halbe Wahrheit sei, da das ökonomische Kapital an der einen Stelle abgezogen wird, um an der anderen Stelle investiert zu werden. Kapital muss also immer irgendwo verankert werden, lokalisiert sein. Es darf dabei nicht vergessen werden, dass das weltweite Ausbreiten der Staatsform, von Lefèbvre vor 25 Jahren als Globalisierung des Staates beschrieben, für Kapitalinvestitionen erst den Rahmen steckt.[833]
Diese Frage der Legitimation spielt ferner für die Rolle der Zivilgesellschaft, besonders der Nicht-Regierungsorganisationen, eine wichtige Rolle. Sie ermächtigen sich selbst, und treten als Weltanwälte für die Menschenrechte (z. B. Amnesty International), die Umwelt (z. B. Greenpeace), für soziale Gerechtigkeit oder gegen den schrankenlosen Zugriff der Finanzmärkte (z. B. attac) auf. Man darf in diesem Zusammenhang jedoch nicht nur abstrakt über Globalisierung sprechen; hilfreicher erscheint es, die AkteurInnen in den Blick zu nehmen, da diese Macht oder auch Gegenmacht ausüben können.[834] Mit der neuen globalisierungskritischen Bewegung, dem Weltsozialforum von Porto Alegro oder den weltweiten Friedensdemonstrationen, so meine Wahrnehmung, vollzieht sich tatsächlich ein eindrucksvoller Entstehungsprozess hin zu einer transnationalen Zivilgesellschaft.

---

als Bezugsraum unter einer Herrschaft. Auch in der politischen Linken gibt es Anzeichen, dass sich die Blocklogik und Lagermentalität zu zersetzen beginnt, wenn etwa Konzepte wie „Netzwerkgesellschaft“ (Vgl. Castells 2003a und 2003b) und „Empire“[831] (Vgl. Hardt/Negri 2000) die Diskussion zu bestimmen scheinen.
Auf diese Entwicklung kann der Neoliberalismus keine Antwort geben: Der Weltmarkt kann nämlich nicht ohne die Staaten auskommen. Nur dieser kann die kostbare, seltene Ressource Legitimation zur Verfügung stellen. Hier sei an Antonio Gramscis Theorem erinnert, demzufolge alle Macht auf Konsens beruht.

832 Beck 2002

833 Wex 2003

834 Es bleibt aber nicht nur bei einer moralischen Debatte, sie besitzen auch eine sehr scharfe globale Waffe: sie könnten nämlich Konsumverzicht üben.

5 Fazit und Perspektiven

Bourdieu begreift die soziale Welt als mehrdimensionalen Raum, in dem bestimmte Unterscheidungs- und Verteilungsprinzipien erkennbar werden. Das zentrale Kriterium der sozialen Differenzierung ist zunächst die Verfügung über ökonomisches und kulturelles, später auch über soziales Kapital. Soziale Unterschiede manifestieren sich durch die Ausstattung dieser Kapitalformen: als Gesamtmenge, in der Art des Kapitals und in der Kombination der Kapitalarten. Das Verfügen über und die Akkumulation von Kapital stehen dabei in direktem Abhängigkeitsverhältnis zur Position im sozialen Raum. Als Indikatoren für soziale Klassenlagen – denn auf solche richtet Bourdieu seinen analytischen Blick – erscheinen vor allem Beruf und Berufsrolle; in späteren Publikationen verweist er ebenfalls auf Geschlecht, soziale Stellung, soziale Herkunft und ethnische Zugehörigkeit. Bourdieus sozialer Raum impliziert dabei nach wie vor ein Klassenmodell, auch wenn den marxistischen Klassenbegriff für missverständlich und begrifflich eng hält.
Zudem gilt bei Bourdieu die bipolare Trennung qua Geschlecht stets als exemplarisch für Macht- und Herrschaftsstrukturen sowie für soziale Ungleichheit: Der biologische Unterschied allein verursacht noch nicht die untergeordnete Stellung der Frau. Die Unterschiede zwischen den Geschlechtern und besonders die Unterdrückung und Diskriminierung von Frauen werden als Ergebnis von Geschichte und Sozialisation begriffen und sind somit grundsätzlich veränderbar. Für Bourdieu gilt es, im Kontext männlicher Vorherrschaft aufzuzeigen, in welcher Weise Männer und Frauen Geschlechterverhältnisse in ihrer sozialen Praxis, in ihrem Denken und Handeln reproduzieren, modifizieren und weiterentwickeln: Männliche Herrschaft funktioniert als alltägliche Struktur und Aktivität, die vergeschlechtlichte Sicht der Welt lagert sich dabei in unseren Habitus ein. Von Beginn seines Lebens an entwickelt somit jeder Mensch einen geschlechtsspezifischen Habitus und damit eine Geschlechtsidentität als männlich *oder* weiblich, die die Arbeitsteilung nach Geschlecht inkorporiert.
Beide Geschlechter wurden folglich in spezifischer Weise unterschiedlichen Sphären zugeordnet: Der Mann galt und gilt als Familienernährer, der in aller Regel einer Erwerbstätigkeit außer Haus nachgeht, während die Frau auf den Privatbereich mit ihren Zuständigkeiten für Familien-, Haus- und Reproduktionsarbeit verwiesen wird, auch wenn sie einer Vollzeitbeschäftigung nachgeht. Die in den Geschlechtercodes tradierte und perpetuierte Reproduktion der ungleichen Lebens- und Verteilungschancen zwischen Frauen und Männern tritt deutlich hervor: die Kategorie „Geschlecht“ erweist sich so als soziales Konstrukt mit hierarchisierender Platzanweiserfunktion.
Auch die Formen symbolischer Gewalt, die zunächst subtil, die Gewalt verkennend erscheinen, stellen sich in diesem Kontext als fließend her: Auch wenn Frauen über das gleiche valide kulturelle Kapital verfügen, werden sie aufgrund

des Fehlens ihres symbolischen Kapitals der Ehre von diesem Wettbewerb ausgeschlossen. Je höher die Hierarchiestufe, um so seltener sind Frauen daher in Machtpositionen zu finden. Ein zwingendes Merkmal für Machtkonstellationen scheint daher insbesondere das männliche Geschlecht zu sein, so dass Frauen diesen männlichen Auswahlkriterien per se nicht genügen können: „Mann“ gilt, wie bereits Simone de Beauvoir 1949 aufgezeigt hat, als Primärkonstruktion, die „Frau“ als Negativ- bzw. als Gegenpol. Bourdieu spricht hier von der „Somatisierung gesellschaftlicher Herrschaftsverhältnisse“. Geschlecht ist dabei mehr noch als eine körperliche Eigenschaft eine kontinuierliche soziale Praxis interagierender Individuen, die institutionelle Arrangements und alltägliche wie wissenschaftliche Denkmuster impliziert.

Diese soziale Position kann sich, wie wir gesehen haben, auch im physischen Raum manifestieren. Der von Bourdieu beschriebene Habitus ist demnach nicht nur Ausdruck eines sozialen Prozesses, dieser selbst unterliegt *verräumlichten Strukturen*.

Deutlicher noch als in den Analysen Bourdieus wird dieser Zusammenhang bei Henri Lefèbvre: Die relative Stellung der Individuen zueinander ist für ihre Verortung im sozialen Raum von zentraler Bedeutung: sozialer Raum wird damit nicht nur zum Raum von Differenzierungen, sondern auch von Beziehungen. Diese spielen insbesondere dort eine wesentliche Rolle, wo die Distanzen zwischen den Positionen im sozialen Raum soziale Unterschiede der Lebensführung prägen. Diese Distinktionsmerkmale entsprechen, folgt man den beiden französischen Soziologen, nicht natürlichen, sondern sozial konstruierten und angeeigneten Lebensstilen und –gewohnheiten: Zwischen Alltagspraxis und Klassenlage besteht ein enger Zusammenhang qua Zugehörigkeit zu einem sozialen Raum, einer sozialen Herkunft, einem sozial konstruierten und erworbenen Habitus, die sich auch physisch manifestieren können. Wendet man sich unter Rekurs auf Henri Lefèbvre vom sozialen Raum aus dem urbanen Raum zu, so sind soziale Lage, soziale Erfahrungen und Prägungen sowie individuelle Orientierungsmuster maßgeblich für urbane Lebensstile, die sichtbare Verhaltensweisen und expressive Alltagsgestaltung veranschaulichen.

Als soziale AkteurInnen sind Menschen nicht nur in einem virtuellen sozialen Raum platziert, der durch Distinktion bestimmt, soziale Strukturen erkennbar werden lässt, sondern ebenso in einem real physischen bzw. architektonischen Raum: Die Gestalt der Städte ist in ihrer baulichen Substanz immer auch Ausdruck gesellschaftlicher Strukturen, der öffentliche Raum stets Ort sozial, ökonomisch und kulturell geleiteter Interaktionen.

Dieser Zusammenhang mag zunächst befremdlich erscheinen, zumal im Alltagsverständnis der Begriff des Raumes als Allgemeinplatz angenommen oder a priori von einer Raumbetrachtung klassischer physikalischer Provenienz ausgegangen wird, dem des dreidimensionalen euklidischen Raumes. In der Betrachtung der AkteurInnen erscheint Raum ferner zunächst als Verortung von sinnli-

cher Erfahrung und Wahrnehmung – Sehen, Hören, Tasten oder Riechen machen Räume ja erst erfahrbar. Zudem wird Raum häufig gleichgesetzt mit Zimmer und durch deren Verwendung bestimmt (Schlaf-Raum, Arbeits-Raum, etc.).
Betrachtet man Raum nun auf dem Hintergrund machtsoziologischer Analysen, so bildet dieser eine der augenscheinlichsten Formen von Herrschaftsausübung, zumal sich Machtmechanismen über den sozial segregierten Raum manifestieren: Sozialer und städtischer Raum überlagern sich. Sozialer Raum bringt dabei auch räumliche Opposition zum Vorschein, wie Lefèbvre in seiner „Revolution der Städte" betont. Dadurch, dass schon der bewohnte Raum als symbolischer Raum markiert ist, gibt es in einer hierarchischen Gesellschaft keine hierarchiefreien Räume. Vielmehr äußern sich im angeeigneten physischen Raum Macht über den Raum und Kapitalbesitz als spezifische Beziehung zwischen räumlicher Struktur der AkteurInnen und der Verteilung von Gütern und Dienstleistungen. Dabei überlagern sich die verschiedenen physischen und objektivierten sozialen Räume, so dass sich an bestimmten Orten des physischen Raumes sowohl seltene Güter als auch ihre BesitzerInnen wiederfinden lassen: Die Macht über den Raum steht in einer enger Bindung zur materiellen und symbolischen Aneignung seltener Güter, die sich im Raum verteilen.
Raum daher nur als materielles Produkt aufzufassen, griffe zu kurz: Bei Henri Lefèbvre umfasst der soziale Raum neben den materiellen Produkten vielmehr deren Beziehungen zueinander und strukturiert somit die Rahmenbedingungen für weitere soziale Aktivitäten im Kontext von Produktion und Konsumtion als Verknüpfung von Praktiken der AkteurInnen, deren Repräsentation und deren gelebter Erfahrung im Raum: *Der Raum ist somit ein soziales Produkt, produziert durch soziale AkteurInnen.*
Lefèbvre beobachtet den Klassenantagonismus in spezifischer Weise für den Raum; seine Raumauffassung impliziert eine Kritik des vorherrschenden Diskurses über den Raum, indem er sich sowohl gegen rein gedankliche Konzeptionen des Raumes wendet, die diesen mathematisch definieren, als auch gegen ausschließlich philosophische Perspektiven über den Raum. Auch ist der Raum für ihn keine bloße ästhetische Kategorie.
Analog zur marxistischen Analyse der Warenproduktion entwickelt er vielmehr eine Theorie der Produktion des Raumes. Raum besitzt für ihn nicht nur einen ähnlichen Status innerhalb der Produktionsweisen, wie dies für Kapital und Arbeit gilt, Lefèbvre versteht die Erforschung des Raumes unabdingbar als Ausweitung und Aktualisierung des marxistischen Projektes. Dabei versucht er, den Produktionsprozess von Raum in einer historischen Perspektive nachzuvollziehen und in seinen jeweiligen Ausprägungen zu erfassen, so dass aus seiner Perspektive Raum zum konstitutiven Element unterschiedlicher Gesellschaftsformationen geriert. So betont er, dass jede gesellschaftspolitische Macht ihren jeweils spezifischen Raum erschafft und erfasst.

Anders als die Fabrik oder die Suburbia, wo die Homogenisierung des Raumes erfolgreich vollzogen werden konnte, bleibt die Stadt in der Logik Lefèbvres aufgrund ihrer sozialen, historischen und ökonomischen Diversität ein „differentieller Raum“. Selbst die großen stadtplanerischen Ordnungsmaßnahmen des 19. und 20. Jahrhunderts konnten ihr nichts anhaben, wie wir am Beispiel der Planung Hausmanns für Paris gesehen haben.
Noch deutlicher als Bourdieus Raumkonzept ist Lefèbvres Raumbegriff an eine spezifische Lokalität gebunden. Der „soziale Raum“ ist zeit-, orts- sowie kontextgebunden und entsteht aus der Interaktion verschiedener sozialer Gruppen an spezifischen Orten zu spezifischen Zeitpunkten. Seinen Begriff des Raumes möchte ich hier als *„absolute Entfremdung“* bezeichnen: Lefèbvre teilte die Diagnose, dass mit dem modernen Kapitalismus die Herrschaft des Raumes über die Zeit angebrochen sei.
Entscheidend für Lefèbvres Raumbegriff ist ferner, dass Raum nicht ohne die Körperlichkeit der sozialen AkteurInnen entstehen kann: Raum bleibt abstrakt, wenn er nicht mit den Subjekten und den individuellen Mitgliedern einer sozialen Gruppe verknüpft wird. Raum kann demnach nicht jenseits von Gesellschaft funktionieren, Raum ist Gesellschaft. Für Lefèbvre gilt daher: Die Produktion des Raumes kann mit der Produktion jeder beliebigen Ware verglichen werden, während die Kontrolle über den Raum dann nicht mehr zwangsweise über eine kontinuierliche Aneignung erfolgen muss.
Diese Machtdimension wird umso deutlicher, betrachtet man Raum auf einer mikrosoziologischen Ebene. Wie wir bisher gesehen haben, verweist „Raum“ auf die interagierenden Personen und das Erleben bzw. die Wahrnehmung von Räumen. Raum steht damit in engem Zusammenhang zu den jeweiligen individuellen motorischen, kognitiven und kommunikativen Fähigkeiten. Aneignung von Raum oder Räumen als Produkt von Vergesellschaftungsprozessen kann somit auch als ein Erschließen von Räumen verstanden werden, das Orientierung, Handlungsentwürfe und deren Realisierung erlaubt. Die Fragmentierung, Polarisierung und Homogenisierung des (Stadt-)Raumes ergreift also ebenfalls den (Geschlechts)Körper.
Zugleich wird der Raum als Stimmungs-, Handlungs- und Anschauungsraum konstituiert. Allerdings können wir feststellen, dass in unserer Gesellschaft Frauen ganz allgemein über weniger und weniger begehrten Raum verfügen als Männer - *schon aufgrund ihres geringeren Zugangs zu ökonomischem Kapital.* Die Nutzung von Räumen und deren Verfügbarkeit durch Frauen ist damit stets durch soziale Verhältnisse und Beziehungen im Raum konstituiert: Die Intimität des eigenen Wohnraumes soll die Herstellung von Identität ermöglichen, als Ausdruck eigener Autonomie äußere Manipulationen ausschließen und der Identitätssuche und –findung sowie der Entfaltung der eigenen Persönlichkeit dienen.

Raum fungiert hauptsächlich als Bühne für soziales Handeln. Folgen wir Lefèbvre in seiner Analyse, wonach Raum zugleich Rahmen und Ergebnis höchst komplizierter arbeitsteiliger Prozesse ist, produzieren wir gleichzeitig ihre soziale Bedeutung: Jedes Kind, das lernt, „Raum" zu begreifen, erlernt gleichzeitig die Regeln, mit deren Hilfe es die den Räumen anhaftende Symbolik entschlüsseln kann. Die geschlechtsspezifischen Unterschiede der Verfügbarkeit und Erschließung von Räumen manifestieren sich in ihren ungleichen Zugriffschancen als Ausdruck von Macht über den Raum: Die soziale, ökonomische und politische Vorrangstellung ist gekoppelt an die Macht und die Verfügungsgewalt über Räume, ob als Wohnraum, Freiraum, Freizeit-Raum oder Reiseraum. Dabei gilt es auch zu berücksichtigen, dass sich Frauen aufgrund spezifischer Sozialisationsbedingungen den (Stadt-)Raum anders aneignen als Männer, da sie traditioneller Weise auf Haus- und Reproduktionsarbeit verwiesen werden.

Anders als bei den Klassikern der deutschen Soziologie werden Raum und Stadt bei Bourdieu und Lefèbvre differenziert und nicht etwa als Synonyme gebraucht: Sowohl Karl Marx wie auch Max Weber hielten Raum nicht für ein eigenständiges Untersuchungsfeld, sondern wollten anhand von Untersuchungen über städtische Strukturen zu generellen Aussagen über die Gesellschaft kommen. Zentraler Ausgangspunkt für Stadtanalysen (und damit auch für Raumanalysen) ist bei Marx die historische Trennung von Stadt und Land als Ausdruck von Arbeitsteilung, wie sie seit der Antike beobachtbar war. Bei Marx ist die Stadt weder Hauptursache noch bloße Erscheinung des ihr zugrunde liegenden gesellschaftlichen Antagonismus zwischen Kapital und Arbeit; Raum wird bei ihm daher nicht als Analyseobjekt, sondern als räumliche Erscheinungsform betrachtet, die fundamentale gesellschaftliche Bedingungen zum Ausdruck bringt.

Idealtypisch unterscheidet hingegen Weber Städte in Konsumenten-, Produzenten und Handelsstädte, geht empirisch aber von einer Mischform aus. Sein Forschungsinteresse liegt im Aufzeigen der Bedeutung der mittelalterlichen Stadt Europas und ihrer Relevanz für die Entwicklung eines westlichen Kapitalismus.

Lefèbvre dagegen verweist in seinen Analysen auf die hierarchische Struktur der Städte. Da der Industrialisierung vom Staat freie Hand gelassen wird, fällt die Stadt den Industrialisierungsprozessen zum Opfer.

Aktuell setzt sich dieser Prozess als Verfeinerung fort: Die Entwicklung der Städte verläuft in Analogie zu der des (globalisierten) Kapitals, das sich neue Märkte außerhalb der eigentlichen Industrieproduktion erschließt, so dass stets wachsende Bereiche des Lebens und der Städte der Logik der Profitmaximierung unterstellt werden.

Richtig ist, dass sich Raum überwiegend an urbanen Strukturen manifestiert: Der Raum der sozialen Praxis wird als menschliches Handeln zu einer Verknüpfung von Alltagsrealität und Realität der Städte, beobachtbar etwa an der Verwendung von Zeit im städtischen Kontext, an städtischer Infrastruktur, Arbeits-

und Freizeitorten oder Räumen von Konsum und Dienstleistungen. Auch hier sind geschlechtsspezifische Unterschiede beobachtbar.
Zeitgeist und Weltanschauung lassen sich folglich stets am städtischen Raum ablesen, sei es als Manifestation in Straßengrundrissen, als zu Stein gewordene Architektur und Marktstruktur, in der strukturellen und funktionalen Gliederung der Stadt, in Gebäudenutzungen oder in der Ausgestaltung und Nutzung des öffentlichen Raums und seiner Abgrenzung zu privaten Räumen. Städtische Milieus sind dabei keineswegs von ihrem sozialen Gefüge bzw. vom sozialen Raum zu trennen. Vergangenes aber hinterlässt Spuren in der Stadt, und diese Spuren sind es wiederum, die Städten zu ihrem (vermeintlich) spezifischen, vielleicht sogar unverwechselbaren Image verhelfen.
Raumanalytisch lassen sich dabei zwei zeitgleiche Strömungen ausmachen: einerseits die Privatisierung von öffentlichen Räumen, andererseits die Veröffentlichung von privaten Räumen in Form von Rückverlagerungen der Erwerbsarbeit in den Privatbereich anhand der Telearbeit. Die Annahme, es handele sich bei dieser Arbeitsform überwiegend um eine von Frauen ausgeübte Tätigkeit, hat sich nicht verifizieren lassen – im Gegenteil nutzen eher (privilegierte) Männer in Führungspositionen die Telarbeit.
Die elektronische Informationsumwelt ersetzt allerdings nur scheinbar den öffentlichen städtischen Raum, wenngleich mit den globalen Netzen eine neue Form der Öffentlichkeit entstanden ist.
Stellt man nun also den Begriff der Kommunikation ins Zentrum stadtbegründender Elemente, wird deutlich, dass die Minimierung von Zeitverlusten aufgrund der Dichte des Raumes einen der entscheidenden Aspekte der Stadt darstellt: Durch eine zunehmende Digitalisierung verändert sich der öffentliche Raum; so entstehen neue Formen der Kommunikation, die mitunter auch andere Lebensstile zur Konsequenz haben oder die Veränderung der Alltagswelten der StadtbewohnerInnen induzieren.
Zeitdifferenz wird in der aktuellen Stadtgesellschaft durch *Kommunikation* ersetzt, Zeitdistanz durch Raumdichte überwunden, zeitliche Distanz durch räumliche Dichte im virtuellen Raum ersetzt: Die Distanz wird durch die verdichtete Existenz an einem Platz minimiert. Mehr noch: Zusammenkünfte und (Informations-)Austauschmöglichkeiten an einem Ort sind stadtbegründend: Marktplatz und Einkaufsstraßen, Rathaus, Kirche, Wohn- und Geschäftshäuser sind die konstitutiven Elemente der realen Stadt.
Während der reale städtische Raum als Ort durch Wohnen und Arbeiten in der scheinbaren Dichotomie von Öffentlichkeit und Privatheit widerspiegelt, - beide Sphären sind geschlechtsspezifisch unterschiedlich geprägt - ist der virtuelle städtische Raum durch multimediale Telekommunikation gerade nicht durch den Ort, sondern durch die Allgegenwärtigkeit von Information und Kommunikation charakterisiert und verspricht, die Distanz aufzuheben und den Raum zu überwinden. Ist dabei zu befürchten, dass der öffentliche Raum zur Bedeutungslo-

sigkeit verdammt ist und dass „Nicht-Orte“ (Augé) entstehen, die des öffentlichen Raumes einer Stadt nicht mehr bedürfen und an keinen konkreten Ort mehr angebunden sind?

Insbesondere die letztgenannte Perspektive verdient eine hohe Aufmerksamkeit, zumal da sie darauf verweist, dass Raum und Zeit auch Kategorien der Wahrnehmung sind, mit denen äußerst unterschiedliche Vorstellungen verknüpft werden können. Die veränderten Arbeitsbedingungen, die IT-Revolution und die Globalisierung hätten demnach eine kapitalistische Stadt hervorgebracht, in der die Orte flexibilisiert und deren BewohnerInnen durch kulturelle Homogenisierung und neue soziale Trennlinien bedroht werden.[835]

Die Utilisierung der modernen Städte ist demnach für ihre Strukturen formgebend: Städte werden so zu Arenen einer erhöhten und effizienten Form der Profitmaximierung durch eine beschleunigte Kapitalzirkulation. Der Internationale Kongress für Neues Bauen propagierte bereits 1933 die funktionelle Stadt als Auflösung der traditionellen europäischen Stadt. Man denke hier an das Leitbild einer durchgrünten, aufgelockerten, vor allem aber autogerechten Stadt, die ihren Ursprung sicherlich der Reaktion auf die Missstände der industriellen Stadt verdankte. Zudem spiegeln die genannten Utopien auch die Strukturmerkmale der industriellen Stadt selbst, aber weder in der Perspektive Le Corbusiers noch in den Leitbildern einer verkehrsfreundlichen Stadt spielte die dezentral stattfindende Reproduktionsarbeit von Frauen mehr als eine periphere Rolle. Die Folge war eine Fragmentierung der Stadt in ihre funktionalen Einzelbereiche.

Zugleich verlor die Stadt damit ihre vormoderne, die geistliche oder weltliche Gewalt repräsentierende Mitte, den symbolischen aber auch den organisierenden Kern der städtischen Gemeinschaft und des städtischen Lebens. Mit anderen Worten: die Arbeit der modernen Architektur dient der Totalisierung des Urbanen.

Der öffentliche Raum hatte jedoch immer auch eine politische Funktion, nämlich als Ort des (politischen) Räsonierens, als Präsentations- und Demonstrationsraum politischer Positionen bzw. als Versammlungsort einer kritischen Öffentlichkeit. In den inszenierten Räumen jedoch findet keine Aneignung, sondern eine Enteignung des öffentlichen Raumes statt. Zudem sind Städte als urbane Räume immer auch Orte der Erinnerung und des individuellen Erlebens, die Geschichte der Stadt ist zugleich auch individuelle Geschichte, die mit der räumlichen Aneignung des Städtischen einhergeht: Spaziergänge und das Flanieren in der Innenstadt, Fußgän-gerzone, die Nutzung städtischer Cafés und Restaurants oder auch Demonstrationen und Pro-testkundgebungen prägen die individuelle Erinnerung an spezifische städtische Orte.

Damit haben die gesellschaftlichen (Rahmen-)Bedingungen für eine Stadt – zumindest in sozialer und kultureller Hinsicht – einen höheren konstitutiven Stel-

---

[835] Soja 2000

lenwert als Technologien, auch wenn sie die Informationstransfers erheblich verändern. Die Stadt bleibt somit nach wie vor auch Ort sozialer Beziehungen, sozialer Intensität, was wiederum auf Geschlechterverhältnisse verweist.
Gleichwohl hat sich m. E. Stadt als urbaner Raum zwangsweise neu konstituiert; ein bestimmender Faktor für die Konstitution der Stadt ist die Erinnerung und die Besinnung ihrer BewohnerInnen auf die erlernte und erlebte räumliche Dichte. Immer mehr Bereiche des sozialen Lebens verlagern sich in vom realen physischen Raum in den virtuellen; dies gilt gleichermaßen für Produktions-, Distributions- und Kommunikationsprozesse: So ist die Genese einer neuen dominierenden Sozialstruktur zu erkennen, die in die Netzwerkgesellschaft mit neuen Wirtschaftsformen, einer informationellen und globalen Ökonomie und einer neuen Kultur des Virtuellen einmündet.
Die Logik dieser neuen Gesellschaftsformation liegt dem sozialen Handeln und den Institutionen in der gesamten interdependenten Welt zugrunde. Virtuelle Räume haben strukturierende Auswirkungen auf alle gesellschaftlichen Bereiche und führen durch ihre computergenerierte Entwicklungsumgebung zu einer neuen Form der Soziabilität. Der virtuelle Raum etabliert damit zugleich virtuelle Klassen- und sozialstrukturelle Beziehungen, bewirkt einen qualitativen Strukturwandel der Öffentlichkeit und verändert die Parameter von Macht und Herrschaft.
Exemplarisch für diese Veränderungsprozesse sei hier auf das Beispiel der Telearbeit verwiesen: In der Folge der Einführung von Telearbeit verändern sich Arbeitsprozesse und –struktu-ren ganz maßgeblich. Die neuen Kommunikations- und Informationsverarbeitungssysteme, insbesondere das Internet, ermöglichen es, mehr Arbeit in kürzerer Zeit zu erledigen; alternierende Telearbeitende im Angestelltenverhältnis bescheinigen der Telearbeit aufgrund einer höheren Zeitflexibilität eine ausgeprägte Familienfreundlichkeit, über die, wie wir gesehen haben, sie faktisch jedoch nicht verfügt.
Die neuen Organisationsformen, insbesondere in den virtuellen Organisationen, kommen Frauen entgegen, weil sie eine hohe Zeitflexibilität anbieten – bis hin zu Telearbeit und phasenweisen Projekten. Darin offenbart sich aber zugleich die Janusköpfigkeit der Telearbeit als Neuauflage alter Risiken, die Frauen in besonderer Weise betrifft: Aus der „Arbeit aus Liebe" für die Familie wird einerseits die „Arbeit aus Pflichtgefühl" für das familial wirkende Unternehmen, andererseits wird eine traditionelle geschlechtsspezifische Arbeitsteilung zementiert.
In den Städten der Dienstleistungsgesellschaft entstehen zudem wachsende Bedürfnisse nach Entwicklungs-, Steuerungs-, Finanzierungs-, Vermarktungs- und Kontrollfunktion.[836] Die großräumliche Umstrukturierung und die verschärfte Konkurrenz findet ihre Entsprechung in der sozialräumlichen

---

836 Jaschke 1997, S. 61ff.

Polarisierung der Innenstädte, was nicht ohne Konsequenzen für die Wohnbevölkerung bleibt: Zwischen jenen, die mit sicheren Arbeitplätzen ausgestattet sind und damit über eine verlässliche Lebensperspektive verfügen, und jenen, die an den gesellschaftlichen Rand gedrängt wurden, insbesondere AusländerInnen, Arme und dauerhaft Arbeitslose, ist eine deutliche Spaltung auszumachen.[837]

Konzepte sozial-räumlicher Verortung gewinnen vor diesem Hintergrund gesellschaftlicher Exklusion mit desintegrierenden Effekten bedonders in den Metropolen neue Bedeutung, zumal vor dem Hintergrund weltweiter Globalisierungs- und Migrationsprozesse. *Sozioökonomische und sozialräumliche Polarisierungen* zwischen Arm und Reich als Folge eines arbeitsmarktbedingten Strukturwandels und eines Abbaus sozialstaatlicher Leistungen strukturieren maßgeblich den städtischen Raum. Dabei ist zu berücksichtigen, dass sich durch die Schaffung einer patriarchalen Ideologie auch eine Raumordnung durchsetzen konnte, die ein hohes Maß an Herrschaft und Kontrolle ermöglichte.[838]

In einem Resumé aktueller Beschreibungen zur Zukunft europäischer Stadtentwicklungen las-sen sich m. E. in der Analyse drei qualitative Aspekte eines Krisenzusammenhangs heraus-kristallisieren. Es sind dies Hinweise auf

- die Desintegration der Stadtgesellschaft,
- eine Zweckentfremdung des öffentlichen Raumes und
- eine Entzivilisierung des Verhaltens einzelner Menschen und Gruppen.

Waren anfänglich die betrachteten Probleme und Konflikte vor allem Wohnungsnot, Arbeitslosigkeit, erzwungene Mobilität oder mangelnde Infrastruktur, galt später Begriffen wie „soziale Frage“, „soziale Bewegung“ und „soziale Politik“ als Bekämpfung der sozialen Folgen der Ersten Industriellen Revolution im Zentrum der gesellschaftlichen Auseinandersetzung eine besondere Aufmerksamkeit. Gegenwärtig sind es im Zuge von Globalisierungsprozessen eher Themen wie Massenarbeitslosigkeit, soziale Deklassierung und Exklusionsmechanismen oder Fremdenhass – resultierend aus der Dritten Industriellen Revolution, der zunehmenden Digitalisierung und Computerisierung von Lebenswelten. Eine der gegenwärtigen Herausforderungen besteht für die Individuen nun darin, die notwendigen Multi-Mediakompetenzen für die gegenwärtigen und die kommenden Formen des „medialen Kapitalismus“ zu erringen. Die soziale Frage stellt sich somit in einer digitalen Gesellschaft als „Kommunikationsgerechtigkeit“ neu.

Es bedarf also einer Stärkung demokratischer Beteiligungsformen, um - trotz der Macht des globalen Kapitals - zu einer größeren Gerechtigkeit in der Verteilung von Lebenschancen zu gelangen: „Gated Communities“ mögen zwar den Si-

837 Häußermann/Siebel 1987, S. 8
838 Geiger 1986, S. 60 ff.

cherheitsbedürfnissen mancher BewohnerInnen entsprechen, eine Lösung für städtische Planung allerdings bieten sie nicht. Der städtische Raum bildet vielmehr ein Konglomerat von Interessensgruppen; die Besonderheit urbanisierter Räume liegt gerade darin, dass die Stadt als Integrationsmaschinerie fungieren kann. Darin liegt nicht nur ihre Herausforderung, sondern auch eine Chance, denn das Gefühl eines „Rechts auf die Stadt“, wie dies Henri Lefèbvre formulierte, ermuntert Menschen zu dem Gefühl, sie hätten auch ein Recht auf andere Rechte.

Auch den veränderten Arbeitsprozessen und –strukturen, die die Entwicklung hin zu einer telekommunikativen Stadtgesellschaft hervor gebracht haben, scheint dies inhärent zu sein: Die Informations- und Kommunikationstechnologien eröffnen nicht nur eine neue Phase der wirtschaftlichen Entwicklung, sondern scheinen auch einen epochalen Wandel zu generieren. Sie führen, wie bereits die Erste Industrialisierung, zu einer radikalen Veränderungen der Wertschöpfungskette. Der Akzent von der Produktion verlagert sich hin zur Kommunikation: Der elektronische Finanzmarkt erscheint dabei ebenso unabhängig vom Ort des Geschehens, wie der Zugriff auf alle Handelsplätze der Welt, der Zugriff auf alle (Finanz-)Daten jederzeit möglich; Information, Kapital und Arbeit werden dank der neuen Medien als Produktionsfaktoren auf gänzlich neue Weise verfügbar. Ortlose Punktmärkte scheinen an jedem Ort der Erde zur Verfügung zu stehen - mächtige Medien, in die die AkteurInnen der Informationsgesellschaft eingetaucht sind. Die Einsparung von Zeit mit Hilfe des Autos bei zunehmender räumlicher Expansion scheint überholt; es kollidiert vor allem mit neuen Vorstellungen in der Ökonomie über die angemessene Verknüpfung von Raum und Zeit, - so sehr, dass das Potential des (städtebaulichen) Funktionalismus an baulich-räumlichen Lösungen für die aktuellen Probleme ausgeschöpft zu sein scheint und nun neue Lösungskonzepte gefunden werden müssen.

Dies bleibt nicht ohne Konsequenzen für das gemeinschaftliche Gefüge: Das Zusammenleben der Menschen wird ergänzt durch die global verteilten Medien; neue Dienste und wachsende Dienstleistungsindustrien begleiten diesen Wandel. Für die individuellen AkteurInnen führen diese neue Informationswege zu Transformationsprozessen jenseits der traditionellen Strukturen (Menschen, Organisationen und andere Gemeinschaften). Umgeben von immer zahlreicher werdenden Informationsobjekten, sollen, diejenigen Leistungen allen „steckdosengleich“[839] erreichbar sein, während sie früher allenfalls Wenigen an ausgewählten Orten zur Verfügung standen.

So zeigt etwa die Telearbeit, dass nicht mehr nur der Ort der Arbeitserbringung das wesentliche Kriterium für den Erfolg des Unternehmens, sondern die flexible, gleichzeitig effiziente und effektive Gestaltung von an KundInnenbedürfnis-

---

839 Schmid 2003

sen ausgerichteten Wertschöpfungsprozessen. Daran wird sich zunehmend auch die Qualifikation und der Qualifikationserhalt der MitarbeiterInnen orientieren müssen. Dies birgt zumindest einige Hoffnung auf Veränderungspotentiale im Geschlechterverhältnis: Grundlage für eine egalitärere Lebensgestaltung und eine gerechtere Arbeitsverteilung zwischen den Geschlechtern, die alle sowohl beruflichen als auch privaten Lebensbereiche umfasst, muss zumindest im Bildungssystem als Vermittlung von sozialen und fachlichen Kompetenzen für Erwerbs- und Familienarbeit angelegt werden, aber auch für Familien-, Arbeitsmarkt-, Finanz- und Sozialpolitiken Konsequenzen zeitigen. Wird dann auch die Qualifikation von Frauen als unerlässliches Gut betrachtet, könnte sich eine noch ungeahnte Entwicklung abzeichnen: die der Mitarbeiterinnenbindung jenseits von männlichen Dominanzstrukturen – auch in den Führungsetagen, in denen fachliches und soziales Know How unverzichtbar geworden sind, wie auch - und vermutlich wesentlich leichter zu realisieren - die Bindung von Frauen als Beschäftigte auch jenseits eines dann nur noch minimalen, durch die Geburt von Kindern verursachten beruflichen Ausstiegs und eines umso schnelleren Wiedereinstiegs.

Bedeuten diese Prozesse damit zugleich eine radikale Umwandlung von gesamtgesellschaftlichen Strukturen? Kann diese Gesellschaftsformation nach wie vor als patriarchale Klassengesellschaft im Sinne Pierre Bourdieus betrachtet werden, der die unterschiedliche Verteilung nicht nur auf dem Hintergrund des ökonomischen, kulturellen und sozialen Kapitals, sondern auch das strukturierende Moment eines sich stetig perpetuierenden „Gender-Habitus" konstatiert?

Tatsächlich kann nicht mehr ungebrochen davon ausgegangen werden, dass Haus- und Familienarbeit billig oder gar kostenfrei von einer „treusorgenden Hausfrau und Mutter" übernommen werden. Anders als das aufoktroyierte und durch konservative Familienpolitiken transportierte Frauenbild unterstellt, entscheiden sich Frauen heute für eine Teilhabe an einer existenzsichernden Arbeit und damit in der Regel gegen eine ökonomische Abhängigkeit von einem sie mitversorgenden Ehemann und ebenso häufig gegen Kinder.

Dies zeigt deutlich, dass Frauen vermehrt nach individuell gelebten Möglichkeiten mit veränderten Lebensmustern oder -entwürfen suchen, damit zugleich nach Eigenmacht und finanzieller Unabhängigkeit streben und die mit den traditionellen Familienmustern behafteten Benachteiligungen deutlich ablehnen. Wird die Debatte dazu jedoch ausschließlich als moralische geführt („Rabenmütter"), wird die längst notwendige Kritik an sozialen Verhältnissen ausgesetzt und die Problematik personalisiert und individualisiert, denn kritikwürdig sind solche sozialen Verhältnisse allemal, „in denen die, die Verantwortung für andere übernehmen, auf Lebensqualität und gesellschaftliche Partizipation verzichten müssen, während allen anderen gerade dann, wenn sie tatsächlich ganz ohne konkrete Verantwortung gegenüber anderen leben und sich eben dadurch vollkommen flexibel und hochmobil den Strategien ihrer Unternehmen verschreiben können, die Welt offen steht."[840]

Zwar obliegen auch weibliche Lebensformen heute einer Pluralisierung; die Benachteiligung, die nach der Trennlinie bipolarer Geschlechter verläuft, hat aber weiterhin Bestand, auch wenn sich die Polarität der Geschlechter im Umbruch befindet und tradierte geschlechtsspezifische Muster von Arbeitsteilungen enorme Legitimationsverluste erleiden.

Tatsächlich bleibt jedoch die Geschlechtszugehörigkeit bestimmendes Moment für *soziale Chancen und Lebensqualität*, denn nicht nur soziale Herkunft und Partizipation an Bildung und das damit verbundene soziale und kulturelle Kapital sind konstituierend für soziale Schichtungen und damit für soziale Ungleichheit, sondern auch die Zugehörigkeit nach Geschlecht. Veränderungen sozialstruktureller Art beispielsweise in der Frauenerwerbstätigkeit, der Wandel familialer Strukturen oder vermehrte Optionen zur Lebensplanung von Frauen tragen mit zu einer Ausdifferenzierung von weiblichen Lebenslagen bei.

In einer Phase des Neoliberalismus, des sozialen und politischen Umbruchs und des kaum hinterfragten Triumphs eines neuen Typus des (kapitalistischen) Marktes geht es ganz offensichtlich darum, die Verpflichtungen der sozialen Marktwirtschaft abzustreifen. Waren die Jahre des Wirtschaftswunders nach dem Zweiten Weltkrieg (in Frankreich die „Trente Glorieuses, in der BRD die Zeit des „Wirtschaftswunders") dadurch geprägt, dass das Modell der Sozialpartnerschaft zwischen Unternehmen und Beschäftigten stabil blieb und Aufgaben wie etwa die gesundheitliche und soziale Absicherung oder die Weiterbildung der ArbeitnehmerInnen partiell auf die Wirtschaft übertrug, scheinen wir nun in eine neue Phase des Kapitalismus in Reinkultur überzugehen, bei der immer weitere Teile der Lebenswelt dem Diktat der Ökonomie unterworfen werden. Welche Gruppen davon profitieren, scheint in der Tat davon abhängig zu sein, wie der Zugang zu den neuen technologischen Ressourcen organisiert ist. Dass dies damit korrespon-diert, über welches ökonomische Kapital die jeweiligen AkteurInnen verfügen, liegt auf der Hand. Jedoch zeigt sich durch die zunehmende Delokalisierung von Arbeitsprozessen auch, wie sehr die Einzelnen in soziale Netzwerke integriert sein müssen; damit wird deutlich, dass sie neben dem Zugang zur informatisierten Kommunikation auch auf ein entsprechendes (technisches) Know How (als kulturelles Kapital) und auf die Nutzung entsprechender Beziehungsnetzwerke (als soziales Kapital) angewiesen sind.

Kulturpessimistische Stimmen befürchten nun den mit der gesellschaftlichen Informatisierung einhergehenden Bedeutungsverlust öffentlicher (insbesondere städtischer) Räume, weil sich physische Kontakte und interpersonelle Beziehungen als sozialer Raum prinzipiell zu reduzieren scheinen, während sich die individuellen Mobilitätsmuster scharf verändern und die sozial-räumliche Segrega-

[840] Nowak 2002, S.11

tion zunimmt. Eine solche Prognose betont den Verlust von Verantwortlichkeit und sozialer Kontrolle im öffentlichen Raum durch eine zunehmende Fokussierung auf die medial vermittelte Welt. Die Konsequenz wäre folglich eine autistische Gesellschaft, in der die Individuen auf sich selbst zurückgeworfen werden und sich zurückziehen.

In der Tat erzeugt die Digitalisierung städtischer Kulturen und ihrer Kommunikation m. E. keine neue Verortung. Doch spricht dies schon für die Zerstörung und ein Absterben des öffentlichen Raumes oder eher für die Verabschiedung von einem Urbanitätsmythos?

Cyberspace und Internet sind in der Tat mächtige Faktoren der Dezentrierung und Delokalisierung, aber sie werden keineswegs die „Zentren" zum Verschwinden bringen: Ihre hauptsächliche Wirkung wird zunächst sein, die Vermittlungsstufen obsolet werden zu lassen und für die Machtstrukturen die Möglichkeiten der direkten Kontrolle und Mobilisierung der Ressourcen, Kompetenzen und Märkte, wo sie sich auch immer befinden mögen, zu steigern: Das Bild einer offenen, verstädterten Gesellschaft mit der für alle offenen Agora, die freie Meinungsäußerungen nicht nur duldet, sondern fördert, ist nach meiner Auffassung ohnedies ein Mythos, denn auch der Begriff der „Straße" ist - je nach historischer Sichtweise oder politischem Standpunkt - unterschiedlich konnotiert: Während die Pariser Boulevards in der Zeit Napoleons III. durch die Beschleunigung der Passagen für die Kavallerie der autoritären militärischen Kontrolle und zur Niederschlagung von Aufständen dienten, nutzen sie die Flaneure des 19. Jahrhunderts (aber erst die postmoderne Touristin) für ihre Streifzüge und Spaziergänge. Auch die Besetzung der großstädtischen Straßen und Plätze hatte in der Phase der Studierendenunruhen unbestritten eine ganz andere Qualität als die bei den Aufmärschen der Nazizeit.

Die Vorstellungen, die mit der Urbanität der europäischen Stadt verbunden waren, sind stets durch ein dichtes Netz kommunikativer Strukturen gekennzeichnet, die zugleich an Lokalitäten gebunden sind. Henri Lefèbvre beschreibt das Urbane als komplexe „Verstädterung von Gesellschaft". Als gesellschaftliches Phänomen kann das Urbane weder als geschlossenes System definiert noch in Fragmenten analysiert werden. Der Begriff der „verstädterten Gesellschaft" umfasst – anders als die auf Teilaspekte reduzierten Begriffe wie „Freizeitgesellschaft" oder „Informationsgesellschaft" – soziale Beziehungen, Dichte, Handel, Produktion, Kommunikation, Technik, Geschichte etc. sowie die Materialisierung all dieser Begriffe. Raum ist dann nicht ein Gegebenes an sich, sondern etwas, das in der Zeit und in der sozialen Bewegung produziert wird.

Dem Entwurf einer autistisch gewordenen Soziabilität steht nun aber das Bild einer Gesellschaft gegenüber, bei der - durch Informations- und Kommunikationstechniken befördert - attraktive neue Lebensräume entstehen, die vernetzte Formen von Urbanität als Lebensweise zur Folge haben könnten: Zeitgleich zu den Prozessen einer schärferen städtischen Segregierung finden durch die Festi-

valisierung des öffentlichen Raumes in den Städten gut besuchte Großevents statt und bilden so wiederum Bühnen für Teil-Öffentlichkeiten.[841]
Wenn sich die „Propheten der virtuellen Stadt"[842] bereits von der urbanen Vorstellung realer Städte verabschiedet haben, übersehen sie vor allem, dass Raumaneignung immer auch eine sinnliche Erfahrung ist, auf die Individuen – zumindest bisher – nicht verzichtet haben und vieles spricht dafür, dass dies auch so bleiben wird. Räumliche Aneignungsprozesse sind, wie bereits Pierre Bourdieu und Henri Lefèbvre betont haben, stets auch Prozesse und Produkte von Sozialisations- und Individuationserfahrungen, die mittels Körper, Leiblichkeit oder Bewegung im Raum erfahren werden.[843] Ob das emotionale Bedürfnis nach persönlicher Begegnung und sinnlicher Wahrnehmung, die der städtische Raum ermöglicht, bspw. gänzlich durch Internetkommunikation oder CyberSex ersetzt werden wird, wage ich zu bezweifeln. Dem tendenziellen Verlust intimer Kommunikation entsprechen eben nicht die fragwürdige Intimität und das Outing der nachmittäglichen TV-Kontakt- oder Talkshows.
Auch die Segregation der Städte in Arm und Reich ist keine neue Entwicklung, obgleich, wie ich gezeigt habe, die ökonomischen Prozesse der Globalisierung freilich eine Vielzahl struktureller Veränderungen generieren, die das „soziale" Klima der Städte verschärfen und durch die komplexen Informationssysteme nur noch beschleunigt werden.
Wer allerdings beklagt, dass durch die Virtualisierung der Kommunikation die feinkörnige, kleinteilige Verwobenheit der städtischen Funktionen wie Wohnen, Arbeiten, Konsumtion und Freizeit aufgelöst wird, blendet zum einen aus, dass dieser Prozess längst mit der Gentrifikation in den Städten begonnen hat und eben nicht erst mit der Popularisierung des Internets; zum anderen wird ignoriert, für wen die Bewegungsfreiheit innerhalb des städtischen Raumes tatsächlich galt und nivelliert damit sowohl die Unterschiede zwischen den Schichten wie auch die zwischen den Geschlechtern.
Die kulturpessimistische These der Zerstörung des öffentlichen Raumes erscheint also schon deshalb fragwürdig, weil sie Struktur und Wandel der Machtverhältnisse vergangener Epochen eskamotiert und das Entstehen neuer postmoderner Öffentlichkeiten ausblendet. Doch beruht unsere aktuelle Nervosität angesichts der Telepolis auf der Tatsache, dass die Suche nach der verlorenen Urbanität die Reflexion über das Schicksal der Stadt im postindustriellen Zeitalter verhindert?

---

841 Als Besipiel dienen hier die Love-Parades von Berlin, Paris und Zürich, die Paraden des Christopher-Street-Days in New York und Köln oder die Karnevalszüge in Rio de Janeiro und in allen rheinischen Städten. Auch ist im Zuge von City-Marketing eine Zunahme an städtischen Festivals zu konstatieren.

842 Häußermann 2000, S. 63

843 Vgl. Kap. III. 1

Aus Furcht vor neuen Technologien wird ganz offensichtlich übersehen, dass diese vor allem auf bekannte und lang eingeübte soziale Praktiken reagieren, diese bestätigen oder höchstens zu deren Zuspitzung beitragen. Freilich ist es richtig, dass die städtische Agglomeration Arrangements erfordert und ein stetiges Übungsfeld für soziale Interaktion darstellt. Darin unterscheiden sich soziales Handeln im realen wie im virtuellen Raum kaum.
Weder Kommunikation noch Waren- oder Personen-Verkehr genügen sich selbst; weder kann Öffentlichkeit auf Kommunikation verzichten noch Kommunikation auf den bloßen Datenaustausch reduziert werden. Immer, davon bin ich überzeugt, bezieht sich Kommunikation auch auf die interpersonelle Begegnung, die auch im Zeitalter der Digitalisierung keineswegs obsolet geworden sind, da sie medial in dieser spezifischen Form, - dies gilt insbesondere für die Face-to-Face-Kommunikation, - nicht eingeholt werden können.
Die mediatisierte Öffentlichkeit ist damit eben gerade kein Substitut für eine real erfahrbare (urbane) Realität, weil sie die Sehnsucht nach haptischer Erfahrung im Urbanen nicht stillen kann. Die Suche nach Homogenität innerhalb der Nachbarschaft, die sich in der Stadtflucht mit dem Bau des Eigenheimes am Stadtrand als Exklave Bahn bricht, ist zweifellos ebenso verstärkt zu beobachten, wie die symbolische Besetzung der Stadtmitte in den Metropolen durch die Bebauung mit komplexen Gebäuden von Finanzdienstleitern, pompösen Großraumbüros[844] oder den Lofts für ein gut betuchtes Klientel; zugleich gibt es aber eine ungebrochene Suche nach Neuem, nach Fremdheit, die sich in einem erhöhten Reiseverhalten ausdrückt und offensichtlich nicht einmal durch die aus der wirtschaftlichen Rezession resultierenden finanziellen Einschränkungen gebremst werden kann: Alle Prognosen deuten darauf hin, dass vorbehaltlich größerer Katastrophen, Revolutionen oder Weltuntergänge die Verkehre weiter zunehmen werden. Diese Zunahme wird in erster Linie die Aktivitätsmöglichkeiten betreffen und durch die zunehmende Verfügbarkeit von Verkehrsmitteln gefördert werden.
In Ermangelung ökonomischer Ressourcen begnügen sich die KonsumentInnen allenfalls mit den Duplikaten italienischer Piazzas oder spanischer Ramblas. Statt nach Rom, Paris oder Florenz zu fahren, leitet die Sehnsucht die StadttouristInnen nunmehr auf Abenteuerreise nach Konstanz, Bitburg, Stralsund oder Münster, denn auch auf dem Weg an die Nord- oder Ostsee, in die Eifel oder in den Bayrischen Wald lassen sich Eindrücke „er-fahren". Auch künstliche Freizeitparadiese wie etwa die Center Parks mit ihren Nachbauten subtropoischer Badelandschaften und mediteranen Marktplätzen erfreuen sich zunehmender Beliebtheit.
Auch die telekommunikative Gesellschaft und mit ihr der „global player" können auf die Stadt nicht verzichten, nur ist es eben nicht mehr die Stadt des 19.

844 Häußermann 2000, S. 64f.

Jahrhunderts oder die griechische Polis: Der „Strukturwandel der Öffentlichkeit" (Habermas) ist immer auch ein Wandel ihrer Teilöffentlichkeiten, die sich zwar stets weniger über Diskurse, Politik oder Bildung definiert, dafür aber Lifestyle, Moden und Konsumverhalten integriert. Zu nennen sind hier beispielhaft die Besetzung und Instrumentalisierung von transitorischen Räumen wie Fahrradtunnel oder Autobahnbrücken durch die Techno-Szene Anfang der neunziger Jahre. Diese „Nicht-Orte" unterliegen dabei der Prägung des Arbiträren und Temporären: Orte werden mit mobilen Infrastrukturen besetzt und instrumentalisiert. Damit entstehen offensichtlich neue Aneignungsform, die nicht einen öffentlichen Ort besetzen, sondern es vollzieht sich vielmehr deren Umkehrung: ein Niemandsland wird in einen öffentlichen Ort verwandelt.

Die Utopie der Urbanität ist so alt, wie die Menschheit selbst; mit ihr verbunden sind Anliegen wie Gerechtigkeit, Gesundheit und die Vorstellung eines „guten Lebens", das damit zugleich herkömmliche Machtstrukturen in Frage stellt. Nicht übersehen werden darf dabei, dass diese auch an den öffentlichen Raum und dessen freie Zugänglichkeit geknüpft sind.

Bislang hat sich die europäische Stadt gegen Enträumlichung und Entsolidarisierung unter Zuhilfenahme von staatlichen Subvention wehren können.[845] Dieser Kurs wird allerdings unter den Zeichen von neoliberalen Wirtschaft und Politik immer wieder in Frage gestellt. Die Logik mächtiger globaler Organisationen besteht nun ganz offensichtlich darin, die demokratischen Mechanismen einer sozialen, ökonomischen und politischen Kontrolle an denjenigen Orten, an denen sie ihr Geld verdienen, außer Kraft setzen zu wollen, um damit kapitalintensive Machtstrukturen zu untermauern.

In Bezug auf die gegenwärtigen Probleme des Urbanen werden damit voraussichtlich nicht die Projekte der „Stadt im Grünen" oder der in der Anbindung an ländliche Gegenden, in denen sich regelmäßig verteilt die Einrichtungen für Telearbeit befinden, zu ihrer Lösung führen. Eine Politik des sozialen Wohnungsbaus, der Verkehrsregulierung und der Reduktion des Autoverkehrs, die Förderung des elektrischen Autos, der Kampf gegen soziale Ungleichheiten, die Armut und die Ghettos bleiben bestehen, unabhängig von jedem Ruf nach den Instrumenten des Cyberspace.

In diesem Kontext müsste eine Politik der Stadt darauf zielen, soziale Netze des solidarischen örtlichen Zusammenlebens neu zu gestalten, so dass Orte geschaffen werden, an denen Zugehörigkeit und Identifikation entstehen können, etwa im Sinne neuer städtischer Parlamente als urbane Netze der Agora, und damit ihre BürgerInnen ermächtigen, sich aktiv an den Angelegenheiten des Gemeinwesens zu beteiligen und ihnen zu Macht, Sichtbarkeit und Legitimität verhelfen. Dazu gehören die öffentliche Diskussion über politische Entscheidungen,

---

845 Pesch 2000, S. 301

die sowohl über neue öffentliche Netze laufen würde wie auch über neue Print- und audiovisuelle Medien.
In einer globalen Dimension, die zugleich die Geschlechterperspektive integriert, könnte die Rekonstruktion des Politischen darin bestehen, dass man die Förderung des Gemeinwohls thematisiert und zugleich geschlechtsspezifische Arbeitsprozesse destrukturiert werden, also in erster Linie die Bewahrung oder Wiederherstellung der unentbehrlichen Existenzbedingungen von Milliarden Menschen in den Fokus von Betrachtungen und Veränderungen rückt. Hinzu kämen allerdings noch weitere politische Themen, die die ganze Welt betreffen: die Sicherung der gemeinsamen Versorgung (in den Bereichen Ernährung, Umwelt, Finanzen, Gesundheit), die Erhaltung des Friedens, die kulturelle Vielfalt, die Verfolgung von Verbrechen gegen die Menschlichkeit, wie sie bspw. von politischen Initiativen wie Attac, den Gruppen von Kopenhagen und Lissabon oder vom Komitee für den Erlass der Schulden der Dritten Welt vorgeschlagen werden. An vielfältigen Anregungen jedenfalls besteht kein Mangel.

6 Literatur

Adam, Brigitte / Mechthild Renner (1995): Frauen und räumliche Planung. In: Raumplanung 68; Dortmund.

Adorno, Theodor W. (1989) Der Positivismusstreit in der deutschen Soziologie, Darmstadt

Adorno, Theodor W. (1976): Philosophische Terminologie, Frankfurt a. M.

Ahrendt, Hannah (1981): Vita activa oder vom tätigen Leben, München.

Ahrentzen, Sherry Boland (1990): Managing conflict by managing boundaries. How professional homeworkers cope with multiples roles at home. In: Environment and behaviour, Vol. 22, S. 723 – 752.

Albrecht, Steffen (2002): Netzwerke als Kapital. Zur unterschätzten Bedeutung des sozialen Kapitals für die gesellschaftliche Reproduktion. In: Ebrecht /Hillebrandt, a. a. O., S. 199- 241.

Alisch, Monika (1993): Frauen und Gentrification: der Einfluß von Frauen auf die Konkurrenz um den innerstädtischen Wohnraum, Wiesbaden.

Althoff, Martina / Mechthild Bereswill / Birgit Riegraf (2001): Feministische Methodologien und Methoden. Traditionen, Konzepte, Erörterungen, Opladen.

Andres-Müller, Heide/ Corinna Heipcke / Leonie Wagner / Marlis Wilde-Stockmeyer (Hrsg.): ORTSveränderungen. Perspektiven weiblicher Partizipation und Raumaneignung, Königstein/Taunus.

Augé, Marc (1994): Die Sinnkrise der Gegenwart. In: Kuhlmann, Andreas (Hrsg.) (1994): Philosophische Ansichten der Kultur der Moderne, Frankfurt a. M., S. 33 - 47.

Augé, Marc (1997): Orte und Nicht-Orte. In: Ritter, Roland (Hrsg.): Spaces of Solitude, Graz, S. 12 - 25.

Aulenbacher, Brigitte (2002): Die „zweite Moderne", ein herrenloses Konstrukt – Reichweite und Grenzen modernisierungstheoretischer Zeitdiagnosen. In: Knapp/ Wetter, a. a. O., S. 188 – 224.

Bachelard, Gaston (1997): Poetik des Raumes, Frankfurt a. M.

Bahrdt, Hans Paul (1974): Umwelterfahrung. Soziologische Betrachtungen über den Beitrag des Subjektes zur Konstitution von Umwelt, München.

Bahrdt, Hans Paul (1998): Die moderne Großstadt. Soziologische Überlegungen zum Städtebau, Opladen.

Bango, Jenö (1998): Auf dem Weg zur postglobalen Gesellschaft. Verlorenes Zentrum, abgebaute Peripherie, „erfundene" Region, Berlin.

Barbrook, Richard (2001): Cyber-Kommunismus: Wie die Amerikaner den Kapitalismus im Cyberspace aufheben. In: Maresch / Rötzer, a. a. O., S. 76 – 101.

Barthes, Roland (1988): Semiologie und Stadtplanung. In: ders.: Das semiologische Abenteuer, Frankfurt a. M., S. 199 – 209.

Bath, Corinna/ Barbara Kleinen (Hrsg.) (1997): Frauen in der Informationsgesellschaft. Fliegen oder spinnen im Netz? Mössingen.

Bauhardt, Christine/ Ruth Becker (Hrsg.) (1997): Durch die Wand! Feministische Konzepte der Raumentwicklung, Pfaffenweiler.

Beaud, Stéphane/ Michel Pialoux (2003): Violences urbaines, violences sociales : Genèse des nouvelles classes dangereuses, Paris.

Beauvoir, Simone de (2002): Das andere Geschlecht : Sitte und Sexus der Frau, Reinbek bei Hamburg.

Beck, Ulrich (1993): Die Erfindung des Politischen. Zu einer Theorie reflexiver Modernisierung, Frankfurt a. M.

Beck, Ulrich (1996a): Das Zeitalter der Nebenfolgen und die Politisierung der Moderne. In: Beck / Giddens / Lash, a. a. O., S. 19 - 112.

Beck, Ulrich (1996b): Wissen oder Nicht-Wissen? Zwei Perspektiven „reflexiver Modernisierung“. In: Beck / Giddens / Lash, a. a. O., S. 289 – 315.

Beck, Ulrich (1997): Globalismus und Globalisierung. Gegen die unterstellte Dominanz der wirtschaftlichen Globalisierung, Internetpublikation unter heise.de/tp/deutsch /special/ pol/8029/1.html.

Beck, Ulrich (1998): Wie wird Demokratie im Zeitalter der Globalisierung möglich? - Eine Einleitung. In: Beck, Ulrich (Hrsg.) (1998): Politik der Globalisierung, Frankfurt a. M., S. 7 - 66.

Beck, Ulrich (2002): Macht und Gegenmacht im globalen Zeitalter. Neue weltpolitische Ökonomie, Frankfurt a. M.

Beck, Ulrich (Hrsg.) (2000): Die Zukunft von Arbeit und Demokratie, Frankfurt a. M.

Beck, Ulrich/ Anthony Giddens/ Scott Lash (1996): Reflexive Modernisierung. Eine Kontroverse, Frankfurt a. M.

Becker, Irene (2002): Frauenerwerbstätigkeit hält Einkommensarbeit von Familien in Grenzen. In: Vierteljahreshefte zur Wirtschaftsforschung 71/1, S. 126 – 146.

Becker, Ruth (1997): Frauenforschung in der Raumplanung – Versuch einer Standortbestimmung. In: Bauhardt/ Becker, a.a.O., S. 11 - 32.

Becker, Ruth / Ayla Neusel (1997): Architektur, Räumliche Planung. In: Niedersächsisches Ministerium für Wissenschaft und Kultur (Hrsg.) (1997): Berichte aus der Frauenforschung: Perspektiven für Naturwissenschaften, Technik und Medizin. Bericht der niedersächsischen Kommission zur Förderung der Frauenforschung in Naturwissenschaften, Technik und Medizin, Hannover.

Becker-Schmidt, Regina/ Gudrun-Axeli Knapp (2001): Feministische Theorien zur Ein-führung, Hamburg.

Beck-Gernsheim, Elisabeth (1981): Der geschlechtsspezifische Arbeitsmarkt, Frankfurt a.M.

Beck-Gernsheim, Elisabeth (1983): Vom „Dasein für andere" zum Anspruch auf ein Stück „eigenes Leben". In: Soziale Welt 34, S. 307 - 340.

Beck-Gernsheim, Elisabeth (1998): Was kommt nach der Familie? Einblicke in neue Lebensformen, München.

Beckmann, Petra (2001): Neue Väter braucht das Land! IAB Werkstattbericht 6, Nürnberg.

Beckmann, Petra/ Beate Kurtz (2001): Erwerbstätigkeit von Frauen: Die Betreuung der Kinder ist der Schlüssel. IAB Kurzbericht 10, Nürnberg.

Beer, Ingeborg (1994): Architktur für den Alltag. Vom sozialen und frauenorientieten Anspruch der Siedlungsarchitektur der zwanziger Jahre, Berlin.

Beer, Ursula (1983): Marxismus in Theorien der Frauenarbeit. Plädoyer für eine Erweiterung der Reproduktionsanalyse. In: Feministische Studien 2, S. 136 - 146.

Bell, Daniel (1996): Die nachindustrielle Gesellschaft, Frankfurt a. M.

Bell, Daniel (2000): The end of Ideology: On the exhaustion of political ideas in the fifties, Cambridge.

Benard, Cheryl/ Schlaffer, Edit (1980): Der Mann auf der Straße, Reinbek.

Benevolo, Leonardo (1984): Geschichte der Architektur des 19. und 20. Jahrhunderts, Band 1, München.

Benhabib, Seyla (1994): Feministische Theorie und Hannah Arendts Begriff des öffentlichen Raums. In: Brückner / Meyer (1994), a. a. O., S. 270 - 299.

Bennholdt-Thomsen, Veronika (1983): Die Zukunft der Frauenarbeit und die Gewalt gegen Frauen. In: Neue Verhältnisse in Technopatria. Zukunft der Frauenarbeit. Beiträge zur feministischen Theorie und Praxis, Heft 9/10, S. 207 - 222.

Bennholdt-Thomsen, Veronika / Maria Mies (1997): Eine Kuh für Hillary. Die Subsistenzperspektive, München.

Berger, Peter / Michael Vester (Hrsg.) (1998): Alte Ungleichheiten, neue Spaltungen, Opladen.

Berger, Peter (1994): Lebensstile - strukturelle oder personenbezogene Kategorie? Zum Zusammenhang von Lebensstilen und sozialer Ungleichheit, In: Dangschat/ Blasius, a. a. O., S. 137-149.

Berger, Peter/ P. Sopp (1992): Bewegtere Zeiten? Zur Differenzierung von Erwerbsverlaufsmustern in Westdeutschland. In: Zeitschrift für Soziologie 21, S. 166 – 185.

Berghahn, Sabine (1997): Die Verrechtlichung des Privaten – allgemeines Verhängnis oder Chance für bessere Geschlechterverhältnisse? In: Kerchner, Brigitte/ Wilde, a. a. O., S. 189 - 222.

Berndt, Heide (1967): Der Verlust der Urbanität im Städtebau. In: Das Argument 44, 9. Jhg., Heft 4, September 1967, S. 263ff.

Bertelsmann Stiftung (Hrsg.) (2002): Vereinbarkeit von Familie und Beruf, Gütersloh.

Bieback, Karl-Jürgen/ Helga Milz (Hrsg.) (1995): Neue Armut, Frankfurt a. M.

Bieling, Hans-Jürgen (1998): Macht und Herrschaft in der „Risikogesellschaft“. In: Imbusch, a. a. O., S. 255 – 273.

Biesecker, Adelheid / Uta von Winterfeld (2000): Vergessene Arbeitswirklichkeiten. In: Beck, a. a. O., S. 269 - 286.

Bittlingmayer, Uwe/ Rolf Eikelpasch/ Jens Kastner/ Claudia Rademacher (Hrsg.) (2002): Theorie als Kampf? Zur politischen Soziologie Pierre Bourdieus, Opladen.

Blanke, Karen/ Manfred Ehling/ Norbert Schwarz (1996): Zeit im Blickfeld. Ergebnisse einer repräsentativen Zeitbudgeterhebung, Schriftenreihe des Bundesministeriums für Familien, Senioren, Frauen und Jugend, Band 121, Stuttgart/Berlin/Köln.

Blome, Eva/ Alexandra Erfmeier/ Nina Gülcher/ Kerstin Smasal/ Sandra Smykalla (2005): Handbuch zur universitären Gleichstellungspolitik. Von der Frauewnförderung zum Gendermanagement? Wiesbaden.

Blume, Barbara (2003): Staatliche und nicht-staatliche infrastrukturelle Maßnahmen zur Förderung einer familien- und kinderfreundlichen Lebenswelt in Dänemark, Frankreich und den Niedrlanden. In: Wissenschaftliche Dienste des Deutschen Bundestages, Dezember 2003, Berlin.

Bochow, Michael / Hans Joas (1987): Wissenschaft und Karriere. Der berufliche Verbleib des akademischen Mittelbaus, Frankfurt a. M. / New York.

Bock, Gisela / Barbara Duden (1977): Arbeit als Liebe – Liebe als Arbeit: Zur Entstehung der Hausarbeit im Kapitalismus. In: Dokumentation der Ersten Berliner Sommeruniversität für Frauen, Berlin, S. 118 –199.

Boes, Andreas / Andrea Baukrowitz (2002): Arbeitsbeziehungen in der IT-Industrie. Erosion oder Innovation der Mitbestimmung? Berlin.

Böhme, Helmut (2000): Konstituiert Kommunikation Stadt? In: Bott/ Hubig/ Pesch/ Schröder, a. a. O., S. 13 - 39.

Böhnisch, Lothar (2000): Körperlichkeit und Hegemonialität – Zur Neuverortung des Mannseins in der segmentierten Arbeitsgesellschaft. In: Janshen, a. a. O., S. 106 – 125.

Böhringer, Christine/ Dinah Deckstein/ Dietmar Hawranek / Henryk Hielscher/ Armin Mahler/ Claas Pieper / Michael Sauga (2005): Das globale Job-Roulette. In: Der Spiegel, Heft 17 vom 25.04.2005.

Bollnow, Otto Friedrich (1994): Mensch und Raum, Stuttgart/ Berlin/ Köln.

Bosch, Gerhard (2002): Auf dem Weg zu einem neuen Normalarbeitsverhältnis? – Veränderungen von Erwerbsverläufen und ihre sozialstaatliche Absicherung. In: Gottschall / Pfau-Effinger, a. a. O., S. 107 - 134.

Bott, Helmut (2000): Stadt-Schichten. In: Bott et al. , a. a. O., S. 1001 – 114.

Bott, Helmut / Christoph Hubig / Franz Pesch / Gerhart Schröder (Hrsg.) (2000): Stadt und Kommunikation im digitalen Zeitalter, Frankfurt a. M./ New York.

Bourdieu, Pierre (1979): Entwurf einer Theorie der Praxis auf der Grundlage der kabylischen Gesellschaft, Frankfurt a. M.

Bourdieu, Pierre (1983): Ökonomisches Kapital, kulturelles Kapital, soziales Kapital. In: Kreckel, Reinhard (Hrsg.): Soziale Ungleichheiten (Soziale Welt; Sonderband 2), Göttingen, S. 183 - 198.

Bourdieu, Pierre (1984): Die feinen Unterschiede. Kritik der gesellschaftlichen Urteilskraft, Frankfurt a. M.

Bourdieu, Pierre (1985): Sozialer Raum und „Klassen". Zwei Vorlesungen, Frankfurt a. M.

Bourdieu, Pierre (1987): Sozialer Sinn. Kritik der theoretischen Vernunft, Frankfurt a. M.

Bourdieu, Pierre (1989): Satz und Gegensatz. Über die Verantwortung der Intellektuellen, Berlin.

Bourdieu, Pierre (1991): Physischer, sozialer und angeeigneter physischer Raum. In: Wentz, a. a. O., S. 25 - 34.

Bourdieu, Pierre (1992): Homo academicus, Frankfurt a. M.

Bourdieu, Pierre (1994): Sozialer Sinn. Kritik der theoretischen Vernunft. Frankfurt a. M.

Bourdieu, Pierre (1997a): Die männliche Herrschaft. In: Dölling/ Krais, a. a. O., S. 153 - 217.

Bourdieu, Pierre (1997b): Eine sanfte Gewalt. In: Dölling/ Krais, a. a. O., S. 218 - 230.

Bourdieu, Pierre (1997c): Das Elend der Welt. Zeugnisse und Diagnosen alltäglichen Leidens an der Gesellschaft, Konstanz.

Bourdieu, Pierre (1998): Gegenfeuer: Wortmeldungen im Dienste des Widerstands gegen die neoliberale Invasion, Konstanz.

Bourdieu, Pierre (1998a): Praktische Vernunft. Zur Theorie des Handelns, Frankfurt a. M.

Bourdieu, Pierre (1998b): Ein Musterbeispiel für symbolische Gewalt. Über die Vorherrschaft des Mannes. In: Le Monde diplomatique Nr. 5608 vom 14.8.1998, S. 16.

Bourdieu, Pierre (1998c): Vom Gebrauch der Wissenschaft. Für eine klinische Soziologie des wissenschaftlichen Feldes, Konstanz.

Bourdieu, Pierre (1999): Sozialer Sinn. Kritik der theoretischen Vernunft, Frankfurt a. M.

Bourdieu, Pierre (2002): Ein soziologischer Selbstversuch, Frankfurt a. M.

Bourdieu, Pierre / Loïc Wacquant (1996): Reflexive Anthropologie, Frankfurt a. M.

Bourdieu, Pierre et al. (1993): La misère du Monde, Paris.

Braczyk, Mark (2000): Soziale Veränderungen auf dem Weg in die Informationsgesellschaft. In: Jessen/ Lenz/ Vogt (Hrsg.), a. a. O., S. 66 - 86.

Brakenhoff, Barbara (Hrsg.) (1985): Vom Umgang mit einem Ärgernis. Frauenblicke auf Stadtveränderung, Kreuzberger Hefte IX, Berlin.

Braun, Kathrin (2002): (K)Eine Denkerin der Vermittlung ? Gesellschaftstheorie und Geschlechterverhältnis im Werk von Hannah Arendt. In: Knapp/ Wetterer, a. a. O., S. 132 - 156.

Bräunlein, Peter/ Andrea Lauser (1997): Grenzüberschreitungen, Identitäten. Zu einer Ethnologie der Migration in der Spätmoderne. In: kea, Heft 10, 1997; veröffentlicht im Internet unter home.t-online.de/home/kea.edition/ einlei ~ 1.htm, S. 1-21.

Braunmühl, Claudia von (1999): Der blockierte Dialog. In: dies., a. a. O., S. 7 – 24.

Braunmühl, Claudia von (Hrsg.) (1999): Der blockierte Dialog. Zur Rezeption feministischer Theorie-Impulse im Wissenschaftsbetrieb, Berlin.

Breckner, Ingrid/ Gabriele Sturm (1997): Raum-Bildung: Übungen zu einem gesellschaftlich begründeten Raum-Verstehen. In: Ecarius/ Löw, a. a. O., S. 213 - 236.

Breidenbach, Joana/ Ina Zukrigl (1998): Tanz der Kulturen. Kulturelle Identität in einer globalisierten Welt, München.

Breitenbach, Eva (Hrsg.) (2002): Geschlechterforschung als Kritik: Zum 60. Geburtstag von Carol Hagemann-White, Bielefeld.

Briefe Arbeit und Ökologie (2003): „Arbeiten wie die Eltern“ – festangestellt und mit geregeltem Feierabend, Heft 8/9, S. 33-35.

Brinkemper, Peter/ Bernhard von Dadelsen/ Thomas Seng (1994): Globale Kulturvermarktung heute, Berlin.

Bronfenbrenner, Urie (1981): Die Ökologie der menschlichen Entwicklung. Natürliche und geplante Experimente, Stuttgart.

Brück, Brigitte/ Heike Kahlert/ Marianne Krüll/ Helga Milz/ Astrid Osterland/ Inge-borg Wegehaupt-Schneider (1997): Feministische Soziologie. Eine Einführung, Frankfurt a. M. /New York.

Brückner, Margrit (1994): Geschlecht und Öffentlichkeit. Für und wider das Auftreten als Frau oder als Mensch. In: Brückner/ Meyer (1994), a. a. O., S. 19 - 56.

Brückner, Margrit/ Birgit Meyer (Hrsg.) (1994): Die sichtbare Frau. Die Aneignung der gesellschaftlichen Räume, Freiburg i. Br.

Brunner, Otto (1978): Vom „ganzen Haus“ zur „Familie“. In: Rosenbaum, Heidi (Hrsg.) (1978), a. a. O., S. 83 - 91.

Bublitz, Hannelore (2002): Geschlecht als historisch singuläres Ereignis: Foucaults poststrukturalistischer Beitrag zu einer Gesellschaftstheorie der Geschlechterverhältnisse. In: Knapp/ Wetter, a. a. O., S. 256 – 287.

Büchel, Felix / Katharina Spieß (2002): Form der Kinderbetreuung und Arbeitsmarktverhalten von Müttern in West- und Ostdeutschland, Stuttgart.

Büchner, Peter et al. (1994): Kindliche Lebenswelten, Bildung und innerfamiliale Beziehungen. Materialien zum Fünften Familienbericht, Bd. 4, Weinheim/München.

Bühl, Achim (1996): CyberSociety. Mythos und Realität der Informationsgesellschaft, Köln.

Bühl, Achim (1997): Die virtuelle Gesellschaft. Ökonomie, Politik und Kultur im Zeichen des Cyberspace, Opladen/Wiesbaden.

Bühl, Achim (1998): Herrschaftsfrei und grenzenlos? Eine politische Soziologie des Internet. In: Imbusch, a. a. O., S. 353 – 370.

Bühl, Achim (2000): Die virtuelle Gesellschaft des 21. Jahrhunderts. Sozialer Wandel im digitalen Zeitalter, Opladen.

Bühler, Elisabeth / Heidi Meyer / Dagmar Reichert / Andrea Scheller (Hrsg.) (1993): Ortssuche. Zur Geografie der Geschlechterdifferenz, Zürich/Dortmund.

Bührmann, Andrea D. (2000): Arbeit - Sozialisation - Sexualität. Zentrale Felder der sozialwissenschaftlichen Frauen- bzw. Geschlechterforschung, Band I, Opladen.

Bulard, Martine (2000): Fortschritt oder Ausbeutungsfortschritt - Moderne Zeiten im Zeichen des Internets. In: Le Monde Diplomatique Nr. 6323 vom 15.12.2000, S. 22 - 23.

Bundesministerium für Arbeit und Sozialordnung (BMAS) / Bundesministerium für Wirtschaft (BMWI) / Bundesministerium für Bildung, Wissenschaft, Forschung und Technologie (BMBWFT)(Hrsg.) (1998): Telearbeit. Ein Leitfaden für die Praxis, Bonn.

Bund-Länder-Kommission (BLK) (2002): Frauen in Führungspositionen an Hochschulen und außerhochschulischen Forschungseinrichtungen, Bonn.

Büssing, André (2001): Telearbeit im Spannungsfeld von Arbeit, Familie und Freizeit. In: Winker, a. a. O., S. 61 - 92

Büssing, André / Hartmut Seifert (1995): Sozialverträgliche Arbeitszeitgestaltung, München.

Büssing, André / Ruth Kunst / Silke Michel (1996): Qualifikationsanforderungen, berufliche Qualifizierung und Mehrfachbelastung unter Telearbeit. Eine quasi-experimentelle Untersuchung von Telearbeiterinnen im Erziehungsurlaub, München.

Butler, Judith (1991): Das Unbehagen der Geschlechter, Frankfurt a. M.

Butler, Judith (1994): Phantasmatische Identifizierung oder Annahme des Geschlechts. In: Institut für Sozialforschung Frankfurt (Hrsg.): Geschlechterverhältnisse und Politik, Frankfurt a. M., S. 101 - 138.

Castells, Manuel (1977): Die kapitalistische Stadt. Ökonomie und Politik der Stadtentwicklung, Hamburg/ Berlin.

Castells, Manuel (1983): The City and the Grassroots, Berkeley.

Castells, Manuel (1989): The Informational City, Oxford.

Castells, Manuel (2003a): Das Informationszeitalter, Teil 1: Die Netzwerkgesellschaft, Opladen.

Castells, Manuel (2003b): Das Informationszeitalter, Teil 3: Jahrtausendwende, Opladen.

Chombart de Lauwe, Pierre-Henri (1961): Soziologie des Wohnens. In: Bauen + Wohnen, 6, S. 218 - 224

Chombart de Lauwe, Pierre-Henri (1977): Aneignung, Eigentum, Enteignung. In: Arch+, 34, S. 2 - 6.

Chomsky, Noam (1999): Profit over People. Neoliberalismus und globale Weltordnung, Hamburg/ Wien.

Claren, Brigite / Daniela De Ridder / Christa Holste / Heide-Rose Manz-Keinke / Birgit Meyer-Thaut/ Heike Raabe / Edda Ullrich (2001): Nachhaltige Stadtentwicklung aus Frauensicht. Ein Kriterinkatalog, Lüneburg.

Clausen, Lars (Hrsg.) (1996): Gesellschaften im Umbruch. Verhandlungen des 27. Kongresses der Deutschen Gesellschaft für Soziologie in Halle an der Saale, Frankfurt a. M./ New York.

Cohen, Jean L. (1994): „Hat sie denn heute überhaupt gekocht?" Frauen in der Politik von der Nachkriegszeit bis heute. In: Brückner/ Meyer (1994), a. a. O., S. 369 – 409.

Collande, Peter von Mitschke / Detlev Blechner / Frauke Schweitzer (2000): Flexiblere Arbeitszeit durch Telearbeit. Schlussbericht zum Pilotprojekt in der Niedersächsischen Landesverwaltung, Hannover.

Cornelißen, Waltraud (2002): Junge Frauen - junge Männer: Daten zu Lebensführung und Chancengleichheit. Eine sekundäranalytische Auswertung, Opladen.

Costas, Ilse (1992): Das Verhältnis von Profession, Professionalisierung und Geschlecht in historisch vergleichender Perspektive. In: Wetterer, Angelika (Hrsg.) (1992): Geschlecht und Profession, Frankfurt a. M:, S. 51 - 82.

Dackweiler, Regina (1995): Ausgegrenzt und eingemeindet. Die neue Frauenbewegung im Blick der Sozialwissenschaften, Münster.

Donzelot, Jacques/ Catherine Mével/ Anne Wyvekens (2002): De la fabrique sociale aux violences urbaines. In: Esprit: revue internationale, Nr. 290, S. 13 - 34.

Dangschat, Jens (1998): Klassenstrukturen im Nach-Fordismus. In: Berger/ Vester, a. a. O., S. 49 - 87

Dangschat, Jens/ Jörg Blasius (Hrsg.) (1994): Lebensstile in den Städten. Konzepte und Methoden, Opladen.

Davis, Mike (1994): City of Quartz. Ausgrabungen der Zukunft in Los Angeles, Berlin/ Göttingen.

Davis, Mike (1999): Casino Zombies und andere Fabeln aus dem Neon-Westen der USA, München.

De Ridder, Daniela (1990): Die Frauenbildungsbewegung im Frankreich des ausgehenden 19. Jahrhunderts, Diplomarbeit am Fachbereich Sozialwissenschaften der Georg-August-Universität Göttingen.

De Ridder, Daniela/ Simone Jostock (1995): Und ewig lockt das Weib – Prostitution um die Jahrhundertwende. In: Die Frauenbeauftragte der Stadt Lüneburg (Hrsg.): Frauen in Lüneburg. Ein Lesebuch, Lüneburg, S. 34 - 38.

Deutsche Bundesbank (2002): Staatliche Leistungen für die Fördung von Familien. In: Deutsche Bank Monatsberichte 54/ 4, S. 15 – 32.

Deutsche, Rosalyn (2000): Men in Space. In: Rendell et al., a. a. O., London, S. 134 - 139.

Dölling, Irene/ Beate Krais (Hrsg.) (1997): Ein alltägliches Spiel. Geschlechterkonstruktion in der sozialen Praxis, Frankfurt a. M.

Donzelot, Jacques (2006): Quand la ville se défait : Quelle politique face à la crise des banlieues?, Paris.

Dörhöfer, Kerstin (1992): „...und nur dem Sieger hold". Die Stadt als Abbild rationaler und emotionaler Zuordnungen. In: Frauen Kunst Wissenschaft, Heft 13, Februar 1992, S. 11 - 23.

Dörhöfer, Kerstin (1998): „... daß jeder Millimeter einen Sinn hat, den man zeichnet..." Zum Werk von Margarete Schütte-Lihotzky, die 1997 ihren 100. Geburtstag beging. In: FOPA Berlin (Hrsg.) (1998): Frei Räume: Neue Wege - Neue Ziele - Positionen feministischer Planung, Bd. 10, S. 44 - 46.

Dörhöfer, Kerstin / Ulla Terlinden (1998): Verortungen. Geschlechterverhältnisse und Raumstrukturen, Basel/ Boston/ Berlin.

Dörhöfer, Kerstin / Ulla Terlinden (Hrsg.) (1987): Verbaute Räume. Auswirkungen von Architektur und Stadtplanung auf das Leben von Frauen, Köln.

Dovey, Kim (1999): Framing Places. Mediating power in Built Form, London/ New York.

Drucker, Peter F. (1993): Die postkapitalistische Gesellschaft, Düsseldorf.

Drucker, Susan/ Gary Gumpert (Hrsg.) (1997): Voices in the Street. Explorations in Gender, Media and Public Space, New Jersey.

Drucker, Susan/ Vana Tentokali / Gary Gumpert (1997): Time and Space in Domestic Life. In: Drucker/ Gumpert (Hrsg), a. a. O., S. 43 - 58.

Duby, Georges/ Geneviève Fraisse / Michelle Perrot, (Hrsg.) (1994): Geschichte der Frauen: 19. Jahrhundert, Frankfurt a. M.

Duclos, Denis (1998): Die Internationale der Hyperbourgeoisie. Eine neue Klasse löst die alten Führungsschichten ab. In: Le Monde diplomatique Nr. 5608 vom 14.08.1998, S. 10 - 11.

Duclos, Denis (1999): Die Wahnidee vom wahren Kern. Gründe für den fortgesetzten Angriff des Privaten auf das Private. In: Le Monde diplomatique Nr. 5911 vom 13.8.1999, S. 10 - 11.

Duden, Barabara (1993): Die Frau ohne Unterleib. Zu Judith Butlers Entkörperung. Ein Zeitdokument. In: Feministische Studien 2/ 93, S. 29ff.

Dyson, Esther (1997): Release 2.0. Die Internet-Gesellschaft. Spielregeln für unsere digitale Zukunft, München.

Ebrecht, Jörg / Frank Hillebrandt (Hrsg.) (2002): Bourdieus Theorie der Praxis. Erklärungskraft - Anwendung - Perspektiven, Wiesbaden.

Ecarius, Jutta (1996): Individualisierung und soziale Reproduktion im Lebensverlauf. Konzepte der Lebenslaufforschung, Opladen.

Ecarius, Jutta/ Martina Löw (Hrsg.) (1997): Raumbildung Bildungsräume. Über die Verräumlichung sozialer Prozesse, Opladen.

Eckardt, Frank (2004): Soziologie der Stadt, Bielefeld.

Eder, Klaus (1989): Klassentheorie als Gesellschaftstheorie. Bourdieus dreifache kulturtheoretische Brechung der traditionellen Klassentheorie. In: ders. (Hrsg.): Klassenlage, Lebensstil und kulturelle Praxis. Beiträge zur Auseinandersetzung mit Pierre Bourdieus Klassentheorie, Frankfurt a. M., S. 15 - 43.

Ehlert, Wiking (2001): Epilogue: Europe – Old Societies and New Democraties. In: Széll/ Ehlert, a. a. O., S. 332 – 352.

Eikelpasch, Rolf (2002): Parteiliche Unparteilichkeit. Paradoxien in der Begründung einer kritischen Soziologie bei Pierre Bourdieu. In: Bittlingmayer/ Eikelpasch/ Kastner, a. a. O, S. 49 - 60.

Elias, Norbert/ John L. Scotson (1993): Etablierte und Außenseiter, Frankfurt a. M.

Elias, Norbert (1983): Die höfische Gesellschaft, Frankfurt a. M.

Elias, Norbert (1986): Was ist Soziologie? München.

Empirica (2002): Telearbeit boomt – allerdings anders als vorhergesagt. Pressemitteilung vom 07.10.2002.

Engler, Steffani (2001): „In Einsamkeit und Freiheit?" Zur Konstruktion der wissenschaftlichen Persönlichkeit auf dem Weg zur Professur, Konstanz.

Engler, Steffani (2002): Von klugen Köpfen und Genies. Zum Selbstverständnis von Professoren. In: Ebrecht / Hillebrandt, a. a. O., S. 153 – 169.

Engler, Steffani/ Barbara Friebertshäuser (1992): Die Macht der Dominanten. In: Wetterer, a. a. O., S. 101 - 120.

Englisch, Gundula (2003): Jobnomaden, Bonn.

Etzioni, Amitai (1997): Die faire Gesellschaft. Jenseits von Sozialismus und Kapitalismus, Frankfurt a. M.

Etzioni, Amitai (1998): Die Entdeckung des Gemeinwesens. Das Programm des Kommunitarismus, Frankfurt a. M.

European Commission (Hrsg.) (2003): The European E-Business Report. A Portrait of E-Business in 15 Sectors of the EU Economy, Brüssel.

Fagnani, Jeanne / Marie-Thérèse Letablier (2002): Die französische Politik der Kleinkindbetreuung in den Fängen der Beschäftigungspolitik. In: Feministische Studien Heft 2/ 2002.

Fenstermaker, Sarah (2002): Doing gender, doing difference: inequality, power and institutional change, New York.
Fetherolf Loutfi, Martha (Hrsg.) (2001): Women, Gender and Work. What is Equality and how do we get there?, Genf.
Ficze, Elisabeth/ Jochen Back (1998): Telearbeit – Auswirkungen auf das soziale Umfeld, Internetpublikation unter www.wiso.uni-augsburg.de/sozio/stengel/fle-ficze.html.
Flaake, Karin (1994): Ein eigenes Begehren? Weibliche Adoleszenz und Veränderungen im Verhältnis zu Körperlichkeit und Sexualität. In: Brückner/ Meyer (Hrsg.) (1994), a. a. O., S. 89 - 117.
Flade, Antje (1993): Kann der Rückzug der Mädchen aus dem öffentlichen Raum verhindert werden? Empirische Forschungsergebnisse und Schlußfolgerungen. In: Flade/ Kustor-Hüttl (Hrsg.), a. a. O., S. 23 - 40.
Flade, Antje / Beatrice Kustor-Hüttl (Hrsg.) (1993): Mädchen in der Stadtplanung. Bolzplätze und was sonst? Weinheim.
Flade, Antje/ Beatrice Kustor (Hrsg.) (1996): Raus aus dem Haus. Mädchen erobern die Stadt, Frankfurt a. M./ New York.
Fleck, Susan (2001): A gender perspective on maquila employment and wages in Mexico. In: The economics of gender in Mexico: work, family, state, and market. Washington DC, S. 133 - 173.
Flusser, Vilém (1991): Die Stadt als Wellental in der Bilderflut. In: Arch+; Nr.111, 1991; S. 58 ff.
Flusser, Vilém (1994): Von der Freiheit des Migranten. Einsprüche gegen den Nationalismus, Berlin.
Forrester, Viviane (1998): Der Terror der Ökonomie, München.
Foucault, Michel (1976): Überwachen und Strafen. Frankfurt a. M.
Frampton, Kenneth (2002): Le Corbusier. Architect of the twentieth Century, New York.
Franco, Ana / Karin Winqvist (2002): Frauen und Männer, die Arbeit und Familie vereinbaren. In: Statistik kurz gefasst 9 / Eurostat, Luxemburg.
Frankfurter Frauenschule (Hrsg.) (2000): Die Frage der Sexuierung, Königstein/Taunus.
Frerichs, Petra (2000): Klasse und Geschlecht als Kategorien sozialer Ungleichheit. In: Kölner Zeitschrift für Soziologie und Sozialpsychologie 1/ 2000, S. 36 - 59.
Frerichs, Petra/ Margareta Steinrücke (Hrsg.) (1993): Soziale Ungleichheit und Geschlechterverhältnisse, Opladen.
Frevert, Ute (1989): Frauen-Geschichte. Zwischen bürgerlicher Verbesserung und neuer Weiblichkeit, Frankfurt a. M.
Friese, Marianne (1990): Welchen Wert hat die Bildung für die Arbeiterin? Proletarische Frauenbildung im Spannungsverhältnis von Klasse und Geschlecht. In: Rabe-Kleberg, a. a. O., Bielefeld.

Fröhlich, Gerhard/ Ingo Mörth (1994): Lebensstile als symbolisches Kapital? Zum aktuellen Stellenwert kultureller Distinktionen. In: Mörth / Fröhlich, a. a. O., S. 7 - 30.

Fthenakis, Wassilios et al. (1999): Die engagierte Vaterschaft. Die sanfte Revolution in der Familie, Opladen.

Ganser, Karl / Joachim Jens Hesse / Christoph Zöpel (Hrsg.) (1991): Die Zukunft der Städte, Baden-Baden.

Garfinkel, Harold (1967): Studien über die Routinegrundlagen von Alltagshandeln. In: Steiner, Heinz (Hrsg.) (1973), a. a. O., S. 280 - 293.

Garhammer, Manfred (1997): Teleheimarbeit und Telecommuting. Ein deutsch- amerikanischer Vergleich über kulturelle Bedingungen und soziale Auswirkungen einer neuen Arbeitsform. In: Zeitschrift für Arbeitswissenschaft, Nr. 51, S. 232 – 239.

Garreau, Joel (1991): Edge City: Life on the new frontier, New York.

Gaschke, Susanne (2003): Wo sind die Kinder? Im Land der Egoisten: Kein Nachwuchs, keine Rente. In: Die Zeit vom 14.08.2003.

Gaschke, Susanne (2004): Das kinderlose Land. Wo sind die Kinder? In: Die Zeit vom 15.01.2004.

Gaschke, Susanne (2005): Keine Privatsache. Der neue Familienbericht provoziert: Fortpflanzung ist ein gesellschaftliches Ziel. In: Die Zeit vom 11. 08.2005.

Geiger, Gabriele (1986): Frauen Körper Bauten. Weibliche Wahrnehmung des Raums am Beispiel Stadt, München.

Geissler, Birgit (2002): Die (Un-)Abhängigkeit in der Ehe und das Bürgerrecht auf Care. Überlegungen zur Gender-Gerechtigkeit im Wohlfahrtstaat. In: Gottschall/ Pfau-Effinger, a. a. O., S. 183 – 206.

Geneen, Elke (2000): Akademische Karrieren von Frauen an wissenschaftlichen Hochschulen. In: Krais, Beate, a. a. O., S. 83 – 105.

Georgiadis, Sokratis (1996): Space, place, cyberspace. Interpublikation unter http://www. heise.de/tp/deutsch/special/sam/6032/1.html

Gerhard, Ute (1995): Unerhört. Die Geschichte der deutschen Frauenbewegung, Reinbek bei Hamburg.

Giddens, Anthony (2001): Konsequenzen der Moderne, Frankfurt a. M.

Giedion, Siegfried (1948/1982): Die Herrschaft der Mechanisierung, Frankfurt a. M.

Gildemeister, Regine (1992): Wie Geschlechter gemacht werden. Die soziale Konstruktion der Zweigeschlechtlichkeit und ihre Reifizierung in der Frauenforschung. In: Knapp/ Wetter, a. a. O., S. 201 - 254.

Glaser, Margrit/ Wilhelm Glaser (1995): Telearbeit in der Praxis. Psychologische Erfahrungen mit außenbetrieblichen Arbeitsstätten bei der IBM Deutschland GmbH, Neuwied/ Berlin.

Glaser, Margrit/ Wilhelm Glaser (2000): Zukunftsmodell Telearbeit. Neue empirische Befunde und eine Zwischenbilanz. In: Jessen/ Lenz/ Vogt (Hrsg.), a. a. O., S. 98 - 145.

Glotz, Peter (2001): Von Analog nach Digital. Unsere Gesellschaft auf dem Weg zur digitalen Kultur, Frauenfeld.

Godehardt, Birgit/ Hans-Ulrich List (Hrsg.) (1999): Vernetztes Arbeiten und Lernen. Telearbeit – Telekooperation - Teleteaching, Heidelberg.

Goffman, Erving (1969): Wir alle spielen Theater, München.

Goffman, Erving (1974): Das Individuum im öffentlichen Austausch. Mikrostudien zur öffentlichen Ordnung, Frankfurt a. M.

Goffman, Erving (2001): Interaktion und Geschlecht, Frankfurt a. M./ New York.

Goldmann, Monika/ Gudrun Richter (1987): Teleheimarbeit von Frauen: Betriebliche Flexibilisierungsstrategien und das Interesse von Frauen an der Vereinbarkeit von Beruf und Familie; Kurzfassung des Forschungsberichtes des Landesinstituts Sozialforschungsstelle, hrsg. v. Ministerium für die Gleichstellung von Frau und Mann des Landes Nordrhein-Westfalen, Dortmund.

Goll, Michaela (2002): Kommunikationsstrukturen, Arbeitsabläufe, Wissensmanagement, Opladen.

Golledge, Reginald/ Robert Stimson (1997): Spatial Behaviour. A Geographic Perspective, New York/ London.

Gottfried, Heidi / Jacqueline O'Reilly (2002): Der Geschlechtervertrag in Deutschland und Japan: Die Schwäche eines starken Ernährermodells. In: Gottschall/Pfau-Effinger, a. a. O., S. 29 – 57.

Gottschall, Karin (2000): Soziale Ungleichheit und Geschlecht. Kontinuität und Brüche, Sackgassen und Erkenntnispotentiale im deutschen soziologischen Diskurs, Opladen.

Gottschall, Karin/ Birgit Pfau-Effinger (2002): Einleitung: Zur Dynamik von Arbeit und Geschlechterordnung. In: dies., a. a. O., S. 7 - 26.

Gottschall, Karin/ Birgit Pfau-Effinger (Hrsg.) (2002): Zukunft der Arbeit und Geschlecht. Diskurse, Entwicklungspfade und Reformoptionen im internationalen Vergleich, Opladen.

Grantham, Charles E. / Eric Paul (1995): The „Greening" of Organizational Change. A Case study. In: Innovation, Vol. 8, Nr. 2, S. 221 – 233.

Gross, Peter (1994): Die Multioptionsgesellschaft, Frankfurt a. M.

Grosz, Elisabeth (1992): Bodies-Cities. In: Colomina, Beatriz (Hrsg.): Sexuality and Space, New York.

Grosz, Elisabeth (2000): Woman, Chora, Dwelling. In: Rendell / Penner / Borden (Hrsg.), a. a. O., S. 210 – 221.

Gruen, Josef (1984): Global denken, vor Ort handeln: Weltmodelle von „Global 2000“ bis Hermann Kahn; Kontroversen über unsere Zukunft, Freiburg i. Br.

Grundmann, Gunhild/ Johannes Huinink / Lothar Krappmann (1994): Familie und Bildung. In: Büchner, a. a. O., S. 41 - 104.

Guggenberger, Bernd (1995): Einfach schön. Schönheit als soziale Macht, München.

Gumpert, Gary/ Susan Drucker (1997): Voices in the Street: Explorations in Gender, Media and Public Space. In: Drucker/ Gumpert, a. a. O., S. 1 - 13.

Gutiérrez Rodríguez, Encarnación (1999): Raum- und Ortkonzepte intellektueller Migrantinnen. Migrantinnen zwischen einer „verordneten Entortung“ und einer geopolitischen Positionierung. In: Andres-Müller et al., a. a. O., S. 58 - 73.

Habermas, Jürgen (1971): Strukturwandel der Öffentlichkeit. Untersuchungen zu einer Kategorie der bürgerlichen Gesellschaft, Neuwied/ Berlin.

Habermas, Jürgen (1981): Theorie des kommunikativen Handelns, Frankfurt a. M.

Habermas, Jürgen (1995): Aufgeklärte Ratlosigkeit. In: Frankfurter Rundschau vom 30.12.1995.

Habermas, Jürgen (1998): Jenseits des Nationalstaats? Bemerkungen zu Folgeproblemen der wirtschaftlichen Globalisierung. In: Beck, a. a. O., S. 67 - 84.

Habermas, Tilmann (1999): Geliebte Objekte. Symbole und Instrumente der Identitätsbildung, Frankfurt a. M.

Hagemann-White, Carol (1984): Sozialisation: Weiblich - männlich? Opladen.

Hagemann-White, Carol/ Maria S. Rerrich (1988): FrauenMännerBilder. Männer und Männlichkeit in der feministischen Diskussion. Bielefeld.

Hagemann-White, Carol (2002): Gender-Perspektiven auf Gewalt in vergleichender Sicht. In: Internationales Handbuch der Gewaltforschung, Wiesbaden, S. 124 - 152.

Hall, Ann M. (1997): Geschlecht, Körperpraktiken und Macht. In: Kröner/ Pfister, a. a. O., Pfaffenweiler, S. 18 - 29.

Hall, Edward T. (1976): Die Sprache des Raumes, Düsseldorf.

Hamedinger, Alexander (1998): Raum, Struktur und Handlung als Kategorien der Entwicklungstheorie. Eine Auseinandersetzung mit Giddens, Foucault und Lefèbvre, Frankfurt/ New York.

Hamm, Bernd/ Ingo Neumann (1996): Siedlungs-, Umwelt- und Planungssoziologie, Opladen.

Handy, Charles (1995): The Age of paradox, Harvard.

Handy, Charles (2003): Wofür arbeiten wir? Harvard Business Manager 3/2003, S. 96 – 107.

Hanisch, Jochen (1999): Ein Bolzplatz für Mädchen und angstfreier Spaziergang im Park - Erkundungen über die gängige Praxis in der Landschaftsplanung. In: Braunmühl, a. a. O., S. 115 – 132.

Hanson, Susan/ Geraldine Pratt (1995): Gender, Work and Space, London/ New York.

Haraway, Donna (1990): A Manifesto for Cyborgs: Science, Technology, and Socialist Feminism in the 1980s. In: Nicholson, a. a. O., S. 190 - 233.

Haraway, Donna (1995): Die Neuerfindung der Natur. Primaten, Cyborgs und Frauen. Frankfurt a. M./ New York.

Harbeck, Matthias (1994): News show ohne Grenzen. Entpolitisierung und globales Infotainment. In: Brinkemper, Peter V./ Bernhard von Dadelsen, / Thomas Seng: Globale Kulturvermarktung heute, Berlin, S. 167 - 182.

Harms, Gerd/ Christa Preissing/ Adolf Richtermeier (1985): Kinder und Jugendliche in der Großstadt. Zur Lebenssituation 9- bis 14jähriger Kinder und Jugendlicher, Berlin.

Hartmann, Peter (1999): Lebensstilforschung. Darstellung, Kritik und Weiterentwicklung, Opladen.

Hartwig, Luise (1990): Sexuelle Gewalterfahrung von Mädchen. Konfliktlagen und Konzepte mädchenorientierter Heimerzeihung, München.

Harvey, David (1985): The Urbanization of Capital: Studies in the History and Theory of Capital Urbanization, Baltimore.

Harvey, David (1989): The Condition of Postmodernity, Oxford.

Harvey, David (1991): Geld, Zeit, Raum und die Stadt. In: Wentz (Hrsg.), a. a. O., S. 149 - 168.

Harvey, David (1996): Justice, Nature and the Geography of Difference, Oxford.

Haugg, Frigga (2001): Zukunft für Frauen? Einige Überlegungen zu Diskursen um Geschlechtverhältnisse im Internet. In: Das Argument. Internetpublikation unter http: /www. linksnet.de/artikel.php?id=209

Hausen, Karin (Hrsg.) (1993): Frauenerwerbsarbeit: Forschungen zu Geschichte und Gegenwart, München.

Häußermann, Hartmut (1991): Sozialraum Stadt: Von der Sprengkraft sozialer Schichtung. In: Ganser et al., a. a. O., S. 92 - 110.

Häußermann, Hartmut (1995): Die Stadt und die Stadtsoziologie. Urbane Lebensweise und die Integration des Fremden. In: Berliner Journal für Soziologie, Heft 1, S. 89 – 98.

Häußermann, Hartmut (2000): Gesellschaftlicher Wandel und Kommunikation. In: Bott et al., a. a. O., S. 57 – 67.

Häußermann, Hartmut/ Detlev Ipsen/ Thomas Krämer-Badoni/ Dieter Läpple / Marianne Rodenstein (Hrsg.) (1992): Stadt und Raum, Pfaffenweiler.

Häußermann, Hartmut/ Walter Siebel (1987): Neue Urbanität, Frankfurt a. M.
Häußermann, Hartmut/ Walter Siebel (1995): Dienstleistungsgesellschaften, Frankfurt a. M.
Häußermann, Hartmut/ Walter Siebel (1996): Soziologie des Wohnens. Eine Einführung in Wandel und Ausdifferenzierung des Wohnens, Weinheim/München.
Heidegger, Martin (1954): Bauen Wohnen Denken. Gehalten am 5. August 1951 im Rahmen des „Darmstädter Gesprächs II". In: Vorträge und Aufsätze, Pfullingen, S. 145 - 162.
Heiliger, Anita und Constanze Engelfried (1995): Sexuelle Gewalt. Männliche Sozialisation und potentielle Täterschaft, Frankfurt a. M.
Heiliger, Anita und Steffi Hoffmann (1998): Aktiv gegen Männergewalt. Kampagnen und Maßnahmen gegen Gewalt an Frauen international, München.
Heintz, Bettina (Hrsg.) (2002): Geschlechtersoziologie, Opladen.
Heitmeyer, Wilhelm (2002): Süchtig nach Anerkennung. Die prekäre Normalität: Wer nicht auffällt, wird nicht wahrgenommen - ist ein Nichts. In: Die Zeit 19/2002.
Heitmeyer, Wilhelm/ Rainer Dollase/ Otto Backes (Hrsg.) (1998): Die Krise der Städte. Analyse zu den Folgen desintegrativer Stadtentwicklung für das ethnisch-kulturelle Zusammenleben, Frankfurt a. M.
Henley, Nancy (1991): Körperstrategien. Geschlecht, Macht und nonverbale Kommunikation, Frankfurt a. M.
Herlyn, Ingid und Ulfert Herlyn (1983): Wohnverhältnisse in der Bundesrepublik. Frankfurt a. M.
Herlyn, Ulfert/ Lothar Bertels (Hrsg.) (1994): Stadt im Umbruch: Gotha, Opladen.
Hernes, Helga Maria (Hrsg.) (1988): Frauenzeit - Gebundene Zeit. Studienreihe Skandinavische Sozialwissenschaften Band 2, Bielefeld.
Hess, Sabine / Ramona Lenz (Hrsg) (2001): Geschlecht und Globalisierung. Königstein/Ts.
Hesse, Geneviève (2003): Die Arbeit nach der Arbeit. Für eine emotionale Erweiterung des Arbeitsbegriffes. In: Meschnig/ Stuhr, a. a. O., S. 90 – 108.
Hesse, Reinhard (1997): Disney. Was sonst? New York und die Zukunft der Urbanität. In: Süddeutsche Zeitung vom 24. 06.1997.
Hettlage, Robert (1998): Familienreport. Eine Lebensform im Umbruch, München.
Heuser, Uwe Jens (1996): Tausend Welten. Die Auflösung der Gesellschaft im digitalen Zeitalter, Berlin.
Hirsch, Joachim (2002): Herrschaft, Hegemonie und politische Alternativen, Hamburg.

Hitzler, Ronald (1994): Sinnbasteln. Zur subjektiven Aneignung von Lebensstilen. In: Mörth/ Fröhlich, a. a. O., S. 75 - 92.

Hofmeister, Burkhard (1993): Stadtgeografie, Braunschweig.

Homann, Katharina (1998): Mädchenbeteiligungsprojekte im Öffentlichen Raum. Hintergründe - Projektanalysen - Entwicklungsansätze, Kassel.

Homfeldt, Hans Günther (Hrsg.) (1999): „Sozialer Brennpunkt" Körper. Körpertheoretische und –praktische Grundlagen für die Soziale Arbeit, Hohengehren.

Horkheimer, Max/ Theodor W. Adorno (1944/1986): Kulturindustrie.Aufklärung als Massenbetrug. In: Dies.: Dialektik der Aufklärung. Philosophische Fragmente, Frankfurt a. M., S. 128 - 176.

Hradil, Stefan (1999): Soziale Ungleichheit in Deutschland, Opladen.

Hubeli, Ernst (2000): Neue Formen der Öffentlichkeit. In: Bott et al., a. a. O., S. 129 –143.

Hubrath, Maragrete (Hrsg.): Geschlechter-Räume. Konstruktionen von „gender" in Geschichte, Literatur und Alltag, Köln/ Weimar/ Wien.

Huws, Ursula (1996): Teleworking and Gender, Brighton.

Huws, Ursula (2001): Unsichere Freiheit – Freiberufliche Telearbeit, Autonomie und Geschlechterrolen in Europa. In: Winker, a. a. O., S. 121 - 138.

Illich, Ivan (1982): Schattenarbeit. In: ders.: Vom Recht auf Gemeinheit, Reinbek, S. 75 – 93.

Imboden, Monika / Franziska Meister / Daniela Kurz (Hrsg.) (2000): Stadt - Raum - Geschlecht. Beiträge zur Erforschung urbaner Lebensräume im 19. und 20. Jahrhundert, Zürich.

Imbusch, Peter (Hrsg.) (1998): Macht und Herrschaft. Sozialwissenschaftliche Konzeptionen und Theorien, Opladen.

Jäckel, Michael/ Christoph Rövekamp (2001): Alternierende Telearbeit. Akzeptanz und Perspektiven einer neuen Form der Arbeitsorganisation, Opladen.

Jackson, Stevi (2002): Gender: a sociological reader, London.

Jacobs, Jane (1963/1993): Tod und Leben großer amerikanischer Städte, Braunschweig/ Wiesbaden.

Jammer, Max (1954/1980): Das Problem des Raumes. Die Entwicklung der Raumtheorien, Darmstadt.

Janning, Frank (2005): Intellektuelles Mitleid als Programm? Pierre Bourdieu und die Politik. In: Soziologische Revue Heft 3, Berlin, S. 229 – 243.

Janning, Frank (2002): Habitus und Organisation. Ertrag der Bourdieuschen Problemformulierungen und alternativen Konzeptualisierungsvorschläge. In: Ebrecht/ Hillebrandt, a. a. O., S. 97 – 123.

Janshen, Doris (Hrsg.) (2000): Blickwechsel. Der neue Dialog zwischen Frauen– und Männerforschung, Frankfurt a. M./ New York.

Jaschke, Hans-Gerd (1997): Öffentliche Sicherheit im Kulturkonflikt. Zur Entwicklung der städtischen Schutzpolizei in der multikulturellen Gesellschaft, Frankfurt a. M./ New York.

Jessen, Johann/ Barbara Lenz/ Walter Vogt (Hrsg.) (2000): Neue Medien, Raum und Verkehr. Wissenschaftliche Analysen und praktische Erfahrungen, Opladen.

Johansson, Anna (2000): Verkehr im Kommunikationszeitalter. Nationale Untersuchungen in Schweden. In: Jessen/ Lenz/ Vogt, a. a. O., S. 255 - 274.

Jonsson, Ingrid (2002): Vereinbarkeit von Berufs- und Familienleben in Schweden. In: WSI Mitteilungen 55/ 3, S. 176 – 183.

Jurczyk, Karin / Maria S. Rerrich (Hrsg.) (1993): Die Arbeit des Alltags. Beiträge zu einer Soziologie der alltäglichen Lebensführung, Freiburg i. B.

Kahlert, Heike (1996): Weibliche Subjektivität: Geschlechterdifferenz und Demokratie in der Diskussion, Frankfurt a. M.

Kail, Eva / Jutta Kleedorfer (Hrsg.) (1991): Wem gehört der öffentliche Raum? Frauenalltag in der Stadt, Wien/ Köln/ Weimar.

Katschnig-Fasch, Elisabeth (1998): Möblierter Sinn. Städtische Wohn- und Lebensstile, Wien/ Köln/ Weimar.

Kaufmann, Jean-Claude (2005): Schmutzige Wäsche. Zur ehelichen Konstruktion von Alltag, Konstanz.

Kavemann, Barbara (1996): Möglichkeiten und Grenzen präventiver Arbeit gegen sexuellen Mißbrauch von Mädchen und Jungen. In: Neue Praxis. Zeitschrift für Sozialarbeit, Sozialpädagogik und Sozialpolitik 2/ 96, S. 137 - 149.

Keddi, Barbara/ Gerlind Seidenspinner (1991): Arbeitsteilung und Partnerschaft. In: Bertram, Hans (Hrsg.) (1991): Die Familie in Westdeutschland, Opladen, S. 113 - 157.

Kennedy, Margrit (1979): Zur Wiederentdeckung weiblicher Prinzipien in der Architektur. In: Bauwelt 70, S. 1279 - 1284.

Kennedy, Margrit (1994): Eine andere Sicht der Dinge - weibliche und männliche Prioritäten in Architektur und Stadtplanung. In: Kreibrich et al., a. a. O., S. 128 - 140.

Kerchner, Brigitte / Gabriele Wilde (Hrsg.) (1997): Staat und Privatheit. Aktuelle Studien zu einem schwierigen Verhältnis, Opladen.

Kessler, Suzanne/ Wendy McKenna (1978): Gender. An Ethnomethodological Approach. New York.

Kirchberg, Volker/ Albrecht Göschel (Hrsg.) (1998): Kultur in der Stadt. Stadtsoziologische Analysen zur Kultur, Opladen.

Kittler, Gertraude (1980): Hausarbeit. Zur Geschichte einer „Natur-Ressource", München.

Klaus, Elisabeth (1994): Von der heimlichen Öffentlichkeit der Frauen. In: Institut für Sozialforschung Frankfurt (Hrsg.): Geschlechterverhältnisse und Politik, Frankfurt a. M., S. 72 - 97.

Klaus, Elisabeth/ Monika Pater/ Uta C. Schmidt (1997): Das Gendering neuer Kommunikationstechnologien. In: Das Argument, Heft 6/1997, S. 803 - 818.

Kleber, Michaela (1993): Arbeitsmarktsegmentation nach dem Geschlecht. In: Krell/ Osterloh, a. a. O, S. 85 - 106

Klein, Thomas (1999): Pluralisierung versus Umstrukturierung am Besipiel partnerschaftlicher Lebensformen. In: Kölner Zeitschrift für Soziologie und Sozialpsychologie, Heft 3/ 1999, S. 469 - 490.

Knapp, Gudrun-Axeli (1992): Macht und Geschlecht. Neuere Entwicklungen in der feministischen Macht- und Herrschaftsdiskussion. In: Knapp/ Wetterer, a. a. O., S. 287 - 325.

Knapp, Gudrun-Axeli (2002): Dezentriert und viel riskiert: Anmerkungen zur These vom Bedeutungsverlust der Kategorie Geschlecht. In: Knapp/ Wetter, a. a. O., S. 15 – 62.

Knapp, Gudrun-Axeli/ Angelika Wetterer (Hrsg.) (2002): Soziale Verortung der Geschlechter. Gesellschaftstheorie und feministische Kritik, Münster.

Knapp, Gudrun-Axeli/ Angelika Wetterer (Hrsg.) (1992): Traditionen Brüche. Entwicklungen feministischer Theorie. Freiburg.

Kneer, Georg/ Armin Nassehi / Markus Schroer (Hrsg.) (1997): Soziologische Gesellschaftsbegriffe. Konzepte moderner Zeitdiagnosen, München.

Knorr-Siedow, Thomas (2001): Potenzialität in der Verknüpfung – Europäische Stadt und zivile Gesellschaft. In: Rietdorf, Werner (Hrsg.): Auslaufmodell Europäische Stadt? Neue Herausforderungen und Fragestellungen am Beginn des 21. Jahrhunderts, Berlin, S. 61 - 79.

Konitzer, Werner (2000): Öffentlichkeit und Medialität. In: Bott et. al., a. a. O., S. 41 –56.

Koppetsch, Cornelia / Günter Burkart (1999): Die Illusion der Emanzipation. Zur Wirksamkeit latenter Geschlechtsnormen im Milieuvergleich, Konstanz.

Kordey, Norbert/ Tanja Schubert (2001): Telearbeit von Frauen in der europäischen Union: Ein Überblick in Daten. In: Winker, a. a. O., S. 93 – 120.

Köster, Barbara (2000): Feminismus, Psychoanalyse und die Bedeutung des Körpers. In: Frankfurter Frauenschule, a. a. O., S. 15 – 42.

Kraemer, Klaus (2002): Charismatischer Habitus. Zur sozialen Konstruktion symbolischer Macht. In: Bittlingmayer / Eikelpasch/ Kastner, a. a. O, S. 123 – 141.

Krais, Beate (1993): Geschlechterverhältnis und symbolische Gewalt. In: Gebauer, Gunter/ Christoph Wulf (Hrsg.): Praxis und Ästhetik. Neue Perspektiven im Denken Pierre Bordieus, Frankfurt a. M., S. 208 – 250.

Krais, Beate (2000) (Hrsg.): Wissenschaftskultur und Geschlechterordnung. Über die verborgenen Mechanismen männlicher Dominanz in der akademischen Welt, Frankfurt a. M./ New York.

Krais, Beate (2000): Das soziale Feld Wissenschaft und die Geschlechterverhältnisse. Theoretische Sondierung. In: dies. (Hrsg.), a. a. O., S. 31 – 54.

Krais, Beate (2002): Die feministische Debatte und die Soziologie Pierre Bourdieus. In: Knapp/ Wetter, a. a. O., S. 317 – 338.

Krais, Beate (2004): Soziologie als teilnehmende Objektivierung der sozialen Welt: Pierre Bourdieu. In: Moebius/ Peter, a. a. O., S. 171 – 210.

Krais, Beate / Gunter Gebauer (2002): Habitus, Bielefeld.

Krais, Beate / Margaret Murani (Hrsg.) (2001): Frauenarbeit Männerarbeit. Neue Muster der Ungleichheit auf dem europäischen Arbeitsmarkt, Frankfurt a. M. /New York.

Krämer-Badoni, Thomas (1992): Die Stadt als sozialwissenschaftlicher Gegenstand. In: Häußermann et al. (Hrsg.) (1992), a. a. O., S. 1 - 29.

Kreibrich, Rolf/ Arno S. Schmid/ Walter Siebel/ Thomas Sieverts / Peter Zlonicky (Hrsg.) (1994): Bauplatz Zukunft. Dispute über die Entwicklung von Industrieregionen, Essen.

Kreisky, Eva (2000): Geschlechtliche Fundierung von Politik und Staat. In: Janshen, a. a. O., S. 167 – 192.

Krell, Gertraude/ Margrit Osterloh (Hrsg.) (1992): Personalpolitik aus der Sicht von Frauen - Frauen aus der Sicht der Personalpolitik: Was kann die Personalpolitik von der Frauenforschung lernen? München/Mering.

Kron, Stefanie (2003): Konzeptionelle Blindstellen. Die Schwierigkeiten der feministsichen Globalisierungskritik. Internetpublikation unter http://www.linksnet.de/artikel.php?id=832

Kronawitter, Georg (Hrsg.) (1994). Rettet unsere Städte Jetzt! Das Manifest der Oberbürgermeister, Düsseldorf/ Wien/ New York/ Moskau.

Kröner, Sabine/ Gertrud Pfister (Hrsg.) (1997): Frauen-Räume. Körper und Identität im Sport, Pfaffenweiler.

Krönert-Orthmann, Susanne / Ilse Lenz (2002): Geschlecht und Ethnizität bei Pierre Bourdieu. Kämpfe um Anerkennung und symbolische Regualtion. In: Bittlingmayer et al., a. a. O., S. 159 – 178.

Krüger, Dorothea (1984): Trends und Tendenzen in der häuslichen Arbeitsteilung unter rollentheoretischer Perspektive. In: Nave-Herz, Rosemarie (Hrsg.): Familiäre Veränderungen seit 1960 - eine empirische Studie, Oldenburg, S. 176 - 203.

Kruse, Lenelis/ Carl Friedrich Graumann (1978): Sozialpsychologie des Raumes und der Bewegung. In: Hammerich, Kurt/ Klein, M. (Hrsg.): Materialien zur Soziologie des Alltags. Sonderheft 20 der Kölner Zeitschrift für Soziologie und Sozialpsychologie Opladen, S. 177 - 219.

Kruse, Lenelis/ Carl Friedrich Graumann/ Ernst-Dieter Lantermann (Hrsg.) (1996): Ökologische Psychologie. Ein Handbuch in Schlüsselbegriffen. Weinheim.

Kugelmass, Joel (1995): Telecommuting: A Manager's Guide to flexible Work Arrangements, New York.

Kuhm, Klaus (1997): Moderne und Asphalt. Die Automobilisierung als Prozeß technologischer Integration und sozialer Vernetzung, Pfaffenweiler.

Kühn, Antonia (2002): Kommt der Frauenbewegung ihr Subjekt abhanden? Internetpublikation unter http://www.linksnet.de/artikel.php? id=563 (22.04.2002)

Kühnen, Ulrich / Sabine Sczesny (2003): Haben maskuline Frauen mehr Erfolg? In: Gehirn & Geist, Heft 4 / 2003

Künzler, Jan (1994): Familiale Arbeitsteilung. Die Beteiligung von Männern an der Hausarbeit, Bielefeld.

Künzler, Jan (1995a): Familiale Arbeitsteilung in der Bundesrepublik Deutschland 1988. In: Gerhard, a. a. O., S. 149 - 169.

Künzler, Jan (1995b): Geschlechtsspezifische Arbeitsteilung: Die Beteiligung von Männern im Haushalt im internationalen Vergleich. In: Zeitschrift für Frauenforschung 13, Heft 1 + 2, S. 115 - 132.

Kurz-Adam, Maria (1994): Spaziergang durch den Feminismus? Versuch einer Standortbestimmung der Frauenforschung zwischen modernen Weltbildern und postmoderner Vielfalt. In: Seidenspinner, a. a. O., S. 191 - 214.

Läpple, Dieter (1991): Gesellschaftszentriertes Raumkonzept. In: Wentz, a. a. O., S. 35 - 46.

Läpple, Dieter (1992): Essay über den Raum. In: Häußermann, a. a. O., S. 157 – 207.

Lauterbach, Claudia (2001): Von Frauen, Machtbalance und Modernisierung. Das etwas andere Geschlechterverhältnis auf der Pazifikindel Palau, Opladen.

Lefèbvre, Henri (1970): Du rural à l' urbain, Paris.

Lefèbvre, Henri (1972a): Das Alltagsleben in der modernen Welt, Baden-Baden.

Lefèbvre, Henri (1972b): Die Stadt im marxistischen Denken, Ravensburg.

Lefèbvre, Henry (1990): Die Revolution der Städte, Frankfurt a. M.

Lefèbvre, Henry (1995): The Production of Space, Oxford.

Leggewie, Claus (1997): Medien und Demokratie, Frankfurt a. M.

Lehnert, Gertrud (1998): „Es kommt der Moment, in dem sie selbst ihre Puppe ist" – Von modischen Körpern, Frauen und Puppen. In: Lehnert, a. a. O., S. 86 – 106.

Lehnert, Gertrud (Hrsg.) (1998): Mode, Weiblichkeit und Modernität, Dortmund.

Lehnert, Nicole (1999): „...und jetzt wollen sie uns wieder in die Frauenecke stellen!" Die Bedeutung der Kategorie Geschlecht in den Vorstellungen von Frauenförderung, Bielefeld.

Lehnert, Nicole/ Hannelore Faulstich-Wieland/ Steffani Engler/ Dorothea Pfeiffer/ Beate Illg (1997): Männer, Frauen und Frauenförderung. Eine Stu-

die zur Situation von Frauen und Männern an der Universität Münster, Münster.
Leisering, Lutz (1995): Zweidrittelgesellschaft oder Risikogesellschaft. In: Bieback / Milz, a. a. O., S. 58 – 92.
Leontjew, Alexej Nikolajewitsch (1977): Probleme der Entwicklung des Psychischen, Kronberg.
Levine, Rick/ Christopher Locke/ Doc Searls/ David Weinberger (2000): Das Cluetrain Manifest. 95 Thesen für die neue Unternehmenskultur im digitalen Zeitalter, München.
Lewin, Kurt (1982): Feldtheorie, Bern/Stuttgart.
List, Elisabeth (1993): Gebaute Welt – Raum, Körper und Lebenswelt in ihrem politischen Zusammenhang. In: Frei Räume. Streitschrift der Feministischen Organisation von Planerinnen und Architektinnen (Hrsg): Raum greifen und Platz nehmen. Dokumentation der 1. Europäischen Planerinnentagung, S. 54 - 70.
Longhurst, Robyn (1998): (Re)presenting Shopping Centres and Bodies: Question of Pregnancy. In: Ainley, Rosa (Hrsg.): New Frontiers of Space, Bodies and Gender, London/New York.
Lorber, Judith / Susan A. Farrell (1999): Gender Paradoxien, Opladen.
Lovink, Geert und Schultz, Pit (1997): Anmerkungen zur Netzkritik. In: Stefan Münker/ Alexander Roesler: Mythos Internet. Frankfurt/Main, S. 338 - 367.
Lovink, Geert (2001): Network-Kritik im Zeitalter des E-Goldrauschs. In: Maresch/ Rötzer, a. a. O., S. 123 – 137.
Lovink, Geert/ Patrick Riemens (2000): Amsterdam Public Digital Culture. In: Bott, a. a. O., S. 227 – 242.
Löw, Martina (1994): Raum ergreifen. Alleinwohnende Frauen zwischen Arbeit, sozialen Beziehungen und der Kultur des Selbst, Bielefeld.
Löw, Martina, (2001a): Raumsoziologie, Frankfurt a. M.
Löw, Martina, (2001 b): Der Körperraum als soziale Konstruktion. In: Hubrath, a. a. O., S. 211 – 222
Maak, Niklas (1999): Jenseits von Entenhausen. Celebration City – Wie der Disney-Konzern den Zustand vorindustrieller Unschuld vortäuscht. In: Süddeutsche Zeitung vom 16./17.01.1999.
Maar, Christa/ Florian Rötzer (Hrsg.) (1997): Virtual Cities. Die Neuerfindung der Stadt im Zeitalter der globalen Vernetzung, Basel/ Boston/ Berlin.
Maihofer, Andrea (1994): Geschlecht als Existenzweise. Einige kritische Anmerkungen zu aktuellen Versuchen zu einem neuen Verständnis von „Geschlecht". In: Institut für Sozialforschung Frankfurt (Hrsg.): Geschlechterverhältnisse und Politik, Frankfurt a. M., S. 168 – 187.
Maresch, Rudolf/ Florian Rötzer (Hrsg.) (2001): Cyberhypes. Möglichkeiten und Grenzen des Internet, Frankfurt a. M.

Marten, Florian (1997): Kaputtgeplant. Das Elend der Raum- und Stadtplanung, Frankfurt a. M./ New York.

Martin, Hans-Peter/ Harald Schumann (1998): Die Globalisierungsfalle, Reinbek bei Hamburg.

Martwich, Barbara (1991): FrauenPläne: Stadtumbau, sozialer Wandel und Fraueninteressen, Darmstadt.

Massey, Doreen (1993): Raum, Ort und Geschlecht. Feministische Kritik geografischer Konzepte. In: Bühler et al., a. a. O., S. 109 - 122.

Massey, Doreen (1998): Space, Place and Gender, Cambridge.

Mattelart, Armand (2001a): Wie das Unvorhersehbare gesteuert wurde: Die Entstehungsgeschichte der Informationsgesellschaft. In: Le Monde diplomatique Nr. 6421 vom 12.4.2001.

Mattelart, Armand (2001b): Kybernetik und die Folgen. Wie der Internet-Mythos entstand. In: Le Monde diplomatique Nr. 6421 vom 12.4.2001

Matthies, Peter (1997): Telearbeit. Das Unternehmen der Zukunft. Umwälzungen in der Arbeitswelt, Haar bei München.

Matthiesen, Ulf (Hrsg.) (1998): Die Räume der Milieus. Neue Tendenzen in der sozial- und raumwissenschaftlichen Milieuforschung in der Stadt- und Raumplanung, Berlin.

Matuschek, Ingo/ Annette Henninger/ Frank Kleemann (Hrsg.) (2001): Neue Medien im Arbeitsalltag. Empirische Befunde - Gestaltungskonzepte - Theoretische Perspektiven, Opladen.

Maus, Bettina/ Gabriele Winker (2001): Bewegliche Geschlechterarrangements bei Telebeschäftigten. In: Winker, a. a. O, S. 17 – 60.

McDowell, Linda (1999): Gender, Identity and Place. Understanding Feminist Geographies, Cambridge.

McLuhan, Marshall (1971): Krieg und Frieden im globalen Dorf, Düssldorf.

McLuhan, Marshall/ Quentin Fiore (1984): Das Medium ist Massage, Frankfurt a. M.

Meckel, Miriam (2001): Die globale Agenda. Kommunikation und Globalisierung, Opladen.

Meier, Uta (2002): Familie als Gemeinschaft von Generationen- und Geschlechtersolidarität. In: SPD: Zukunft Familie, Heft 2 der Schriftenreihe. Berlin, S. 23 - 39.

Merleau-Ponty, Maurice (1966/1945): Phänomenologie der Wahrnehmung, Berlin.

Mersch, Dieter (2000): Erotik der Stadt. In: Bott et al., a. a. O., S. 189 – 209.

Merten, Roland (1999): „Die feinen Unterschiede" des Körpers: Soziale Ungleichheiten des Selbst-Bildes und ihre faktischen Wirkungen. In: Homfeldt, a. a. O., S. 85 - 96.

Meschnig, Alexander (2003): Unternehme Dich selbst! Anmerkungen zum proteischen Charakter. In: Meschnig/ Stuhr, a. a. O., S. 26 – 43.

Meschnig, Alexander/ Mathias Stuhr (Hrsg.) (2003): Arbeit als Lebensstil, Frankfurt a. M.

Metz-Göckel, Sigrid (1994): Legitimationskrise der traditionellen geschlechtshierarchischen Arbeitsteilung. In: Deutsche Forschungsgemeinschaft (Hrsg.): Sozialwissenschaftliche Frauenforschung in der Bundesrepublik Deutschland. Senatskommission für Frauenforschung, Mitteilung 1, Berlin, S. 47 - 54.

Metz-Göckel, Sigrid/ Müller, Ursula (1986): Der Mann, Weinheim/Basel.

Meuser, Michael (2000): Perspektiven einer Soziologie der Männlichkeit. In: Janshen, a. a. O., S. 47 – 78.

Meuser, Michael (2004): Der Alltag, die Familie und das Individuum: Jean Claude Kauffmann. In: Moebius/ P eter, a. a. O., S. 269 – 295.

Meyer, Birgit (1994): „Hat sie heute denn überhaupt gekocht?" Frauen in der Politk von der Nachkriegszeit bis heute. In: Brückner/ Meyer, a. a. O., S. 369 - 412.

Meyer, Sibylle/ Eva Schulze/ Frank Helten/ Bernd Fischer (2001): Vernetztes Wohnen. Die Informatiserung des Alltagslebens, Berlin.

Meyer, Sibylle/ Eva Schulze (1993): Frauen in der Modernisierungsfalle - Wandel von Ehe, Familie und Partnerschaft in de Bundesrepublik Deutschland. In: Helwig/ Nickel, a. a. O., S. 166 - 189.

Michailow, Matthias (1994): Lebensstil und soziale Klassifizierung. Zur Operationsweise einer Praxis sozialer Unterscheidung. In: Dangschat/ Blasius, a. a. O., S. 27 - 46.

Mies, Maria (2002): Haausfrauisierung, Globalisierung, Subsistenzperspektive. In: Knapp/ Wetterer, a. a. O., S. 157 – 187.

Milton, Kay (1999): Environment and Cultural Theory. Exploring the role of anthropology in environemental discourse, London/ New York.

Ministerium für Frauen, Jugend, Familie und Gesundheit des Landes NRW (MFJFG-NRW) (Hrsg.) (o. J.): Telearbeit. Ein Leitfaden für Beschäftigte, Düsseldorf.

Mitschke-Collande, Peter/ Detlev Blechner/ Frauke Schweitzer (2000): Flexiblere Arbeitszeit durch Telearbeit. Abschlussbericht zur Verwaltungsreform Niedersachsen, Hannover.

Mitzscherlich, Beate (1997): „Heimat ist etwas, was ich mache". Eine psychologische Untersuchung zum individuellen Prozess von Beheimatung. Pfaffenweiler.

Modelmog, Ilse (1991): Anders sprechen. Kommunikative Gegenkultur von Frauen. In: Müller-Dohm/ Neumann-Braun, a. a. O., S. 185 - 198.

Modelmog, Ilse (1994): Versuchungen. Geschlechtszirkel und Gegenkultur, Opladen.

Modelmog, Ilse (1996): Zeit und Raum im Aufbruch. Klulturelle und gegenkulturelle Bewegungsmomente. In: Modelmog/ Kirsch-Auwärter, a. a. O., S. 147 - 164.

Modelmog, Ilse/ Edit Kirsch-Auwärter (Hrsg.) (1996): Kultur in Bewegung. Beharrliche Ermächtigungen, Freiburg i. Br.

Moebius, Stephan/ Lothar Peter (Hrsg.) (2004): Französische Soziologie der Gegenwart, Konstanz.

Möller, Kurt (2000): Modernisierung von Arbeit – Modernisierung von Männlichkeit. Herausforderungen für nachwachsende Generationen. In: Janshen, a. a. O., S. 143 – 164.

Mönninger, Michael (2003): Allons, les enfants. Frankreich hat die höchste Geburtenrate in der EU, weil Politik und Gesellschaft familienfreundlich sind. In: Die Zeit vom 28.08.2003.

Mönninger, Michael (Hrsg.) (2000): Stadtgesellschaft, Frankfurt a. M.

Mörth, Eveline (1997): Der Leib als Subjekt der Wahrnehmung. Zur Philosophie der Leiblichkeit bei Merleau-Ponty. In: List, Elisabeth/ Erwin Fiala (Hrsg.) (1997): Leib Maschine Bild: Körperdiskurse der Moderne und Postmoderne, Wien, S. 75 - 87.

Mörth, Ingo/ Gerhard Fröhlich (Hrsg.) (1994): Das symbolische Kapital der Lebensstile. Zur Kultursoziologie der Moderne nach Pierre Bourdieu, Frankfurt a. M.

Muchow, Martha/ Hans Muchow (1935): Der Lebensraum des Großstadtkindes, Hamburg.

Mückenberger, Ulrich (1988): Erwerbsarbeit oder Hausarbeit? Zur Überwindung einer verfehlten Alternative. In: Die Grünen im Bundestag/ AK Frauenpolitik, a. a. O., S. 95 - 100.

Mückenberger, Ulrich (2001): Bessere Zeiten für die Stadt: Chancen kommunaler Zeitpolitik, Opladen.

Muhar, Andreas (2000): Fragen zur Identität einer Landschaft und ihrer Bewohner am Beispiel der IBA-Region „Fürst Pückler-Land"; Internetpublikation unter www.tu-cottbus.de/ BTU/Fak2/TheoArch/wolke/deu/Themen/992/ Muhar/muhar.html

Müller-Dohm, Stefan/ Klaus Neumann-Braun (Hrsg.) (1991): Öffentlichkeit. Kultur. Massenkommunikation. Beiträge zur Medien- und Kommunikationssoziologie, Oldenburg.

Myrdal, Alva (1971): Die Doppelrolle der Frau in Familie und Beruf, Köln.

Nave-Herz, Rosemarie (1997): Die Geschichte der Frauenbewegegung in Deutschland, Hannover.

Nave-Herz, Rosemarie (2002): Familie heute. Wandel der Familienstrukturen und Folgen für die Erziehung, Darmstadt.

Neckel, Sighard (2002): Die Mechanismen symbolischer Macht. Kabylen und Kapitalismus: Einführendes zur Soziologie Pierre Bourdieus. In: Bittlingmayer et al., a. a. O., S. 29-34.

Negri, Antonio (1988): Revolution Retrieved: Selected writings on Marx, Keynes, capitalist crisis & new social subjects 1967 – 1983, London.

Negri, Antonio/ Michael Hardt (1997): Die Arbeit des Dionysos: Materialistische Staatskritik in der Postmoderne, Berlin.

Negri, Antonio/ Michael Hardt (2000): Empire. Die neue Weltordnung, Frankfurt a. M./ New York.

Negroponte, Nicholas (1995): Total digital. Die Welt zwischen 0 und 1 oder Die Zukunft der Kommunikation, München

Negt, Oskar (2003): Flexibilität und Bindungsvermögen. Grenzen der Funktionalisierung. In: Meschnig/ Stuhr, a. a. O., S. 13 – 25.

Nicholson, Linda J. (Hrsg.) (1990): Feminism/Postmodernism, New York/ London.

Nickel, Hildegard Maria (2000): Frauen(erwerbs)arbeit am Ende der Industriegesellschaft. In: Janshen, a. a. O., S. 129 – 142.

Nierhaus, Irene (1999): Arch6. Raum, Geschlecht, Architektur, Wien.

Niejahr, Elisabeth (2003): Land ohne Leute. Die vergreiste Republik. In: Die Zeit 02/2003

Niggl, Marcus/ Diane Edfelder/ Michael Kraupa (2000): Telearbeit bei der BMW Group. Steigerung der Wettbewerbsfähigkeit durch flexibles Arbeiten, Berlin/ Heidelberg/New York.

Nissen, Ursula (1998): Kindheit, Geschlecht und Raum. Sozialisationstheoretische Zusammenhänge geschlechtsspezifischer Raumaneignung, Weinheim/ München.

Nissen, Ursula (2001): Geschlechtstypische Raumsozialisation von Kindern als Einübung in politische Partizipation. In: Sturm et al, a. a. O., S. 22 - 38

Noller, Peter (1999): Globalisierung, Stadträume und Lebensstile. Kulturelle und lokale Re-präsentationen des globalen Raums, Opladen.

Noller, Peter (Hrsg.) (1994): Stadt-Welt: über die Globalisierung städtischer Milieus, Frankfurt a. M.

Notz, Gisela (1996): Verlorene Gewißheiten? Individualisierung, soziale Prozesse und Familie, Frankfurt a. M.

Notz, Gisela (1991): Auf der Suche nach den neuen Vätern, Frankfurt a. M.

Notz, Petra (2001): Frauen, Manager, Paare. Wer managt die Familie? München/ Mering.

Nowak, Iris (2002): Feminismus für die Elite - Familie fürs Volk. In: Das Argument 11/ 2002, Internetpublikation unter http://www.linksnet.de/ artikel.php.

Oberndorfer, Rotraut (1993): Aufgabenteilung in Partnerschaften. In: Nauck, Bernhard (Hrsg.): Lebensgestaltung von Frauen. Eine Regionalanalyse zur Integration von Familie und Erwerbstätigkeit im Lebenslauf, München, S. 145 - 175.

Oechtering, Veronica/ Gabriele Winker (Hrsg.) (1998): Computernetze - Frauenplätze. Frauen in der Informationsgesellschaft, Opladen.

Olson, Margarethe/ Sophia Primps (1984): Working at home with Computers. Work and non-work issues. In: Journal of Social Issues, Vol. 40, S. 97 – 112.

Opaschowski, Horst W. (2000): Kathedralen des 21. Jahrhunderts: Erlebniswelten im Zeitalter der Eventkultur, Hamburg.

Opaschowski, Horst W. (2003): Deutschland 2020. Wie wir morgen leben - Prognosen der Wissenschaft, Wiesbaden.

Opaschowski, Horst W. (2004): Der Generationenpakt der Zukunft, Darmstadt.

Orland, Barbara (1990): Einführung: Ansichten und Einsichten einer Ausstellung. In: Orland, a. a. O., S. 17 - 26.

Orland, Barbara (1990): HaushaltsTräume. Ein Jahrhundert Technisierung und Rationalisierung im Haushalt, Königstein im Taunus.

Ostendorf, Wim/ Izhak Schnell (Hrsg.) (2002): Studies in Segregation and Desegregation, Ashgate.

Ostner, Ilona (1978): Beruf und Hausarbeit. Die Arbeit der Frau in der Gesellschaft, Frankfurt a. M./ New York.

Ostner, Ilona (1983): Kapitalismus, Patriarchat und die Konstruktion der Besonderheit „Frau". In: Kreckel, Reinhard (Hrsg.): Soziale Ungleichheiten (Sonderband Soziale Welt 2) Göttingen, S. 277 - 297.

Ostner, Ilona (1992): Zum letzten Male: Anmerkungen zum „weiblichen Arbeitsvermögen". In: Krell/ Osterloh, a. a. O., S. 107 - 121.

Ostner, Ilona/ Elisabeth Beck-Gernsheim (1978): Mitmenschlichkeit als Beruf. Eine Analyse des Alltags in der Krankenpflege, Frankfurt a. M.

Ott, Cornelia (1998): Die Spur der Lüste. Sexualität, Geschlecht und Macht, Opladen.

Padovan, Richard (2002): Towards universality. London: Le Corbusier, Mies and De Styl, London.

Paravicini, Ursula (2000): Öffentliche Räume im digitalen Zeitalter. In: Bott et al., a. a. O., S. 115 – 128.

Parsons, Clara Olivia (1997): Raputation and Public Appearance: The De-Eroticization of the Urban Street. In: Drucker/ Gumpert, a. a. O., S. 59 - 70.

Parsons, Talcott (1985): Das System moderner Gesellschaften, Weinheim/ München.

Parsons, Talcottt (1943): Soziologische Theorien, Darmstadt/ Neuwied.

Pasero, Ursula (1995): Dethematisierung von Geschlecht. In: Pasero/ Braun, a. a. O., S. 50 - 66.

Pasero, Ursula (2004): Gender Trouble in Organisationen und die erreichbarkeit von Führung. In: Pasero/ Priddat, a. a. O., S. 143 - 163.

Pasero, Ursula/ Anja Gottburgsen (Hrsg.) (2002): Wie natürlich ist Geschlecht? Gender und die Konstruktion von Natur und Technik, Opladen.

Pasero, Ursula/ Birger P. Priddat (Hrsg.) (2004): Organisation und Netzwerke: Der Fall Gender, Wiesbaden.

Pasero, Ursula/ Braun, Friederike (Hrsg.) (1995): Konstruktion von Geschlecht, Pfaffenweiler.
Pawley, Martin (2000): Öffentliche Räume hinterlassen keine Spuren. In: Bott et al., a. a. O., S. 157 – 175.
Peter, Lothar (2004): Aktionalismus, Akteur und Subjekt: Alain Touraine. In: Moebius/ Peter, a. a. O., S. 139 – 169.
Peuckert, Rüdiger (1999): Familienformen im sozialen Wandel, Opladen.
Pfeil, Elisabeth (1968): Die 23Jährigen, Tübingen.
Piepmeier, R. (1980): Landschaft. In: Ritter, Joachim/ Karlfried Gründer: Historisches Wörterbuch der Philosophie, Band 5, Basel/ Stuttgart, S. 11 - 28.
Pinçon, Michel/ Monique Pinçon-Charlot (2005): Sociologie de Paris, Paris.
Pinçon, Michel/ Monique Pinçon-Charlot (2003): Sociologie de la Bourgeoisie, Paris.
Pinçon, Michel/ Monique Pinçon-Charlot (2001): Dans les beaux Quartiers, Paris.
Plantenga, Janneke/ Ivy Koopmans (2002): Freistellungsregelungen für Sorgearbeit und ihre praktische Bedeutung im internationalen Vergleich. In: WSI Mitteilungen 55/ 3, S. 161 - 168
Pokora, Felizitas (1994): Lebensstile ohne Frauen? Die Konstruktion von „Geschlecht" als konstitutives Moment des Lebensstils. In: Dangschat/ Blasius, a. a. O., S. 169 - 178.
Popcorn, Faith (1992): Der Popcorn-Report: Trends für die Zukunft, München.
Popitz, Heinrich (1992): Phänomene der Macht, Tübingen.
Poser, Märle (1994): Weibliche Lebensentwürfe. Zwischen Kontinuität und Bruch, Bielefeld.
Pöttker, Horst (1988): Legitimationsdefizite und Fernsehen in der Bundesrepublik Deutschland. Das Medium als Instanz der politischen Sozialisation. In: Publizistik, Heft 2 - 3, S. 505 – 519.
Praschl, Peter (1998): Leben wie Micky Maus. Disneys Celebration: ein Trip ins reale Entenhausen. In: AMICA, Heft 9, September 1998, S. 240 - 246.
Preglau, Max (1995): Postmoderne Soziologie. In: Morel, Julius et al. (Hrsg.): Soziologische Theorie. Abriss der Ansätze ihrer Hauptvertreter, München/ Wien, S. 237 - 260.
Priddat, Birger P. (2004): Vom Gender Trouble zur Gender–Kooperation. In: Pasero/ Priddat, a. a. O., S. 165 – 197.
Prokop, Ulrike (1988): Weiblicher Lebenszusammenhang: von der Beschränktheit der Strategien und der Unangemessenheit der Wünsche, Frankfurt a. M.
Pross, Helge (1978): Die Männer, Reinbek bei Hamburg.
Pross, Helge (Hrsg.) (1979): Familie - wohin? Reinbeck.

Quist, Tanja/ Julia Ranniko/ Christiane Eichenberg/ Bernad Batinic (1998): Frauen im Internet, Internetpublikation im unter www.wiso.uni-augsburg.de/sozio/stengel/fle-quist.html

Rabe-Kleberg, Ursula (1993): Verantwortlichkeit und Macht. Ein Beitrag zum Verhältnis von Geschlecht und Beruf angesichts der Krise traditioneller Frauenberufe, Bielefeld.

Rabe-Kleberg, Ursula (Hrsg.) (1990): Besser gebildet und doch nicht gleich! Frauen und Bildung in der Arbeitsgesellschaft, Bielefeld.

Rademacher, Claudia (2002): Jenseits männlicher Herrschaft. Pierre Bourdieus Konzept einer Geschlechterpolitik. In: Ebrecht/ Hillebrandt, a. a. O., S. 127 - 138.

Rammert-Faber, Christel (1987): Weiblicher Habitus und betriebliche Einsatzstrategien. In: Unterkirchner/ Wagner, a. a. O., S. 147 – 161.

Ramonet, Ignacio (2002): Vivendi - Analyse eines Global Players - Die Herren der Netze. In: Le Monde Diplomatique Nr. 6751 vom 17.5.2002, Seite 17 - 18.

Rapoport, Anatol (1981): Identity and environment: a cross-cultural perspective. In: Duncan, James S. (Hrsg.): Housing and Identity. Cross-Cultural Perspectives, London, S. 6 - 35.

Rau, Petra (Hrsg.) (1989): Die alltägliche Gewalt der Stadt. Frauen im Außenraum Kreuzbergs, Berlin.

Rauschenbach, Brigitte (1993): Jungen und Mädchen im öffentlichen Raum. In: FOPA Berlin (Hrsg.) (1993): Raum greifen und Platz nehmen, Zürich/ Dortmund, S. 148 - 162.

Remy, Jean (1998): Sociologie urbaine et rurale. L' espace et l' agir, Paris.

Rendell, Jane/ Barbara Penner / Iain Borden (Hrsg.) (2000): Gender Space Architecture. An interdisciplinay introduction, London

Rendtorff, Barbara (2000): Braucht die weibliche Identität einen Körper- oder „Anatomie ist Schicksal"? In: Frankfurter Frauenschule, a. a. O., S. 43 – 64.

Renn, Ortwin/ Bettina Oppermann (2000): Bürgerbeteiligung in der Raumplanung. In: Bott et al., a. a. O., S. 243 – 274.

Rerrich, Maria S. (1993): Familie heute: Kontinuität oder Veränderung? In: Jurczyk/ Rerrich, a. a. O., S. 112 - 132.

Reuter, Silke (2003): Frankreich: Die vollzeitberufstätige Mutter als Auslaufmodell. In: Aus Politik und Zeitgeschichte B 44/2003, S. 39 - 46.

Rheingold, Howard (1995): Virtuelle Welten. Reisen im Cyberspace, Reinbek bei Hamburg.

Richter, Dirk (1997): Weltgesellschaft. In: Kneer/ Nassehi/ Schroer, a. a. O., S. 184 – 204.

Rifkin, Jeremy (2004): Das Ende der Arbeit und ihre Zukunft: neue Konzepte für das 21. Jahrhundert, Frankfurt a. M.

Ritter, Martina (1994): Computer oder Stöckelschuh? Eine empirische Untersuchung über Mädchen am Computer, Frankfurt a. M.

Ritter, Martina (Hrsg.) (1997): Frauenwelt Technik, Freiburg i. B.

Ritter, Roland (Hrsg.) (1997): Spaces of Solitude, Graz.

Ritzer, George (1997): Die McDonaldisierung der Gesellschaft, Frankfurt a. M

Rodenstein, Marianne (1988): „Mehr Licht, mehr Luft". Gesundheitskonzepte im Städtebau seit 1750. Frankfurt a. M./ New York .

Rodenstein, Marianne (1994a): Mehr als ein Dach über dem Kopf. Feministinnen wollen „Raum greifen und Platz nehmen". In: Brückner/ Meyer, a. a. O., S. 234 - 269.

Rodenstein, Marianne (1994b): Wege zur nicht-sexistischen Stadt. Architektinnen und Planerinnen in den USA, Freiburg i. Br.

Rohr-Zänker, Ruth (1994): Wohnungen als Lebensort für Frauen. Internertpublikation unter http://www.infodrom.north.de /~muh/Stachel/94.05/ 4frau wo.Html

Roloff, Juliane (1993/ 1994): Erwerbsbeteiligung und Familienstand von Frauen - ein deutsch-deutscher Vergleich. In: Zeitschrift für Bevölkerungswissenschaft 19, S. 105 - 112.

Roloff, Juliane (1996): Familienbildung und Kinderwunsch in Deutschland. Familieneinkommen, Kinderkosten und deren Einfluss auf generative Verhaltensentscheidungen, Materialien zur Bevölkerungswissenschaft, Heft 82d, Wiesbaden.

Roloff, Juliane/ Jürgen Dorbritz (Hrsg.) (1999): Familienbildung in Deutschland Anfang der 90er Jahre. Demographische Trends, individuelle Einstellungen und sozio-ökonomische Bedingungen. Ergebnisse des deutschen Family and Fertility Survey, Opladen.

Rolshausen, Claus (1997): Macht und Herrschaft, Münster.

Roost, Frank (2000): Die Disneyfizierung der Städte: Großprojekte der Entertainmentindustrie am Beispiel des New Yorker Times Square und der Siedlung Celebration in Florida, Opladen.

Rosa-Luxemburg-Stiftung (Hrsg) (2000): Globalisierung und Geschlecht, Berlin.

Rose, Lotte (1997): Weibliche Körperambivalenzen: Abwehr und Identifikation am Beispiel junger Kunstturnerinnen. In: Kröner/ Pfister, a. a. O., S. 72 - 80.

Rosenbaum, Heidi (1982): Formen der Familie. Untersuchungen zum Zusammenhang von Familienverhältnissen, Sozialstruktur und sozialem Wandel in der deutschen Gesellschaft des 19. Jahrhunderts, Frankfurt a. M.

Rosenbaum, Heidi (Hrsg.) (1978): Seminar: Familie und Gesellschaftsstruktur, Frankfurt a. M.

Rössler, Otto E. (2001): Die Menschwerdung im Internet. In: Maresch/ Rötzer, a. a. O., S. 249 – 264.

Röttger, Bernd (1998): Macht-, Herrschafts- und Gesellschaftsverhältnisse in der kapitalistsichen Globalisierung. In: Imbusch, a. a. O., S. 333 – 352.

Rötzer, Florian (2001): Geographic Intelligence. Im ‚globalen Dorf' von einst sollten die geografischen Grenzen wieder gezogen werden. In: Maresch/ Rötzer, a. a. O., S. 155 – 168.

Rötzer, Florian (2005): Die Randalierer, die brennenden Städte und der mediale Erfolg, Internetpublikation unter http://www.heise.de/tp/r4/artikel/21/21293/1.html

Rybczynski, Witold (1991): Verlust der Behaglichkeit. Wohnkultur im Wandel der Zeit, München.

Sachse, Carola (1990): Anfänge der Rationalisierung der Hausarbeit in der Weimarer Republik. In: Orland, a.a. O., S. 49 - 61.

Sassen, Sakia (1995): Metropole: Grenzen eines Begriffes. In: Fuchs, Gotthard et al. (Hrsg.): Mythos Metropole, Frankfurt a. M.

Sassen, Sakia (1997): Veränderung der Bügerrechte durch die Globalisierung. Veröffentlichung eines Vortrages vom 03.07.1997, Internetpublikation unter heise.de/tp/deutsch/ special/mud/6161/1.html

Sassen, Saskia (1998): Überlegungen zu einer feministischen Analyse der globalen Wirtschaft. In: Prokla 111, 28. Jahrgang, Heft 2/ Juni 1998, S. 199 – 216.

Sauer, Birgit (1997): „Die Magd der Industriegesellschaft". Anmerkungen zur Geschlechtsblindheit von Staats- und Institutionentheorien. In: Kerchner/ Wilde, a. a. O., S. 29 - 53.

Sauer, Birgit (1999): Die Neustrukturierung der Geschlechterverhältnisse im entgrenzten Markt. In: Politik und Gesellschaft Online, International Politics and Society 2/ 1999, Internetpublikation unter http://www.fes.de/ipg/ipg2_99/artsauer.html

Saunders, Peter (1987): Soziologie der Stadt, Frankfurt a. M./ New York.

Schachtner, Christina (2001): Faueninitiative vor Ort: Gestaltungsversuche im Kontext der Globalisierung. In: Sturm et al, a. a. O., S. 120 – 137.

Schiersmann, Christiane (1995): Bedingungen der Vereinbarkeit von Erwerbstätigkeit und Familienarbeit im europäischen Vergleich. In: Zeitschrift für Frauenforschung 13, Heft 1 + 2, S. 94 - 114.

Schlüter, Anne / Annette Kuhn (Hrsg.) (1986): Lila Schwarzbuch. Zur Diskriminierung von Frauen in der Wissenschaft, Düsseldorf.

Schmeiser, Martin (1986): Pierre Bourdieu. Von der Sozio-Ethnologie Algeriens zur Ethno-Soziologie der französischen Gegenwartsgesellschaft. Eine bio-bibliographische Einführung. In: Ästhetik und Kommunikation 16, S. 167 - 183.

Schmeisser, Wilhelm/ Bianca Boden (2003): Entwicklung der Telearbeit – eine empirische Studie, München/ Mering.

Schmid, Beat F. (2003): Zur Rolle der Kommunikation in der digitalen Ökonomie. In: Wunderbare Wirtschaftswelt: die New Economy und ihre Herausforderungen; 4. Freiburger Wirtschaftssymposium, Baden-Baden, S. 11 - 26.

Schmid, Bernard (2005): Unruhen in Pariser Trabantenstädten. Todesfälle, offene Widersprüche, Revolte und Fantasmen über „den Islam". Internetpublikation unter www.heise. de/ tp/r4/artikel/21/21258/1.html

Schmidt, Aurel (1998): Von Raum zu Raum. Versuch über das Reisen, Berlin.

Schmidt, Thomas (1999): Heimat. Leichtigkeit und Last des Herkommens, Berlin.

Schmitz, Sigrid/ Eva Neidhardt (2001): Raumsozialisation von Mädchen und Jungen. Bestandsaufnahme und Möglichkeiten des Wandels. In: Sturm et al., a. a. O., S. 39 – 56.

Schnapper, Dominique (1996): Intégration et exclusion dans les sociétés modernes. In: Paugam, Serge (Hrsg.): L 'exclusion, l' état des savoirs, Paris, S. 23 – 31.

Schnapper, Dominique (2003): La communauté des citoyens: sur l' idée moderne de nation, Paris.

Schneider, G. (1986): Psychological identity of and identification with urban neighborhoods. In: Frick, Dieter (Hrsg.): The Quality of Urban Life, Berlin, S. 203 - 218.

Schneider, Nicole/ Annette Spellerberg (1999): Lebensstile, Wohnbedürfnisse und räumliche Mobilität, Opladen.

Schneider, Ulrike (1992): Neues Wohnen - Alte Rollen? Der Wandel des Wohnens aus der Sicht von Frauen, Pfaffenweiler.

Schnell, Izhak (2002): Segregation in Everyday Life Spaces: an A Conceptual Framework. In: Ostendorf/ Schnell, a. a. O., S. 39 – 67.

Schröder, Gerhard/ Tony Blair (1999): Der Weg nach vorne für Europas Sozialdemokraten. Ein Vorschlag von Gerhard Schröder und Tony Blair, London. Internetpublikation unter www.leveste.de/spd/schrblair.htm

Schubert, Herbert (2000): Städtischer Raum und Verhalten. Zu einer integrierten Theorie des öffentlichen Raumes, Opladen.

Schulte, Jürgen (2002): Dual-career couples. Strukturuntersuchung einer Partnerschaftsform im Spiegelbild beruflicher Anforderungen, Opladen.

Schulze, Gerhard (1992): Die Erlebnisgesellschaft. Kultursoziologie der Gegenwart. Frankfurt a. M.

Schulze, Gerhard (1994): Milieu und Raum. In: Noller, a. a. O., S. 40 - 53.

Schumann, Harald (1997): Auswege aus der Globalisierungsfalle. Ein Interview vom 26.03.1997; Internetpublikation unter heise.de/tp/deutsch/inhalte/te/1156/1.html

Schwarz, Norbert (1996): Zeit für Kinder. In: Blanke/ Ehling/ Schwarz, a. a. O., S. 92 – 128.

Schwingel, Markus (1999): Bourdieu zur Einführung, Hamburg.

Scott, Joan W. (1994): Die Arbeiterin. In: Duby/ Fraisse/ Perrot, a. a. O. , Band 4: 19. Jahrhundert, S. 451 - 479.

Sczesny, Sabine/ Dagmar Stahlberg (2002): Geschlechtsspezifische Wahrnehmung von Führungskräften. In: Wirtschaftspsychologie 1, S. 36.

Seidenspinner, Gerlinde (1994): Frauen forschen für Frauen. In: Seidenspinner, a. a. O., S. 7 - 14

Seidenspinner, Gerlinde (Hrsg.) (1994): Frau sein in Deutschland. Aktuelle Themen, Perspektiven und Ziele feministischer Sozialforschung, München.

Seidenspinner, Gerlinde/ Barbara Keddi/ Svendy Wittmann/ Michaela Gross/ Karin Hildebrandt/ Petra Strehmel (1996): Junge Frauen heute - Wie sie leben, was sie anders machen. Opladen.

Selle, Gert (1999): Die eigenen vier Wände. Zur verborgenen Geschichte des Wohnens. Frankfurt, Frankfurt a. M.

Selle, Gert/ Jutta Boehe (1986): Leben mit den schönen Dingen. Anpassung und Eigensinn im Alltags des Wohnens, Reinbek bei Hamburg.

Sennett, Richard (1994a): Verfall und Ende des öffentlichen Lebens. Die Tyrannei der Intimität, Frankfurt a. M.

Sennett, Richard (1994b): Civitas. Die Großstadt und die Kultur des Unterschieds, Frankfurt a. M.

Sennett, Richard (1996): Etwas ist faul in der Stadt. Wenn die Arbeitswelt bröckelt, wird die Lebenswelt kostbar. Perspektiven einer zukünftigen Urbanität. In: Die Zeit vom 26.01.1996.

Sennett, Richard (2000): Der flexible Mensch. Die Kultur des neuen Kapitalismus, Berlin.

Sennett, Richard (2004): Fleisch und Stein: der Körper und die Stadt in der westlichen Zivilisation, Frankfurt a. M.

Sieverts, Thomas (1997): Zwischenstadt: zwischen Ort und Welt, Raum und Zeit, Stadt und Land, Braunschweig.

Silbermann, Alphons (1991): Neues vom Wohnen der Deutschen (West), Köln.

Simmel, Georg (1958/1900): Philosophie des Geldes, Berlin.

Simmel, Georg (1983/1903): Soziologie des Raumes. In: Ders.: Schriften zur Soziologie. Frankfurt a. M.

Simmel, Georg (1995/1903): Die Großstädte und das Geistesleben. In: Ders.: Das Individuum und die Freiheit, Berlin.

Smuda, Manfred (Hrsg.) (1986): Landschaft, Frankfurt a. M.

Soja, Edward (1989): Postmodern Geographies: the Reassertion of Space in Social Theory, London.

Soja, Edward (2000): Postmetropolis. Critical studies of cities and regions, Oxford.

Sommerkorn, Ingrid N. (1988): Die erwerbstätige Mutter in der Bundesrepublik: Einstellungs- und Problemveränderungen. In: Nave-Herz, Rosemarie

(Hrsg.) (1988): Wandel und Kontinuität der Familie in der Bundesrepublik Deutschland, Stuttgart, S. 115 - 144.

Spellerberg, Annette (1996a): Soziale Differenzierung durch Lebensstile. Eine empirische Untersuchung zur Lebensqualität in West- und Ostdeutschland, Berlin.

Spellerberg, Annette (1996b): Lebensstile in West- und Ostdeutschland. Living apart together. In: Clausen, a. a. O., S. 750 - 764.

Spitthöver, Maria (1987): Frauen werden verplant. Zur Lebenslage von Frauen und ihrer Ignorierung in der Stadtforschung und Stadtplanung. In: Steg / Jesinghaus, a. a. O., S. 104.

Spitthöver, Maria (1989): Frauen in städtischen Freiräumen, Köln.

Stahr, Ingeborg (2000): Frauen- Körper- Identität im Kontext gesellschaftlicher Modernisierung. In: Janshen, a. a. O., S. 81 – 105.

Statistisches Bundesamt (1999a): Rund 60 % der Mütter mit Kindern unter 18 Jahren erwerbstätig, Pressemitteilung des Statistischen Bundesamtes, Internetpublikation unter www.statistik-bund.de/presse/deutsch/pm/p9135031.htm

Statistisches Bundesamt (1999b): 2,5 % mehr Ehescheidungen in Deutschland im Jahr 1998. Pressemitteilung des Statistischen Bundesamtes vom 03.08. 1999, Internetpublikation unter www.statistik-bund.de/pressse/deutsch/ pm/ p9259023.htm

Steg, Elke/ Inga Jesinghaus (Hrsg.) (1987): Die Zukunft der Stadt ist weiblich. Frauenpolitik in der Kommune, Bielefeld.

Steierwald, Marcus (2000): Leitbild Urbanität. In: Bott et al., a. a. O., S. 145 – 155.

Steinbicker, Jochen (2001): Zur Theorie der Informationsgesellschaft: Ein Vergleich der Ansätze von Peter Drucker, Daniel Bell und Manuel Castells, Opladen.

Steinert, Heinz (Hrsg.) (1973): Symbolische Interaktion. Arbeiten zu einer reflexiven Soziologie, Stuttgart.

Stolz, Matthias (2003): Die Firma bin ich. In: Die Zeit vom 07. 08. 2003.

Sturm, Gabriele/ Christina Schachtner/ Renate Rausch/ Karola Maltry (Hrsg.) (2001): Zukunfts(t)räume. Geschlechterverhältnisse im Globalisierungsprozess, Königstein.

Sünker, Heinz/ Russel Farnen/ György Széll (2001): Political Socialisation, Participation and Education. Change of Epoch – Process of Democratisation, Frankfurt a. M.

Széll, György (1994): Capitalism without Capital. In. Return of work … and administration to capitalism: Europe between restructuring and adoption, Frankfurt a. M., S. 16 – 24.

Széll, György (1996): L' Etat-nation comme système de reliances? In: Marcel Bolle de Bal (Hrsg.): Voyages au coeur des sciences humaines. De la Reliance/ Tome 2, Paris, S. 33 – 43.

Széll, György (2001): Risk and Reason – or the End of the Enlightenment Age. In: Széll/ Ehlert, a. a. O., S. 63 – 72.
Széll, György (2002): Crisis of Social Sciences or Crisis of Society? Essays in Honor of Professor Litsa Nicolaou-Smokoviti, Piraeus.
Széll, György (2003): Die Sozialgeschichte des Computers, Vortrag an der Universität Karlsruhe 22. Juli 2003.
Széll, György (2005): Labour, Globalisation and the New Economy. In: Ders. et al , a. a. O., S. 49 - 80.
Széll, György/ Carl- Heinrich Bösling/ Johannes Hartkemeyer (Hrsg.) (2005): Labour, Globalisation & the New Economy, Frankfurt am Main.
Széll, György/ Wiking Ehlert (Hrsg.) (2002): New Democraties and Old Societies in Europe, Frankfurt a. M.
Széll, György/ Gian Primo Cella (Hrsg.) (2001): The Injustice at Work. An International View of the World of Labour and Society, Frankfurt a. M.
Széll, György/ Carl-Heinrich Bösling/ Johannes Hartkemeyer (Hrsg.) (2005): Labour, Globalisation and the New Economy, Frankfurt a. M.
Széll, György/ Dasarath Chetty/ Alain Chouraqui (Hrsg.) (2002): Participation, Globalisation and Culture. International and South African Perspectives, Frankfurt a. M.
Terlinden, Ulla (1980): Baulich-räumliche HERRschaft - Bedingungen und Veränderungen. In: Beiträge zur feministischen Theorie und Praxis, Heft 4, München, S. 48 - 62.
Terlinden, Ulla (1990): Gebrauchswirtschaft und Raumstruktur: ein feministischer Ansatz in der soziologischen Stadtforschung, Stuttgart.
Thürmer-Rohr, Christina (1987): Vagabundinnen. Feministische Essays, Berlin.
Thürmer-Rohr, Christina (1989): Mittäterschaft der Frau - Analyse zwischen Mitgefühl und Kälte. In: Studienschwerpunkt „Frauenforschung" am Institut für Sozialpädagogik der TU Berlin (Hrsg.): Mittäterschaft und Entdeckungslust, Berlin, S. 87 - 103.
Tischer, Ute (1998): Neue Beschäftigungsfelder und weibliche Qualifikationspotentiale. In: Oechtering/ Winker (Hrsg.), a. a. O., S. 33 – 55.
Toffler, Alvin (1970/1983): Der Zukunftsschock: Strategien für die Welt von morgen, München.
Toffler, Alvin (1979/1987): Die Dritte Welle - Zukunftschance: Perspektiven für die Gesellschaft des 21. Jahrhunderts, München.
Toffler, Alvin (1994): Überleben im 21. Jahrhundert, Stuttgart.
Tönnies, Ferdinand (1991/1935): Gemeinschaft und Gesellschaft. Grundbegriffe der reinen Soziologie, Darmstadt.
Touraine, Alain (2006): Explosion möglich! Ein neues 68? Von wegen! Die Proteste in Frankreich sind nicht Zeichen politischer Hoffnung, sondern von Zukunftsangst. In: Die Zeit vom 23.03.2006

Touraine, Alain (1996): Das Ende der Städte? Wenn die urbanen Zentren überleben wollen, müssen sie sich gegen die zersetzende Kraft der globalen Wirtschaft wehren. In: Die Zeit vom 31.05.1996.

Touraine, Alain (1999): Loblied auf die Zivilgesellschaft. In: Die Zeit Nr. 49.

Treanor, Paul (1998): Globalisierung ein Mythos? Internetpublikation unter heise.de/tp/deutsch/inhalte/1176/1.html

Treibel, Annette (1997): Einführung in soziologische Theorien der Gegenwart, Obladen.

Unterkirchner, Lilo/ Wagner, Ina (Hrsg.) (1987): Die andere Hälfte der Gesellschaft. Österreichischer Soziologentag 1985, Wien.

Urry, John (1990): The Tourist Gaze. Leisure and Travel in Contemporary Societies, Londond/ Thousand Oaks/ New Dehli.

Vaskovics, Laszlo A. et al. (1994): Familien- und Haushaltsstrukturen in der ehemaligen DDR und in der Bundesrepublik Deutschland von 1980 bis 1989 - ein Vergleich, Wiesbaden.

Veblen, Thorstein (1986): Theorie der feinen Leute. Eine ökonomische Untersuchung der Institutionen, Frankfurt a. M.

Veil, Mechthild (2003): Wohlfahrtstaatliche Konzepte, Kinderbetreuungskulturen und Geschlechterarrangements in Europa, Berlin.

Veil, Mechthild (2002): Geschlechtsspezifischer Arbeitsmarkt und Arbeitsmarktpolitik in Frankreich. In: Gottschall/ Pfau-Effinger, a. a. O., S. 59 – 86.

Vester, Michael (1994): Die verwandelte Klassengesellschaft. Modernisierung der Sozialstruktur und Wandel der Mentalitäten in Westdeutschland. In: Mörth/ Fröhlich, a. a. O., S. 129 - 166.

Vester, Michael (2002): Das relationale Paradigma und die politische Soziologie sozialer Klassen. In: Bittlingmayer/ Eickelpasch/ Kastner/ Rademacher, a. a. O., S. 61 – 121.

Vester, Michael et al. (1993): Soziale Milieus im gesellschaftlichen Strukturwandel. Zwischen Integration und Ausgrenzung, Köln.

Virilio, Paul (1996): Warum fürchten Sie einen Cyber-Faschismus, Monsieur Virilio? In: FAZ-Magazin vom 19.04.1996

Vogt, Joachim (1994): Raumstruktur und Raumplanung, Stuttgart/ Dresden.

Voigt, Lothar (1994): Die Verlockung des Lebensstilbegriffs. In: Dangschat/ Blasius, a. a. O., S. 59 - 78.

Wagner, Michael (1989): Räumliche Mobilität im Lebensverlauf, Stuttgart.

Wahrhaftig, Myra (1985): Emanzipationshindernis Wohnung, Köln.

Waldenfels, Bernhard (1986): Gänge durch die Landschaft. In: Smuda, a. a. O., S. 29 - 43.

Waldenfels, Bernhard (1991): Der Stachel des Fremden, Frankfurt a. M.

Walkowitz, Judith (1994): Gefährliche Formen der Sexualität. In: Duby/ Fraisse/ Perrot, a. a. O., S. 417 - 449.

Walser, Karin (1985): Dienstmädchen. Frauenarbeit und Weiblichkeitsbilder um 1900, Frankfurt a. M.
Weber, Max (1968): Methodologische Schriften, Frankfurt a. M.
Weber, Max (1980): Wirtschaft und Gesellschaft. Grundriss der verstehenden Soziologie, Tübingen.
Weber, Max (1984): Soziologische Grundbegriffe, Tübingen.
Wehrheim, Jan (2002): Die überwachte Stadt, Opladen.
Weichhart, Peter (1990): Raumbezogene Identität : Bausteine zu einer Theorie räumlich-sozialer Kognition und Identifikation, Stuttgart.
Weller, Ines/ Esther Hoffmann/ Sabine Hofmeister (Hrsg.) (1999): Nachhaltigkeit und Feminismus: Neue Perspektiven - alte Blockaden, Bielefeld.
Welsch, Wolfgang (1993): Unsere postmoderne Moderne, Berlin.
Wentz, Martin (Hrsg.) (1991): Stadt-Räume, Frankfurt/ New York.
Weresch, Katharina (2005): Wohnungsbau im Wandel der Wohnzivilisierung und Genderverhältnisse, Hamburg/ München.
Werlhof, Claudia von (1983): Die Frauen und die Peripherie: Der blinde Fleck in der Kritik der politischen Ökonomie, Bielefeld.
Werlhof, Claudia von (1991): Was haben die Hühner mit dem Dollar zu tun? Frauen und Ökonomie. München.
Werlhof, Claudia von/ Maria Mies/ Veronika Bennhold-Thomsen (1983): Frauen, die letzte Kolonie, Reinbek bei Hamburg.
West, Candance/ Don H. Zimmerman (1999): Doing Gender. In: Lorber/ Farrell, a. a. O., S. 125 - 151.
Wetterer, Angelika (Hrsg.) (1992): Geschlecht und Profession, Frankfurt a. M.
Wetzel, Dietmar (2004): Soziologie der Exklusion: Dominique Schnapper. In: Moebius/ Peter, a. a. O., S. 397 – 416.
Wex, Corell (2003): Im Ort bleiben und Flügel haben – Glokalisierung. In: Freitag 22 vom 23.05.2003
Wichterich, Christa (1998): Die globalisierte Frau. Berichte aus der Zukunft der Ungleichheit, Reinbek bei Hamburg.
Wichterich, Christa (2000): Gender matters – Zur Vergeschlechtlichung von Arbeit auf globalisierten Märkten. In: Rosa-Luxemburg-Stiftung, a. a. O., S. 13 - 26.
Wilson, Elisabeth (1993): Begegnungen mit der Sphinx. Stadtleben, Chaos und Frauen, Basel/ Berlin/ Boston.
Winker, Gabriele (Hrsg.) (2001): Telearbeit und Lebensqualität. Zur Vereinbarkeit von Beruf und Familie, Frankfurt a. M./ New York.
Winkler, Hartmut (1998): Schmerz, Wahrnehmung, Erfahrung, Genuß. Über die Rolle des Körpers in einer von Medien bestimmten Welt. Vortrag auf der Tagung: Phänomene der Derealisierung, Berlin November 1997, Internetpublikation unter rz.uni-frankfurt. de/ ~winkler/kopfzah2.html.

Wöhler, Karlheinz (1997): Marktorientiertes Tourismusmanagement. Tourismusorte: Leitbild, Nachfrage- und Konkurrenzanalyse, Berlin.

Woolf, Virginia (1981/1929): Ein Zimmer für sich allein, Berlin.

Wurzbacher, Gerhard (1958): Leitbilder gegenwärtigen deutschen Familienlebens, Stuttgart.

Young, Brigitte (1998): Genderregime und Staat in der globalen Netzwerkökonomie. In: Prokla 111, Heft 2/ Juni 1998, S. 175 - 198.

Zapf, Wolfgang (Hrsg.) (1991): Die Modernisierung moderner Gesellschaften, Frankfurt a. M.

Zimmermann, Karin (2002): Berufungsspiel des wissenschaftlichen Feldes im Licht des Konzepts symbolischer Gewalt. In: Ebrecht/ Hillebrandt, a. a. O., S. 139 – 151.

Zukin, Sharon (1998): Städte und die Ökonomie der Symbole. In: Kirchberg/ Göschel, a. a. O., S. 27 - 40.

Zumkeller, Dirk (2000): Verkehr und Telekommunikation. Erste empirische Ansätze und Erkenntnisse. In: Jessen/ Lenz/ Vogt, a. a. O., S. 225 - 254.

Arbeit, Bildung & Gesellschaft
Labour, Education & Society

Herausgegeben von Prof. Dr. György Széll, Prof. Dr. Heinz Sünker,
Dr. Anne Inga Hilsen und Dr. Francesco Garibaldo

Bd. 1 György Széll (ed.): Corporate Social Responsibility in the EU & Japan. 2006.

Bd. 2 Katja Maar: Zum Nutzen und Nichtnutzen der Sozialen Arbeit am exemplarischen Feld der Wohnungslosenhilfe. Eine empirische Studie. 2006.

Bd. 3 Daniela De Ridder: Vom urbanen Sozialraum zur kommunikativen Stadtgesellschaft. 2007.

www.peterlang.de

FSC
www.fsc.org
MIX
Papier | Fördert gute Waldnutzung
FSC® C083411

Kolibri 360 GmbH
Ferdinand-Jühlke-Straße 7
99095 Erfurt, Deutschland
produktsicherheit@kolibri360.de

Druck:
CPI Druckdienstleistungen GmbH
im Auftrag der
Kolibri 360 GmbH
Ferdinand-Jühlke-Str. 7
99095 Erfurt